林业标准化评估与管理研究

李忠魁　王忠明　王　雨　等　编著

中国林業出版社
China Forestry Publishing House

编著者：李忠魁　王忠明　王　雨　张德成
付贺龙　范圣明　钱　腾

图书在版编目（CIP）数据

林业标准化评估与管理研究 / 李忠魁等编著 . -- 北京 : 中国林业出版社 , 2022.10
ISBN 978-7-5219-1772-7

Ⅰ . ①林… Ⅱ . ①李… Ⅲ . ①林业—标准化管理—研究 Ⅳ . ① S7-65

中国版本图书馆 CIP 数据核字 (2022) 第 126740 号

策划编辑：刘家玲
责任编辑：甄美子
封面设计：聚贤阁

出版发行：中国林业出版社
（100009，北京市西城区刘海胡同 7 号，电话 83223120）
电子邮箱：cfphzbs@163.com
网址：www.forestry.gov.cn/lycb.html
印刷：北京中科印刷有限公司
版次：2022 年 10 月第 1 版
印次：2022 年 10 月第 1 次印刷
开本：787mm × 1092mm　1/16
印张：19.75
字数：500 千字
定价：80.00 元

内容提要

本书概述了林业标准与标准化的概念与内涵，评述了发达国家和有关国际组织的林业标准化概况，对我国林业标准化发展现状做了总结回顾与分析。

笔者通过分析国内外相关研究成果，提出了林业标准质量和品牌价值评估方法，结合实例建立了林业标准适用性评价的理论与方法；通过分析、整理和集成，建立了林业标准化水平评价指标体系、绩效评价方法、示范区评价方法与程序、经济效果评价方法，阐述了林业标准化效益评价的基本原理与路径，探讨了林业标准化的生态、经济和社会效益评价方法。

笔者在研究分析国内外林业标准体系、标准化体制的基础上，以林业生态工程建设标准为重点，研究了我国林业标准体系的分类、组成与结构及其优化途径，分析了标准化体制的目标、机构与管理制度等，提出了进一步完善中国林业标准化实施体制的构想和建议，并调研了国内林业标准化管理体制的典型案例。

本书可供从事林业以及相关领域标准化研究、管理和教学的人员参考。

前 言

2016年9月，国家主席习近平给第39届国际标准化组织（ISO）大会的贺信中指出，标准是人类文明进步的成果，标准化在便利经贸往来、支撑产业发展、促进科技进步、规范社会治理中的作用日益凸显。并强调指出，中国将积极实施标准化战略，以标准助力创新发展、协调发展、绿色发展、开放发展、共享发展。中国愿同世界各国一道，深化标准合作，加强交流互鉴，共同完善国际标准体系。

林业标准化工作是贯穿于林业改革发展全过程的一项基础性工作，是推进林业治理体系和治理能力现代化的重要内容。林业标准化是通过“简化、统一、协调、选优”，调整生态经济系统内的生态结构、技术结构，促使生态经济系统内的能流、物流、价值流的有效运转，实现自然扩大再生产与经济扩大再生产的同步增长，将生态效果、经济效果、社会效果有机融合在一起，达到和谐统一。只有认真分析林业标准化效果，确定适当的评价内容，采用科学的评价方法，才能客观评价、动态跟踪、综合考核林业标准化活动。

在国家林业和草原局科技司和中国林业科学研究院的支持下，我们开展了“我国林业标准实施状况与林业标准质量评估”和“中国林业标准体系优化及其实施体制”项目，对国内外林业标准化及相关研究的发展状况、主要措施、经验以及问题做了较全面分析，参阅其他行业多个领域的研究进展，对标准化评估的理论与方法等做了提炼和总结，分析了林业标准体系与体制，并提出优化构想。几易其稿，多次修改完善，完成了本书稿。

本研究不仅开展了大量的理论和方法分析，而且完成了多个典型案例的实地调研。研究工作得到国家林业和草原局科技司、中国标准化研究院、中国林业科学研究院林业研究所的帮助，北京市园林绿化局科技处，浙江省、河北省、陕西省、云南省、吉林省、辽宁省的林业和草原局科技处等单位为调研提供了便利，黑龙江和福建林业科学研究院、北京市西山森林公园管理处、承德市科技处和雷竹栽培标准化示范区、西北农林科技大学农业标准化研究所等为研究提供了科技咨询。特别感谢黄发强副司长、冉东亚二级巡视员、程强处长、李鑫教授、杨丽研究员、段新芳研究员、张有真研究员、王军处长、何志华处长、侯秀瑞处长、付兆雯处长、郑瑞林处长、树寿荣处长和王冬高级工程师、金莹杉高级工程师、张秀娟和肖凡工程师等对调研工作的指导、支持与帮助。

林业标准化评估与管理还有很多理论与方法问题需要解决。本书的很多内容是探索性研究， 不足之处在所难免，敬请有关专家批评指正，以便进一步修改完善。相信在本领域同仁的共同努力下，林业标准化评估和管理体系会得到进一步完善，更好地服务于管理、科研和生产。

编著者

2022 年 6 月

目　录

第一章 林业标准化概论

第一节 林业标准与标准化

一、林业标准

1. 标准及其特性

WTO/TBT（Agreement on Technical Barriers to Trade of the World Trade Organization，世界贸易组织贸易技术壁垒协议）对标准的定义为“标准是被公认机构批准的、非强制性的、为了通用或反复使用的目的，为产品或其加工或生产方法提供规则、指南或者特性的文件”。

国家标准 GB/T 20000.1—2002 对“标准”的定义：在一定的范围内获得最佳秩序，经协商一致制定并由公认机构批准，共同使用和重复使用的一种规范性文件。我们可以将“林业标准”定义为：在一定的范围内获得最佳秩序，经协商一致并由国家林业和草原局或地方标准化行政主管部门批准，共同使用和重复使用的一种规范性文件。

标准主要反映以下特点：

（1）制定标准的目的是“共同利益”和“最佳秩序”，共同利益要求相关方的利益都得到保障，不是追求某一方的利益，也就是说标准（尤其是国家标准、国际标准）主要代表的是相关方的最佳利益；最佳秩序指通过标准的制定、发布、实施和反馈，标准化对象的有序程度达到最佳状态。

（2）标准产生的基础是将科学研究、技术进步的最新成果同实践中积累的经验相互结合。核心是科学研究的最新成果必须经过分析、比较、选择、实验论证后与实践经验进行消化、融会贯通、提炼和概括才能变成标准。

（3）标准化对象的特征是重复性事物，只有事物具有重复出现的特征，标准才能重复使用。

（4）标准由公认的权威机构批准。国际标准、国家标准、区域标准是人民群众等广大利益相关方关注和使用的成果，必须由公认机构批准发布，方能为各方所接受。

（5）标准的属性是规范性文件。要求标准编写必须是规范的用语、规范的表述。

标准的分类主要有以下几种维度：

（1）以国别或者行政区域来划分的标准。这个维度符合目前国内外普遍的标准划分准则，主要包括国际标准、区域标准和国家标准（注：这里是广义的国家标准，不是狭义的国家标准）。国际标准一般是ISO（International Organization for Standardization，国际标准化组织）、IEC（International Electrotechnical Commission，国际电工委员会）、ITU（International Telecommunication Union，国际电信联盟）和ISO认可的49个国际标准化组织，一共是52种国际标准。区域标准指由国家组成的区域联合发布的标准。最为著名的就是CEN（European Committee for Standardization，欧洲标准化委员会）的标准，是欧盟国家共同发布和认可的标准。其他还包括CENELEC（European Committee for Electrotechnical Standardization，欧洲电工标准化委员会）、ETSI（European Telecommunications Standards Institute，欧洲电信标准化协会）、EBU（European Broadcasting Union，欧洲广播联盟标准）、PASC（Pacific Area Standards Congress，太平洋地区标准会议）、ASMO（Arab Organization for Standardization and Metrology，阿拉伯标准化与计量组织）等亚、非、欧的区域标准。广义的国家标准指某国的标准化组织发布的标准，包括这个国家的国家标准、协会标准、企业标准、团体标准等，在我国还包括我国的行业标准。世界各国均非常重视本国的国家标准，例如美国的ANSI（American National Standards Institute，美国国家标准学会）标准、英国的BSI（British Standardization Institute，英国标准化协会）标准、德国的DIN（Deutsches Institut für Normung，德国标准化学会）标准、法国的AFNOR（Association Francaise de Normalisation，法国标准化组织协会）标准、我国的GB（国家标准）标准。

（2）以标准化对象划分，分为技术类标准和管理类标准。技术类标准简称技术标准，是体现标准技术水平的主要类型，一般对需要协商一致的技术指标、技术关键点、测试方法等进行规定。技术类标准的形式比较多样，如JJG（国家计量检定规程）、JJF（国家计量技术规范）这样的规程、规范以及标准样品等都是技术标准的范畴。技术类标准是对标准化领域中需要协调统一的技术事项所制定的标准。管理类标准是对管理事项进行规定的标准，著名的ISO 9000系列就是管理标准。

（3）以标准约束力划分，分为强制性标准和推荐性标准。强制性标准和推荐性标准是我国特色的标准划分方法。强制性标准主要按照WTO/TBT的要求对涉及人体健康和人身、财产安全的内容进行规定。强制性标准在国外普遍以技术法规的形式存在。推荐性标准是推荐使用的标准，国外普遍采用推荐性标准的形式。我国的推荐性标准一般用“/T”的形式标识。

（4）以标准信息载体划分，包括标准文件与标准样品。标准文件主要包括标准文献、技术规范文件、规程、技术报告、指南等。标准样品主要是实物标准。

一项标准被其他标准化组织采用，需要其技术内容通过调查研究、比对分析、实验验证、专家评审等。标准被采用意味着标准的技术内容、知识体系、适用范围、内容结构等被其他标准化组织所采纳并在其所在的国家或区域内推广使用。因此，标准被采用的过程也是对标准的技术内容、质量水平进行标准化同行再评议的过程。标准被采用是各国标准化组织提高本国标准在其他国家或区域标准化组织影响力的主要途径之一。某一标准发布实施后，被其他标准化组织采用的数量、分布及时间变化趋势可以直观地反映出该标准被其他标准化组织使用的情况。标准有以下五个基本特性：

（1）经济性

标准化的目的是获得最佳的秩序，达到最佳的经济效果和全面的社会效益。谋求取得最佳的经济效果，是制定标准的首要或者主要的出发点。制定标准时，应该考虑该标准的实施所带来的经济效果是“全面”的，而不是“局部”的、“片面”的，在制定标准时，不能只考虑某一个方面的经济效果，或某一个部门、某一个企业的经济效果。在考虑标准化效果时，经济效果是主要的，不过，在某些情况下，应该主要考虑最佳的秩序和其他社会效益，如国防的标准化、环境保护的标准化、交通运输的标准化、安全卫生的标准化。

（2）协调性

由于标准涉及方方面面的利益，各方面的不同利益是客观存在的，有时甚至是对立的，因此在制定标准时，应该认识到利益的分歧是客观存在的，为了更好地协调各方面的利益，必须进行协商与合作。所以标准是在充分协调基础上制定的，广泛反映各方面的利益。少数人做决定是不可能制定出好标准的，而且这种标准制定出来以后也难以贯彻执行。

（3）科学性

标准是以生产实践和科学实验的经验总结为基础的，总结来自实践，又反过来指导实践，既奠定了当前生产活动的基础，还必将促进未来的发展，这说明了标准是具有严格的科学性和规律性的。标准对标准化对象的有关方面做出明确的、统一的规定，不允许有任何含糊不清的解释。标准不仅有“质”的规定，还要有“量”的规定，不仅对内容要有规定，有时对形式及其生效的范围也要做出规定，这些都需要科学技术和实践经验的支持。

（4）时效性

标准是科学技术和实践经验的结晶，随着时间的推移，科学技术和实践经验都将不断地进步和向前发展，同时消费者的要求也不断提高，这样原来制定的标准所规定的技术内容和技术指标就可能大大落后于现在的实际情况，失去了技术支撑和市场支撑，从而失去了效力，需要重新修订。所以标准都有一定的时效期，是客观的。根据我国标准化法规定，一般标准有效期为 3～5 年。

（5）统一性

标准的本质是统一。标准是一种统一规定，是行为准则和依据。不同级别的标准是在不同的范围内实现统一；不同类型的标准是从不同角度、不同侧面进行统一。统一并不意味着所有的方面和所有的要求。有时限于某一特征，有时限于某一些情形。比如国际标准是在国际范围内就标准化对象的某一方面进行统一，国家标准是在整个国家范围内就标准化对象的某一要求进行统一。

2. 林业标准的内涵

标准是知识经济的重要标志，没有统一标准，就无法让人们在生产和生活当中更好地进行交流与交换。林业标准是在林业生产中为了获得最佳的生态、社会、经济效益，依据科学、技术和实践经验的综合结果，在充分协调的基础上，对林业活动中具有多样性、相关性特征的重要事项，以特定程序和特定形式颁发的统一规定。

（1）林业标准的对象

林业标准的对象就是在林业生产过程中重复性的概念、事物。如杨树、红松等树种的名称、代号形成标准，这些就是社会化进程和社会化生产的需要。在林业生产过程中形成的规范包括樟子松速生丰产林、原木检验等生产技术型标准。

（2）林业标准的本质

林业标准的本质反映的是人类对林业需求的扩大和统一。单一的林产品生产形成不了标准，对同一需求的重复和无限的延伸才需要标准。在自然经济状态下，人们在林业生产中只是为了满足生产辅助用具、搭建房屋、取火等生活需要，没有更高的质量要求，因此，对标准化水平要求不高。随着人类社会的发展与进步，人们对林业的需求在内容、数量和质量方面不断加大，标准正是在这些同一需求的不断重复和无限延伸的情况下形成的。

（3）林业标准的载体

林业标准既然是供各方共同重复使用的规则，就要有它的核心内容。林业标准的技术指标、技术参数、要求、规则等都可以是它的核心内容，也就是标准的重要内涵。但只有这些是不够的，林业标准要更多的人、更多的组织知晓、使用、服务，这样就要有它的传递形式，有它的载体，无论什么样的林业标准，总会表现为一种形式，那就是文件。所以说，林业标准的载体即林业标准的表现形式就是文件。

3. 林业标准分类

根据不同的分类要求、分类角度，林业标准可以有不同的分类方法。

（1）按照标准的贯彻实施体制分类

①强制性林业标准。强制性林业标准是运用法律或者行政手段强制实施的标准。《中华人民共和国标准化法》《中华人民共和国标准化法实施细则》中规定，凡涉及安全、卫生、健康方面的标准，保证产品技术衔接及互换配套的标准，通用的试验、检验方法标准，国家需要控制的重要产品的标准都是强制性标准。强制性林业标准是指必须执行的标准。强制性标准属于我国技术法规。

林业强制性标准包括：种子、林药、兽药及其他重要的林业标准；林产品安全卫生标准；林产品生产、储运和使用中的安全卫生要求；林业生产中的环境保护、生态保护标准；通用的技术术语符号、代号标准；国家需要控制的重要的林产品标准等。

②推荐性林业标准。推荐性林业标准是指除了需要通过法律和行政手段强制实施以外的标准，不强制生产者和消费者采用，而是通过市场调节来促使生产者和消费者自愿采用的标准。推荐性林业标准一旦纳入指令性文件，将具有相应的行政约束力。

（2）按照标准的性质分类

①技术标准。技术标准是针对标准化领域中需要协调统一的技术事项所制定的标准。技术标准进一步可细分为基础技术标准、产品标准、工艺标准、检测试验标准、设备标准、原材料标准和安全卫生环保标准等。

②管理标准。管理标准是针对标准化领域中需要协调统一的管理事项所制定的标准。主要是针对生产过程中的管理问题，比如管理程序、管理方法、管理组织等进行规定。按照管理的不同层次和标准的适用范围，管理标准又可以划分为管理基础标准、技术管理标准、经济管理标准、行政管理标准和生产管理标准等。

③工作标准。工作标准是针对标准化领域中需要协调统一的工作事项所制定的标准。主要对工作的责任、权利、范围、质量要求、程序、效果、检查方法、考核方法等进行规定，通常包括工作的目的和范围、工作的构成和程序、工作的责任和权利、工作的质量要求和效果、工作的检查和考评，以及与相关工作的协作和配合。

（3）按照林业标准的级别分类

①国际标准。由全球性的国际组织所制定的，适用于世界范围的标准。主要指国际标准化组织（ISO）、国际电工委员会（IEC）、国际电信联盟（ITU）制定的标准，以及被国际标准化组织确认并公布的其他国际组织制定的标准。如世界卫生组织（WHO）、国际计量局（BIPM）、国际制冷学会（IIR）、国际原子能机构（IAEA）、国际照明委员会（CIE）等。

②区域标准。由一定地理区域内的国家代表组成的联合标准化机构制定和发布的，适用于该区域的标准，在该区域内参与其标准化机构的各成员国之间通用。如：欧洲标准化委员会（CEN）、亚洲标准咨询委员会（ASAC）、泛美技术标准委员会（COPANT）等。

③国家标准。在全国范围内按照统一的林业技术要求所制定的国家标准。强制性的代号为 GB，推荐性的代号为 GB/I。

④行业标准。对没有国家标准，又需要在全国林业行业范围内统一的技术要求，制定行业标准。强制性的代号为 LY，推荐性的代号为 LY/T。

⑤地方标准。对没有国家标准和林业行业标准，但需要在省、自治区、直辖市范围内统一要求而制定的林业标准。强制性的代号为 DBxx，推荐性的代号为 DBxx/T。

⑥企业标准。在林业企业（单位）范围内，对需要协调统一的技术要求、管理要求和工作要求所制定的标准。Q/YYY 中，Q 表示企业标准，YYY 为企业（单位）经工商注册的名称的 3 个主要字的汉语拼音大写字母。

二、林业标准化

1. 标准化的概念

按照 ISO/IEC 第 2 号指南对标准化的定义，标准化是一个循环螺旋式上升的活动过程，这个过程主要通过标准的制（修）订活动来实现。标准化每完成一个制修订活动的循环，标准的水平就提高一步，以标准技术内容被更新来体现。因此，“标准化作为一个学科，就是研究标准过程中的规律和方法；标准化作为一项工作，就是根据客观情况变化，不断促进这个循环过程的进行和发展”。目前，国内外诸多学者对标准化能否作为一门学科依然争议不断。

标准化学者李春田认为“标准化是一门学科”，他提出标准化学科体系包括有理论观点，有特定对象，有具体形式、内容和科学方法的标准化学科体系。标准化学科研究的对象是标准化过程中的规律和方法，标准化学科研究的范围是十分宽广的，除生产、流通、消费三大领域外，还包含经济技术活动的其他领域。标准化学科研究的内容主要包括研究标准化过程的一般程序、标准化的各种具体程序、标准系统的构成要素和运行规律、标准系统的外部联系、标准化活动的科学管理等，标准化的研究目标是实现标准化活动科学化。

标准化具有典型的综合学科特点，研究领域与内容广泛，与其他许多学科发生紧密的联系。①不同行业的标准化要应用不同专业的技术，因此，标准化同各专业的工程技术学紧密联系，以这些专业的技术知识为基础。②标准化活动主要发生在生产、管理和实验过程中，因此，同生产力组织学、技术经济学和企业管理学有紧密联系。③现代标准化还需要应用数学方法，特别要以系统论观点指导标准化工作。④为正确认识标准化活动过程的规律，解决这个过程中出现的一系列问题，还需要运用社会科学和自然科学的知识成果。因此，标准化学科是多学科交叉融合的综合性学科。

标准化在经济社会发展中起着不可替代的重要作用。主要体现在：①标准化是建立最佳秩序的方法论。标准化方法论为人们的生活过程提供了最佳的实践准则，为人们的社会活动确立了明确的目标。充分协商一致是标准化方法论的重要特点，确保了社会活动的整体利益和个体利益最佳平衡。②标准化是市场经济活动的最佳秩序。市场经济的发展规律表明，无政府干预的纯自由市场无法保障市场经济的良好运转。标准可以作为市场调节的工具，为生产者、消费者、中间商所共同认同，既可以直接推动市场交易，又可以成为政府对市场实施干预，维护公平竞争、保护消费者利益的手段。③标准化是国际市场竞争的战略手段。全球经济一体化背景下，世界各国均意识到标准在建立共同遵守的规则、保证商品质量和提高市场信任度、维护公平竞争秩序、消除贸易壁垒、促进贸易发展方面的作用。④标准化是技术创新的重要支撑。技术专利化、专利标准化代表着技术研究、创新、应用的技术发展链条，标准化的重要成果——技术标准就是技术创新成果的最佳体现。

2. 林业标准化内涵

林业标准化是指与林业有关的标准化活动，是围绕林业生态体系、林业产业体系和生态文化体系建设目标，运用标准化原理对林业生产的产前、产中和产后全过程，通过制定和实施标准，使林业生态体系、林业产业体系和生态文化体系建设规范化和系统化，从而取得最佳经济、社会和生态效益。林业标准化的实施，必将起到指导生产、引导消费和规范市场的作用，也必将促进林产品质量的提高和人民生活水平的改善。张国庆根据“标准化”的 ISO/IEC 定义，将林业标准化定义为：对林业活动中实际与潜在的问题作出统一规定，供共同和重复使用，以获得最佳的林业活动秩序，提高林业活动的管理水平和技术水平，促进并维护生态健康，不断提高森林产品的质量。林业标准化工作包括从制定到贯彻林业技术标准的全过程。对象包括：苗木生产标准化，造林、营林标准化，林产品、林副产品、林化产品标准化，林业设备标准化，林业管理标准化等。

林业标准化工作是关系到国家林业重大生态建设工程质量和效益，确保我国林产品质量和安全，提升林产品市场竞争力的一项基础性工作。林业标准化在林业三大体系建设中发挥着重要的技术支撑作用，推进林业从种苗、造林、管护、监测、采伐到加工全过程的标准化生产，对应对全球气候变化、提高林业生产建设的质量和效益、确保林产品质量安全都具有重要意义。

（1）林业标准化特点

第一，林业标准化的主要对象是生命体或者有机体。林业的生产条件千变万化，导致林业标准化的创新、开发和推广有一定的难度。大多数林业技术标准是在不易人为控制的自然环境中，通过林业动植物的生长来体现的。这一特点表明，林业标准化不但受人为活动目的的控制，而且必须遵从植物、动物生命体或有机体自身的规律特点。

第二，林业标准化具有明显的地区性。地区性的特点主要体现在各种不同的生态系统中。植物和动物的生长发育只有在特定生态系统中发生才能表现出优良品质。所以，林业标准化必须因地制宜。

第三，林业标准化是复杂的系统工程。基于林业生态系统的复杂性，林业生产、经营等活动不仅涉及自然界，还与人类社会经济等过程密切相关，注定了林业标准化时空变化的多面性和互相联系的网络化。

第四，林业标准化的文字标准与实物标准同等重要。林业标准化中的标准有文字和实物两种表达形式。其重要性是同一的，两者的相互结合是完善的，不分何者为先，或者哪个重要。

（2）林业标准化的特性

标准化主要是对科学、技术和经济领域内重复应用问题给出解决办法的活动，其目的在于获得最佳秩序。其主要特性或者内涵有以下几个方面：

①标准化是一项活动、一个过程，主要是制定、发布与实施标准的整个过程。标准化包括制定标准、发布标准、贯彻标准，根据标准的实施情况，开展标准修订工作。标准只是标准化活动的产物和结果，标准化的目的和作用是通过标准来实现的。

②标准化除了是一个过程一个动作以外，还是一个动态的过程。标准化过程中，其标准化对象在形成标准和非标准之间是动态变化的，一般已经实现了标准化的事物，经过一段时间的技术和市场的发展和变化，会突破原先的限制和规定，变成非标准状态，或者需要修订该标准。这种不断变化、不断维持平衡是标准化工作的一个重要特性。

③标准化活动是一个标准制定、发布和贯彻的全过程，不仅仅指标准的制定和发布过程，其实施也是非常重要的一个环节。标准化的效果只有当标准在社会实践中实施以后才能体现出来。有了再多、再好的标准，没有被应用到实际的生产活动中，那标准化的效果和目的都是实现不了的。

④进行标准化活动，其目的是获得最佳秩序。随着科学技术的发展、生产力水平的提高，生产的社会化程度越来越高，生产规模越来越大，技术要求越来越严格，分工越来越细，生产协作也越来越广泛，许多工程建设和产品生产涉及几十个、几百个，甚至

成千上万个企业协作来完成。这种社会化的大生产，需要技术上高度的统一与广泛的协调，标准就是实现这一要求的产物和手段。标准化活动就是制定、发布及实施标准，以协调和统一相关各方，维护和获得最佳的社会效益和经济效益。

3. 标准化主要原理

我国标准化工作者对标准化原理的研究和探讨，大多数都是在生产、科研实践中，通过不断探索、不断总结经验，提炼出有规律性的内容，虽然起步较晚，但也提出了一些具有独特见解的理论。1974 年我国机械工业标准化领域提出了“相似设计原理”和“组合化原理”。1974 年我国标准化工作者还提出“优选、统一、简化是标准化的基本方法”“在选优的基础上统一和简化是标准化最基本的特点”等观念。1980 年前后，又提出了不少新的观念，或总结出几条原理。其中影响比较广泛的是 1982 年李春田主编的《标准化概论》，认为“简化、统一、协调、最优化”是标准化的基本原理；在 1995 年出版的《标准化概论》（第三版）中，提出“简化、统一、协调、最优化”是标准化的方法原理；同时将标准化作为一个系统来考虑，提出“系统效应原理、结构优化原理、有序原理、反馈控制原理”是标准系统的管理原理。

（1）相似设计原理

“相似设计原理”基本内容为：当产品的主参数同其他基本参数之间以及工况参数同几何尺寸参数之间具有一定的联系，且这种联系能构成某种函数关系时，便可用下式表达

$$N=KL \tag{1.1}$$

式中：N——工况参数；

L——几何尺寸参数；

K——常数。

这个关系式称为产品的参数方程式或产品参数的相似方程式。利用这种关系进行的设计就称为相似设计。在利用这种关系进行产品设计时，可以从主参数系列推导出其他参数系列，而各种参数的系列化，又为形成产品及其组成单元的系列化提供了必要条件。有了这种关系，只需要研制一种或少数几种“模型产品”，就可按相似原理设计出成系列的产品。

（2）组合化原理

组合化原理提出了以下观点：

①运用组合化的方法，把标准化的元件组装成各种用途的产品，这是机械工业产品标准化的重要目标。

②组合化要求零部件、构件的高度标准化、通用化。

③组合化是产品标准化的高级阶段。

④组合化并不局限于单纯机械零件的组合，进一步发展的组合形式是用标准化的零部件和具有独立功能的复杂元件的组合，这种元件具有标准的结构，独立的参数系列、质量标准及保证互换、方便组装的安装连接尺寸，以独立制品的形式同其他对象组合。这种方法是机械化、工业化生产的一种基础方法。

（3）简化、统一、协调、最优化的标准化方法原理

在1995年出版的《标准化概论》（第三版）中提出了标准化的方法原理为“简化、统一、协调、最优化”。其基本原理核心内容为：

①简化原理。具有同种功能的标准化对象，当其多样性的发展规模超出了必要的范围时，即应消除其中多余的、可替换的和低功能的环节，保持其构成的精练、合理，使总体功能最佳。简化原理明确了简化的对象是多余的、可替换的、低功能的环节。同时应该在简化中把握简化的合理度。

②统一原理。一定时期、一定条件下，对标准化对象的形式、功能或其他技术特性所确立的一致性，应与被取代的事物功能等效。

③协调原理。在标准系统中，只有当各个标准之间的功能彼此协调时，才能实现整体系统的功能最佳。协调是标准化活动的重要方法。

④最优化原理。按照特定的目标，在一定的限制条件下，对标准系统的构成因素及其关系进行选择、设计或调整，使之达到最理想的效果。

三、林业标准化的基本作用

1. 标准化的作用概述

标准化的主要作用是组织现代化生产的重要手段和必要条件，是合理发展产品品种、组织专业化生产的前提，是公司实现科学管理和现代化管理的基础，是提高产品质量、确保安全卫生的技术保证，是国家资源合理利用、节约能源和原材料的有效途径，是推广新材料、新技术、新科研成果的桥梁，也是消除贸易壁垒、促进国际贸易发展的通行证。

第一，在保障健康、安全、环保等方面，标准化具有底线作用。国家制定强制性标准的目的，就是保障人身健康和生命财产安全、国家安全、生态环境安全。强制性标准制定得好不好，实施得到不到位，事关人民群众的切身利益。

第二，在促进经济转型升级、提质增效等方面，标准化具有规制作用。标准的本质是技术规范，在相应的范围内具有很强的影响力和约束力，许多产品和产业中一个关键指标的提升，都会带动企业和行业的技术改造和质量升级，甚至带来行业的洗牌。

第三，在促进科技成果转化、培育发展新经济等方面，标准化具有引领作用。过去，一般先有产品，后有标准，用标准来规范行业发展。而现在有一种新趋势，就是标准与技术和产品同步，甚至先有标准才有相应的产品。创新与标准相结合，所产生的“乘数效应”能更好地推动科技成果向产业转化，形成强有力的增长动力，真正发挥创新驱动的作用。

第四，在提升社会治理、公共服务水平等方面，标准化具有支撑作用。标准是科学管理的重要方法，是行简政之道、革烦苛之弊、施公平之策的重要工具。在社会治安综合治理、美丽乡村建设、提升农村基本公共服务等工作中，标准化日益成为重要的抓手。

第五，在促进国际贸易、技术交流等方面，标准化具有通行证作用。产品进入国际市场，首先要符合国际或其他国家的标准，同时标准也是贸易仲裁的依据。国际权威机

构研究表明，标准和合格评定影响着80%的国际贸易。

通过标准化以及相关技术政策的实施，可以整合和引导社会资源，激活科技要素，推动自主创新与开放创新，加速技术积累、科技进步、成果推广、创新扩散、产业升级以及经济社会环境的全面、协调、可持续发展。

2. 林业标准化的作用

林业标准化作为组织现代化林业生产和加工的有效手段，用先进的技术、科学的管理、严格的标准来规范林业生产活动，使林业产品的质量能够广泛适应国内外市场的需求，从而获得更佳的秩序和效益，具有重要的战略性意义。

（1）林业标准化是提高产品竞争力的重要手段

林业标准化生产是提高产品竞争力的现实需要。随着我国加入WTO以及经济全球化进程的加快，一方面为我国林产品的出口提供了新的机遇，另一方面也使林产品的市场竞争更加激烈。无数事实证明，农林产品的市场竞争，实质上是林产品质量的竞争，而产品质量是由产品的标准决定的。从某种意义上说，没有标准就没有质量，没有质量就没有市场。

（2）林业标准化是农林产品消费安全的基本保障

"民以食为天，食以安为先"。近年来，因农药残留、兽药残留和其他有毒有害物质超标导致的林产品污染和中毒事件时有发生，严重威胁了广大消费者的身体健康和生命安全。解决这一问题的一个基本保障条件，就是要建立起与中国林业和农村生产力发展阶段相适应并能与国际接轨的林产品质量安全标准体系、检验检测体系和认证认可体系。在这三大体系中，林产品质量安全标准体系具有基础性作用。

（3）林业标准化是推进林业产业化、现代化的必由之路

随着我国林业由传统自然经济向现代市场经济转化，林业生产从源头到最终产品，都需要以标准化为基础。林业标准化不仅是发展林业产业化的客观需要，而且是现代化林业的一个重要特征，代表着现代林业发展的方向。推进林业标准化是促进林业科技成果转化、推进产业化经营、实现林业现代化的有效途径和必由之路。

（4）林业标准化是打破绿色贸易壁垒的有利武器

绿色壁垒是指在国际贸易领域，一些国家凭借其科技优势，以保护环境和人类健康为目的，通过立法或制定严格的强制性技术法规，对国外商品进行准入限制的贸易壁垒。绿色壁垒主要是通过各种标准（和规程）与法规实施的，在开放的国际贸易市场中，只有提高我国林产品的质量标准，生产出符合国际市场安全、卫生、质量要求的林产品，才能以强大的竞争力进入国际市场。因此，推进我国林业标准化，有利于打破绿色贸易壁垒，使林业发展赢得更大的市场空间。

（5）林业标准化是促进农林业产业结构优化的有效途径

目前我国的林产品供求已从卖方市场转向买方市场，林业发展的主要障碍开始由资源约束转向资源与市场需求双重约束。一些大宗林产品结构性剩余矛盾日益突出，农民增产不增收，而一些适销对路的优质农林产品仍然供不应求，相对短缺；大量的国外林产品涌入国内市场，对我国林产品市场形成了强大冲击和严峻挑战。

（6）林业标准化是发挥我国林产品比较优势的保证条件

比较优势是通过生产要素的相对稀缺性和产品的供求特性形成要素及产品的相对价格来充分表现的。从世界范围来看，我国林业的比较优势在于拥有数量巨大和成本低廉的林业劳动力，拥有丰富的精耕细作的经验，并形成了相对成熟的耕作技术体系。同时，我国幅员辽阔，地形地貌复杂，气候资源和物种资源丰富，因此，在一些具有地域特色的劳动密集型非大宗特色产品的种植、养殖、园艺方面具有较明显的优势。实施林业生产标准化，是我国林产品比较优势得以充分发挥的重要保证。

3. 学者观点

与农业及制造业、建筑业、电力、交通运输等行业相比，林业标准无论是在规模、范围还是种类、数量等方面都有待扩展，有些内容尚待填补。考虑到林业与农业（种植业）的生产研究对象、方式方法、生产工具与劳动者等方面均属于大农业范畴，在标准化管理、研究的理论与实践方面具有高度同一性和紧密相关性，因此，可以引用农业标准化研究的成果，进一步完善和发展林业标准化评估与管理的理论与方法。

国内许多学者对农业标准化在促进我国农业发展方面的作用进行了分析和探讨。郑龙等（2005）分析了农业标准化产生作用的机理，一是确立了农业生产实践活动准则，使农业生产有序化、规范化；二是将生产实践经验和科学技术转化为现实的社会生产力；三是减少重复的劳动耗费，提高资源利用率；四是提高了农产品质量和市场竞争力；五是简化农产品品种规格，降低农产品生产成本；六是规范竞争环境条件，推进市场经济健康发展。林向红等（2006）认为，农业标准化严格管理和控制机制可以保障农产品质量安全；提高农业综合生产能力和农民创收能力；农业标准化与农业产业化结合，能在组织化和基地规模化方面提升农业产业化水平；农业标准化符合农业现代化在提高科技生产力、优化农业结构、提高生产者素质方面的要求，必将促进农业现代化进程；农业标准化可以增强农业可持续生产能力并提高农产品质量安全水平，有助于提高农产品市场竞争力。刘兵（2007）和王宁（2014）指出农业标准化是加快农业和农村经济结构调整、增加农民收入的有效措施，是我国农产品参与国际市场竞争的重要技术武器，是规范农产品市场经济秩序的重要依据，是农业科技成果转化为生产力的最佳桥梁。

很多学者主要从三个方面论述农业标准化的作用。一是从农业产业化的角度阐述农业标准化的作用。屠康（2003）指出农业标准化的建立健全和推广实施将在农业结构调整和产业化进程中发挥重要的作用，主要表现为：可以保证和提高农产品的质量和安全，可以为农业产业化经营提供技术保证，可以提高农业、农产品的科技含量，可以促进环保、生态农业可持续发展，可以加强农产品监督，促进农业向国际化发展。焦玉屏（2005）认为，农业标准化在农业产业化中发挥了以下作用：推动了农业生产的专业化，促进了农业生产措施的科技化及农业市场化，奠定了延长农业产业链的技术基拙，提高了农业经济效益，促进了农业产业的升级换代，为农业生产走企业化道路提供了管理手段，提高了农业产品质量，增强了市场竞争能力。杨谨等（2007）认为，农业标准化可以促进农业生产技术及产品质量的提高，解决食品安全保障问题，对农业相关品牌的建立有促进作用，可使我国农产品进入国际市场，参与国际化竞争，从而推动农业产业化发展进程。周颖（2009）认为，农业标准化的杠杆作用、监督管理作用、现代化管理作用，使每个企业生产活动和经营管理活动井然有序；农业标准化促进农业增效、农民增收、提高农业科技成果转化率、加强对外经济技术合作和提高市场竞争力、不断适应市场需要的作用，使每个企业生产活动和经营管理活动获得最佳社会效益。

二是从农业现代化的角度阐述农业标准化的作用。孙晓秋等（1996）认为，在现代农业中，农业标准化是农业现代化管理的重要手段，是推广科研成果和科学技术的重要手段，是农业专业化的前提，有利于对外经济技术合作和国际贸易发展，增加农产品的出口量，可保持生态环境，促进资源合理利用，是发展“高产、优质、高效”农业的有效途径。林伟鹏（2004）认为，农业标准化是实现农业现代化的必要条件，农产品市场的形成和发展、实现农业产业化经营、建设现代化农业以及外向型农业的发展都迫切需要农业标准化。潘如丹等（2008）分析了标准化在现代农业综合效益中的三种途径，通过构建农产品质量约束激励机制、实施质量认证以提升农产品质量和品牌，通过实现农业产业化、专业化和规模化以及促进农村经济组织间共同发展以增强农产品市场竞争力，通过确保知识产权属性的持续性利润和规模化经营以提升经济效益。于国栋（2009）认为，实施农业标准化有利于优化资源配置，有利于推进农业产业化发展进程，有利于实现生产经营效益，并指出建立在标准化基础上的农业现代化才是现代农业的发展方向和最终目的。

宋丹阳（2000）指出，农业标准化是农业科学技术发展的重要基础和工具，是科技成果转化的桥梁和纽带，是实现科学管理、提高管理效率的重要方式，采用国际标准和国外先进的技术标准是促进技术进步的有效方法。高兆军等（2004）分析了农业标准化与市场经济的关系，从市场需求、市场价格和市场竞争来看，农业标准化是市场机制有效运行的基础；农业标准化是农产品的市场准行证，标准在解决商品质量的同一性、保证产品互换性和通用性方面起到了积极作用。

三是从宏观调控的角度看农业标准化的作用。陈石榕（2006）详细分析了农业标准化在水果产业各环节中的作用。生产环节中，农业标准化可以指导果农生产、提高果农的经济效益、促进生产向现代化发展、促进果树栽培技术的提高和普及、保证果树良种壮苗的推广、保护果农合法利益、有利于可持续农业发展；销售环节中，农业标准化可以提供果品市场的质量信息、促进果品贸易发展、增加果品市场透明度、促进现代科技在水果业中的应用、调节果品市场供应、改善果品市场卫生环境；检验环节中，农业标准化可以简化检验、为检验提供依据、促进检疫检验与国际接轨、有利于认证检验；消费环节中，农业标准化可以保护消费者的健康、维护消费者的经济利益、方便消费者挑选购买果品、延长果品保鲜期限；科研环节中，农业标准化能够引导科技工作者培育和引进新的果树品种、正确分析表述果品质量、规范果树病虫害的农药试验、规范果树科技档案、有助于果树科技成果交流。此外，还有众多学者从各个角度对农业标准化的作用进行详细的阐述（王宁，2014）。

四、实施林业标准化的理论基础

无论是从理论上的讨论，还是对实践的总结，林业标准化在促进农林业发展方面都发挥了重要的作用。林业标准化是建立在市场失灵、交易费用、规模经济、林业产业化等理论基础上的系统化工程，因此，林业标准化作用的实现也与上述经济学原理密切相关。

1. 市场失灵

（1）市场失灵理论

根据经济学原理，完全竞争市场经济在一系列理想化假定条件下，可以导致整个经济达到一般均衡，资源配置达到帕累托最优状态。但是，现实市场经济往往不能完全满足这些假定条件，市场机制在很多情况下不能实现资源的有效配置，从而导致市场失灵（高鸿业，2007）。

公共物品与外部影响属于典型的市场失灵。公共物品是一类不具有排他性和竞争性的物品，不能有效地通过市场机制进行分配，主要由政府提供，如国防。公共物品的非排他性意味着既有消费者不会排除其他人消费该物品，或者排除成本很高；非竞争性意味着消费者数量的增加不会影响到已有消费者消费该物品或服务的数量和质量。由于公共物品不具有排他性和竞争性，消费者无法判断对该物品的需求价格，而且会出现“免费乘车者”行为，市场本身提供的公共物品通常将低于最优数量，即市场机制分配给公共物品的资源常常会不足。因此，公共物品必须由政府组织来提供。

外部影响是指在经济活动中，生产者或消费者的活动对其他生产者或消费者带来的影响。如果某人从其活动中得到的私人利益小于该活动所带来的社会效益，这种影响就被称为“外部经济”或正外部性；如果其活动所付出的私人成本小于该活动所造成的社会成本，这种影响就是“外部不经济”或负外部性。由于存在外部影响，即使整个经济是完全竞争的，但资源配置仍达不到帕累托最优状态。存在外部经济的情况下，私人活动的水平常常要低于社会所需求的最优水平，存在外部不经济的情况下，私人活动的水平常常要高于社会所需求的最优水平。纠正外部影响所导致的资源配置不当需要弥补私人成本（收益）与社会成本（收益）的差距，国家采取税收或津贴工具等干预措施、企业合并或使用规定财产权的办法。

（2）林业标准化与市场失灵

林业标准化具有准公共物品的属性。从标准的角度来看，当标准制定完成后，增加对标准重复使用的边际成本为零，而且标准制定的目的在于推广使用，因此，从根本上来说不具有竞争性和排他性（安佰生，2004）。从综合标准化的角度来看，林业标准化可以看作一个综合的系统，不仅包括环境标准、生产标准、投入品标准、产品标准等有形要素，还包括生产指导、组织管理、制度设计等无形要素。但是，由于林业生产的开放性，每个生产者都无法将自己的成功经验进行封闭保护，该系统无法排斥其他生产者，并且不会因为增加额外的生产者而发生变化。因此，林业标准化具有准公共物品的属性。如果将标准化作为一种产品由市场机制来调节供给，会导致私人投资不足。当某个生产者花费了一定的私人成本，形成了一套包括标准体系、管理制度等在内的标准化产品，并获得了一定的收益，而其他生产者可以通过借鉴模仿而轻易获取并“消费”，在不花费或花费极小成本的前提下，便可以享用标准化产品。这种搭便车的行为导致了社会对标准化的总投入不足。因此，政府需要在林业标准化的推广中发挥主导作用，而对于一些具有可分性的林业标准，可以由私人组织承担一部分工作（熊明华，2009）。

林业标准化具有正外部性。一方面，由于林业标准化的准公共物品属性，即不具有排他性和竞争性，这意味着林业标准化可以发挥巨大的示范带动作用。以林业标准化示范区为例，政府投入的资金、人力、技术等要素主要用于示范区的建设，但示范区同时可以带动周围地区的林业发展，社会收益要远大于示范区建设本身的收益，即林业示范区的建设具有正外部性。另一方面，实施林业标准化具有重要的经济、社会和生态意义，实施效果将产生深远影响。经济意义方面，标准化可以提升林业效益、促进农民增收、提高林业竞争力；社会意义方面，标准化可以提高农民素质、保障林产品质量安全、改善林业基础设施；生态意义方面，标准化可以节约林业生产资源、保护林业生态环境、促进可持续发展。林业标准化所实现的效益要远大于推广实施的成本，具有显著的正外部性。

2. 交易费用

（1）交易费用理论

交易费用理论是新制度经济学的一个重要分支，交易费用是指企业为了克服外部市场的交易障碍所需付出的代价，即人们从事某种经济活动所付出的非生产性成本。该理论由诺贝尔经济学奖得主科斯（R. H. Coase）于1937年提出，他在《公司的本质》一书中指出，市场和公司是两种不同而又可以相互替代的交易机制，市场上的交易由价格机制来调节，而公司将市场交易内部化，由行政管理的方式配置资源。中间产品市场是不完全的，由于市场本身难以克服这种缺陷，企业之间通过市场发生买卖关系时，就会产生时滞和交易费用，而交易内部化可以避免时滞、节约成本，减少买卖关系不确定性的交易风险，从而获得内部化收益。此后，交易费用理论得到了进一步的发展和完善，代表经济学家有威廉姆森（O. E. Williamson）、阿罗（K. L. Arrow）等。威廉姆森认为交易费用包括事前交易费用和事后交易费用两类：事前交易费用是指在签订合约前进行谈判和磋商所花费的成本；事后交易费用是指合约签订后，具体的执行、监督及其他情况下产生的成本。交易费用理论最为重要的三个前提是信息不对称、有限理性和机会主义行为，公司内部的组织、行政安排和资源重新配置是降低交易成本的重要手段。

当前，我国的林业市场经济体制还不健全，林产品市场上存在比较明显的信息不对称现象，而且作为主要经营主体的农户自身也存在较大的缺陷，更加难以克服交易中的障碍，林业生产过程和林产品交易中形成了极大的交易成本，主要包括以下四类：一是信息不对称费用。各林业主体搜索市场信息以克服信息不对称的费用。二是合约签订费用。交易各方根据掌握的信息在签订合约时谈判所产生的成本。三是监督执行费用。对交易的时间、产品质量和数量等按照合约履行的费用。四是交易欺诈损失。当市场交易发生欺诈行为时，对某一方造成巨大的损失（高燕等，1998；李蔚，2009）。

（2）林业标准化与林业交易费用

林业标准化作为一种制度设计，对于降低林业生产过程及市场中的交易费用具有重要的意义。郭慧伶（2005）从交易费用的角度出发，认为林业标准化的效益与林产品差异、生产条件差异、产品市场竞争程度等有关，因为产品或生产条件的差异越大，市场参与程度越深，标准化对交易费用的节约作用越突出。即林业标准化降低生产过程及林业市场中发生的交易费用。

林业标准化可以减少信息不对称费用。对于生产环节来说，林业标准化的实施会使生产技术和操作规程开放化，消除不同生产者之间的生产技术的差异，节约了生产者搜寻先进技术的成本；对于市场交易环节来说，在林业标准化的制度保障下，生产过程和产品品质都是严格控制的，消费者可以通过查阅生产标准和产品标准获取信息。

林业标准化可以降低合约签订、监督和执行的费用。当前，林业生产过程中的交易费用主要是由我国林业生产经营主体为分散化的小农户导致的，一方面，主体多而分散导致无法签订合约或谈判成本很高；另一方面，生产过程的千差万别导致合约难以履行。林业生产过程的标准化可以在一定程度上消除林产品和林业生产条件的差异，生产管理的标准化可以推动经营主体组织化和生产规模化。

林业标准化可以有效避免交易欺诈行为。交易欺诈行为的根源在于市场机制不健全，在信息不对称的遮蔽下欺诈行为有机可乘，而且难以追究到责任人，违规成本较低。林业标准化是市场机制有效运行的保障，通过消除信息不对称保护生产者和消费者的合法权益；林产品可追溯体系的建立可以明确市场主体的责任，提高违规成本，避免交易欺诈行为的发生。

3. 规模经济

规模经济是由于存在边际报酬递增，当生产规模扩大时，平均成本有降低的趋势。在拉夫经济学辞典中，规模经济是指在技术条件不变的情况下，随着产量的增加，平均生产成本呈现下降趋势的现象。根据马克思主义理论，规模经济是由于当生产规模扩大时，劳动生产率会得到提高，导致商品成本下降。西方经济学认为，规模经济是由以技术进步为主体的生产诸要素的集中程度决定的。生产规模的扩大有两种途径：一种是横向规模扩大，即相同生产工序或阶段的资源合并与重新组合；二是纵向规模扩大，即依据一定的关联将有关阶段的资源重新配置，以拓展各阶段单独运行无法实现的潜力。

作为我国农林业生产的基本制度，家庭承包经营决定了农林业小规模、分散化的现状。随着农林业市场经济的发展，这种生产情况与大市场需求之间的矛盾日渐突出。农林业规模经营正是破解农林业发展困境的有效途径。农林业规模经营是指根据规模经济的要求和自然、经济、社会、技术条件的可能，将土地等生产要素适当集中，通过扩大单位生产个体的经营规模，实现更加高效及更大经济效益的农林业经营方式。规模经营不是要否定农林业家庭经营，而是在坚持农户家庭经营体制的前提下，通过联合与创新实现农林业经营规模的扩大。

农林业规模经营对我国发展具有重要的意义。规模经营有利于开展农林产品的精深加工，延长农林业产业链，增加农林产品的附加值，推进农林业产业化发展。扩大经营规模可以降低分摊到单位农林产品的固定成本，使固定资产得到充分利用。规模经营便于农林产品销售，能降低产品的销售费用，也有利于生产资料的批量采购，从而降低生产环节所需的交易费用。随着农林业生产逐渐走向市场化和国际化，规模经营有利于实施农林产品品牌战略，利用品牌营销扩大农林产品在国内和国际市场上的竞争力。

4. 林业产业化

（1）林业产业化理论

林业产业化的构成要素包括龙头企业、生产基地、主导产业、市场体系、社会服务体系等。龙头企业在林业产业化中发挥支柱作用，是连接农户与市场的桥梁和纽带，具有引导生产的导向功能、扶持和服务功能、开拓国内外市场的作用。因此，龙头企业建设是林业产业化的关键环节。

生产基地是龙头企业的依托，是龙头企业与农户联结的纽带，可以充分发挥自然优势，促进生产要素的优化组合，实现经营规模的扩大，推广使用先进生产技术，提高林产品的商品化程度和市场竞争力及农民的组织化程度。

主导产业是指一个地区在一定时期内的产业体系中，技术先进、生产规模大、商品率高、经济效益显著，能够较大幅度地增加农民收入和地方财政收入，并在产业结构中占有较大比重，对其他产业和整个经济发展具有强烈的推动作用的产业。主导产业在林业产业化中上连市场、下接农户，发挥培植中介组织和生产基地的作用。

市场体系是指以商品市场为中心，资金、土地、技术、劳动力、信息等多种要素市场组成的有机统一体，具有交换、实现、检验评定和促进社会资源合理配置的功能，是培育主导产业、带动区域化生产、连接生产与销售的关键部分。

社会服务体系为农林业提供产前、产中、产后各项服务，是农民联合走向市场的桥梁，能够加强政府与农民的联系，连接龙头企业与农户，促进农林业的专业化、规模化和科技推广应用，而且是农林业产业化的新生长点和有效载体（杨文任，2005）。

（2）林业标准化与产业化

首先，标准化是实现林业产业化的前提。林业产业化的实质是林业生产的市场化和社会化，按照市场需求组织生产。在林产品生产模式中，如何满足市场对林产品的种类、质量、等级、品牌等具体的需求成为提高林业产业化水平的关键。林业标准化以市场需求为导向，根据市场的需求制定相关标准，并在生产过程中实施，提高生产的规范化水平以及林产品的品质，从而保证产品的种类和质量符合市场需求。因此，林业标准化能够有效解决林业生产与市场需求之间的矛盾，为实现林业产业化发展奠定基础。

其次，标准化是产业化要素的重要支撑。具体来说，林业标准化包括管理标准化、基地环境标准化、生产过程标准化、产品质量标准化及储存运输标准化等。管理标准化是培育龙头企业的关键，对企业范围内需要统一、协调的技术、管理和工作事项进行有组织、有计划的标准化，从而提高企业管理的效率。基地环境标准化是指植物生长地和动物养殖地的空气环境、水环境和土壤环境质量要符合质量安全标准的要求。基地环境标准化是生产基地的重要保障，通过对生产环境的水、土等条件的限定，确保生产基地安全、无污染，是林业生产过程和林产品质量安全的基础。生产过程标准化就是实现动植物种养技术的规程化，严格农林业投入品的使用，明确耕作制度以及生产操作流程，规范生产管理及服务，确保产品质量。种养技术规程化是发挥地区产业优势、满足市场需求的关键，是林业产业化健康发展的保障。产品质量标准化是林业生产的最后环节，也是林产品上市销售的基础，而储存运输的标准化则是林业生产在市场环节的延伸，产品质量和储存运输的标准化是维持良好市场秩序的重要保障。

（3）林业标准化与规模经济

通过实施林业标准化实现规模经济的原理主要体现在以下三个方面。

一是林业标准化能够促进资源的合理配置。标准化活动是由人力、物力、财力、技术、信息等要素构成的社会活动，综合标准化就是对各要素进行合理筹划和有机组合，从而发挥系统效应（李春田，2014）。林业标准化作为一项综合标准化工作，在已有的土地、生产资料、劳动力、生产技术等资源的基础上，根据现代林业发展的需要进行资源的合理配置，把林业的生产、加工、销售、运输等环节有机地衔接起来，充分发挥各项资源系统化组合的规模效应，实现规模经济。

二是林业标准化能够提高生产技术水平。规模经济是由以技术进步为主体的生产要素的集中程度决定的，林业生产技术进步是扩大农林业生产规模的重要推动力（孙晓霞，2008）。实施林业标准化的主要做法就是将先进的技术和成果转化为标准或规程，通过实施标准指导生产过程，其本身就是一项技术推广活动。在实际推广过程中，通过将复杂的生产技术简单化，形成“明白纸”、生产手册，或通过培训指导，突破农户文化素质较低的限制，提高先进农林业技术的转化率和普及率，促进林业技术整体水平的提升，实现规模经济。

三是林业标准化能够节约林业生产资源。林业标准化的原则是“简化、统一、协调、优选”，因此，实施标准化本质上就是提高林业生产效率的过程。林业标准是在先进科学技术的基础上，对生产过程进行统一优化，避免了生产过程中的无效和重复操作，减少了生产资料和劳动力的耗费；综合管理则是利用现代先进的管理方法，提高生产主体的积极性，协调生产过程中各方的行为，减少生产过程中的不确定性。因此，林业标准化是实现生产节约的重要途径，可进一步推进林业规模化经营。

第二节　国际林业标准化现状

一、标准化发展历程

标准化活动是人类生产实践的一部分，今天，标准化活动的历史同人类社会生产发展的历史一样久远，记载着人类征服自然的足迹。从整个历史发展来看，标准化活动可以分为四个阶段。

1. 远古时代人类标准化思想的萌芽

人类的祖先在不同地区、不同自然环境中生活和劳动，使用的器物虽然各具特色，但在长期实践过程中通过相互交流、融合，不断摸索、不断改进，终于从多种多样的器物中选出最适用的一种或几种，使其形状、大小逐渐趋于一致。这种统一化的器物常常作为“标样”互相模仿、世代相传，这便是人类最初的、最朴素的（或无意识的）标准化，通过这种方式流传至今的习俗、规则、器物比比皆是。

2. 建立在手工生产基础上的古代标准化

人类有意识地制定标准，是由社会分工所引起的。社会分工引起的直接结果是生产的发展和生产用品的交换。为了体现交换过程中的等价原则，必须对交换物进行计量，以轻重、多少或者长短进行定量，这就是最初的计量器具——度量衡产生的社会经济原因。随着生产的发展和手工业技术的进步，手工业内部分工的细密化和手工业技术的规范化及科学化就成了这一时期手工业发展的突出特点。春秋末期齐国人著的《考工记》就是一部手工业生产技术规范的汇总。秦统一中国以后，用政令对计量器具、文字、货币、道路、兵器等进行了全国规模的统一化，同时颁布了各种律令，如《工律》中规定，“为器同物者，其大小短长广必等”，很显然这是要求同类器物的外形尺寸应一致。这些措施对当时经济、文化的发展起到重要的促进作用。被称为“标准化发展的里程碑”的活字印刷术是北宋时代的毕昇在1041—1048年首创的。这一伟大发明不仅是对人类科学文化的宝贵贡献，而且孕育着近代标准化方法和原理的萌芽，他成功地运用了标准件、互换性、分解组合、重复利用等方法和原则。

3. 以机器大工业为基础的近代标准化

近代标准化是古代标准化的继承和发展，但两者有着本质的区别。古代标准化建立在手工业生产的物质技术基础上，基本上处于现象的描述和经验的总结阶段，它在经济发展中的作用并不突出。近代标准化是在大机器工业的基础上发展起来的，生产和科学技术的高度发展，不仅为标准化提供了大量的经验，而且提供了系统的实验手段，从而使标准化活动进入了以严格的实验事实为根据的定量化阶段，这时人们通过民主协商的办法在广阔的领域里采用了自己设计的工业标准化体系，伴随着工业化过程，创造出高度发达的物质文明。

近代标准化伴随着工业革命及其带来的大工业时代产生，1798年美国惠特尼发明了可互换的武器零部件，首次体现出标准化对武器生产的巨大威力。对于近代标准化做出重大贡献的另一个人是英国机械工程师惠特沃斯，1833年他在英国现代工业的摇篮曼彻斯特开办了自己的机床厂，独创了精密的量具量规，从而制造出高质量的机床部件，提高了劳动生产率，1841年他建议在全国采用统一的螺纹尺寸制度，取代了当时种类繁杂的螺纹尺寸，并很快被英国和欧洲各国采用，这就是有名的惠氏螺纹。泰勒（1856—

1915 年）是在现代标准化发展史上另一位有重大贡献的人。他主张："每项工作都只会有一种最好的方法、一种最好的工具和一种最合理的完成时间。该项工作完成的好与坏，在所有的设备、工具都达到标准化的情况下，取决于劳动者的每一个动作是否标准。"为此他创造了一套测定劳动时间和研究劳动动作相互关系的工作方法，这套理论被称为"科学管理"。

近代世界各国的标准化的主要表征为：提高生产率、扩大市场、调整产品结构、实现生产合理化。近代标准化是在大机器工业基础上发展起来的。1865 年法、德、俄等 20 多个国家在巴黎成立了"国际电报联盟"（ITU），1932 年 70 多个国家的代表在马德里决议将其改名为"国际电信联盟"。

近代大工业的发展，迫切需要标准化为其开辟前进的道路，其中最有代表性的事件就是发生在英国的斯开尔顿公开信。斯开尔顿的公开信催生了世界上第一个国家标准化机构——英国工程标准委员会。1901 年，世界上首家标准化组织英国标准学会（BSI）在英国成立。1902 年，英国发布了极限表的纽瓦尔标准。1906 年英国颁布了国家公差标准。1911 年，泰勒的《科学管理原理》提出了标准作业方法和标准时间。之后在不长的时间内，先后有 25 个国家成立了国家标准化组织。1906 年成立了国际电工委员会（IEC）。此后，荷兰（1916 年）、菲律宾（1916 年）、德国（1917 年）、美国（1918 年）、瑞士（1918 年）、法国（1918 年）、瑞典（1919 年）、比利时（1919 年）、奥地利（1920 年）、日本（1921 年）相继成立了国家标准化组织。1946 年 10 月，由中、英、美、法等 25 个国家在伦敦发起成立了国际标准化组织（ISO）。1947 年联合国同意将 ITU 作为其专门机构，总部设在日内瓦。标准化进入了快速发展时期。世界各国逐渐形成了自己的标准化体系。

目前全世界近 200 个国家和地区中已经有了 146 个国家建立了国家标准化组织。

4. 以系统理论为指导的现代标准化

从目前世界经济技术发展的状况和趋势来看，它已经表现出来的特点是：

（1）系统化

在现代社会，由于生产过程高度现代化、综合化，一项产品的生产或一项工程的施工，往往涉及几十个行业、成千上万的企业和各门科学技术，它的联系渠道网遍及全国。生产组织、经营管理、技术协作关系，千头万绪、错综复杂。在这种形势下，标准化工作靠制定单个的标准已经远远不够了。它要求从系统的观点处理问题，并且要建立同技术水平和生产发展规模相适应的标准系统。这个标准系统还要跟产品系统、生产系统以及整个国家的经济管理系统相协调。

（2）国际化

经济发展的国际化趋势，可以说是人类社会发展不可阻挡的潮流。现在世界绝大多数国家都积极参与国际标准化活动。采用国际标准也已成为普遍现象，不仅第三世界国家，就是工业发达国家也不敢怠慢。这种标准的国际性，不仅是国际间经济贸易交往的必然要求，而且是减少或消除贸易壁垒，促进经济发展的必要条件。世界贸易组织 / 贸易技术壁垒协定的目的之一，就是确保技术法规和标准，以及根据技术法规和标准建立的质量认证制度，不致给国际贸易造成不必要的障碍。

（3）目标和手段的现代化

目标的现代化是指面向高技术的标准化。在标准化活动的手段方面，运用电子计算机进行资料管理、标准资料检索、标准化信息的反馈和信息处理，正在变为现实。

通过对标准化发展过程的简单回顾，可以得出这样的结论：标准化是人类实践的产物，是社会发展到一定阶段必然出现的；随着生产的发生而发生，又随着生产的发展而发展；受生产力水平的制约，又为生产力的发展创造条件、开辟道路。经济的发展、科学的发展，是标准发展的动力。

5. 国际标准化发展趋势

20 世纪 90 年代末，国际上出现了“标准化战略热”，有关国际组织、区域组织及一些发达国家和发展中国家纷纷研究制定标准化战略。主要原因是经济全球化的发展使标准化环境发生了重大变化，传统的标准体系受到了严峻的挑战，同时也迎来了标准化发展的重要机遇。抓住发展的机遇，积极迎接挑战成为当今国际社会标准化发展的战略主题。

标准化推广程度也在不断扩大，并且建立了较为完整的支撑体系。近年来，特别是自 20 世纪 90 年代后期以来，为适应全球经济一体化的需要，国外发达国家面向国际市场在不断完善标准体系的同时，纷纷研究制定本国的标准化发展战略和相关政策，并把国际标准化战略放在整个标准化战略的突出位置，使发达国家在农林业标准化建设中出现了突出国际标准化战略的趋势，努力推进本国的标准使之成为国际标准。

2001 年 9 月 ISO 发布了《ISO 标准化发展战略（2002—2004）》，主要包括 ISO 远景目标、具体战略及主要战略措施。2003 年 5 月，ISO 提出了制定 2005—2010 年战略的构想，并且征求成员国意见。它的主要内容包括加强 ITU、IEC 的协调，建立高层次的世界标准协调机制（WSC）；促进更多国家积极参与国际标准化活动，提高 ISO 标准的全世界市场适应性，实现“一个标准、一次检验、全球有效”等十项战略发展构思。同样，ITU、IEC 等国际标准化组织也在不同时间发布了自己的战略发展方向。

国际上专门研究和处理农林业标准化相关事务的组织有联合国粮农组织、国际食品法典委员会、国际兽疫防治局、国际标准化组织、世界贸易组织等。国外对标准化的理论研究比较有影响的是英国的桑德斯在《标准化的目的与原理》一书中的 7 个原理和日本的松浦四郎在《工业标准化原理》一书中提出的 19 个原理。

发达国家对农林业标准化研究开始于 1921 年，1928 年正式成立了国际标准化协会，“二战”期间中断，1944 年，由英国、美国、中国等 18 个国家发起成立联合国标准协调委员会，继续开展国际标准化协会工作，1947 年联合国粮农组织（FAO）成立国际食品法典委员会（CAC），专门负责农林业方面的标准化工作。到 1999 年底，CAC 已制定农林业标准 1302 项，农药残留限量标准 3274 项，成员国达到 165 个，形成了推动世界农林业标准化的强大的国际力量。

尽管国外对农林业标准化研究较早，在农林产品生产的标准化实施方面比较先进，但并没有明确的农林业标准化概念，与之相近的是有机农林业和危害分析及关键控制点的概念。危害分析与关键控制点（HACCP）诞生于20世纪60年代，开始主要应用于宇航员食品安全质量的控制，目前英国、日本、新西兰、澳大利亚等国广泛采用HACCP，欧、美已经把它列入食品法典中。

CAC通过并应用了危险分析和关键控制点（hazard analysis critical control point，HACCP）体系的指南，把HACCP看作评估危害和建立强调预防措施（而非依赖于最终产品的检测）的管理系统的一种工具。

HACCP体系是一个确定特定危害（生物学危害、化学危害和物理性危害）并提供控制这些危害的预防措施的体系，即它是一个食品安全控制的预防性体系。

美国赫曼·威廉姆对HACCP的研究认为，HACCP是用于对某一特定食品生产过程进行鉴别评价和控制的一种系统方法，杰·比利·托马斯认为应将HACCP标准推广应用纳入国家整体的食品安全战略。乌·鲍威茨·罗伯特则从危害分析和危害程度评估、确定关键控制点、建立关键限值、关键控制点的监控等七个方面阐述了建立HACCP系统的基本过程。

目前，HACCP的研究表现在三个方面，一是有关HACCP与传统质量控制方式区别的研究，二是有关HACCP标准的推广应用研究，三是有关如何建立HACCP体系的研究。国外经过多年的建设和发展，在有机农林业和HACCP理论研究方面都取得了丰硕的成果，已经形成了较为成熟的实施支撑体系，建立了完善的组织管理机构。在食品安全方面已经形成了比较完备的质量标准体系，同时在生产过程中采用HACCP控制已形成共识。在有机农林业研究方面，建立了包括联合国层次、国际非政府组织标准和发达国家标准三个层次的有机农林业质量标准体系。另外，在有机农林产品市场销售渠道上采取多元化的策略，有机农林产品的认证采用自愿和强制相结合的做法等都在一定程度上更加促进了标准化的有效实施。

6. 中国标准化发展现状

新中国成立后的标准化事业分为三个阶段。1949—1988年是中国标准化事业发展及其管理的第一个历史阶段；以党的十一届三中全会为标志，中国实行了改革开放等一系列方针政策，由计划经济向市场经济逐步转变。1988年12月29日全国人民代表大会通过了《中华人民共和国标准化法》，这是中国标准化事业发展的第二个阶段。第二个阶段的最后一段时间里，标准化事业及其管理经历发生了一些重要的变化，其重要的标志就是2001年12月11日，中国加入了世界贸易组织（WTO），从此，中国的标准化事业发展进入了历史性的第三个阶段。

1949年10月成立了中央技术管理局，内设标准规格化处。1950年在中央政府和朱德同志的参加及领导下，重工业部召开了首届全国钢铁标准工作会议，提出对旧中国遗留下来的标准进行彻底改造并有计划地制定我国冶金标准的任务，1952年颁发了我国第一批钢铁标准。1955年在中央制定的发展国民经济的第一个五年计划中，提出了设立国家管理技术标准的机构和逐步制定国家统一的技术标准的任务。1956年，中央决定成立国家技术委员会（后改为国家科学技术委员会）。1957年，在国家技术委员会内设标准局，开始对全国的标准化工作实行统一领导。1961年开始执行“调整、巩固、充实、提高”的方针，标准化工作得到加强和发展。1962 年国务院发布了《工农业产品和工程建设技术标准管理办法》，这是我国第一个标准化管理法规，对标准化工作的方针、政策、任务及管理体制等都做出了明确的规定。1963 年 4 月召开了第一次全国标准化工作会议。

1978 年 5 月国务院批准成立了国家标准总局，加强了对国家标准化工作的管理。1979 年召开了第二次全国标准化工作会议。同年 7 月 31 日国务院批准颁发了《中华人民共和国标准化管理条例》。

1988 年 7 月国务院决定成立国家技术监督局统一管理全国的标准化工作。1988 年 12 月 29 日第七届全国人民代表大会常务委员会第五次会议通过了《中华人民共和国标准化法》（以下简称《标准化法》），并于 1989 年 4 月 1 日施行。《标准化法》的颁布对于推进标准化工作管理体制的改革，发展社会主义市场经济有着十分重大的意义。

1990 年 4 月 6 日国务院依据《标准化法》制定发布了《中华人民共和国标准化法实施条例》，对标准化工作的管理体制、标准的制修订、强制性标准的范围和法律责任等条款作了更为具体的规定，进一步充分完善了《标准化法》的内容，成为《标准化法》的重要配套法规。

依据《标准化法》的有关规定，国务院 1991 年 5 月 7 日发布了《中华人民共和国产品质量认证管理条例》，为标准的贯彻执行、认证工作的开展做出了明确的规定。

随着标准化法及其配套法规的实施，我国标准化工作（含认证工作）已逐步走上了依法管理的轨道。我国的标准化事业已经形成了相当的规模，有了较为雄厚的基础。到 2000 年底现行国家标准总数已达到 19000 多个。

我国是国际标准化组织理事会成员、国际电工委员会（IEC）理事局成员和执委会成员，分别以积极成员（P）身份参加了 150134 个技术委员会（TC）和 345 个分技术委员会（SC）的活动。

2002 年 10 月，中共十六大提出了全面建设小康社会的奋斗目标，并提出：建成完善的社会主义市场经济体制，以及大力实施科教兴国和可持续发展战略的具体目标。这也对新时期标准化事业提出了新的要求。

“适应市场为本，实现跨越式发展”是我国标准化发展的战略思想；党和政府现在已将标准化事业纳入我国社会主义现代化发展的重要地位上来，可以预计，在今后几年将有如下几个方面的发展趋势。

- 规范、高效、透明的运行机制；
- 标准的自愿属性将被确立；
- 标准化将更加适应市场；
- 中国的标准化水平将更能反映我国的科技发展及企业的管理水平；
- 中国将成为对国际标准化工作做出重大贡献的国家；
- 政府将宏观管理。

二、林业标准化国际组织

林业标准化是林业工作的重要基础性工作，随着国际贸易与全球经济合作的发展，林业标准化也日益发展，既是各国开展经济与技术合作的基础，也是各国限制国外林产品进入本国市场构筑的一道“壁垒”。

林业标准化，在国际上，目前主要是对林产品及其加工产品质量体系的标准化，整个标准体系多包含在农林业标准化体系当中，相对完善。这主要表现在：制定农林产品标准的目标明确；标准与法律、法规紧密结合；产品标准先进实用；实施标准的配套措施健全。

从事农林业标准化的国际组织很多。截至20世纪末，总共有30多个，其中主要有：

- 国际标准化组织（ISO）
- 联合国粮食与农业组织（FAO）
- 世界卫生组织（WHO）
- 国际食品法典委员会（CAC）
- 联合国欧洲经济委员会（UN/CEE）
- 经济合作与发展组织（OECD）
- 欧洲经济共同体（EEC）
- 国际种子检验协会（ISTA）
- 国际农产品联合会（IFAP）
- 国际谷物化学协会（ICC）
- 国际乳品业联合会（IDF）
- 国际葡萄和葡萄酒组织（IWO）
- 国际冷冻学会（IIR）

另外，由于农林产品种类比较多，大致每类农林产品都有一个国际组织。这些组织都把农林业标准化作为其生产经营活动的一部分内容。

1. 国际标准化组织（ISO）

国际标准化组织是专门从事标准化工作的国际民间组织，为联合国甲级咨询机构。ISO技术组织形式是根据不同技术专业领域成立技术委员会（TC），委员会下设分会技术委员会（SC），分会技术委员会下设工作组（WG）。ISO制定了9000多个国际标准。在近200个TC中涉及农林业方面的有十多个，制定了近千个国际标准。有关林业的技术委员会有TC34林产品食品、TC50胶、TC54香精油、TC55锯材和原木、TC87软木、TC89建筑纤维板、TC93淀粉、TC99木材半成品、TC120皮革、TC134肥料和土壤改良剂、TC190土壤质量、TC218木材技术委员会等。这些TC根据工作需求成立了若干个分委员会和工作组。

2. 国际食品法典委员会（CAC）

国际食品法典委员会（Codex Alimentarius Commission）是联合国粮农组织和世界卫生组织共同组建的从事食品方面标准化的专门机构，成立于1962年，总部设在意大利首都罗马，现有成员约150个。我国于1986年4月正式加入该组织，并在国内成立了食品法典委员会协调领导小组，由农业部、卫生部、国家质检总局等部门参加，办公室设在卫生部食品卫生监督检验所。

国际食品法典委员会自成立后，就将食品安全意识提升到前所未有的高度，采用危险分析法制定法典标准、准则或规范，包括危险性评估、危险性管理和危险性信息。

CAC于1993年3月在日内瓦召开了有关进行HACCP培训的专家会议，会议确定了对政府食品监督和企业质量控制人员进行HACCP培训的模式。同年，CAC的食品卫生分委会（CCFH）起草了“应用HACCP原理指南”，对HACCP的名词术语、建立HACCP体系的基本条件、CCP判断树的使用等作了详细的规定。CAC于1997年通过并采纳了《HACCP体系及其应用准则》作为《食品法典—食品卫生基础文件》（*Food Hygiene Basic Texts*）三个文件之一（另两个文件是《国际推荐的操作规范—食品卫生一般原则》和《食品微生物标准的制定和应用原则》），并被收入食品法典中。该准则指出，HACCP体系具有科学性和系统性，它确定特定的危害和控制这些危害措施，以保证食品安全。HACCP体系的应用可贯穿从原料的生产到最终产品消费的全部环节，实施HACCP体系除了可以提高食品安全水平外，还会带来其他重要的益处，譬如，因为提高了对食品安全的信心而促进国际贸易的发展，应用HACCP体系有助于管理部门实施监督等。应用HACCP体系与实施ISO 9000系列质量管理体系是食品安全卫生管理方面的优选体系。该准则特别指出，有关HACCP应用于食品安全管理的概念，可以推广到其他质量管理工作中。

3. 联合国欧洲经济委员会（UN/CEE）

联合国欧洲经济委员会是联合国经社理事会于1947年成立的区域性经济委员会，成员国为欧洲各国，美国、日本、加拿大也是其成员。该委员会下设的农林业委员会设有从事农林产品标准的专门工作组，已经制定了大量的农林产品标准。其中，水果、蔬菜方面的标准，不仅规范欧洲的贸易，而且对美洲、非洲、中东进口到欧洲的水果、蔬菜影响很大，所以农林产品要进入欧洲市场，就必须了解联合国欧洲经济委员会的相关标准。

4. 国际种子检验协会（ISTA）

国际种子检验协会成立于1942年。它的任务是制定国际统一的种子检验方法标准，并在种子贮藏、标签、检验仪器设备等方面制定统一的国际标准。国际种子检验协会下设抽样、净度、发芽、活力、水分、包衣、贮藏、设备、品种、病害等十多个专门委员会，分别负责各自领域的方法研究和协调，其工作成果体现在《国际种子检验规程》中。该规程于1953年首次发布，并不断修订补充，是国际贸易中公认的种子检验标准。我国国家标准《农作物种子检验规程》《林木种子检验方法》《牧草种子检验方法》参照此标准，并不断向其靠拢。

5. 国际植物保护公约（IPPC）

国际植物保护公约（International Plant Protection Convention，IPPC），是在FAO的倡导下于1952年成立的，目前已有120个国家政府签约加入。IPPC的宗旨是加强植物保护领域的国际合作，防止植物及植物产品中的有害生物在国际上扩散。IPPC 标准为 WTO/SPS 协定所认可，并成为农林产品国际标准的重要组成部分。IPPC 标准由三个部分组成：一是参考标准，如植物检疫术语词汇表；二是概念标准，如病虫风险分析指南；三是专门标准，如柑橘溃疡病鉴定。

6. 其他组织

随着世界区域经济一体化的形成，区域标准化日趋发展。区域标准化是指世界某一地理区域内有关国家、团体共同参与开展的标准化活动。目前，一些发展中国家和地区已成立标准化组织，如泛美技术标准委员会（COPANT）、非洲地区标准化组织（ARSO）等。COPANT 是中美洲和拉丁美洲区域性标准化机构，成立于 1947 年，旨在制定美洲统一使用的标准，以促进中南美洲国家经济和贸易的发展，协调拉丁美洲国家标准化机构的活动。受拉丁美洲自由贸易协会委托制定各项产品标准、标准试验方法、术语等，以促进拉丁美洲国家之间的贸易，巩固拉丁美洲共同市场。

1977 年 1 月，非洲 17 个国家在加纳首都阿克拉召开会议，决定成立非洲地区标准化组织。这是一个政府间组织，其主要目的是促进非洲在农林业方面的标准化、质量管理和产品合格认证工作的发展，制定非洲地区标准 ARS，协调成员国参加国际标准化活动，在本地区建立标准及与标准有关活动的文献和情报系统。ARS 标准包括通用标准、农林产品和食品标准、建筑工程标准、机械工程和冶金、化学和化学工程、电子标准、通信、环保及人口控制标准。对于已有 ARS 标准的产品，拟订和协调非洲地区的认证标志计划，进行相互承认或多边承认的认证工作。

三、主要发达国家和组织林业标准化

林业标准化是林业工作的重要基础性工作，在国际上对林产品及其加工产品质量标准体系的建设非常重视，整个标准体系相对完善。世界发达国家已构建了有机农林业标准体系框架，确定了有机农林业标准体系是由技术法规、技术标准、检验、检疫、抽样和认证标准体系、监督体系、有机农林产品认证体系构成的思想。标准体系框架包括生态农林业生产的全过程，建立了从地块选择到餐桌的系列标准，涵盖了生态农林业生产的各个环节、各个方面。有关林产品及其加工产品质量标准体系的完善性主要表现在：

- 制定林产品标准的目标明确；
- 标准与法律、法规紧密结合；
- 产品标准先进实用；
- 实施标准的配套措施健全。

一些发达国家对建设林产品质量安全监测体系发展的新趋势也提出了一些新的要求，主要是以下几个方面：

- 建立国际农产食品质量安全控制的共同要求；
- 安全监控；
- 建立官方安全监控管理体系；

- 建立生产企业安全管理体系；
- 建立农产食品进出口控制体系。

1921年，比利时、荷兰、加拿大、英国、美国等国家的标准化管理机构在英国伦敦召开联席会议提出了“农业标准化”，此后农业标准化越来越受到世界各国特别是发达国家的重视。应该说明的是，很多国家的林业标准包含在农林业标准范围内。1928年，国际标准化协会（ISA）正式成立，在“二战”期间，该协会的工作曾中断了一段时间。1944年，英国、美国、中国等18国发起成立了联合国标准协调委员会（UNSCC），代替原来的“国际标准化协会”继续开展标准化工作。1946年，国际标准化组织（ISO）正式成立。1962年，世界卫生组织加入国际食品法典委员会共同参与管理国际标准化工作。国际贸易强烈要求农林产品规格化、标准化。随着农林产品贸易范围和贸易量的扩大，各国都在强化自己的贸易地位，致力于制定完善的标准体系和产品的质量评价体系，开展农林业标准化工作。在西方发达国家，有不少官方和非官方组织从事着农林业标准化的管理工作，它们基本建立了比较完善的农林业标准化体系，世界贸易组织（WTO）在其卫生等相关协定中将国际食品法典委员会发布的标准作为国际贸易的参考依据，世界各国参与CAC活动的意识不断增强。其他还有诸如世界动物卫生组织（OIE）、国际植物保护公约（IPPC）、国际有机农林业运动联盟（IFOAM）、国际标准化组织农产食品技术委员会（ISO/TC34）、国际橄榄油理事会（IOOC）、国际种子检验协会（ISTA）、国际葡萄和葡萄酒组织（IWO/OIV）等，每年通过公告向世界发布标准信息，是世界农林产品及其加工品等标准化的关键环节。

总之，经过多年的建设，国外发达国家的农林业标准化理论研究日臻完善，实践经验日益丰富。农林产品国际贸易是国际经济合作的重要组成部分，农林业标准化是随着农林产品国内和国际贸易以及国际经济合作的开展而逐步产生、发展起来的。当今发达国家，尽管农林业在其国民经济中所占比重不大，但农林业在国民经济中的基础地位仍然相当重要，特别是以农林业标准化为技术支撑的组织化、产业化以及市场化程度普遍较高，这些国家和地区在农林业的产前、产中、产后等各环节基本都实现了标准化，而且都建立了比较完整的支撑体系。

1. 美国

长期以来，美国推行的是民间标准优先的政策，鼓励政府部门参与民间团体的标准化活动，从而调动各方面的积极因素，形成了相互补充、相互竞争的多元化格局。美国的农林业标准有三个层次：一是国家标准，主要涉及农林产品安全与卫生、分等分级、动植物检疫和有机食品等方面的标准，由联邦农业部、卫生部和环境保护署等政府机构，以及经联邦政府授权的特定机构制定。二是行业标准，由民间团体如美国谷物化学师协会、美国苗圃主协会、美国奶制品学会、美国饲料工业协会等制定。民间组织制定的标准具有很高的权威性，不仅在国内享有良好声誉，而且被国际广为采用。三是由农场主或公司制定的企业操作规范，相当于我国的企业标准。

美国的农林业标准体系安全标准与品质（产品）标准截然不同。安全标准以农药、兽药、微生物等危害因素在不同农林产品中的允许量为主，品质标准以产品类型为划分单元，主要包括产品质量分等分级、包装运输及相关标准。由于美国农林业标准体系建设起步较早，目前已形成包括安全标准、产品标准、投入品标准、生产技术规程、生态环境标准、包装贮运、有机食品等标准在内的完备的标准体系。

美国制定的农林业政策和法规以促进农林产品营销、加工和出口为主要目的，有关标准化工作也是围绕这个目标开展的。与农林业标准化有关的法律有《联邦谷物标准法》《农业营销法》《联邦种子法》《联邦食品药物化妆品法》四部。联邦农业部负责前三部法律的实施。在农业部内联邦谷物检疫局负责联邦谷物标准化法的落实和实施，具体组织制定小麦、玉米、大豆等12种谷物和油料产品的规格标准，并负责检验出证。这些标准和检验对国内来说是自愿的，但在发生纠纷时是强制的，实质上是强制国内贸易利益的各方以这12种谷物油料的标准为最终依据。对出口来说，这些标准是强制执行的。每五年对标准复审一次，一般只做小的修改。如小麦标准，近80年来几乎没有变动，只在1992年增加了蛋白质含量指标作为参考指标列入标准。

农业部联邦农业服务局负责实施《农业营销法》，制定水果、蔬菜、畜、禽等农林产品标准，这些标准均为自愿的，在实质上与谷物标准是一致的。农业部还负责《联邦种子法》的实施，主要抓两个环节，一是营销环节实施标签制，种子质量通过明示进行担保，其检验方法标准使用国际通用的ISTA规程；二是在生产和种子加工过程中建立“良好行为规范”，该规范由农业部制定，是指导性的。食品药物管理机构负责《联邦食品药物化妆品法》的实施，同农林业有关的涉及农副产品中的农药、兽药残留与卫生的限量标准和检验方法标准是强制性的。

2. 欧盟

为了加快欧洲各国标准化的协调进程，欧盟于1985年发布了《关于技术协调和标准化的新方法》，凡涉及产品安全、人体健康、消费者权益保护的内容都制定了相关的指令。指令在欧盟各成员国强制执行。指令中只写基本要求，细节将由标准规定。属于指令范围内的产品（如食用农林产品、加工食品、饲料）必须满足指令的要求才能在欧盟市场销售，达不到要求的产品不许流通。标准由欧盟标准化组织及其各成员国政府制定，内容为指令中安全卫生所要求的技术细节。标准为推荐执行的标准。欧盟成员国在制定标准时，除贯彻欧盟指令要求外，还充分引进和借鉴国际标准。如德国在制定标准时，充分利用其作为ISO成员的优势，直接采用ISO标准作为本国标准，同时也极力促成本国标准上升为ISO标准。

欧盟有比较健全的农林业标准化法律，对ISO、CAC等大多数是直接采用，其原因在于欧盟国家直接参与了上述国际标准的制定工作，从而使国内标准与国际标准结合在一起。法国的农林业标准化工作在欧盟具有代表性。法国从事农林业标准化的机构有政府的，如法国消费部反诈骗质量管理处、生产交换局、国立农林业研究院等；有民间的，如法国标准化协会，该协会设有农业、卫生和包装处，从事农林业方面的标准化工作。该协会与法国农业部有密切合作关系，受农业部委托承担该部赋予的标准制定任务，或在政府的支持下，承担ISO、CAC、欧盟等有关农林业方面的标准制定任务。尤其值得一提的是，法国建立起了完善的农林产品质量识别标志制度，其主要内容是：优质产品使用优质标签；载入生产加工技术条例和标准的特色产品，使用认定其符合条例和标准的合格证书；以特殊方式生产符合生物农林业要求的产品，使用生物产品标志；来自特定产地、具有该地区典型特征的产品，以某产地产品命名。该制度是建立在自愿参与、自觉遵守产品质量承包协议和有第三方监督基础之上的，它强调的是对农林产品品质真实情况的证明。

3. 日本

日本的农林业标准体系虽也分为国家标准、行业标准和企业标准三个层次，但为了保护本国农林业生产者和消费者利益，总体上采用的是以国家标准为中心的策略。20世纪50年代，日本颁布了《工业标准化法》和《农林产品标准法》。农林水产省相继设立了相应的标准管理机构，组织制定和审议农林产品标准（JAS标准）。日本的农林业标准体系由安全与品质两个方面的标准组成。农林产品安全标准主要包括农药、兽药最高残留限量，由日本厚生劳动省负责；品质标准以产品为核心配套制定，涉及鲜活农林产品、加工食品、有机食品、转基因食品等多个领域，其国家标准由农林水产省负责。同时，日本政府在制定标准过程中十分注重与国际标准接轨，在制定本国农林产品标准时，尽量参照国际标准的内容。如日本2001年4月1日实施的有机农林业标准，就是以欧盟标准为范本，其中绝大部分内容与欧盟的有机农林业标准相似。目前，日本已形成了比较完善的农林业标准体系。

4. 澳大利亚

澳大利亚是一个农林业发达的国家，该国高度重视农林业标准化工作，其主要经验有五个方面：

（1）不断完善农林业标准体系

澳大利亚的农林业标准分为强制类标准和非强制类标准。强制类标准实际上是政府管理部门颁布的技术法规，涉及的范围较窄，主要包括种子、农药和农林产品的标识标准与农林产品的安全卫生要求。大量的农林业标准为非强制类标准，以行业自律为主，靠市场需求调节。目前，澳大利亚已建立了较完善的农林业标准体系，包括产品品种、质量等级、生产技术规程、运输储存等方面的标准。

（2）重视农林业标准的监督管理

澳大利亚农林业标准的实施监督是采取政府部门分工负责的方式来实现的。

农林产品的安全、卫生标准由检验检疫局负责贯彻实施。进出口农林产品必须按标准进行抽样检验，达不到标准要求的农林产品一律不准进口和出口。对于国内市场上销售的农林产品，不进行强制检验，靠市场机制运作，由买卖双方协商。

种子标准由初级产业和能源部负责实施监督。农林业种子必须经种子检验站依据种子标准检验合格并颁发证书后方可进入流通领域，既保证了种子的质量，又防止了不良种子流入市场给农场主带来损失，有效地净化了种子市场的环境。

农药安全标准由国家注册管理局负责实施监督。农药必须经国家注册管理局注册登记才能进入流通领域，农场主使用农药必须遵循农药安全标准使用规定。检疫标准由检验检疫局和澳大利亚新西兰（联合）食品管理局共同负责。

（3）加强农林业质量管理

对质量管理进行立法，如《贸易公平法》《出口控制法》等，在此基础上还制定了一系列技术法规和强制性标准。

（4）将产品质量管理纳入政府行为

如在粮食收购中，实行国家验级员制度。这些验级员都经过专门培训，持证上岗，保证了检验的公正性和科学性。

（5）加强对农林产品质量的控制和引导

为控制农林产品质量，澳大利亚制定了严格的农林产品分等分级标准，完全实现了优质优价。如小麦不以水分、容重等分级，而是以蛋白质含量分等分级，对蛋白质含量太低的小麦，小麦局坚决不予收购，以此引导农场主积极种植优质品种。

5. 国外农林业标准化的效果评述与启示

根据德国、英国等学者的研究，标准实施后，对标准所涉及的产业领域带来的经济增长及其贡献方面，都将起到很大的促进作用，就像一个产业投入大量资本那样，也会有很大的提升作用。所以，标准的实施可有力推动新的科学技术普及，推动产业经济增长。这也是近年来世界各国致力于推行当地的标准化战略的原因所在。由此可以看出，标准化工作推动了经济的增长，通过将新技术吸收到标准中，对一项新技术的传播，以实施标准的形式得以实现。农林业标准化效果评价研究从文献来看，目前各国学者对标准实施后的效果，特别是经济效益方面的评价研究较多。1975 年，国际标准化组织收集整理了世界各国学者的研究成果，并公开发布了这些成果。苏联等国还根据一些学者的论断，起草了如何计算一项标准在实施后给当地经济和产业带来多少经济效益方面的标准，并发布实施。只是当时，因标准和标准化工作还不是很流行，所以，这些关于计算方法的标准在当时也没能得到各界的重视和推广实施。

德国是对标准化经济效益的研究最为突出、影响最大的国家。虽然标准实施后会对社会的发展有正向的推动作用，但如何计算、贡献率到底体现在哪些因素上，还没有很一致的说法。我国从 2006 年起，启动了中国标准贡献奖的评比工作，从其审查的要素来看，贡献方面主要集中在经济效益、社会效益和生态效益上，但也只是由申请单位自行提供相关的数据和素材，没有明确的计算方法。

（1）评述

纵观发达国家的农林业标准化工作，我们可以看出，从总体水平上看，这些国家的农林业标准化工作具有起步较早、法规健全、体系完善、标准化社会意识强、标准水平和应用普及率高等特点，处于世界农林业标准化的前沿。从发展趋势上看，发达国家利用农林业标准对农林产品国际贸易的限制日趋广泛，他们正通过增高农林产品国际贸易的门槛来不断强化对世界农林产品贸易的控制地位。这主要表现在以下三个方面：

第一，不断颁布新的技术标准和技术法规。如美国 FDA 1995 年颁布的《加工和进口水产品安全卫生程序》规定，凡进口美国的水产品，其征税加工企业都必须实施 HACCP 体系，并经美国官方机构注册。2001 年 1 月，美国 FDA 颁布新法规，对果蔬汁产品实施 HACCP 管理，这是美国继水产、肉类和乳制品后又一强制实施 HACCP 管理的产品。

第二，不断增加对农林产品的检验项目并提高标准。美国 FDA 对浓缩果汁的检验项目已增至 26 项（农药残留检验项目除外）。欧盟颁布的茶叶质量标准中，禁止使用的农药数量从旧标准的 29 种增加到新标准的 62 种，茶叶农药残留限量标准比以前严格 100~200 倍；进口肉类食品时，不但要求检验农药的残留量，还要求检验出口国生产厂家的卫生条件。日本对我国输日大米检验项目达 104 项，并提出对鳗鱼及鳗鱼制品进行磺胺类兽药残留和霍乱菌的检验，对进口蔬菜的农药残留须检验 21 项。

第三，设立严格的产品质量和安全标准体系。发达国家利用经济和技术优势，制定了严格的产品质量标准和安全标准，并有先进的检测手段和设备作为技术支撑，这对众多技术水平低、经济条件落后的发展中国家来说是难以达到的。如大量而严格的农药残留限量标准及严格的检侧体系是发达国家阻碍发展中国家农林产品出口的巨大壁垒，我国的蔬菜、水果、蜂蜜、茶叶等农林产品都曾因农药残留量达不到发达国家标准而被拒之门外。

国际农林业标准化发展的趋势告诉我们，进入 WTO 后，国际贸易的大门虽然向我们敞开了，但门槛并未降低，且在不断升高。我国农林产品要想挺进国际市场还需跨越“绿色壁垒”。

（2）启示

随着国际一体化进程的加快，我国根据自身经济状况制定出一系列符合我国国情的林业标准。林业标准日趋全面、规范和成熟。据统计，截至 2010 年 12 月底，我国共发布林业标准（不包括企业标准）7525 项，其中国家标准 2852 项，行业标准 2779 项，地方标准 1894 项。这些标准基本覆盖了林木种苗、营造林、生态工程、经济林和花卉、林业机械和人造板机械产品、林工产品，林化产品，以及其他非木质林产品等林业生产和建设的各个方面。目前，林业标准已初步形成了国家标准、行业标准、地方标准和企业标准相配套，以国家标准、行业标准为骨架，地方标准和企业标准相补充，基本涵盖林业生产全过程的标准体系框架，为我国林业生产和建设提供了重要的技术基础。从发达国家及国际组织的经验中可以得出以下启示。

①林业标准化是科技兴林的有效途径。林业是社会发展的生态基础，是国民经济的基础产业。目前，我国已进入由传统林业向现代林业发展的新阶段。但是，我国森林覆盖率低，森林健康状况很差，林业生态保障功能还很薄弱，林业产业化程度很低，林产品质量差、效益低，国际竞争力低，林农收入增长困难等问题，已成为新阶段林业和农村发展最重要的制约因素。为了加快发展现代林业，就必须推进林业标准化，用现代科学技术和管理技术力量武装林业，把林业标准化作为科技兴林的重要手段。

②积极推进，重点扶持。推进林业标准化，要充分发挥政府行政职能，建立健全法律法规，加强政府队伍建设，为林业标准化提供政策支持。加强林业标准化体系建设，在国际上搞好沟通，促进国际交流与合作。基层管理部门要积极进行标准的组织实施，对林农进行培训，扶植地方林业大户和龙头林业企业，实施认证和产品品牌战略，加强林业标准化示范基地建设。我国地域广阔，林业表现出强烈的区域性特点，再加上林业

周期长、投入大、风险大，林农和基层林业管理者素质不高等客观因素，决定了林业标准化的发展必然有一个渐进的过程。要通过加强部门之间的联合和力量集成，充分调动和发挥中央、地方各级政府在组织、投入和管理等方面的作用，统筹规划，协调管理，共同推进。通过典型示范、市场调控、国家有条件地扶持等手段，加快林业标准化进程，实现林业跨越式发展。

③市场引导与培育品牌相结合带动标准化示范性。优化林产品品种，提高林产品市场竞争力，是市场引导调整林业产业结构的前提，也是林业发展新阶段的战略任务。提高林产品商品化的关键，体现在林产品品牌的形成，培育名牌林产品进入市场。所以，以市场需求为导向，用标准化提升林产品的质量安全水平，积极培育地方优质特色林产品名牌，按标准化要求组织生产、加工和销售。充分重视龙头企业在林业标准化中的主体地位，加强林业龙头企业标准化管理，让林业龙头企业成为某一区域或某一领域的林业标准化的推动者。

第三节　我国林业标准化发展概况

一、林业标准化管理机构

我国目前与林业标准化相关的机构有国家林业和草原局，负责全国的林业标准化工作；各省、自治区、直辖市林业行政主管部门负责本区域内的林业标准化工作，拟定林业地方标准；13 个标准化技术委员会，即全国木材标准化技术委员会（SAC/TC41）、森林资源标准化技术委员会、森林可持续经营与森林认证标准化技术委员会、防沙治沙技术标准化委员会（SAC/TC365）、营造林标准化技术委员会、野生动物保护管理与经营利用标准化技术委员会、全国林业生物质材料标准化技术委员会、全国经济林产业标准化技术委员会、全国林化产品标准化技术委员会、全国森林工程标准化技术委员会、全国植物检疫标准化技术委员会、全国森林消防标准化技术委员会、全国林业有害生物防治标准化技术委员会，由国家林业和草原局领导，分别负责对应领域的国家标准和行业标准的制修订和研究工作。国家标准化管理委员会（SAC）的农林业食品标准部也承担林业、植物检疫等方面的国家标准的审查、实施和监督工作。

二、林业标准化发展历程与重点领域

1. 发展历程

（1）起步阶段：1949—1956 年

当时有关部门为了促进农业生产的发展，开始在农产品、畜牧、植物保护等方面开展标准化工作，制订了一些标准。而林业标准只是在农产品标准中占有很少的部分，这一时期的林业标准化工作处于起步阶段。

（2）发展阶段：1957—1976 年

在这个阶段，我国的标准化工作进入了一个新的发展阶段。在农业方面较早地制定国家标准的是林业，如《直接使用原木》（GB 142—58）、《加工用原木》（GB 143—58）、《原木检验规则》（GB 144-58）3 项国家标准。但总的来讲林业标准数量还很少，和其他行业比较还是很落后的。

从 1968 年开始，我国基本上每年都会发布林业标准，直至 1984 年都在小幅度波动增长。

（3）加速阶段：1976 年以后

1976 年 10 月以后，我们国家进入了新的历史时期。林业标准化工作进入了一个新的全面发展时期。1979 年林业部科技司成立了标准处，正式拉开了我国林业标准化工作的序幕，开始了全面的林业标准化工作，积极向国际和国外先进标准靠拢。

在“八五”期间发布的林业标准数量呈现一年多一年少的现象。“九五”期间，国家林业局共组织修订标准 217 项，其中国标 73 项、行业标准 144 项；使林业标准（不包括地方标准）总数达到 850 项，其中国家标准 268 项，行业标准 582 项。“九五”期间，我国林业启动了第一批 16 家林业标准化示范县。

20 世纪 90 年代中期制定实施的《飞机播种造林技术规程》和《封山（沙）育林技术规程》，为全国灭荒造林、封山育林、快速增加森林面积、建立稳定的森林生态环境做出了积极贡献，受到了有关部门的表彰。

为了加大林业标准化实施工作力度，探索林业标准化实施工作的新路子，1998 年，经国家技术监督局和林业部批准，选择有条件的 16 个县开展了标准化示范县的试点工作。在地方各级政府的高度重视和大力支持下，林业部门紧密结合当地经济社会发展现状和林业建设的实际，坚持科技与生产相结合，充分依托自然资源优势，大力开展标准化活动，探索出了各具特色的有效方式，发挥了较好的示范、辐射和带动作用，产生了良好的生态、经济和社会效益。

“十五”期间，国家林业局加大了标准制定工作的力度，每年标准化经费达到 500 万元。为了适应林业跨越式发展和入世对林业标准的迫切需求，“十五”期间，每年安排制修订的标准项目都在 100 项左右，明显加快了制（修）订步伐。

2001 年又有 32 个县（市）项目列为“全国林业标准化示范县”。2001 年底，国家林业局组织了人造板产品生产许可证的发放工作，对 700 多家申报企业进行了现场检查和产品质量检测工作。目前已有近百家林产品加工企业通过了 ISO 9000 标准的认证工作。

2003—2005 年，编制了《林业标准质量工作规划》；组织起草了《林业标准示范县（项目）验收办法》和《林业标准化管理办法》（已于 2003 年 7 月 21 日以国家林业局第 9 号令公布，并于 9 月 1 日正式施行）等文件；组织了一批林业各个学科的专家，认真研究林业标准体系的构建工作，提出《林业标准化体系基本框架》大纲和四级细目。国家林业局还注意抓林业标准化机构和人员队伍建设。一是按照国家质检总局的统一部署，对现有的林业标准化技术委员会和归口单位的机构人员进行了清理整顿，并结合换届，充实了一大批年富力强的中青年骨干；二是抓各级林业标准化管理人员和专家队伍建设，现从国家到地方各级林业主管部门，基本上都配备了专门负责林业标准化工作的管理人员，相关的科研机构、高等院校和生产单位都配有一支长期从事林业标准化工作的专（兼）职专家队伍，初步形成了以国家林业局标准主管部门为主，各地方、各相关单位为依托的林业标准化队伍格局；三是抓标准化人员的业务培训，每年结合标准任务的下达，举办一期培训班，对从事标准起草的相关人员进行业务培训，进一步提高了标准文本的质量。

从 1987 年制定《护林防火机场工程技术标准（试行）》起，30 多年来，我国制定或正在制定的与森林防火有关的各类标准、规范已有 69 个。根据林业生态工程建设的需要，组织制定了《生态公益林建设》系列标准以及退耕还林、防沙治沙、长防林等生态工程系列标准。

2015 年，全国森林消防标准化技术委员会组织修订完善了《森林消防体系表》，使其更加科学合理、定位准确、条理清晰、使用方便。

2016 年 6 月 1 日有 11 个森林防火工作急需的林业行业标准开始实施，包括技术标准、管理标准和工作标准。其中，工作标准（管人）1 项，《森林火情调度处置规范》；管理标准（管事）2 项，《森林火险预警信号分级标准》《雷击火调查与鉴定规范》；技术标准（管物）8 项，《生物防火林带经营管护技术规范》《森林消防车辆外观制式涂装规范》《森林消防通信指挥车装备要求》《森林防火 VSAT 卫星通信系统建设技术规范》《森林防火视频监控图像联网技术规程》《森林防火视频监测与预警系统建设技术规范》《森林火灾监测站建设技术规范》《森林消防避火罩》。这批标准与当前科研和生产紧密结合，对森林防火行业发展起到极大的规范和指导作用。

2. 重点领域

到目前为止，已基本形成了中国林业标准体制体系，包括 10 个重点领域。

（1）基础综合领域

包括林业信息化、生产能耗、基础设施方面的标准。重点突出林业公共和通用信息、林业节能降耗、林业清洁发展（林业碳汇、林业减排）、林业基础设施设备等方面标准的研制。

（2）森林培育领域

包括林木种苗和营造林方面的标准。重点突出种苗质量、优质生产、新品种测试，以及工业原料用材林、珍贵树种用材林、多功能防护林、生物质能源林、优质经济林培育等方面标准的研制。

（3）森林保护领域

包括森林消防（防火）、生物安全、林业有害生物防控方面的标准。重点突出消防技术、消防管理、转基因安全、有害生物检疫及防治和测报技术等方面标准的研制。

（4）森林经营管理领域

包括林地林木管理和森林可持续经营方面的标准。重点突出林业基础数据、调查与监测、经营规划设计、森林可持续经营管理、森林认证、森林资源信息化建设及应用等方面标准的研制。

（5）野生动植物保护领域

包括野生动植物和自然保护区方面的标准。重点突出野生动物驯养繁殖和野化放归、野生动植物资源可持续利用、野生动植物疫源疫病监测和公共安全、自然保护区管理、野生动植物产品质量等方面标准的研制。

（6）湿地领域

包括自然湿地和人工湿地保护与恢复方面的标准。重点突出国际与国家重要湿地、湿地调查与监测、湿地保护、湿地恢复、湿地评价、湿地公园、湿地保护区等方面标准的研制。

（7）荒漠化领域

包括荒漠化和石漠化土地生态修复方面的标准。重点突出荒漠化和石漠化土地调查、监测与评价技术，以及石漠化土地、沙化土地、盐碱地、水土流失严重地区治理与生态修复技术，高原冻土保护等方面标准的研制。

（8）林业生物质产业领域

包括木材、人造板、竹藤、林化、经济林、花卉、生物质能源、生物质材料等木质和非木质林产品方面的标准。重点突出花卉、竹藤、生物质能源、生物质材料、生物质化学品、林药等新兴产业和重点产业领域标准的研制，以及资源节约和综合利用方面的标准。

（9）林业装备领域

包括林业机械、林产加工机械、森林保护装备方面的标准。重点突出种苗机械、营林机械、木材生产机械、木材（秸秆）综合利用机械、木材干燥设备、园林机械、竹藤加工机械、林产化工机械与设备、林特产品采收加工机械以及消防、有害生物防治的林业标准规划，在明确林业应对全球气候变化总体思路的基础上，提出林业标准化工作对策和应对全球气候变化的林业标准工作重点及任务；加快急需的应对全球气候变化的林业标准制定，加快制定中低产林改造、森林防火、废旧竹木制品分类回收和循环利用、木竹材防腐和阻燃、木材改性技术、生物质能源、林产品加工企业碳足迹计算、森林碳汇计算、节能木结构建筑等的标准。

（10）森林生态文化与遗产保护领域

包括森林生态文化体系和自然文化遗产保护方面的标准。重点突出城乡绿化美化、古树名木保护、森林公园与森林游憩、自然和文化遗产保护、非物质林产品等方面标准的研制。

三、林业标准化主要成效

1. 制定了法律规章

初步建立了林业标准化工作管理法律法规制度《中华人民共和国标准化法》《中华人民共和国标准化法实施条例》《中华人民共和国产品质量法》《中华人民共和国计量法》及相关的法律法规，结合林业的特点，国家林业和草原局颁布实施了《林业标准化管理办法》《全国林业标准化示范县（区、项目）考核验收办法》等相关规定，使林业标准工作逐步纳入法制化管理的轨道。

2. 完善了标准化的组织机构

截至2012年7月底，我国林业系统已建立了25个林业标准化技术委员会，涵盖了林木种苗、造林、森林经营和管理、森林防火、森林病虫害防治、森林工程、荒漠化防治、木材、人造板和林业生物质材料加工等，有的省（自治区、直辖市）还成立了本省（自治区、直辖市）的林业标准化技术委员会，以协调指导全省（自治区、直辖市）林业标准化工作。在队伍建设方面，从国家到地方的各级林业主管部门，基本上都配备了专门负责林业标准化工作的管理人员，从科研机构、高等院校到生产建设单位，都拥有一支长期从事林业标准化工作的专（兼）职人员队伍，为技术标准的制修订提供了有力的组织保障。

3. 初步构建了林业标准体系框架

截至2011年6月底，已颁布和实施林业国家标准和行业标准1287项（其中国家标准387项，行业标准900项），涵盖了林木种苗、营造林、速生丰产林、生态公益林建设、花卉、竹藤、经济林及森林食品、森林经营和管理、森林防火和保护、木材采伐、林产加工产品等领域。各省（自治区、直辖市）结合当地实际，组织制定了2000多项林业地方标准，此外，还有为数众多的企业标准。现已初步形成以国家标准、行业标准为核心，地方标准和企业标准为补充，基本涵盖林业生产建设全过程的林业标准体系框架，为我国林业生产建设提供了重要的技术基础。

4. 加大了林业标准的推广实施力度

1999年以来，国家林业局会同国家标准化管理委员会共建设238个全国林业标准化示范区。北京、浙江、广东、河北、河南、湖北、湖南等省（自治区、直辖市）还分别建立了242个省级和市县级林业标准化示范区。通过示范区建设，运用典型辐射带动，引导基层和广大林农学标准、用标准，有效推进了当地生态建设和保护，促进了林区经济发展和林农增收致富。

5. 强化了林业技术标准的宣贯培训

为提高林业技术标准的制修订质量，增强林业各级领导、林业部门及林农、果农对林业技术标准的认识和自觉实施标准的意识，每年结合国家标准和行业标准计划项目合同书签订，举办林业标准化培训班。各省（自治区、直辖市）林业主管部门每年也开展了形式多样的标准化宣贯培训。仅北京、河北、福建、广东4省（直辖市）在“十五”期间累计举办各类标准化和林业技术培训班就达7000多期，培训各类人员近70万人次，以各种单行本、专辑和实用手册等形式印发资料近百万份，此外，还利用各种媒体、网络、杂志和科技下乡等形式加大林业标准的宣贯力度，有力地促进了标准的普及推广。

6. 林业标准国际化工作取得了突破

2007年以来，全国木材标准化技术委员会和全国人造板标准化技术委员会已经连续组织专家参加国际标准化委员会人造板技术委员会（ISO/TC 89）和国际标准化委员会木材技术委员会（ISO/TC 218）的年会。全国木材标准化技术委员会承担了ISO/TC 218/WG6（木制品工作组）召集人的任务，还承担了《实木地板国家标准》制定和《木材物理力学试验方法总则》修订（承担其中《木材抗冲击弯曲强度测定》《木材硬度测定方法》和《木材抗冲击压痕性能的测定方法》《木材横纹抗压试验方法》《木材顺纹抗压强度试验方法》5部分）两项国际标准任务；全国人造板标准化技术委员会经国家标准委批准，2007年向国际标准化委员会人造板技术委员会（ISO/TC 89）提出《细木工板》《装饰单板贴面胶合板》两项ISO国际标准制定新项目建议，2008年获得ISO/TC 89立项，并同意由中国负责主持这两项ISO标准，2010年通过。同时，ISO/TC 89第18次年会和ISO/TC 218第9届年会分别于2010年3月在中国上海和2010年8月在北京举办，这标志着我国已经实质性参与到国际木材标准化工作之中，对提高我国在国际标准制定中的话语权、破除木制品国际贸易技术壁垒、促进我国木材工业发展具有重要意义。

四、林业标准化评估研究动态

杨汉明、李铜山等提出加快中国农林业标准化体系建设，不仅要实现产品标准、操作标准、质量标准、实施标准和加工与包装标准的创新，建成标准、实施、服务、监测和评价五大体系，而且要提高生产经营者的农林业标准化意识、制订农林业标准化发展规划、完善农林业标准化机构。郑英宁、朱玉春在界定农林业标准化的基础上，论证了实施农林业标准化的必要性，提出了建立农林业标准化体系的设想，其中也包含林业标准化。李鑫、张灵光等经过三年系统研究，提出农林业标准化的基本原理、方法原理和系统管理原理。宋西德、李鑫等提出了六大农林业标准体系及其五大亚系统和11个子系统，阐述了农林业标准体系中的元素组成、相互关系及标准综合体的表达，初步建立了中国农林业标准化的基本理论框架体系。姚於康分析国内农林业标准化体系的现状及问题，提出建立健全农林业标准化体系的关键控制点和对策建议。孟杰分析了林业标准化体系结构，提出了我国林业标准化体系建设依据和对策。张国庆论述了生态优先原理、功能多样性原理、生物性原理及生态补偿原理4个林业标准化原理。

陈智彬将我国木材标准的发展分为四个阶段，第一阶段，林业部在1952年正式制定了《木材规格》《木材检尺办法》《材积表》三项技术标准；第二阶段，1958年，对前两项标准进行修改；第三阶段，1984年对三项标准进行了全面的大修改；第四阶段，1995年分别对三项标准进行完善，颁布了22项新的木材国家标准和行业标准，1999年又颁布12项标准，并对木材标准中的问题提出修改建议。叶克林、吴丹平根据发达国家标准化的新动向及我国标准化的新形势，回顾我国人造板标准的发展历程，建议强化科研带动标准，加强使用性能标准，突出公共利益标准，重视基础标准，积极参与国际标准等。陈燕申分析了美国联邦政府两个主要标准化法规形成的标准政策和措施，提出我国应建立以推荐性标准为主体的标准化制度和建立技术法规主导标准化的改革方向。

邱增处、郑林义等总结分析我国软木产业发展及标准化工作中的问题，并对我国完善软木标准体系、促进软木产业发展提出建议。于运祥、吴家川等根据瓦房店市的水果生产的实际情况，阐述了实施水果生产标准化的必要性，并提出了具体措施，即加大水果生产标准化宣传培训力度，建立健全水果生产标准化体系，抓好标准化基地和龙头企业的建设。白云霞、金健英等分析了我国造纸行业清洁生产标准现状和问题，并提出解决对策。王乘南、邓白罗等分析了我国经济林标准体系的发展现状，论述了经济林标准体系的范围及系统要素之间的关系，提出了经济林标准体系建设的主要依据及原则。侯新毅、江泽慧等分析了国内竹子标准化现状和主要问题，初步构建了由6个子系统构成的竹子标准体系框架。崔向慧、卢琦分析了国内外荒漠化防治标准化发展现状和国内的问题，阐述了整体需求，提出了我国荒漠化防治标准化的发展目标、主要内容及关键标准。李怒云、李金良等介绍并总结了国内外林业碳汇标准体系的现状与发展趋势及中国林业碳汇标准体系研建和试点，提出构建我国林业碳汇国家标准体系的思路和建议。刘禹、王琪瑶等分析了我国林业能源领域特别是林业能源有关的标准采标的困难，并提出建议。赵宇翔、冉东亚等总结了我国林业植物检疫标准化工作的现状和问题，提出加快我国林业植物检疫标准化的对策。张冉、张红等总结了我国林业生物质材料产业发展现状，分析存在的主要问题，对我国林业生物质材料标准化工作提出对策建议。宋玉双、黄北英等提出了构建森林病虫害防治标准体系的原则、目标和基本框架，后又提出我国林业有害生物管理标准体系框架及应采取的主要措施。

陈刚阐述了林业工作站标准化的意义和本质，应发挥已建好的标准化工作站的示范作用，推进其他林业站的建设。徐美菊提出林业档案管理中的问题，并建议实现林业档案管理标准化。俞家堂通过对森林资源信息化标准的研究现状和问题的分析，提出森林资源信息化标准的建立原则及主要制定内容。高显连、彭松波通过对森林资源管理信息化标准体系的研究，提出森林资源管理信息化标准体系包括六大类、18小类、57大项标准。刘边建、李晓琴提出了协调木材标准术语的原则。刘书剑、彭道黎阐述了林业信息术语标准化的意义并提出建设意见。

王冰采用系统学评价技术，从林业生态效益、社会效益、经济效益3个方面建立林业标准化效益评价指标体系，定性与定量相结合，对林业标准化效益进行评价。王淑芳从林业标准化效益的评价方法出发，分析了林业标准化效益评价的指标，对林业标准化效益评价数据进行计算和合成。

常丽阐述了山西省林业标准化工作中存在的问题，建议加强领导，加快制定地方林业标准，做好林业标准示范工作，强化对林业标准执行的监管，加强宣传。薛兴利、张吉国指出山东省林业标准化建设中的问题是，林业标准体系建设滞后，林业标准推广实施体系不完善，林业标准化评价不到位，林业标准化市场体系建设不能满足需要等，并提出了对策建议。针对云南省林业标准化存在的问题，有专家提出了应对策略：强化林业标准化工作的领导，加快林业标准化建设步伐，加强林业标准推广实施，完善监测体系。杨夕宽研究了湖南省林业标准化工作，发现存在林业标准化建设机制不健全、空白区域多、标准化研究不够、与国内外先进标准存在差距、林业标准化建设意识不到位、经费投入不足等问题，并提出了几项建议。王忠海、王良合等对房山区林业标准化示范区林业标准化体系的组成、实施、成效等方面进行了详细分析和阐述，并进行讨论。

陈盛伟、薛兴利阐述了林业保险面临的问题，论证了林业标准化将会促进林业保险的发展。邱方明、沈月琴等通过对浙江省安吉县、临海县的实地调查，采用 Binary Logistic 回归模型实证分析，得出了农户参与林业标准化项目经营意愿及影响因素，并提出相应对策建议；对浙江省 45 个林业标准化项目实施的统计数据，运用广义的 C–D 生产函数模型，分析了林业标准化实施对林业经济增长的影响，提出了加强林业标准化发展的建议。

第四节　林业标准化存在的问题与对策

一、林业标准化存在的问题

进入 21 世纪以来，特别是在加入 WTO 后，我国积极参与到国际贸易事务中，标准成为在国际贸易中面临的一个重要挑战。如今，标准影响着全球 80% 的贸易，发达国家都在想方设法将本国标准上升为国际标准，增强本国在国际市场中的竞争优势，世界各国越来越重视标准化工作，纷纷将标准化工作提高到国家战略的高度，标准化问题成为我国走向国际面临的首要问题。由于其他国家标准化工作开始时间早，标准化体系已趋于完善，而我国的标准化工作还存在诸多问题。其中，我国的林业标准化体系发展相对滞后，对我国森林资源的发展、保护、生态环境、林产品出口贸易等都存在影响。

我国的林业标准包括国家标准、地方标准和行业标准。总结分析林业标准化发展过程和发展成果等可以发现，林业标准化在以下四个方面存在进一步完善的地方。

1. 标准的技术水平需要进一步提高

标准受到技术水平的影响。首先，我国与发达国家在技术层次上存在差距，发达国家掌握着许多先进的技术，因此在技术标准要求上远高于发展中国家，使得我国很多能够达到国内标准要求的产品在国际上缺乏竞争力。甚至一些国家利用技术优势，制定高进口标准，形成技术性贸易壁垒，或称为标准壁垒，保护本土企业，阻碍他国产品出口本国。发达国家如美国、日本、德国等，直接将国际标准或欧盟标准作为国内标准，同时，努力将国内标准上升为国际标准。而我国能够达到国际标准的标准很少。发达国家的农林业标准中以技术法规的形式存在的标准比例很大，且都是强制性执行的，而我国强制性林业标准的数量较少，与我国技术法规数量少有关，也说明了发达国家对农、林产品的技术要求更高，对产品的质量、安全更重视。我国在技术方面的不足，是林产品在国际市场遭遇技术性贸易壁垒的原因之一。

2. 标准体系有待补充

从总体上看，中国农林业标准的数量不及美国、日本、德国等发达国家。美国除国家标准学会（American National Standard Institute，ANSI）制定的国家标准外，还有很多行业协会制定的标准，属于行业标准，这些协会制定的标准具有全面、细化的特点，加上各种法律法规，构成了完善的农林业标准体系。日本也颁布了多部林业相关的法律，还有日本农业标准（Japanese Agricultural Standard，JAS）增加了日本农林业标准的数量，促进了日本农林业标准体系的发展。

3. 标准制定者的代表性欠合理

参与制定标准的人员队伍中应包括相关专家、标准实施者、相关产品的消费者。我国标准的制定过程中没有消费者的参与，也没有向消费者征求意见的过程。德国标准化学会（DIN）由代表不同利益相关者的专家组成，标准提案或草案会向公众公开，征求公众的意见。因此，制定出的标准更符合社会的利益，达到该标准的产品更能得到消费者的信任。消费者对标准的要求往往较高，他们的参与利于标准质量的提高，同时，能增加他们对标准内容的了解，在不损害消费者利益的情况下，避免他们盲目地追求过高的标准，对产品缺乏信任。

4. 标准实施的组织与监管有待加强

首先，我国林业标准实施的主体为企业和林农，由于林业标准的实施受林业企业和林农的文化水平和标准化意识影响，林农主体分散，不利于对林地统一管理，导致很多地区标准难以实施。其次，各地对林业标准化的实施监管力度不够，助长了有关单位的惰性，林业标准化工作开展困难。发达国家主要通过认证制度保证了标准实施。日本JAS体系根据认证系统为符合标准的产品印上JAS标识，消费者更倾向于选择有JAS标识的产品，利用市场的作用激励企业或林农生产、种植符合标准要求的产品。英国是世界上最早开始质量认证的国家，主要有风筝标志认证，只有符合英国标准协会（BSI）标准的产品，才被允许使用该标志。同样，安全标志认证只能被符合BSI标准的安全规定或其他产品的安全要求的商品使用。发达国家由于以技术法规形式存在的农林业标准比例较大，强制性标准保证了标准的实施。

总之，与发达国家相比，由于技术水平限制和标准制定机制的不同，我国林业标准的质量较低；发达国家行业协会制定的标准全面或具有专门的农林业标准制定机构，标准数量多，标准体系更加完善；成熟的质量认证制度保证了发达国家标准的执行率更高，实施效果更好。我国应该加快林业标准化的步伐。

二、原因分析

1. 对林业标准化的重要性认识不足

市、县等基层林业主管部门的从业人员对林业标准的认识不到位，导致对标准的执行力度减弱；一些企业作为林业标准化工作的主体，也存在标准化意识缺乏现象，不按照标准要求实施生产，使得最终进入市场的林产品难以达到国家质量安全标准要求。

2. 林业标准化支撑体系不完善

支撑保障体系是林业标准化得以顺利推行的关键，它包括研究体系、投资体系、人才培养体系、社会化服务体系、宣传推广体系等。目前，我国还没有完善的林业标准化支撑体系，林业标准化工作多是兼职，绝大多数市、县都没有从事林业标准化工作的人员，在基层林业标准基本成为一种形式，在不少地方，林业标准化几乎还是空白。

3. 缺乏林业标准实施的监督机制

由于没有建立林业标准化监督机制，有关单位对林业标准化实施没有主动性和积极性。由于林业标准化不会给实施单位带来短期的直接效益，反而可能增加工作成本，从而更进一步降低了实施标准化的积极性与主动性，并可能加剧对林业标准化的抵触情绪。

4. 林业标准化研究投入小

当前我国林业标准化相关科研人员较少，对林业标准化体系的原理、建设方面研究不足，影响林业标准化体系的建立和林业标准的及时更新，使得我国大部分林业标准的水平落后于国际标准和发达国家的标准，难以参与国际标准的制定工作。

5. 林业标准反馈运行机制落后

林业标准制定时征求意见范围过窄，尤其是没有广泛征求基层实施单位意见；在标准实施中，缺少反馈机制，得不到及时修订，致使一些林业标准不能很好地适应林业工作的需要。由于标准推广力度不够，基层部门人员对林业标准不了解，标准的实施效果差。

三、提升林业标准化水平的途径

从宏观管理的角度考虑，建议如下：

1. 强化标准化意识

充分利用各种媒体进行广泛宣传，开展林业标准培训并学习国外经验，强化林农、领导和林业管理工作者林业标准化意识。将林业标准化工作融入林业日常工作中，尤其是要将各种林业行政执法、林业项目工程建设以及其他行业的涉林项目工程纳入林业标准化管理，促进我国林业标准化进程，提高林业发展水平。

2. 建立机构，制定政策和法规

加强国家级和省级林业标准化机构建设，建立常设的标准化制修订、实施与监督机构，负责林业标准制修订、实施、监督；建立健全各省、自治区、直辖市及下级单位的林业标准制定、更新、实施、监督、管理等相关机构，规范林业生产、管理活动等。加强质检机构建设和林产品检验检测工作。

3. 加强数据库建设

建设林业标准数据库，进行林业标准数据挖掘、数据分析，开发智能服务平台等，这些不仅仅需要物联网、云计算、大数据、互联网等 IT 专业技术人才，更需要有林业标准化相关的业内资深专家给予支持。建立标准化信息管理中心，负责标准化信息发布、咨询与标准化反馈信息处理。

4. 重视研发能力建设

加大林业标准化科研经费投入及林业标准人才培养力度。加强对林业科学技术的研究，将技术转化成标准，促进林业标准的制（修）订。加强林业标准化人才队伍建设，在农林院校林业类专业中增设林业标准化课程，提高我国林业标准化研究水平和人才队伍的实践能力。

5. 重视标准示范与推广

利用好林业标准化示范区、示范企业的辐射带头作用，积极推广，逐步扩大示范区范围，增加示范区数量。通过林业标准化示范基地的实施试验，及时发现问题，修订标准。将林业标准化工作纳入林业技术推广和行政执法日常工作中，使得林业先进技术得到及时推广。

6. 建立林业鉴定与评估认证机构

建立相关机构负责林业有关认证、监测、检验、评估与鉴定工作。加强林业鉴定与评估认证工作，尤其是要加强林业技术等级、林业劳动技能等级、林产品质量等级鉴定认证工作。

7. 提高标准质量

合理制定强制性标准和推荐性标准，强制性标准守底线、推荐性标准保基本。尽快对标龄超过五年的标准进行复审，优化完善推荐性标准，合理界定各层级、各领域推荐性标准的制定范围。加快制定标准填补标准较少的领域，鼓励制定地方标准。

第二章 林业标准质量与品牌价值评估

林业标准质量是林业标准的特性满足要求的程度，也就是说林业标准的质量体现在林业标准能否发挥标准应有的功能，实现规范林业组织、管理、生产等目的。林业标准的质量决定了林业组织、管理、生产的水平，进而影响着林业的经济效益、生态效益和社会效益。为了完善、提高和保证标准的质量，需要按照国家有关要求及时更新，清除陈旧、过时、不适应时代和生产要求的标准。因此，根据有关规定、指标，采用适当的方法对现有的标准进行多方面评估显得非常必要。

第一节 标准质量评估

一、概念

关于标准质量的内涵，明确的定义有两种，一种主张标准质量是标准的合理性、科学性、先进性、规范性的程度，另一种主张标准质量是标准的固有特性满足标准相关方要求的程度。显然，认识标准的质量无法脱离标准自身的特性。标准是为在一定的范围内获得最佳秩序，经协商一致并由国家林业主管部门或地方标准化行政主管部分批准，共同使用和重复使用的一种规范性文件。通过对定义理解可以看出，标准的制定要有明确的目的，必须是协商一致的结果，文本要符合规范要求。除此之外，从标准的使用价值和价值角度来看，标准的使用价值，即标准的有用性也影响标准的质量。标准的有用性也可以理解为标准满足实际需求的程度，满足需求即是制定标准的目的。标准制定和实施的组织对标准的认知、技术把握、相互配合影响着标准的质量，在评估标准的质量时，对研制标准的队伍的水平进行评价也有很大的意义。高质量的标准在引领产业和产品发展方面也发挥着重要作用。事实上，这些标准的特性对标准的质量影响是不同的，随着我国标准化改革的进程发展，越来越重视标准所反映的技术水平的先进性。

钟海见、庞美蓉认为，标准质量指的是标准的合理性、科学性、先进性、规范性的程度。其中，合理性、科学性和先进性体现了标准内容的质量，规范性则是标准成文后的形式的质量。王玮、金燕芳、孙爱国等从“质量”和“标准”的概念入手，对“标准质量”的概念提出了新的理解，质量是“一组固有特性满足要求的程度”，因此，将“标准质量”定义为标准的固有特性满足标准相关方要求的程度；并将标准的固有特性归纳为“一致性”“公认性”“共同性”“重复性”“规范性”“适用性”“协调性”和“经济性”8个方面，其中，“一致性”指标准应代表相关方的共同利益，“公认性”指标准应经过公认机构批准，“共同性”指共同的目标、结果及共同使用，“重复性”指标准对象应是重复出现的、标准能够重复使用，“规范性”指标准的制定过程要规范、文本要规范，“适用性”指标准要有针对性，适合标准对象和范围，“协调性”指标准自身不矛盾、标准与法律和其他标准不冲突，“经济性”指投入最少的经济成本制定的标准能获得最大的经济收益。王忠敏从标准的使用价值和价值角度论述了标准的质量，强调了标准的质量体现在标准的使用价值，也就是有用性上。陈成军在 2014 年召开的“第一届提升标准质量交流会”中对标准质量的要求上更加强调能否反映出技术水平的高低，即标准是否体现了我国或国际上最先进的技术水平。郎志正教授则分别从“大质量”概念、标准的本质和标准的“引领作用”三个角度全面地阐明了标准质量的内涵，他认为标准文本质量包含文本的文字质量和内容质量，标准的制定过程各环节的质量决定了标准的质量，标准制定和实施的组织对标准的认知、技术把握、相互配合影响着标准的质量，标准的接口、标准在标准体系中所处的位置也影响着标准的质量，不同类型的标准具有不同的标准特性，其质量要求也不同；标准的本质是“约束”，约束的必要性、可能性、区域性和时间性决定着标准的质量；标准具有“基础”和“引领”双重作用，应该是先于产品和产业出现的，高质量的标准应具备引领作用。

由以上分析，我们将林业标准质量的特性归纳为标准文本结构的合理性、规范性，参数的科学性、先进性，目的性，利益的一致性，标准的适用性，协调性和经济性 7 个方面。可见，标准适用性是标准质量的一个方面，并且可以说，标准的适用性是对标准质量影响程度最大的一个特性，标准的适用性优劣对标准的质量起着决定性作用。

二、国内外概况

标准质量评估的基本原理，是按照有关规定或条例通过对比分析或应用有关指标综合评价标准的合理性、科学性、先进性、规范性等。林业标准质量评估也是基于这一原理开展的，不过，应该承认，无论是国外还是国内目前尚无较成熟的方法。

1. 国外

B·霍尔沃特（B. Holvoet）和 B·穆伊斯（B. Muys）在全球范围内收集了 164 份可持续森林管理标准，使用多元统计法，以及专门为研究设计的参考标准，对不同标准的内容进行了对比研究，发现一些国家层面的标准不够详细，不同标准之间的差异受到国家和地区的地理位置和社会经济发展的影响，建议加强国际合作来弥补各国或地区标准的不足。萨德恰拉尔（SadıkÇAĞLAR）等人通过对联合国粮农组织（FAO）和欧盟提出的森林道路施工标准、纵向梯度值与在土耳其的实践进行对比，对其进行了审查。

制定参考标准是在标准比较研究中通用的方法，将收集的标准与参考标准进行比较，来分析该标准，参考标准要包含收集的标准中的所有方面，由原则、标准、指标的结构组成，参考标准还应该是水平和垂直一致的，即标准包含的元素之间不重叠或重复，每个元素被放在合适的层次上，并且能链接到其他层次的相应元素上。G·A·门多萨（G. A. Mendozaa）和拉维·帕布（Ravi Prabhu）研究了模糊方法在评价可持续森林管理标准和指标（C&I）中的应用效果，C&I 是用来评价森林可持续性的工具，森林生态系统的复杂性增加了森林可持续评价的难度，所以评价标准和指标选择必须具备广泛性，模糊方法可以将其复杂性和定性、定量结合的性质联合起来，解决其不确定性和模糊性，这种方法要求专家、决策者和利益相关者密切沟通，根据专家知识构建的隶属函数是评估的关键，所以对专家的要求较高。吉列尔莫（Guillermo A）、G·A·门多萨（G. A. Mendozaa）和拉维·帕布（Ravi Prabhu）研究了生成和评估 C&I 的方法，其中多标准分析（MCA）可以作为一个决策工具分析和评估参与式集体决策环境下的多个 C&I，使用该方法可以生成 C&I，估计它们的相对重要性，估计每个指标相对于其期望条件的绩效，以及评估指标的综合效应或影响，另一个方法是软定性方法，来评估指标之间的相互关系，因为单个指标不会影响生态可持续性，所以研究指标累积的动态效应更有意义。营养和营养学学会为了提升《优秀度量工具的标准》（*Standards of Excellence Metric Tool*）的质量以更好地发挥其评估价值，采用调查法，在学会成员之间广泛地调查对该标准的意识程度、采用情况以及整体收益，调查结果交由深入焦点小组来确定哪些地方需要继续提高，撰写详细的报告递交学会。报告包括调查的结果以及提出的建议，学会最终选择可行的建议予以采纳。

总体来看，国外在标准质量评价方面运用的主要方法有比较分析法、多指标评价法。比较分析法的主要特点是建立参考标准，适用于一次性评价多个同类标准。多指标评价法适用于分析涉及多个指标的复杂问题，其中以模糊评价法和德尔菲法为主。模糊评价法适用于复杂的概念；德尔菲法依靠专家组的意见来评价标准的质量，是一种定性的评价方法，这种方法的优点是充分利用专家组成员的经验，加强专家、标准实施者等各利益相关者的密切沟通。

2. 国内

通过查阅文献资料发现，一直以来国内大多数的学者更加关注对标准实施的效果和效益的评价，而对标准自身的评价研究较少。虽然标准带来的效益也在一定程度上反映出了标准本身的质量好坏，但是还不能作为权威的评价标准。要评价标准的质量，必须有专门的评价方法。游子云曾提出了标准水平的评价方法，他认为对标准水平的评价贯穿整个标准的编制和实施过程，但是不能盲目地以国外的标准为评价依据，也不能只一味地追求多指标，要严格遵守评价原则，从标准指标的先进性，标准的协调性，法律性、法规性和政策性，经济效果和文本的编制质量等方面来评价标准的水平，评价方法有概要评价法和综合评价法两类。覃耀青认为标准水平的评价应当从与国际国内标准的比对结果、标准所产生的经济社会效益以及编写质量等方面进行综合评价，标准水平评价分析的流程由项目需求分析、标准化分析、标准技术分析、编写最终标准水平分析评价结论四大步骤组成，项目需求分析包括项目基本信息、具体需求和具体实施方案，标准化分析是分析相关标准，提出相关技术指标，标准技术分析是分析标准的技术水平，最后由前几步的报告结合标准经济和社会效益完成标准水平分析评价结论。麦绿波针对标准合格评价问题，设计了标准合格评价五大要素，即需求要素、知识要素、特征要素、使用价值要素和影响力要素，并分别给予阐述，细分出了子要素，进而提出了利用这五大要素进行评价的两种方法——图形评价模型和表格评价模型的构建思路。这五大要素涵盖了标准的所有要素，能够让读者更深刻地认识什么是标准质量，对于提取标准质量评价的指标有很大的帮助。对于评价方法，图形评价法是将五大要素和子要素放到一个圆中，根据被评价的标准，对应哪些要素就填满哪些扇区，这种方法操作简单，但是缺点是对于每个要素，只能选择有或没有，但在实际中可能不能单纯地评价为有或没有，而是细化到具体到某个程度；表格评价法是为每个要素赋予权重再打分的方法，该法在实践中应用较多。

标准的适用性是决定标准质量的重要因素之一，针对标准的适用性评价，任冠华、魏宏、刘碧松等根据适用性的定义解释了标准适用性：“一个标准在特定条件下适合于规定用途的能力。”基本方法是以标准适用性评价指标体系的构建原则为依据，应用层次分析法和德尔菲法建立了标准适用性评价指标体系，涵盖了标准的技术水平、协调配套性、结构和内容、应用程度和作用五个方面，这一指标体系经过实践证明是可行的。解忠武根据实际经验，提出了企业技术标准适用性评价方法，其一，专题性评价，是以技术标准体系为依据确定专题，界定专题范围内需要评价的标准，可采用多个标准对比评价，也可对单一标准进行评价；其二，差异性评价，以解决标准交叉重复或相互矛盾问题为目的；其三，采标性评价，针对的是我国采用的国际标准或国外先进标准，存在被采用的标准已修改，而国内仍采用旧的标准的情况，企业应根据实际情况慎重选择采用的标准。戚倩研究了智能配电网建设标准的适用性评价方法，针对标准体系的先进性、结果和内容、协调配套性、功能性、应用状况五个一级指标建立了评价指标体系，运用层次分析法确定指标权重，以建立评价标杆的方法作为依据由专家打分得到标准的适用性水平。

我国在林业标准质量评估方面还刚刚起步，相关研究很少。王丽花、黎其万以及和葵等学者对我国花卉标准和国外“欧盟和地中海植物保护组织”（EPPO）标准和“荷兰花卉拍卖协会”（VBN）标准做了对比研究，发现我国的花卉标准在指标先进性、标准配套性和系统性、标准实用性三个方面落后于国外。这三个指标可为未来林业标准质量评估提供参考。谢雪霞、张训亚、焦立超等对中美两国木材机械加工性能评价标准进行了比较研究，详细对比了标准的规定范围及试验一般要求、试样尺寸和测试方法。认为中美标准虽然有所不同，但是我国的标准是符合国内实际情况的。段胜男、陈乃中、李志红从标准制定的各个过程来评估植物检疫行业标准的质量风险，列出每个环节可能存在的风险并提出避免风险的建议。这种方法可以看作全生命周期方法的一部分，但是没有考虑标准实施过程中的质量评估。

三、林业标准质量的多维分析

林业标准的作用和价值取决于林业标准质量。目前，学术界认为，影响标准质量的主要因素是一致性、公认性、共同性、重复性、规范性以及林业标准的协调性、经济性。有人认为，标准质量就是其自身的一致性、公认性、共同性、重复性、规范性、实用性、协调性和经济性等。总体来看，有关各方对标准质量理解的角度、领域、深度、层次不同，因而，没有统一、权威的定义。尽管这些指标也能够从某些方面表达标准的质量，但感觉有零散、重复、交叉、混乱的感觉。我们认为，评价林业标准质量，首先要确定反映林业标准质量的维度、层次，其次是指标数量和各指标的权重。

1. 林业标准质量的维度划分

林业标准质量是林业标准最主要的属性，在本质上依赖于有关专业领域的发展情况和编制水平，质量不仅取决于标准的性质，还取决于标准编制、采用的空间、时间因素。从林业标准性质、时间、空间三个维度评估其质量，更具综合性、科学性和客观性。

在性质维度上，衡量林业标准质量的指标一是标准编制、修订的规范性，二是标准内容的科学性，三是标准发挥效益的经济性，四是标准采用的可操作性。

在时间维度上，衡量林业标准质量的指标一是与时俱进的发展性，二是不同时期具有不同指标度量和内容的时效性，三是能被多个使用者操作的重复性，四是内容和技术水平的先进性。

在空间维度上，衡量林业标准质量的指标一是被权威机构和公众认可的公认性，二是能够在某行业或领域获得广泛应用的适用性，三是能代表各方利益的一致性，四是与各类法律、法规、标准和不同章节相统一的协调性。

2. 林业标准质量的维度分析

（1）性质维度

①规范性。无论是林业标准制定、修订还是文本的编写，均必须明确严格的规定和格式，标准结构和内容必须遵循相关的法律法规和国家标准等规范类指导。

②科学性。林业标准制定、修订过程中采用的原理、技术、方法、程序及测试分析数据必须科学、正确、可靠，有关计算、设计和描述要基于翔实的科学实验和调查分析。

③经济性。林业标准制定者均希望对标准最小的经济投入能获得最大的综合效益。标准综合效益与经济成本的差值代表标准的经济净效益，它从经济角度反映了标准的质量。

④可操作性。林业标准要掌握好严谨性、规范性与适用性之间的关系。林业标准一般是面向基层生产单位的，因此，标准的编写不仅要讲科学性，还要易学、易懂、明确清晰，一般人都能看懂掌握。深奥、偏僻的学术词汇、表述不适用于林业标准。

（2）时间维度

林业标准质量在时间维度上主要体现为随时间发生动态变化的特点。

①发展性。林业标准的内容和形式与社会经济发展和科学技术进步等密切相关，标准的内容和参数应随时间或科技进步等进行定期或不定期的修改、更新或修订、废弃。

②时效性。林业标准是在某个日期制定、发布的，其内容是一定时期知识、技术、科学和经验等的总结和提炼，在一段时间内能够满足标准使用方的要求。随着时间的推移，人们对标准的要求和期望会发生改变。

③重复性。林业标准能够在多个地方、多个单位被不同人重复使用而不出现错误；制定标准的对象可以延伸到许多相关领域，这些领域所涉及的对象千差万别，但是它们在人们的各类活动中的某个阶段反复、大量、不断地出现。

④先进性。林业标准来源于某时期生产、科研及管理的实践和科研成果的总结及提炼，是有关领域最先进科技成果和生产经验等的汇集、总结、加工和重新组装，代表了当时科学技术的先进水平。

（3）空间维度

①公认性。正式发布的林业标准必须由公证机构确认和批准，即标准要在一定应用范围内具有公开性和易于获得性，其可用性、权威性得到公证认可。

②适用性。这是《国家标准体系建设研究》中提出的概念，有很多相关的内容解释。我们认为，林业标准适用性就是标准在特定场合、特定条件下适合于规定用途的能力，适用性影响标准效益的发挥。

③一致性。林业标准的制定要通过特定的程序进行，标准内容和观点来自各方意见的广泛征求，因此，林业标准能够代表企业、用户等各方的意见、想法或共同利益。

④协调性。林业标准的制定或修订，必须与相关的法律法规及其他领域的标准相统一，同时，文本不同部分、章节之间在内容、逻辑上要统一，表达方式适合于标准的内容。

四、林业标准质量评估方法

1. 评价原则

（1）技术先进原则

在制定林业标准时，必须在考虑林业科学技术发展的最新水平之后，再来规定标准的各项内容。这是标准制定过程中应遵循的一个重要原则。因此，在评价林业标准的质量时，应注重所制定标准的技术先进程度，技术指标与国际标准的接轨程度，是否与当代林业科技发展水平相适应。

（2）经济合理原则

制定标准应做到经济上合理，有利于合理利用国家资源，减少浪费，提高经济效益。

（3）科学适用原则

标准的制定应有利于林业科技成果的转化，提高劳动生产率，在标准的实施方面便于操作。对标准的技术指标体系的控制要建立在科学的基础上，不能超越科技发展水平。同样，也不能把不适应科技发展的要求纳入标准技术指标体系中。

（4）生态优先原则

制定标准应当有利于保障国家安全和人民的身体健康，保护消费者的利益，保护生态环境。不能只考虑局部利益，以牺牲环境为代价来进行林产品生产。

2. 评价依据

科学合理评价林业标准质量，是有效提高标准的技术水平，减少经费浪费，提高林业标准化水平的客观需要。对于林业标准评价依据，不同学者有不同的看法，但总体来说，还是应从标准的技术水平高低、标准的本身指标体系是否合理、标准的优化协调作用和实际效果等方面进行评价。

（1）技术水平

技术水平评价是林业标准评价的核心，一个现行的标准应该反映当代林业科学技术的发展水平，并且要与国际林业标准化的发展相适应，尤其在生态保护和确保安全健康以及生命等方面。同时，标准的制定与实施应有利于林业生产的发展，有效地保护森林资源，促进社会的全面进步和林业劳动生产力的提高。

（2）指标体系

标准的技术指标体系往往是人们最重视的内容，制定标准的科技人员更是如此。其实，标准的技术指标仅仅反映了标准内容的一个方面，而不是标准的全部，最为重要的是评价标准质量，首先要看标准的指标体系是否涵盖了标准化对象的全过程，而且关键技术是否都有技术指标来控制，控制的程度怎样，能否有效地实现控制。

（3）优化协调

一个标准化对象的全过程是十分复杂的，尤其是林业标准所涉及的范围相当广泛，同时林业生产又离不开森林，森林既维护生态平衡，又为人类提供重要的林产品，因此，一个标准不仅要自身协调，还要与生态环境、林业生产投入品以及生产管理技术水平等相协调，从而达到标准整体功能优化。优化不是无根据的，而是对标准化对象有目的地简化和统一，并应与林业科学技术发展水平保持一致。

（4）实际效果

一个标准制定得好不好，技术指标合理不合理，最终的评价是其实施之后所产生的效果。因此，评价标准质量的关键就是要看标准实施的实际效果和对林业发展的贡献率大小，以及科技成果的转化率，能否取得显著的经济效益、社会效益和生态效益。

3. 评价的基本方法

标准质量评价方法可分为定性评判法与定量评判法。为了更准确地评价标准，一般不只是采用一种方法，而是根据需要采取多种方法，进行更科学的综合性评价，避免主观因素影响评价结果。

（1）定性评判法

定性评判法是评判者根据自己的专业知识，对目标标准的全文审阅后做出了印象质量判定。这种判定需要高层次及全面知识的支持和客观的心态保证。这种评判可延伸到对制定过程的全面了解。

①印象评价法。对标准整体理解、分析与归纳后，得出总体印象的评价结论。该方法至少需要5人以上才能完成，一般以5～11人为宜。评判等级一般分为优、良、中、差4个等级，评判时还要求做出文字性理由申述。印象评判法准确程度与评判者的水平有关。

②定性指标评判法。事先根据拟评判标准的特性，提出选择的条目，并对每个条目锁定条件进行评判。对条目限制开放，允许提出另外条目。此法可用于一项标准，也可用于标准内的某一条，亦可用于某一体系的评判。

③讨论归纳法。约定目标人员，通过圆桌会议答辩方法讨论，在讨论中，标准制定者有义务回答质疑。

④应用感受法。标准使用者对应用体会之后的总体评价。在应用地区，抽取30人以上的参与人员，对标准的使用体会进行评价。这种方法可结合“定性指标评判法”进行。

（2）定量评判法

定量评判法是根据标准制定要求、实践结果及过程质量控制点的行为效果，提前确定一系列量化指示并予以测定量值，再借助于某些工具进行运算判定。这种方法需要确定评判指标和量值的获得方法。

①比较法。比较法是评价标准质量的最基本方法，在评价产品标准和分析检验方法标准中常常被采用。最常用的是将标准样与测试样进行比较，或者将已知的好的做法或者标准与待评的标准进行比较。

②验证法。对标准中的量化指标、可疑性条目，通过一定手段加以验证（如实验、测试），以确定其可靠性与重复性。例如，对土壤有机质测定方法标准的质量评价，可在不同实验室，不同人员在同一时间，同一人员在不同时间，进行方法的稳定性和结果的重现性评价，从而得到评价的结论。

③区试法。对于某些标准要求的对象，只有通过区域试验才能证明标准的质量。如种子标准、引进生物材料标准、生境确定中环境标准应用等。种子种苗是营林标准很重要的内容之一，关于种子标准的评价方法，目前国内外最常用的是区域试验法，也就是常说的“品种区试”。利用“品种区试”方法可以评价一个品种标准的质量，依据为品种特性和应用推广的区域。区试可以在全国不同生态区设点进行，也可以在几个省（自治区、直辖市）进行，适应面不大的品种可以在一个省内进行。

林业生产技术规程的评价，也可以采用区域试验法，如林业行业标准中生产技术规程的制定，绝大多数都在某一个地区通过试验来制定，因此，要适应全国的所有情况是比较困难的。虽然这些标准常常以推荐性标准的形式出现，但其影响力比较大，应进行质量评价，通过区域试验法对其中不适合的部分进行修订后实施效果会更好，也达到了评价的目标。

④综合评判法。以数字工具为基础的量化评价过程，注重于标准的整体性和系统性评价。具体方法主要有模糊评判法、线性代数法、灰色分析法、贡献率法（主成分）、因子分析法等。

目前应用于林业标准质量评价的方法主要有三类：

一是标准全生命周期评价法。这种方法立足于林业标准的制定过程和实施过程的各环节分别进行评价，通过采用综合评价法或专家意见法，考察林业标准的质量。优点是能够从标准立项之初就注意控制标准的质量水平。

二是对比评价法。对比的方法包括被评价标准直接与国外先进标准对比，以及制定参考标准与被评价标准对比。与国外先进的林业标准对比，这是一种相对评价，可以直观地看出我国林业标准与国外的差距，对于提升林业标准的技术水平，缩小与国际标准的差距很有帮助，这一方法比较适合对林业技术性标准进行评价，评价中要注意结合实际，避免出现过分追求高标准的现象；制定参考标准是将待评价的林业标准与参考标准进行比较，可以一次性评价多个不同地区同一领域的林业标准，对比结果能够为改善标准质量提供很好的建议，但是对参考标准的要求较高。

三是多指标评价法。适用于分析涉及多个指标的复杂问题，应用较多的是德尔菲法、层次分析法、模糊综合评价法。特别是以模糊评价法和德尔菲法为主。这类方法的特点是既有定性评价也有定量评价，具体选择哪个方法要从实际出发。实践中更多的是将定性与定量评价相结合，兼顾客观数据与专家的经验。若选择层次分析法进行评估，在建立评价指标体系时可以根据林业标准质量的特性来筛选指标。

第二节　品牌价值评估

一、概念

一般认为，品牌价值是指顾客基于自身的认识和理解，对品牌所做出的差异性选择，为企业产品或者服务带来的现金流或其他附加值。品牌价值的实质是品牌力，即品牌权利。品牌权利体现于品牌的法律权利和市场权利，法律权利的产生基于品牌表现形式为商标，从而具有了商标权，这一权力保证品牌的唯一性且不被侵占；市场权利来源于品牌能够使消费者产生品牌忠诚，代表着企业的影响力、市场占有份额等，从而形成企业的市场竞争力。

品牌的价值构成包括成本价值、关系价值和权利价值。有观点认为，品牌成本价值指的是企业对品牌投入的各种劳动和货币价值，也有人认为成本价值是对品牌的非货币形态和货币形态的投入，而投入的来源既有企业又有消费者，这是两个观点的主要区别。是否将消费者对品牌价值的影响纳入品牌价值评价维度中，品牌价值的评估结果会有很大差距。

品牌关系价值来源于企业为形成品牌与消费者的关系的投入和品牌为企业及消费者带来的利益。这种关系也可以被理解为客户对某一品牌的忠诚度。品牌权利价值体现于企业通过品牌权利而获得的利益。由于品牌权利包括法律权利和市场权利，所以在衡量品牌权利价值时不能只考虑转让商标权获得的利益，也就是法律权利带来的收益，品牌的市场权利才是品牌权利价值的主要来源。

品牌是企业在其生产的产品上所使用的识别标记，它是制造商用以标明自己生产的产品与竞争对手的同类产品相区别的商品名称及其标志，常由文字、符号和图案等组合构成。然而品牌不仅是产品的商标、名称，各大企业品牌战略的成功实施，证明品牌凝聚了产品质量信息、服务质量信息及顾客信誉度、忠诚度、满意度等。只有消费者认可的品牌才更有市场竞争力，才能长久生存，更具有品牌价值。林业企业的产品直接面向消费者，更应重视品牌的开发和建设。好的品牌决定了企业的发展。随着技术和工艺的进步，我国林业品牌的影响力有了很大提升；以品牌为核心竞争力的大企业逐渐崛起，但是品牌价值和其他行业相比还有较大差距。

根据世界品牌实验室对全世界品牌价值的评估数据，林业企业中，品牌价值较高的企业主要是家具、造纸、人造板等第二产业。从整体品牌价值来看，我国林业品牌价值还很低，除“圣象”和“大自然”进入过 200 名之内，品牌价值达到 200 亿元之上，其余全部都排在 200 名之后，且集中在 300 ～ 500 名①。

除了林产品，随着旅游消费的提升，以及人们对旅游需求的转变，带动了以健康、养生、游憩为特色的森林旅游业的发展，大批森林旅游品牌开始建立起来。

二、国内外概况

评估品牌的价值，不仅可以为品牌的转让提供一个参考价格，更重要的是可以使企业对自身的品牌价值有更直观的了解，意识到与同类品牌的差距。我国的林业品牌虽然在家具、造纸等领域占据较大的国内市场，但是如果与国际著名品牌竞争，赢得更大的国际市场，还需不断进行技术创新，提升产品的质量。所以，评估我国的林业品牌价值对于加快建立更多林业品牌，增强品牌的市场竞争力，提高品牌的知名度，吸引更多的消费者，提升品牌价值具有重要意义。

关于林业品牌价值的专门评价研究较少。崔文丹（2011）采用价值构成理论，从品牌的经济价值、社会价值、生态价值三个方面建立指标体系，提出了林业品牌资产价值的评价方法。该评价指标体系全面涵盖了林业企业创造的价值，但是个别指标无法单独计算品牌创造的价值，将企业创造的价值和品牌价值混淆。朱小龙、侯元兆等（2012）对重庆市武隆森林资源价值评估中，应用 Interbrand 评价法评估了“芙蓉仙女、梦幻武隆”品牌资产，得出这一品牌的资产为 6.57 亿元。刘海燕（2013）等也运用 Interbrand 评价法对塞罕坝林场的品牌价值做了评估，评价的维度为社会和市场地位、知名度、认知度、美誉度、对消费者的影响力。2014 年开始实施的国家标准《品牌价值评价—旅游业》（GB/T 31284—2014）中关于旅游品牌价值测算模型，提出多周期差额收益法模型，以及品牌现金流、品牌价值折现率的确定方法等，明确旅游品牌强度的指标为服务、质量、市场、创新、品牌建设和社会责任等，能够为森林旅游品牌价值评价提供一些参考。品牌价值评价标准化，将加快森林旅游品牌价值评价的发展。除此之外，《木质林产品品牌评价国际标准》于 2017 年正式发布，这是国际首个木质林产品品牌价值评价标准，将

① 世界品牌实验室发布 2017 年世界品牌 500 强，中国 37 个品牌入选！https://www.sohu.com/a/213242761_609282

会使得木质林产品品牌价值的评价更加规范，推动木质林产品品牌的发展。

中国轻工行业品牌价值评价体系充分考虑了轻工企业品牌的特点，科学性高，林业企业大多规模小，但与消费者生活息息相关，可参考此评价体系。轻工行业品牌价值评价体系结合了收益法、综合评价和层次分析法，由品牌收益、品牌竞争力、品牌强度系数三大模块构成，其中品牌竞争力为核心模块，由品牌管控力、品牌影响力、品牌扩张力、品牌建设力、品牌创新力五项指标构成。

Interbrand 评价法、《金融世界》评价法和忠诚因子评价法主要评价品牌的经济价值，且应用忠诚因子法需要满足消费者在一定周期内重复购买产品这一前提，对于生产家具、地板等耐用消费品的企业不适用。在计算林业品牌的社会价值和生态价值时，如何确定品牌创造的价值比例，还需要做进一步研究。

三、评估方法

关于品牌和品牌价值的内涵，一直以来观点不一，由此产生了品牌价值评价的三种不同角度：财务角度、企业角度和消费者角度。品牌价值评价的基本方法是成本法、收益法。最著名的品牌价值评价方法有英特品（Interbrand）评价法、《金融世界》评价法以及大卫·艾克品牌资产五星模型法和国内的忠诚因子法。

1. 基本方法

目前品牌价值评价主要从三个角度入手：财务角度、企业角度和消费者角度。主张从财务角度进行评价的学者认为品牌能够给企业带来的财务上的收益就是品牌的价值。成本法、收益法都是基于企业财务的评价方法。成本法是根据企业品牌的重置成本减去各项损耗来确定品牌价值。收益法是通过预测品牌在未来产生的预期收益，再进行折现来评估品牌价值的方法。企业角度的评价方法基于这样的认识：好的品牌能够增加企业的竞争力，为企业带来更多的超额利润，属于企业的无形资产，可利用无形资产评估方法。因此，评估品牌的价值时应体现超额利润部分。基于消费者视角的品牌价值评估根据品牌与消费者的关系，认为企业品牌的价值受到消费者的极大影响。消费者对品牌的认知、忠诚度等决定着品牌的未来发展，也决定着品牌的价值。

当前，普遍认为仅从单一视角入手不能准确地评估品牌的价值。成本法仅体现了开发该品牌所付出的成本，而品牌的价值更多地体现在品牌给企业带来的收益。因此，成本不能完全代表品牌的价值。企业视角的评价方法体现了品牌的获利能力，考虑到品牌未来给企业带来的利润，综合企业财务数据，但是没有考虑到消费者与品牌的关系。从消费者角度进行品牌价值评价虽然加入了消费者因素，但是企业品牌不仅受到消费者影响，还受到竞争者、供应商、分销商等利益相关者的影响。

2. 代表性评价方法

虽然每种评价方法都不能完全准确地计算出企业品牌价值，但是现在应用最多的方法有国外的 Interbrand 评价法、《金融世界》评价法、大卫·艾克品牌资产五星模型法，国内的北京名牌资产评估公司评价方法、忠诚因子法。这些评价方法在实践中应用最广，同时还有很多学者提出了更完善的评价方法模型，但是实践上还存在很多困难。

（1）Interbrand 评价法

Interbrand 评价法是由英国 Interbrand 公司提出的，该公司在资产评估领域处于领先地位，因此其提出的 Interbrand 评价法的应用范围更广。Interbrand 评价法是基于公司品牌带来的未来收益的贴现值来评估品牌的价值。公式为：

$$V=P\times S \tag{2.1}$$

式中：V——品牌价值；

P——品牌未来收益；

S——品牌系数。

通过进行企业财务分析获得企业在过去及近期的收益，进而估计企业或某个产品的“沉淀收益”，即在企业未来的收益中，无形资产所创造的收益。通过市场分析估测出该品牌的“品牌作用强度”，即在创造“沉淀收益”的无形资产中，企业或产品品牌所占的比重。由此可得出企业或产品品牌的未来收益。品牌强度分析是为了衡量品牌未来收益变为现实收益的风险，可作为品牌未来收益的贴现率，即品牌乘数。Interbrand 评价法用七个因素分析品牌强度，它们分别是市场性质、稳定性、品牌在同行业中的地位、行销范围、品牌趋势、品牌支持和品牌保护。七个因素被分别规定最高分值，可得到品牌强度的量化结果，再利用方法中的 S 曲线得出对应的贴现率（品牌乘数）。

（2）《金融世界》评价法

《金融世界》评价法是由美国《金融世界》杂志提出，也是应用非常广泛的评价方法之一。与 Interbrand 评价法的基本思路相同，都是通过估算企业从品牌中获得的利润来评价品牌的价值。《金融世界》评价法估算品牌利润的具体思路用公式表示为：

品牌价值=（该品牌产品的全部收入–相关产品成本–销售费用–管理费用–折旧费等–正常的合理投资利润）×（1–所得税率）× 调整乘数　　（2.2）

不同于 Interbrand 评价法通过分析公司财务来估计“沉淀收益”，《金融世界》评价法的数据主要通过咨询财务分析师、商会甚至企业竞争者，阅读财务报表等方式获取，也可以直接从企业收集。调整乘数的计算方法与 Interbrand 评价法的品牌乘数相同。

（3）基于消费者视角的评价方法

大卫·艾克在 1991 年《品牌管理》一书中提出了品牌资产“五星”模型，认为品牌资产由品牌知名度、品牌认知度、品牌联想度、品牌忠诚度和其他特有资产组成。其最早将消费者因素纳入品牌资产价值评价模型中，是典型的从消费者角度评价品牌资产价值的方法。

奥利弗·胡普（Oliver Hupp）和肯·帕瓦加（Ken Pawaga）提出了一个品牌评估方法——高级品牌评估（advanced brand valuation，ABV）模型，这一方法是将消费者心中品牌的心理力量引入品牌财务价值计算中，基本原理是未来的消费者需求最终决定了品牌的财务价值，由四个财务分析模块组成，分别是分离——将品牌价值与非品牌价值区分、预测——预测品牌带来的短期收益、风险——表示品牌未来盈利的风险、战略选择——展示没有在品牌计划中表示出来的东西，品牌心理力量由捷孚凯市场研究集团

（GfK）[①]的品牌潜力指标（brand potential index，BPI）表示。

国内以消费者视角评价品牌价值的方法有忠诚因子法，由范秀成基于消费者行为理论以及顾客的品牌权益理论提出，兼顾了方法的科学性和可操作性。忠诚因子法的具体表述为：

品牌价值=忠诚因子×周期购买量×时限内的周期数×
理论目标顾客基数×（单位产品价格-单位无品牌产品价格）。 （2.3）

其中的关键因素——忠诚因子，指的是全部顾客中重复购买或开始购买的顾客所占的比重，通过消费者的使用经验、顾客需求、市场竞争程度、广告传播效果、口碑等要素来衡量，数值从以往的数据中获取。

3. 农林业品牌价值评价

农业与林业在产业特征上具有一些共同点，例如，都涉及第一、第二、第三产业；都受区域差异影响较大；我国在农林业品牌和林业品牌方面发展都较晚。农林业品牌价值评价对于研究林业品牌价值的评价方法有很大的借鉴意义。从查阅的文献看出，基于品牌价值评价的理论，农林产品品牌价值评价主要分为基于市场角度和基于消费者角度。

尉京红、刘宇等从市场交易的角度评价农林产品品牌的价值，认为收益法更关注品牌的未来获利能力，更适合农林产品品牌价值评价。王炜、徐琍（2010）认为农林产品以食品为主，因此根据Interbrand评价法，在农林业品牌强度评价指标体系中引入了质量安全性指标，采用集值统计法估算了农林业品牌强度，既能得到模糊量化结果，又避免了仅用专家判断法存在的主观评价误差。管田诺树（NAOKI SUGITA）评估了几个大型企业的绿茶品牌的价值，选择的指标为代表价格优势的品牌声望、代表稳定性的顾客忠诚度和代表可扩张性的扩张度，由于数据获取问题，扩张度指标没有被采用。

李敏（2007）提出农产品品牌以消费者为中心，分析了不同消费者行为理论形成农产品品牌价值的作用机理，主要理论有决策过程论、体验论、平衡协调论。王晋雯分析了“刺激－反应”理论对农产品品牌价值的作用机理。于君英等（2013）在顾客的品牌价值（CBBE）基础上，通过对消费者以及专家进行调查，利用SPSS因子分析法，得出了五个评价因子（价值满意、质量忠诚、印象深刻度、联想溢价、领导力），构建出了基于顾客的品牌价值评价指标体系。顾至欣（2013）提出利用层次分析法来计算多层次指标的权重，从消费者角度对品牌价值进行评价，基于国内外学者的研究及消费者心理最终将评价指标设定为产品价值、品牌形象、客户交往、文化内涵。郭新华、冯帅等（2015）也从消费者的视角，利用层次分析法来计算品牌价值评价指标体系的权重，选取的指标为品牌知名度、品牌忠诚度、产品品质、人员服务品质、环境与气氛品质、产品联想、组织联想，再运用模糊综合评价法计算出品牌价值得分，对选取的四个品牌的品牌价值进行了比较，得出了四个品牌的相对品牌价值大小。王兆君、刘帅等（2013）在

---

① GfK：捷孚凯市场研究集团（Gesellschaft für Konsumforschung），总部位于德国纽伦堡，是全球五大市场研究集团之一，研究业务涉及耐用消费品调查、消费者调查、媒体调查、医疗市场调查和专项研究等方面。GfK 在北京和上海设有办事处。

分析了大卫·艾克的品牌资产五星模型法和 Research International 的品牌资产引擎模型的优缺点的基础上，考虑到品牌情感指标，综合两者的优点，将指标分为品牌功能属性和情感属性，情感属性包括品牌忠诚度、品牌形象度、品牌知名度、品牌权威性，设置了农林业集群品牌的评价指标体系。朱至文、顾荣（2016）采用了消费者认知评估法评价农产品品牌价值，以质性方法和扎根理论为研究方法，通过访谈的方式获取调查数据，最终确定了评估模型的维度为品牌形象、地域感知、农产品特性、价值感知、品牌忠诚。

对于区域品牌价值的评价，哈丹·卡宾、霍国庆等（2012）研究了新疆农业区域品牌价值评价模型，认为农业产业链一体化程度、规模化水平、标准化水平、技术创新水平是影响品牌价值的四大要素，经过细化变量，设置了多层次的评价指标体系，利用问卷调查和专家咨询法确定指标权重，得到区域品牌价值评价模型。专家咨询法得出的结果较符合新疆的实际，但仍然存在一定的偏差。聂国琪等也从消费者视角提出了区域农产品品牌价值评价的五个维度，即品牌认知度、区域联想、功能感知、品牌情感、品牌忠诚，并提出了七个假设，通过数据处理对假设做显著性检验得出结论。

不同于林业品牌可以分为林产品品牌、森林旅游品牌等，农林业品牌以农林产品为主。对农林产品品牌价值的评价以从消费者视角的评价为主，评价方法不唯一，可直接采用国际上通用的评价方法，或采用层次分析法、模糊评价法，评价指标应包含品牌形象、顾客忠诚度、品牌知名度、产品质量安全性等，区域品牌价值评价指标要考虑区域感知。但是从数据的获取方式来看，多运用的是调查法，容易受调查数量的影响，如果数量过少，结果不具有代表性，数量多会加大调查难度和数据处理难度。

第三节　林业标准质量与品牌价值评估面临的主要问题

一、在标准质量评估方面

同我国其他领域类似，林业标准质量还存在着多种问题：一是标准缺失。标准缺失指的是标准数量过少，在很多方面还没有制定标准，标准体系不完善。如生态旅游标准，我国生态旅游发展迅速，但是标准制定不及时，目前仅有 6 项相关标准，包括 2 项国家标准、3 项林业行业标准、1 项四川省制定的地方标准，内容主要涉及生态旅游管理、规划、设施建设、示范区建设、资源评价等方面，远不能满足生态旅游发展需要。二是标准技术规定落后。主要表现在林业技术标准中，为需要协调统一的技术事项制定的标准，如营林标准、森林工业标准、森林食品药品标准、森林机械器具标准等。存在很多标准的更新赶不上技术的更新，或者与发达国家相比，我国在技术上落后于它们。三是标准重复矛盾。这一问题主要表现在地方标准和国家标准中，不同的标准对同一方面提出了不同甚至矛盾的规定。如《湖南省林木采伐伐区调查设计技术规定》中曾有许多内容与国家林业局和草原有关资源林政管理的要求不一致，均没有得到及时修改和完善。

分析当前标准质量评估的研究进展发现，评估林业标准的质量，还有一些问题尚未解决。

1. 标准质量概念不明确

标准的质量虽然与标准有着紧密联系，但是“标准质量”的概念还没有形成共识。研究者更多地从标准在实践中的经验入手来评价标准。

2. 标准质量评估指标尚未明确

大多数学者都是从标准的结构和内容两方面评价标准的质量，极少数研究将标准的经济效益和社会效益指标也纳入标准质量评估中。但是，在标准质量评价中，选取的指标差别较大。

3. 林业标准质量评估研究欠缺

对林业标准质量的概念、存在的问题、评估体系等方面都缺少系统的研究。从现有研究中可以看出，国内外林业标准对比研究是采用最多的评价方式。但这种方式只能评价标准的技术先进性，不能总体评价标准质量。

二、在品牌价值评估方面

品牌价值是指顾客基于自身的认识和理解，对品牌所做出的差异性选择，而为企业产品或者服务带来的现金流或其他附加值。品牌价值由成本价值、关系价值和权利价值构成，品牌价值评价主要从财务、企业和消费者三个角度入手，基本方法是成本法、收益法。国际上最著名的评价方法有 Interbrand 评价法、《金融世界》评价法、大卫·艾克的品牌资产五星模型法等。农林产品品牌价值评价主要分为基于市场角度和基于消费者角度考虑。林产品性状在很大程度上依赖于区域位置条件、气候特征等。因此，某些产品只能在某一区域生产，产品的特殊性带动区域的发展，形成区域性品牌。由于各种限制因素和发展程度的影响，林业品牌及其价值评价存在四个方面的问题，一是林业品牌价值低；二是林业企业缺乏品牌意识；三是企业不重视品牌管理；四是没有建立较完整的林业品牌价值评价体系。

1. 林业品牌价值低

第一产业以营林造林为主，更加关注生态效益，与消费者联系较少，不重视品牌建设，品牌价值小。第三产业以森林旅游业为主，与消费者联系更紧密，品牌形象、知名度等与游客数量息息相关，但成功的森林旅游品牌甚少。

2. 林业企业缺乏品牌意识

“靠山吃山，靠水吃水”，在木材、竹材等资源丰富的地区，存在很多小规模的木材加工企业。由于市场需求大，企业成本低，这些企业不必担心没有销量，但是一直保持最初的规模，未考虑企业长远的发展，没有建立自己的品牌；旅游行业现在是一个消费热点，很多地区都有非常好的森林旅游资源，只是没有建立起自己的品牌。

3. 企业不重视品牌管理

品牌不只是一个商标，它能为消费者提供产品质量信息和服务信息等，良好的品牌形象更能获得顾客的信任。很多企业虽然有了品牌，但是不积极地去提高品牌的知名度，追求更高质量的产品和服务。

4. 没有建立较完整的林业品牌价值评价体系

每个行业都有所不同，应用统一的品牌价值评价体系，难以科学地评价品牌价值。针对处于不同产业链的企业，品牌价值评价指标应有所不同。林业品牌的发展时间较晚，品牌的规模和知名度相对于其他行业还有较大差距，一定程度上影响了对林业品牌价值的评价。

从品牌价值评价的方法来看，指标选择是评价林业品牌价值的第一步，但是关于林业品牌价值评价指标的选取还缺乏系统的研究。从评价对象来看，林业不同于其他行业，能产生很高的生态价值，所以对林业品牌价值进行评价，既要考虑木质和非木质林产品品牌创造的经济收益，还要考虑森林生态价值，并设定相应的评价指标，比如研究品牌建设与生态建设的关系，以及森林固碳价值、蓄水保土价值的评价指标等。

第四节　完善林业标准质量与品牌价值评估的路径

到目前为止，我国林业国家标准、行业标准和地方标准已经涵盖了经济林、森林经营和管理、木材、林产机械、林产化学、造纸等 70 多个学科。但是，这些林业标准还存在审查、修订不及时等问题，质量水平有待提高。根据林业信息网的数据显示，其中有 85% 的标准发布于 2011 年之前，甚至更早，依然没有对其进行审查，修订新版本。提高林业标准质量是为了适应林业发展的要求，保证林业生态工程建设的质量，提高林业管理水平。因此，加大对林业标准质量评估的研究非常必要。

一、关于林业标准质量

1. 重视林业标准评估机制的建设

国家林业和草原局和各省、直辖市、自治区等各级林业标准管理机构以及专业标准化委员会肩负着林业标准的制修订任务。根据《标准化法》的要求，应加大对林业标准的评估工作。为此，各机构或单位应采取有效措施促进林业标准质量评估工作的开展。建立林业标准质量评估机制是实施标准评估工作的第一步，因此，林业标准管理机构应尽快建立起这一机制，规范林业标准质量评估工作，才能对达到复审年限的林业标准及时进行评估。

2. 加大投入研究解决理论与方法问题

为了在林业标准质量评估领域取得一定成果，首先要解决理论上的空缺，应鼓励、支持更多的林业标准化方面的专家学者投入研究中，建立林业标准质量评估理论，组建专业化团队开展林业标准化理论与方法研究。一是要研究林业标准质量的概念和内涵，二是要研究评估方法。通过文献分析，我们发现在标准质量评估中应用的方法不尽相同，各有特点。所以提出和确定适当的方法来评估林业标准质量是亟待解决的问题。

3. 研究制定林业标准质量评估指标体系

林业标准类型包含技术标准、管理标准和工作标准，技术标准是对技术事项的要求，管理标准是对标准化工作中的管理事项的要求，工作标准是对工作范围、程序、效果等事项的要求。不同类型的标准，制定的目的不同，适用的领域也不同，所以不能应用一套固定的指标进行评估，只有根据不同类型标准的特点分别建立评估指标体系，才能达到评估的目的。

4. 借鉴国外经验

无论是国际标准化组织还是美国、日本等发达国家，在标准制定与标准化研究方面都领先于我国。在林业标准质量评估研究中，国内外有关行业已经运用模糊评价法、德尔菲法、对比评价法等，得出了满意的评估结果；国外更加重视方法的实证研究，也非常重视对方法的适用性的研究，结合具体问题，选择最适合的方法。不少理论与方法对于我国开展林业标准质量评估有重要的借鉴价值。

二、关于林业品牌价值

为了提高我国林业产业和生态建设水平，推进林业标准化，加强和积极开展林业品牌价值评价工作具有非常重要的意义。为此，目前应做好以下 5 项工作。

1. 增强林业品牌意识

参考和借鉴其他品牌战略的成功案例，建立林业企业的品牌战略。企业要更加重视产品的技术和质量，以质量取胜。各地政府也应该重视区域品牌的建设，加大投资以及对地区龙头企业的支持，推动企业品牌向全国乃至世界发展，扶持中小企业做大品牌，积极引入外来企业进行投资。因地制宜，勇于创新，借助当地的资源优势，积极开发旅游产业，健全景区基础设施建设和提高服务质量，让游客获得更好的体验。

2. 成立林业品牌价值评价管理机构

发达国家主流的品牌价值评价都由专业的第三方评价机构来承担，专业团队拥有丰富的经验，评价结果科学、客观。林业品牌价值评价也应建立专门的机构，该机构可以和林业品牌价值评价的研究队伍统一起来，通过理论与实践的结合，完善林业品牌价值评价方法，促进林业品牌建设发展。

3. 增加林业品牌价值评价的投入

目前，国内有关林业品牌价值评价工作还在起步阶段，在管理、研究和应用等方面空白点较多。缺乏品牌价值评价的支持，林业品牌的发展和创立既不完整也不可行。实际情况是经费支持不足、缺少专业团队和人才是主要影响因素。所以，应该鼓励更多的科研人员从事林业品牌价值评价的研究工作，加大项目的资金支持。对林业品牌价值评价的管理和研发以及人才培养加大支持力度，以推进此项工作的开展。

4. 加快制定林业品牌价值评价标准

加快制定林业品牌价值评价标准，尽快完善林业品牌价值评价标准体系。截至目前，国内只有《木质林产品品牌评价国际标准》《品牌价值评价——旅游业》两项标准发布，《品牌价值评价——木质林产品》团体标准在 2017 年立项通过。未来应进一步建立森林旅游、非木质林产品、生态产品等品牌价值评价标准，使标准化涵盖各个类型的林业品牌。加大标准化宣传力度，提高标准化意识，让更多人了解品牌价值评价相关的标准，将标准真正地用于实践中。

5. 积极开展林业品牌价值评价体系研究

从国内外相关行业的现状来看，建立适用的品牌价值评价指标和评价方法是做好品牌价值评价工作的基础工作。考虑到林业的分支行业多，专业领域多，建立一个能囊括全行业的品牌价值评价体系将是一项很艰巨的任务，尤其是调动相关行业的专家开展研究工作需要进行统筹规划，设定建立评价体系的基本原则，在此基础上才能建立各个指标体系和评价方法，因此，成立专门的研究团队是很有必要的。

第三章　林业标准适用性评价

第一节　概　述

标准是将科技成果转化为生产力的一种途径，标准的适用性决定了标准能否实现科技成果向生产力转化，一个标准如果不能提高工作效率和质量，那么制定这一标准就没有意义。

“标准适用性”是《国家标准体系建设研究》中提出的一个新概念，即一个标准在特定条件下适合于规定用途的能力。标准的适用性意味着标准是否能应用于实践、指导实践。林业生态工程建设标准是提高建设成果的技术和管理保障，没有标准可依或标准不科学都会导致工程建设失败或达不到预期效果。标准的适用性影响工程建设的质量和效益，是决定林业生态工程建设标准实施效果的关键因素。因此，研究林业生态工程建设标准的适用性具有非常重要的意义，采用科学、合理的方法评价标准的适用性将有力地促进此项工作的发展。

国家领导人在首届中国质量大会上对我国国家标准体系建设及标准质量提出了新要求。2015 年国务院颁布了《深化标准化工作改革方案》，明确提出目前我国在标准化体系和标准管理方面还存在标准缺失、老化滞后、交叉重复等问题，要求对现行强制性国家、行业和地方标准及制修订计划开展全面清理、评估，不再适用的予以废止。《深化标准化工作改革方案》的提出拉开了我国标准化改革的序幕，这将会加快我国标准化发展的步伐，同时也体现了国家对于标准化工作的重视。同年，国务院又发布了《国家标准化体系建设发展规划（2016—2020 年）》，提出要实现全面实施标准化战略，标准的有效性、先进性、适用性显著增强，标准体系更加健全等发展目标。对林业标准化提出了“制修订林木种苗、新品种培育、森林病虫害和有害生物防治、林产品、野生动物驯养繁殖、生物质能源、森林功能与质量、森林可持续经营、林业机械、林业信息化等领域标准。研制森林用材林、经营模式规范、抚育效益评价等标准。制定林地质量评价、林地保护利用、经济林评价、速生丰产林评价、林产品质量安全、资源综合利用等重要标准，保障我国林业资源的可持续利用”的明确要求。国家林业局在2015年也发布了《关于进一步加强林业标准化工作的意见》，指出要完善林业标准体系，包括优化林业标准结构与布局，加强重点领域标准制修订，推进林业标准国际化。

“十四五”时期，是我国深化改革开放、加快经济发展方式转变、调整经济结构的重要时期，我国林业发展将迎来新的历史机遇期，并将保持快速发展态势，实现林业大国向林业强国迈进的战略目标。与此同时，为林业的发展提供重要技术支撑和制度保障的标准化工作也将得到进一步推进。目前，我国林业各业务领域标准的实施为加强全行业规范化管理提供了技术依据，极大地促进了科技成果的转化，提高了林业生态建设、产业建设和文化建设质量和服务水平，并加快了林业在管理和技术上与国际先进水平接轨和实现赶超。

为确保“十四五”期间林业标准化工作有所创新与突破，有必要对林业行业标准等进行适用性研究。研究的目的在于了解现行林业标准的适用情况，发现存在的问题，对标准清理提出建议，建立完善的林业行业标准体系，提高行业标准的质量与水平。

一、标准适用性的内涵

“适用”一词可以拆分为“适合应用”。适用性应该反映的就是适合应用于实际的一种性质。标准的适用性就是标准本身具有的一种特性，可以概况地解释为“标准能够在实际中得以应用”。如何深刻理解标准的适用性，需要结合标准的作用，即标准是为了协调各利益相关方的成本和收益以达到最佳效果。任冠华、魏宏、刘碧松等根据适用性的定义解释了标准适用性：“一个标准在特定条件下适合于规定用途的能力。”还有学者将标准的适用性通俗地理解为有没有人用、好不好用、有没有标准可以用，并解释了造成标准适用性差的原因有：标准不是一成不变的，标准的管理体制受到行业和产业发展水平的限制。李鑫、刘光哲则认为适用性好的标准应该能产生良好的效益。所以，具备良好适用性的标准应该包含下列具体的特征。

1. 标准必须符合各方的利益

标准包括技术标准、产品标准和服务标准。以产品标准为例，制定标准时应以保证产品的质量为目标，这是为了保障消费者的利益。没有按照标准程序生产的产品，没有达到质量标准要求的产品，不会出现在市场上。但是，标准中的规定应适度，标准过宽，形同虚设；标准过严，盲目追求高指标、高要求，急于与发达国家标准同步，会极大增加企业的生产成本，企业为了保证收益，只能提高产品价格，最终损害消费者的利益。对于标准的实施方，标准制定要体现经济性。

2. 标准应具有可行性

标准的可行性是指在标准的使用范围内，标准实施方的工艺水平和技术能够满足标准的要求；并且，标准的操作要求等必须是根据标准的使用范围，为实现最佳效果而确定的。这一特性在专业性标准中体现得最为显著，也更有意义。专业性标准的适用性随其所使用范围和对象的变化而变化。为了保证标准的可行性，在标准制定全过程的各个阶段都要严格按照客观程序进行，每项要求都要具备可行性，以使标准在使用范围内能够被采用为目标。

3. 标准应与需求相适应

标准是一种技术性产品。既然是产品，标准被制定的目的就是满足人们的某种需求。例如，产品标准包含详细的质量指标，可以保证产品的质量，满足消费者的需求；工作标准规范了操作规程，是为了确定和简化操作程序。不能满足需求的标准，没有人采用，也就谈不上适用性。

二、国内外研究现状

1. 标准适用性评价指标

任冠华、魏宏、刘碧松等应用层次分析法和德尔菲法建立了标准适用性评价指标体系框架，提出一级指标为标准的技术水平、协调配套性、标准的结构和内容、标准的应用程度、标准的作用。李瑞英、姜志德通过对国家级生态村创建标准的适用性分析，发现“国标”在指标涵盖的范围、数据的可得性和可测性上有所欠缺，进行修正后的“国标”更能反映真实的情况。齐蕊、王娜娜、李桂兰等也对针灸技术操作规范标准的适用性做过评价，采用的方法是层次分析法，准则层指标为针灸技术操作标准的编制工作、针灸技术操作规范标准的临床适用性、标准应用后产生的作用。戚倩研究了智能配电网建设标准的适用性评价方法，针对标准体系的先进性、结果和内容、协调配套性、功能性、应用状况五个一级指标建立了评价指标体系。朱晶、谈飞针对标准内容项目设置完整度、引用文件中相关指标的参考性、是否与实际相符三个指标评价了《定额标准》的适用性。陈艳从标准满足实际需要、标准对使用环境的适用性、标准的应用效果三个角度评价了 ISO 9000 系列标准的广泛适用性。杜伟军、张咏梅在对标准的适用性调研过程中发现，适用性差普遍表现在行业标准难以满足全行业需求、与实际工作要求矛盾或不一致、修订不及时导致时效性差等。李恩重提出装备再制造标准的适用性评价指标为可靠性、安全性、环境适应性、可控性、保密性、协调性、可转换性等。王丽花、黎其万以及和葵等学者对我国花卉标准研究发现，我国的花卉标准在指标的先进性、标准配套性和系统性、标准实用性三个方面落后于国外。这三个方面可作为重要的林业标准质量衡量指标，为我国林业标准质量评估指标研究提供了思路。孙亚耶夫（Sunyaev）通过文献分析法筛选出可用性、必需的技术、可扩展性、成熟度、合规性等标准评价指标。斯皮宁（Siponen）和威利森（Willison）采用了应用范围和证据类型两个指标进行标准评价。阿罗拉（Arora）根据标准的焦点、范围、结构和组织模型等指标评价标准。菲利普斯（Phillips T）和克里金尼斯（Karygiannis T）等从技术角度和安全角度分别选择指标进行安全标准的比较，技术指标有标准制定者、范围和数据，安全指标有保密性、诚实性、可用性。埃尼沙（ENISA）区分了标准评价指标中的成熟度和稳定性，隐私政策实施和可用性指标。加交斯（Gazis）选取的标准评价指标有成熟度、层次、安排、领域、定义和受众等。库里戈夫斯基（Kuligowski）定义了标准评价的定性和定量指标包括安全标准的有效性、认证数量、违反隐私数据的数量、目标组织等。拉斐尔·莱斯奇纳（Rafal Leszczyna）在搜集了大量有关文献的基础上筛选出标准使用领域、标准类型、标准可用性、范围、出版时间 5 个指标进行智能电网标准评价。玛蒂娜·瓦里斯科（Martina Varisco）等发现 ISO22400 标准某些概念描述过于抽象、不够精确、难以理解，影响了标准适用性。

到目前为止，国内其他领域针对标准适用性评价的研究很多。2005 年中国标准化研究院已经对此做了系统的研究，建立起了标准适用性评价指标体系，这一体系基本上涵盖了与标准适用性相关的所有指标，对于各个领域的标准适用性评价有很大的参考价值。在这之后，很多学者对不同的标准的适用性做了实证研究，将这些指标概括来看有标准的技术先进性，指标的可测性、可得性和可靠性，标准的作用和应用情况，指标涵盖的范围，标准的结构和内容等八个方面。

2. 标准适用性评价方法

周曼、沈涛、周荣坤对综合电子信息系统标准的适用性进行了评价，采用的方法是模糊层次分析法，并且提出评价指标体系是综合评价活动成败的关键，对于最终得出的定量评价结果还应结合定性分析。解忠武根据实际经验，提出了企业技术标准适用性评价方法，其一，专题性评价是以技术标准体系为依据确定专题，界定专题范围内需要评价的标准，可以采用多个标准对比评价，也可对单一标准进行评价；其二，差异性评价是以解决标准交叉重复或相互矛盾问题为目的；其三，采标性评价针对的是我国采用的国际标准或国外先进标准，存在被采用的标准已修改，而国内仍采用旧的标准的情况，企业应根据实际情况慎重选择采用的标准。戚倩运用层次分析法确定指标权重，以评价标杆为依据由专家打分得到标准的适用性水平。李鑫、刘光哲则认为评价标准的适用性最好的方式是标准使用者的反馈。之后，殷小庆、张坤等提出了一个新的标准适用性评价方法，通过对标准文本中每一个条文进行适用性分析，从而得到整个标准的适用性评价结果。李恩重则提出了一个对一个标准体系中全部标准进行适用性分析的方法，第一步，搜集标准并进行分类梳理，根据标准的对象和规定适用范围进行初步分析，第二步，根据标准适用性评价指标进行详细分析。索姆斯塔德（Sommestad）等人提出了一个定量的标准评价方法：选择标准、对建议和威胁进行分组、选择标准量化的焦点，通过统计特定的关键词在标准文本中出现的次数定量地进行标准比较。王丽花、黎其万以及和葵等学者通过将我国花卉标准和国外 EPPO 标准和 VBN 标准进行对比研究来分析我国花卉标准在适用性方面的优劣。谢雪霞、张训亚、焦立超等对中美两国木材机械加工性能评价标准进行了比较研究，详细对比了标准的规定范围及试验一般要求、试样尺寸和测试方法，对于中美标准中不同之处做了解释，虽然有所不同，但是我国的标准是符合国内实际情况的。所以，对于标准的制定应从实际出发，不能盲目地向国外看齐，在对标准进行评估时，也要考虑到标准在应用领域中的适用性。凯瑟琳·麦金莱（Kathleen Mc Ginley）和布莱恩·费内根（Bryan Finegan）对在拉丁美洲国家之间施行的国家森林管理标准的指标进行了优化评估，评估工作由森林生态、管理、政策方面的国际专家组来完成。评估过程分为三个阶段：第一阶段，专家组评估初始要素集与生态可持续森林管理的评价目标之间的关系，评估结果先暂时作为各个要素与生态可持续评价的关系强度指标；第二阶段，专家组对初始要素集的要素打分，打分依据是要素与评价目标的相关性、有用性、简洁性和可理解性，选出更适合的要素；第三阶段，实地评价要素的应用性，依据能否提供有用信息、可衡量性、可获得性、可靠性、高效性和强大性六方面来打分。永奎公园（Youngkyu Park）、宋贞恩（Jungeun Song）和宋德权（Soonduk Kwon）等运用德尔菲法对韩国现行的森林土地利用转变许可标准是否适当进行了评估，并通过数据分析得出该研究结果是可靠的。

综上所述，标准适用性评价方法主要有3类：一是对比评价法。对比的方法是将被评价标准直接与国外先进标准进行对比，与国外先进的标准对比，这是一种相对评价，可以直观地看出我国林业标准与国外的差距，对于提升林业标准的技术水平，缩小与国际标准的差距很有帮助，这一方法比较适合对林业技术性标准进行评价，评价中要注意结合实际，避免出现过分追求高标准的现象。二是多指标评价法。适用于分析涉及多个指标的复杂问题，应用较多的是德尔菲法、层次分析法、模糊综合评价法。特别是以模糊评价法和德尔菲法为主。这类方法的特点是既有定性评价也有定量评价，具体选择哪个方法要从实际出发。实践中更多的是将定性与定量评价相结合，采用多指标综合评价法，兼顾客观数据与专家的经验。在这些评价方法中，应用较多的方法是层次分析法及模糊综合评价法。三是其他方法。这类方法多是将标准直接与实际工作进行比对，和实际相符适用性就好，和实际不符适用性就差。

3. 研究评述

目前对标准适用性概念的研究较少，但是从诸多研究标准适用性的文献中可以总结出一个共识，即标准好不好用。绝大多数研究者都在围绕着这一思路评价标准的适用性。已有研究主要集中在对个别标准的对比、分析评价，研究思路和方法有很大的局限性，评价指标选择主观性较大，指标的选择依据不足，指标含义模糊，代表性差，不能涵盖标准适用性的全部内涵，严重影响标准适用性评价结果。而且，对于标准适用性的评价方法缺少统一的规定，从学术角度多采用多指标综合评价方法，但是参与评价的人员选择存在局限性。从政府角度多倾向于采用专家咨询法。标准适用性评价是标准质量评价工作的一部分，有关部门在对标准进行复审时，就是对标准质量进行评价。

目前，我国林业标准复审工作程序已经相当完善，但是与发达国家的做法相比，标准审查组的组成成员中，缺少部分利益相关方，特别是标准使用者，同时缺少明确的评价准则。因此，面对现有问题，结合生产实际，借鉴国内外理论与实践研究建立林业标准适用性评价体系十分必要。

三、林业标准复审工作的现状

1. 标准复审的管理组织

《关于国家标准复审管理的实施意见》中规定，国家标准的复审工作由国家标准化管理委员会统一管理，由全国专业标准化技术委员会或标准化技术归口单位负责。因此，林业国家标准的复审工作由国家林业与草原局及有关的专业标准化技术委员会负责实施。

《行业标准管理办法》规定，行业标准的复审工作由行业标准归口单位组织全国专业标准化技术委员会或专业标准化技术归口单位实施。《林业标准化管理办法》规定国家林业与草原局负责组织林业行业标准的复审工作。

《中华人民共和国标准化法实施条例》规定，地方标准应由各省、自治区、直辖市人民政府标准化行政主管部门管理。各地方政府为了科学地管理地方标准，一般会颁布相应的地方标准管理办法。地方标准除了受地方政府标准化行政部门管理之外，随着越来越多的省、自治区、直辖市成立标准化技术委员会，标准化管理工作也开始由标准化技术委员会负责，其中也包括标准的复审。林业地方标准一般由各省、自治区、直辖市林业厅标准管理部门或者与林业标准化技术委员会共同管理。另外，一些省份的质量技术监督局也承担了部分林业地方标准的管理工作。

2. 标准复审的内容

从我国当前的复审工作来看，标准复审的内容可分为对标准文本结构的审查、对标准内容的审查，以及对标准对实践指导意义的审查。结构上，指的是标准文本的结构组成，应参照国家有关标准的要求结合具体的需要编写。标准的内容包括标准规范性引用文件、标准的主体内容。在对标准进行复审时，要审查标准的规范性引用文件是否已经更新，对标准的应用是否有影响，是否需要进行修改。标准的主体内容的审查重点是标准的技术指标是否与当前的技术发展水平相符。标准对实践工作的指导是标准复审的重中之重，决定着标准存在的价值。

美国在对国家标准进行复审时，更加注重程序正义、对各方意见的回复，以及与其他国家标准之间的协调性、是否重复和矛盾。首先，对国家标准的复审需严格按照复审程序进行；其次，必须对复审过程中各方提出的问题和意见进行回复，是否违背了公平原则；最后，最重要的是审查标准与其他标准之间的重复和冲突之处，并进行处理。加拿大在对国家标准进行复审时更加关注的是标准是否被使用。一是当前版本的标准是否还在使用中；二是复审后的新标准是否会被使用。此外，也会从标准的销售情况、标准被有关法律法规或其他标准引用情况，来侧面审查标准的使用范围和可用性。

3. 标准复审的形式和程序

标准复审一般有两种方式：会议审查和函审。会议审查是指标准归口单位召集有关专家通过会议的形式集体对标准进行审查，现场得出标准审查结论；函审是指标准归口单位通过书信或电子邮件的形式将标准复审函审表决单寄送至函审人或函审单位，函审人或函审单位须在截止日期前将函审表决单寄送回标准归口单位，过期则视为弃权，标准归口单位根据函审表决单填写标准审查结论意见表。

会议审查的程序主要包括以下步骤：确定需要进行复审的标准项目；确定参加复审的专家名单，填写专家基本信息，包括专家单位、技术领域、职称等；会议审查阶段。填写标准审查专家组成员表，审查专家组人数应不少于5人，审查专家研究需要复审的标准，标准编写组汇报标准编制项目的来源、技术内容和数据收集等基本情况；专家可单独审查或集体讨论审查，形成最终标准审查意见，填写标准复审审查表，并由专家签字确认。标准归口单位汇总整理审查意见，形成标准复审结论意见表，并签字盖章确认。

函审程序的前两个步骤与会议审查相同，不同之处在于函审阶段，由标准复审组织单位将函审表决单寄送给函审人，表决单内容包括标准名称、标准编写单位、表决单数量、表决单编号、表决单发出日期与截止日期、表决意见以及修改意见和建议等，并由函审人签字，函审单位盖章确认。标准复审组织单位汇总各位函审人的函审意见与修改建议，形成标准复审结论意见表，并签字盖章确认。

4. 复审的结果

标准经过复审后，一般会得出四种结果：确认继续有效、修改、修订、废止。具体来说，对标准确认继续有效的情况是标准仍能满足当前需求，不需要修改，因此，标准的编号包括标准的顺序号和年号不需要更改，只需在标准再版时，在标准封面标准编号下注明标准继续有效的日期。标准修改的结论是针对需要少量修改或补充的标准，当标准需要进行修改时，需由标准复审单位填写标准修改通知单，由相关标准化技术委员会或归口单位审核报批标准归口单位。当需要对标准进行大量修改时，则重新修订标准，同样需要上报标准归口单位，修订后的标准编号中的顺序号不变，年号变为修订的年份。当标准已无法满足当前需求，没有重新修订的必要时，则需要废止该标准。但是需要注意的是，一些标准虽然被认定为废止，但是由于某些产品仍然需要该标准，而仍声明保留该标准至旧产品被淘汰。

四、存在问题与解决途径

1. 存在的主要问题

（1）一些标准普遍适用性低

一些设备配备标准或标准条款在制定时未全面考虑各类（不同地区、不同等级或规模）使用单位的实际工作条件、技术需求差异，以及运营成本，以致一些标准使用单位因实际工作条件、需求或运行成本等原因难以实施标准，因而降低了这些标准或标准条款的普遍适用性。

此外，由于目前各地林业发展的自然和社会经济条件不同，特别是森林生长环境与企业生产条件有差别，不同地区、企业的森林经营模式和生产方式不完全一致，而一些行业标准在制定时未能充分考虑这种差异，规定的要求与程序“以点代面”，其适用范围仅限于个别地区或企业，不具备普遍适用意义。

（2）与相关技术文件有差异，可操作性低

有些行业标准所规定的技术要求及程序与实际操作中所遵循的相关技术文件，如规章、手册、程序、工作单相同，但不如这些技术文件详细、准确、有针对性，甚至与这些文件的规定和要求不一致，这种情况下有关单位或企业往往遵循其他技术文件，而不是标准，故而这些标准失去了指导与规范意义。

（3）修订不及时，时效性差，难以满足工作需要

造成一些行业标准或标准条款适用性低的主要原因就是修订不及时，时效性差。个别行业标准标龄长达 15 年未修订。随着业务范围的变化和先进技术的应用，这些标准或标准条款已经不能满足工作需要，失去了实施意义。

部分依据国际和国外标准制定的行业标准未能及时根据国际、国外标准的变更进行修订，技术内容不能与国际、国外标准保持同步，时效性降低。

2. 提高标准适用性的途径

（1）职能部门加强标准制修订管理

目前，林业行业标准主要是由国家林业和草原局根据监管和指导业务工作的需要提出制定的，行业标准是否适用直接关系到能否更好地按照相关法规、规章规范监管和指导业务工作。因此，应有专门机构从制定标准立项计划到标准的制定与实施全程对标准的适用性进行管理与检查。首先应根据相关法规、规章以及监管和指导业务工作的需要制定标准项目立项计划；其次，应认真审查立项标准项目的必要性、可行性、普遍适用性，以及是否与有关法律、行政法规、规章相抵触；标准发布实施后应及时宣贯并监督检查实施情况。为保证标准的时效性，职能部门应适时对标准进行复审（复审周期一般不超过 5 年），并根据复审情况确定标准是否需要修订或废止；此外，还应加强对相关国际与国外标准版本更新情况的跟踪，以保证行业标准在时效上与国际和国外标准同步。

（2）建立完善标准体系

标准体系是一定范围内的标准按其内在联系形成的科学的有机整体。建立标准体系有利于完善标准的结构和布局以及标准制修订计划。国家林业和草原局发布实施的林业标准体系表，提出了林业标准体系的结构、层次及林业现有、应有和预计发展的标准，是编制标准制修订规划和计划的依据。根据这个体系表，全国各有关省、自治区、直辖市林业部门开展了相应的专业标准体系表编制工作，从而使得这些专业领域的标准制定具有计划性、前瞻性，更加科学、合理、适用。调整和完善林业标准体系，使其适应于林业各业务领域的发展已成为当前林业标准化工作开展的当务之急。各职能部门和业务领域的标准制定与应用部门应在分析林业标准现状，研究业务发展新需求的基础上构建标准体系框架，明确标准制修订重点领域，清理行业标准，提出各领域的标准体系表，从而整体提高行业标准的质量和水平。

（3）发挥行业协会与技术委员会的作用

林业各行业协会在林业局的业务指导下贯彻执行行业法规、规章和标准制度，在林业局与企业之间发挥着桥梁与纽带作用。受林业局委托起草行业标准是行业协会的宗旨与重要工作之一。由于各行业协会的成员是林业各业务领域企、事业单位和社团，因而，

行业协会能有效地组织相关业务领域的专家制定标准，并广泛征求标准使用单位的意见与建议，确保所制定的标准具有普遍适用性。此外，各行业协会与国际相关行业协会或技术组织保持着密切的联系与交流，能够及时了解国际与国外相关标准的制定与更新情况，并据此制修订行业标准，从而确保行业标准与相关国际和国外标准的一致与同步，有时甚至通过参与国际标准的制定，将行业标准转化为国际标准。目前，林业各行业协会均在制定行业标准方面做了大量的工作。同样，林业各专业技术委员会在确保本专业行业标准适用性方面扮演着重要角色。由此不难看出，行业协会与技术委员会参与行业标准的制修订，对于保证标准的质量与适用性至关重要。

（4）培养打造标准化专业队伍

标准是否具有适用性与标准编写人员对相关法规、规章的熟悉了解程度，专业理论与实际经验以及文字表述能力有很大关系。首先，标准是对相关法规、规章条款的详细描述，或是执行这些法规、规章的具体方法和实施细则，不应与相关法规、规章相抵触。这就要求标准编写人员熟悉相关法规、规章的内容，以保证所制定的标准遵循法规、规章。其次，标准起草人员不仅应具有所起草标准业务领域的理论知识，更重要的是应具有实际经验，因为“标准宜以科学、技术和经验的综合成果为基础”，才具有实用性和适用性。最后，起草标准需要有严谨、准确的文字表述能力。一个高质量与高水平的标准应结构严谨，内容完备，形式规范，条理清晰，用词准确，文字简洁。一些标准在起草时往往因一字之差而失去或降低了适用性。

（5）广泛征求意见，提高普遍适用性

标准“是经协商一致制定并共同使用和重复使用的规范性文件”。“经协商一致制定”这一标准制定原则确定了标准必须具有普遍适用性，因此，标准的每一个条款都应在广泛征求意见，尤其是标准使用单位的意见的基础上确立才能确保其具有普遍适用性。标准起草单位在制定行业标准时应广泛征求各类（不同地区、不同等级或规模）标准使用单位的意见，全面考虑各种差异因素制定全行业普遍适用的标准。

（6）适时复审，及时修订，保持标准的时效性

对于已发布实施的标准应适时组织相关专家进行复审，并根据复审情况确认标准是继续有效，还是应该修订或废止，从而确保标准适用的时效性。尤其是对于根据国际或国外相关标准制定的行业标准，只有及时修订才能保证与国际或国外相关标准一致与同步。目前，随着全球林业在技术、运营方法和程序等方面更新周期的缩短，很多国际林业机构标准的修订周期也相应缩短，有的甚至1～2年就修订一次，作为这些国际林业组织的成员，中国林业应密切关注、跟踪国际标准的动态并及时修订相关的行业标准，使其在时效上与国际标准保持同步。

综上所述，标准的适用性直接决定着标准的有效性，影响到全行业规范生产、服务和管理行为。因此，无论是在标准的起草制定过程中还是在实施过程中，都应注重提高和保持其适用性。

五、评价标准适用性的必要性

1. 制定技术标准体系的基本要求

以企业技术标准适用性评价为例。技术标准体系是由一定范围内的技术标准按其内在联系构成的系统。企业标准体系有国家标准 GB/T 13016—2009《标准体系表编制原则和要求》、GB/T 13017—2008《企业标准体系表编制指南》、GB/T 15497—2003《企业标准体系技术标准体系》和电力行业标准 DL/T 485—2012《电力企业标准体系表编制导则》，对技术标准体系的制定原则都提出了明确要求，即目标明确、全面成套、层次适当、划分清楚。纳入企业技术标准体系的标准，是企业质量管理体系、职业健康安全管理体系和环境管理体系等管理体系实施中都应严格执行的技术性文件。通过对同一设备或同一类相关标准的综合分析，了解标准的缺失、技术水平和分布状况，从而为有针对性地制定企业技术标准提供依据，并充实和完善技术标准体系。列入企业技术标准体系表中的标准适用性、可操作性，是标准体系有效执行的前提，所以进行技术标准的适用性评价是建设企业技术标准体系的基本要求。

2. 保证技术标准体系科学先进

技术标准体系应具有一定的前瞻性和可扩展性，纳入企业技术标准体系的标准，应是企业需要的现行有效的标准或者企业需要但尚未制定的标准。现行有效的标准既包括我国四级标准（国家、行业、地方、企业），也包括国际标准和国外先进标准。标准具有动态性，每一项标准都会被修订，应力求纳入标准的最新版本，这就需要适时了解标准的制修订状态。进行标准的适用性评价，既要考虑体系的稳定性，又要保证标准体系整体的科学性和先进性。

3. 保证技术标准体系的有效适用

目前我国标准分为四级，有国家标准、行业标准、地方标准和企业标准，由于标准制定体制和机制而导致的标准制修订滞后，各级标准之间、不同行业标准之间常有重复交叉，甚至有的相互矛盾，给使用者执行标准造成困惑。对这些重复交叉的标准，需要通过技术内容、技术指标等方面进行识别对比，确认最适用的并纳入体系，保证技术标准体系的有效适用。

4. 促进企业采用国际标准和国外先进标准

采用国际标准和国外先进标准是我国一项重要的技术经济政策，也是尽快提高我国标准水平有效的方法之一。对技术标准进行适用性评价，还可以促进企业采用国际标准和国外先进标准。在开展技术标准适用性评价时，通过对某一设备或某一领域范围内的国际、国内标准的研究和分析，不仅能了解到国际先进标准目前的状况、内容、特点、水平和发展趋势等，也能了解我国标准与国际、国外先进标准间的差距。

第二节　林业标准适用性评价研究思路设计

一、目的与意义

作为林业标准适用性评价的重要内容，本部分重点讨论林业生态工程标准适用性评价。

林业生态工程主要依据生态理论并以改善生态环境为目标，通过生态工程措施来进行系统设计、规划和调控。在具体建设过程中，遵循土地资源优化组织原则，并通过科学造林，对现有森林进行全面保护和科学经营，优化森林分布格局和功能结构，从而发挥森林的各种功能价值，改善生态环境，抵御自然灾害。

但是，不少地方林业生态工程建设所用标准过时或参数发生变化，以其指导和规范各类生物措施和工程措施的实施，往往导致生态工程体系简单、结构失调、树种单一、系统稳定性差，难以获得工程建设的预期效益。

科学、准确地评价标准的适用性，有助于提高标准的实施效益，使我国林业生态工程建设又好又快地发展。因此，研究、总结国内外标准适用性评价的理论和方法，分析我国林业生态工程建设标准体系及标准应用情况，在实地调研、模型开发、专家咨询和计算的基础上，构建具有较高科学性、适用性和可操作性的林业生态工程建设标准适用性评价的指标体系和评价模型，将定量化评价林业生态工程建设标准的适用性，它既能评价标准的总体适用性水平，也能显示各个要素的评价结果。评价体系可为林业生态工程建设标准评估、复审和修订提供帮助。

二、研究内容

根据我国林业标准化状况和林业生态工程建设标准发展状况，参考国内外其他行业的经验与方法，将通过以下四个部分的研究建立林业生态工程建设标准适用性评价体系。

1. 分析国内外研究现状

评述林业生态工程建设标准的发展现状，综述国内外在标准适用性评价方面的研究进展。比较各种评价方法的优缺点，分析林业生态工程建设标准的制定及实施中存在的问题。

2. 构建林业生态工程建设标准体系

深入分析林业生态工程建设标准体系，包括体系的结构和内容，以及对当前林业生态工程建设标准体系的完整性、存在的问题进行分析。

3. 构建林业生态工程建设标准适用性评价模型

阐释林业生态工程建设标准适用性评价的理论基础，明晰标准质量、标准适用性的内涵。阐明评价的原则，确立标准适用性评价体系的构成要素、评价步骤和主要的分析评价方法。

通过综合分析，构建林业生态工程建设标准适用性评价指标体系，确立标准适用性评价方法，确定评价指标的权重。在全面分析标准及其应用现状的基础上，建立标准适用性评价模型，构建评价机制。采用层次分析法等建立适用性评价指标体系。通过专家咨询建立判断矩阵，为提高判断矩阵的客观性，对各个指标赋予权重。

针对每个二级指标，根据指标的特性，对可直接量化的指标，综合采用模糊数学方面的原理，利用半量化、量化数据等数学模型；对不能直接量化的指标，设置五个评价等级，由专家根据经验和标准实际应用情况决策。

4. 实证研究

应用上述评价体系对具体林业标准进行评价。以发放调查问卷的方式，调查标准在实际工程实施过程中能否被应用、是否被应用、应用的程度、产生的效益等。由有关科研人员与标准的实际使用人员共同担任评价小组成员，验证适用性评价模型是否能达到评价的目的。

三、研究方法

1. 技术路线

研究技术路线如图 3.1 所示。

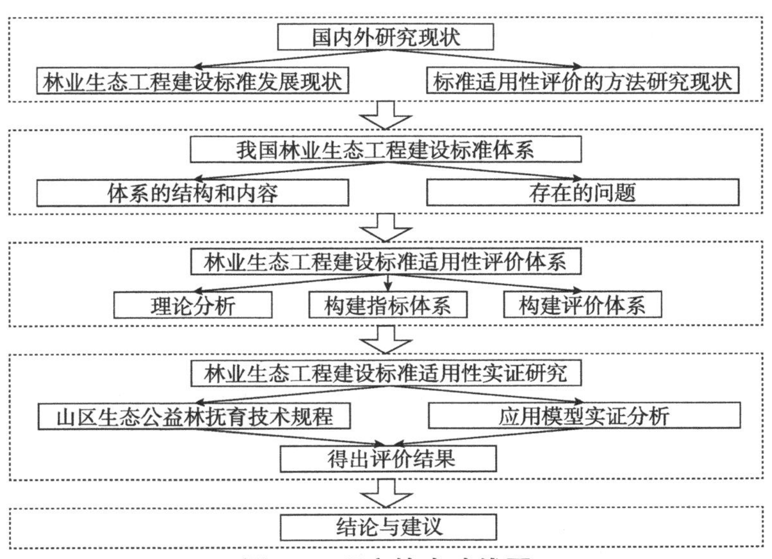

图3.1 研究技术路线图

2. 技术方法

在分析林业生态工程建设标准现状、多指标评价方法理论的基础上，围绕标准的特点和标准适用性评价指标，通过实际调研和专家咨询等，选择标准适用性评价方法。

本研究采用的技术方法有：

- 文献分析法。分析林业生态工程建设标准现状及标准适用性评价方法的研究现状，包括标准适用性评估指标体系建立和评估的方法，分析存在的问题及未来发展趋势，确定研究目标。
- 模糊综合评价法。模糊综合评价法适用于综合评价研究，是将定性问题转化为定量分析的方法。同时，结合调查法，获取分析数据。
- 层次分析法。层次分析法是在多指标多层次评价中应用最广泛的方法，可以解决指标赋权问题，是定性与定量相结合的方法。
- 专家咨询法。应用于构建评价指标体系，评价指标权重分析。通过构建判断矩阵做定量分析。
- 实证分析法。检验林业生态工程建设标准适用性评价方法的可靠性，需要实地调查和专家咨询评价。

第三节　标准适用性评价原则与方法

一、标准适用性评价原则

标准适用性评价遵循可比性、全面性、可操作性、客观性、和目标导向原则。

1. 可比性原则

评价的实质是比较。评价标准的适用性不只是为了了解某一项标准的适用性强弱，而是对不同标准的适用性进行比较，掌握标准之间的适用性差异，可针对适用性最差的标准优先进行复审。只有评价指标具有可比性，才能对评价的结果做出比较。

2. 全面性原则

标准的适用性内涵丰富，影响标准适用性的因素较多，在构建适用性评价指标体系时尽可能全面地筛选评价指标。兼顾标准各相关方的利益、标准的可行性以及与需求相适应等。

3. 可操作性原则

可操作性指的是评价指标体系的可行性和科学性，一是要求选择的指标应以客观指标为主，尽量减少主观性指标，降低评价过程中的主观性误差；二是要求指标值可测量且数据易获取，降低评价的难度；三是尽量选择现行的指标，避免设计新指标；四是在满足全面性原则的前提下，指标尽可能少。

4. 客观性原则

标准适用性评价是为了科学地评价现行标准的实际应用情况和问题。建立评价标准体系时，以标准的性质和实际情况为依据，不用主观性过强的评价方法，评价的结果能够反映出标准的真实情况。

5. 目标导向原则

在构建评价指标体系时明确评价的目标，是为了提升现行标准的适用性，而不只是确定标准的优劣。评价指标能够为目标服务；理论与经验相结合，确立评价指标的权重。

二、标准适用性评价步骤

合理的步骤是科学评价标准适用性的前提和保证。评价标准适用性按如下步骤操作。

1. 明确评价目标

评价标准的适用性，必须详细调查标准制定时，在适用性方面预期需要达到的效果和结果，以及为保证标准适用，采取了哪些措施。

2. 分析标准适用性的要素

根据评价的目标，充分收集有关标准适用性的数据和资料。对影响标准适用性的要素和标准的特点，以及标准适用性的特征进行全面的分析，为筛选标准适用性评价指标提供依据。

3. 确定标准适用性评价指标体系

评价指标的选择要视评价对象的特点以及目标而定。标准适用性评价的指标体系由不同的结构和单个的指标组成，在对标准特点和适用性以及大量数据分析的基础上确定。

4. 制定评价结构和评价准则

在评价过程中，构建和设计好评价指标及其权重，协调各指标间的相关性，建立适当的专家库以及分析和计算模型等，是制定评价结构的重点。评价准则规范了适用性评价的范围、方法和过程。

5. 确定评价方法

依据评价准则，评价方法的确定取决于标准适用性达到的目标、对标准适用性的分析、评价的目的、方法的难易程度和经济性等。

6. 进行标准适用性评价

标准适用性评价是标准质量评价的部分内容。适用性评价结果虽然不能从总体上反映标准质量状况，但为标准的应用、审定和修订等提供依据。

标准适用性评价步骤如图 3.2 所示。

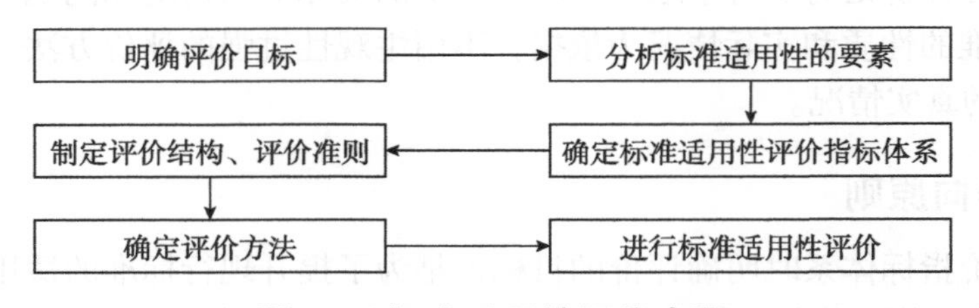

图3.2 标准适用性评价步骤

三、标准适用性评价要素

现行的标准种类丰富，涵盖范围广泛。根据标准适用性的评价原则可以知道，为了达到评价的目的，其适用性评价模型应根据不同类型标准的特性而调整，具有明显的特殊性。但是，根据综合评价的定义：人们根据不同的评价目的，选择相应的评价形式，据此选择多个因素或指标，并通过一定的数学模型，将多个评价因素或指标转化为能反映评价对象总体特征的信息。评价内容虽然不同，但从结构上来看，评价的构成要素是一致的。

根据林业生态工程建设标准的特点，标准适用性评价的构成要素确定为评价目标、评价对象、评价者、评价指标体系、评价指标的权重、评价方法。

1. 评价目标

林业标准适用性评价的目标，是为现行林业标准适用性评价提供一个工具，进而掌握林业标准的适用性情况，为标准的复审提供依据，即为标准的复审提供有用的信息，提高林业标准的适用性。标准适用性评价体系不是针对单个标准的评价，而是可以应用于相同类型、相同领域的多个标准的适用性评价。评价结果既可以获得某一标准的适用性状况，还可以用来比较不同标准之间适用性的差距。同时，还可以看出相关因素对标准适用性的影响力大小，为标准的复审和修订提供方向。

2. 评价对象

标准适用性的评价对象为林业标准，例如，林业生态工程建设标准的适用性。林业生态工程建设标准主要由组织标准、规划设计标准、实施标准、监管标准、评价标准和验收管理标准六大标准分体系组成，现行标准数量将近 300 项。

3. 评价者

利用标准适用性评价体系对林业标准进行评价的人员和标准适用性评价发挥着举足轻重的作用，直接影响评价的结果，所以评价小组成员必须对标准及相关知识有全面且深刻的了解。国内外的标准化组织在标准制定或复审时都规定：参加者必须涵盖相关领域的专家、学者、企业或标准的实施者、消费者等。

4. 评价指标体系

评价指标体系是评价工作的辅助性工具，指标是指标体系的重要组成元素。对于复杂概念的评价问题，需要多个指标。标准适用性的评价指标应由标准适用性的概念而来，随评价对象的变化而调整。筛选指标时应遵循全面性、数据可获得性、客观性等原则。林业标准适用性评价的具体指标以及指标的定义、层级将在下文详细阐述。

5. 评价指标的权重

指标的权重代表着指标对被评价对象的影响程度。标准适用性虽然需要由多个指标做出评价，但是各个指标对标准适用性的影响是不同的，指标权重就是与各个指标对应，借助数学模型、专家经验和知识计算出的数值，表示各指标的重要性。

6. 评价方法

标准适用性评价方法可分为定性方法和定量方法。为实现标准适用性的比较，多采用定量评价法。当前综合评价方法中定量评价法有灰色关联分析法、层次分析（AHP）模型、模糊综合评价法、主分量法等。具体使用哪个方法取决于数据的获取难度和可操作性等。

四、标准适用性评价的几个重点考虑

评价标准的适用性，参考标准质量评估的基本要求，以下四个方面需要重点考虑。

1. 与法规、规章的符合性

法规、规章是行政机构为管理与规范工作、生产行为，依照法定程序制定并发布实施的具有行政约束力的文件，标准本身虽然不具有行政约束力（强制性标准和被行政管理文件引用的标准除外），但它是依据法规、规章制定的，通过对法规、规章的细化和补充确保其得以贯彻与执行的技术文件。因此，只有符合法规、规章的标准才适用。

2. 普遍适用性

标准是“为了在一定的范围内获得最佳秩序，经协商一致制定并经一个公认机构的批准共同使用的和重复使用的一种规范性文件”。在标准的这一定义中，“在一定的范围内获得最佳秩序”，“共同使用的和重复使用的”确定了行业标准应在全行业具有普遍适用性，即如果一个行业标准或其某一条款仅适用于某一单位或企业，该标准或标准条款就不适用。

3. 可操作性

制定标准的目的是“在一定的范围内获得最佳秩序”，因此，标准应“定以致用”，在实际工作中切实可行。

4. 时效性

标准适用与否不仅取决于其适用范围和实用性，还取决于它是否“与时俱进”，也就是是否持续保持适用。

一些行业标准被行政规章引用而成为规章的组成部分。行业标准的发布与实施为林业各职能部门监管与指导业务工作提供了技术支持，对全行业规范生产运营，推广采用新技术、新方法，提高产品与服务质量起到了指导与促进作用。

第四节　林业标准适用性评价指标体系构建

一、评价指标体系构建方法

指标的选择决定着评价结果的可靠性。采用文献调查法和专家咨询法，从标准适用性的影响因素与其他相关因素两个方面构建林业标准适用性评价指标体系。

1. 文献调查法

在构建林业标准适用性评价指标体系之初，首先应全面、深入地了解标准适用性相关研究成果，包括标准适用性的概念、指标相关的文献等。在此基础上，根据林业标准体系分析和标准适用性相关研究成果、理论，初步确定林业标准适用性评价指标体系。

2. 专家咨询法

通过查询文献，掌握标准适用性评价指标和适用性相关理论，初步制定出林业标准适用性评价指标体系。为提高评价指标的科学性，采用向专家发放调查问卷的方式咨询对该评价指标体系的修改意见和建议。咨询专家组成员根据职称和专业领域确定。职称为副高级及以上。林业生态工程建设标准适用性评价指标体系的咨询专家，专业领域限定为营林、林业生态工程、森林资源等相关领域并且从事过标准编写或审查工作。

二、评价指标体系组成与分析

1. 评价指标体系组成

通过查阅文献与咨询专家，初步构建出林业生态工程标准适用性评价指标体系，包括目标层、一级指标层和二级指标层，共包含16个定性指标以及1个定量指标（图3.3）。

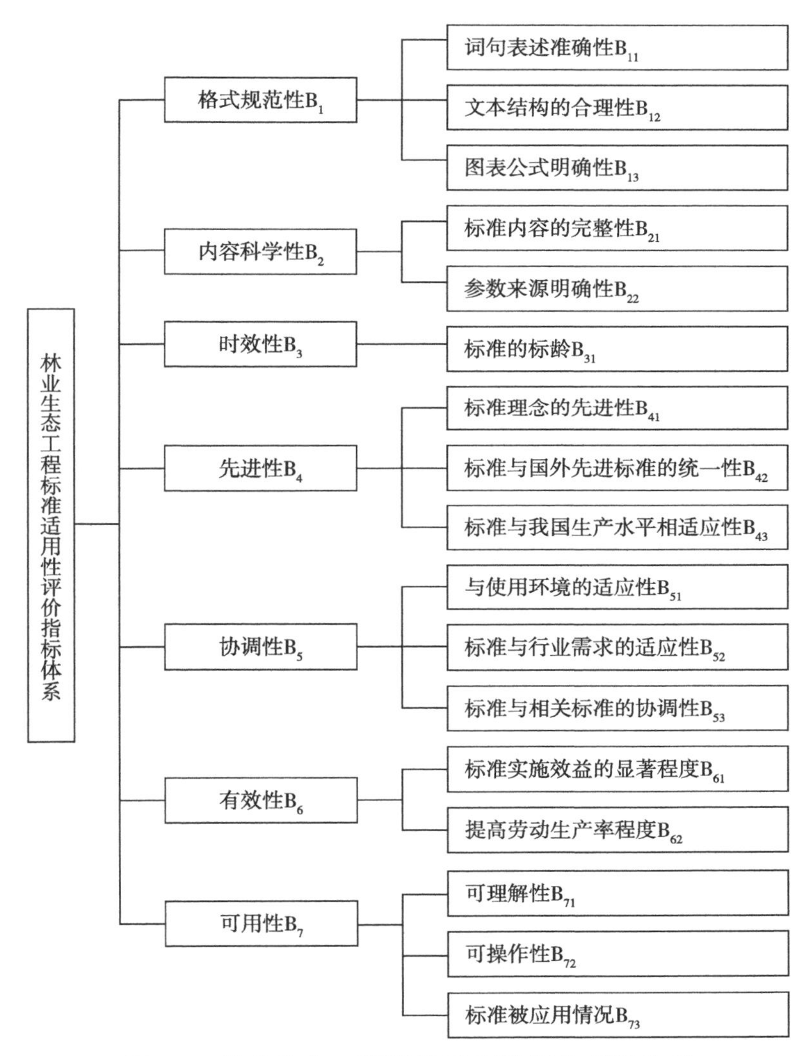

图3.3 林业生态工程标准适用性评价指标体系

2. 评价指标体系分析

为了提高问卷调查的有效性，对标准适用性评价指标按照科研人员和标准使用者进行分类。因为科研人员对于标准相关技术和标准编制要求更加了解，而对标准在实际应用中的表现了解相对较少，因此，他们侧重于评价标准的格式规范性、内容科学性和先进性等指标（表 3.1）；标准使用者了解标准化知识，对标准在使用中的适用性表现更有发言权。因此，为他们选择的评价指标包括格式规范性、内容科学性、先进性、协调性、有效性、可用性（表 3.2）。

表 3.1　科研人员评价标准适用性的指标体系

目标层	准则层	指标层
林业生态工程建设标准适用性评价指标	格式规范性 B_1	词句表述准确性 B_{11}
		文本结构的合理性 B_{12}
		图表公式明确性 B_{13}
	内容科学性 B_2	标准内容的完整性 B_{21}
		标准参数来源明确性 B_{22}
	先进性 B_4	标准理念的先进性 B_{41}
		标准与国外先进标准的统一性 B_{42}
		标准与我国生产水平相适应性 B_{43}

表 3.2　林场工作人员评价标准适用性的指标体系

目标层	准则层	指标层
林业生态工程建设标准适用性评价指标	格式规范性 B_1	词句表述准确性 B_{11}
		文本结构的合理性 B_{12}
		图表公式明确性 B_{13}
	内容科学性 B_2	标准内容的完整性 B_{21}
	先进性 B_4	标准与我国生产水平相适应性 B_{43}
	协调性 B_5	标准与使用环境的适应性 B_{51}
		标准与行业需求的适应性 B_{52}
		标准与相关标准的协调性 B_{53}
	有效性 B_6	标准实施效益的显著程度 B_{61}
		提高劳动生产率程度 B_{62}
		提升林业生态工程建设质量程度 B_{63}
	可用性 B_7	可理解性 B_{71}
		可操作性 B_{72}

三、评价指标的内涵

1. 一级指标

格式规范性：标准应根据国家标准《标准编写规范》要求的结构和格式编写。

内容科学性：是否指明本标准所涵盖的具体范围，在此范围内标准文本的内容是否完整，并且按照编写规则编写，相关数据和指标来源有明确标注等。

时效性：标准从开始实施至今的时间长度，即标准的年龄，以及该标准是否被修订过。

先进性：标准在技术方法等方面是否紧跟当前科学技术发展水平。

协调性：标准与其他标准在内容上是否有交叉，或者逻辑不协调一致甚至冲突矛盾，是否在相邻标准间有技术缝隙，适应标准应用的实际环境，能够满足该行业当前的需求。

有效性：该标准实施后是否产生了标准化工作的成效，如提高劳动生产率、降低成本、提升工程质量等。

可用性：标准的可理解性、可操作性等直接影响标准使用的因素。

2. 二级指标

词句表述准确性：标准文本中语言表述应准确、明晰，不应模棱两可，需要定量描述的不应仅用文字表述。

文本结构的合理性：标准的结构和顺序的安排应该按照标准编写规范和问题的内在或外在逻辑来安排，体现条理性。

图表公式明确性：标准中出现的图表、公式等表述应规范、清楚、明确。

标准内容的完整性：标准的内容是否符合规范要求，与相关知识和标准规则相比较，内容是否有缺失或冗余。

参数来源明确性：标准是技术发展成果的体现，标准中的指标、参数等应来源于技术研究成果，不能靠人为主观随意地确定。参数来源是否明确影响标准的可用性。

标准的标龄：标准实施至今的时间长度。以年为单位，一般规定标准的复审年限为3年或5年。标龄越大，适用性可能越低。

标准理念的先进性：先进的标准理念能够推动林业向前发展，更加符合时代的要求。

标准与国外先进标准的统一性：我国的标准与国外标准在技术水平、相关控制指标上的一致性。

标准与我国生产力水平相适应性：高标准是标准化追求的目标，但是不能脱离我国的生产力水平，盲目追求过高的标准不切实际。

与使用环境的适应性：标准有使用范围和领域，标准与所应用的领域和范围应相互适应，否则，会降低标准的使用效果。

标准与行业需求的适应性：标准的制定应基于行业的需求，能够满足行业内某种需要。

标准与相关标准的协调性：该标准的内容与相关标准的内容之间互相补充、协调，不冲突。与相关标准在内容或指标上是否有重复或涵盖、冲突的情况。

标准实施效益的显著程度：标准实施效益是考察标准质量的重要指标之一，标准化操作无法带来显著效益，标准便没有存在的意义。

提高劳动生产率程度：标准化工作的目的之一即是提高工作效率，因此，能够提高工作效率的标准才可能是适用于工作的标准。

提升林业生态工程建设的质量程度：反映标准实施后，建设耗费时间减少和工程效用时间延长、效能提高以及成本降低程度等。

可理解性：标准文本语言表述清晰准确，不易造成误解。

可操作性：标准在实际工作中，是否易于执行和操作。

标准被引用情况：相关标准之间存在引用的情况，主要以被引用的次数衡量。

四、林业标准适用性评价模型

采用模糊综合评价法建立评价模型。

1. 模糊综合评价法

模糊综合评价就是以模糊数学为基础，应用模糊关系合成的原理，将一些边界不清、不易定量的因素定量化，进行综合评价的一种方法。模糊综合评价方法的操作步骤如下。

（1）确定评价对象的 P 个评价指标

$$U=\{u_1,\ u_2,\ \cdots,\ u_p\} \tag{3.1}$$

（2）确定 m 个评价等级集合

$$V=\{v_1,\ v_2,\ \cdots,\ v_m\} \tag{3.2}$$

每个评价等级可对应一个模糊子集。一般情况下 m 取［3，7］中的整数，且取奇数的情况较多。具体等级可以依据评价对象进行语言描述。

（3）进行单因素评价，建立模糊关系矩阵 R

在完成了前两步之后，就要对评价指标 u_i（i=1，2，…，p）进行逐一量化，即从指标 u_i 角度看被评价对象对每个等级模糊子集的隶属度（$R|u_i$），得到模糊关系矩阵：

$$R=\begin{bmatrix} R\mid u_1 \\ R\mid u_2 \\ \vdots \\ R\mid u_p \end{bmatrix}=\begin{bmatrix} r_{11} & r_{12} & \cdots & r_{1m} \\ r_{21} & r_{22} & \cdots & r_{2m} \\ \vdots & \vdots & \vdots & \vdots \\ r_{p1} & r_{p2} & \cdots & r_{pm} \end{bmatrix}_{p\times m} \tag{3.3}$$

（4）确定评价指标的模糊权向量 A：$\{a_1,\ a_2,\ \cdots,\ a_p\}$

一般情况下，评价指标对评价对象的重要性程度是不同的，向量 A 表示的就是评价指标对被评价对象的重要性程度，即权重。本质是评价指标 u_i 对模糊子集｛对被评价对象的重要因素｝的隶属度。

（5）利用合适的算法将 A 与 R 合成得出向量 B

向量 B 表示被评价对象的模糊综合评价结果向量。用公式表示为：

$$\begin{aligned} A^{\circ}R &= (a_1,\ a_2,\ \cdots,\ a_p)\begin{bmatrix} r_{11} & r_{12} & \cdots & r_{1m} \\ r_{21} & r_{22} & \cdots & r_{2m} \\ \vdots & \vdots & \vdots & \vdots \\ r_{p1} & r_{p2} & \cdots & r_{pm} \end{bmatrix} \\ &= (b_1,\ b_2,\ \cdots,\ b_m) \\ &\triangleq B \end{aligned} \tag{3.4}$$

向量 B 中的元素 b_j 是向量 A 和向量 R 经过适当的运算得到的，表示被评价对象从整体上对评价等级 v_j 子集的隶属度。

（6）最大隶属度原则的改进

模糊综合评价结果向量 $B=(b_1, b_2, \cdots, b_m)$，若 $b_r=\max\limits_{1\leqslant j\leqslant m}\{b_j\}$，那么被评价对象就隶属于 v_r 等级，这是最大隶属度原则。存在的问题是会浪费很多其他信息，可能得到不合理的结果。改进如下：

第一种方法是采用有效性分级法。分别定义 β 和 γ。

$$\beta=\max_{1\leqslant j\leqslant m}\{b_j\}/\sum_{j=1}^{m}b_j \tag{3.5}$$

$$\gamma=\sec_{1\leqslant j\leqslant m}\{b_j\}/\sum_{j=1}^{m}b_j \tag{3.6}$$

其中 $\sec\limits_{1\leqslant j\leqslant m}\{b_j\}$ 表示向量 B 中第二大的数值，β 和 γ 分别表示向量 B 中最大和第二大的数值占 B 中数值总和的比重，显然 $\beta\in\left[\frac{1}{m}, 1\right]$，$\gamma\in\left[0, \frac{1}{2}\right]$。再定义 β' 和 γ'。

$$\beta'=\frac{\beta-\frac{1}{m}}{1-\frac{1}{m}}=\frac{m\beta-1}{m-1} \tag{3.7}$$

$$\gamma'=\frac{\gamma-0}{\frac{1}{2}}=2\gamma \tag{3.8}$$

$\beta'\in[0, 1]$，$\gamma'\in[0, 1]$。再定义 $\alpha=\frac{\beta'}{\gamma'}=\frac{m\beta-1}{2\gamma(m-1)}$，$\alpha\in[0, \infty)$。可见，$\alpha$ 越大，最大隶属度原则的有效性越高。因此，可以用 α 指标来度量，详见表 3.3。

表 3.3 α 指标取值与最大隶属度原则有效性

α	B	最大隶属度原则的有效性
$+\infty$	$(0, 0, \cdots, 1, \cdots, 0, 0)$	完全有效
$[1, \infty)$		非常有效
$[0.5, 1)$		比较有效
$(0, 0.5)$		低效
0	$\left(\frac{1}{m}, \frac{1}{m}, \cdots, \frac{1}{m}\right)$	完全失效

第二种方法是采用加权平均法。加权平均原则是将等级连续化。可以用“1,2,3,⋯,m”表示各等级，称为秩。用向量 B 中的元素对各等级的秩进行加权求和再求平均值，即可得到被平均对象的等级。公式为：

$$A=\frac{\sum_{j=1}^{m} b_j^k \cdot j}{\sum_{j=1}^{m} b_j^k} \tag{3.9}$$

其中，k 是待定系数（k=1 或 k=2），是为了控制较大的 b_j 所起的作用。

第三种方法是模糊向量单值化。给每个等级赋予一个分值，m 个等级的分值可以为“c_1，c_2，…，c_m”，“$c_1>c_2>\cdots>c_m$”，且差值相等，用向量 B 中的元素对各等级的分值进行加权求平均值就可以得到一个点值。

$$c=\frac{\sum_{j=1}^{m} b_j^k \cdot c_j}{\sum_{j=1}^{m} b_j^k} \tag{3.10}$$

其中，k 和加权平均原则中的 k 相同。

考虑到林业标准适用性评价指标多层次、多数量的特点和评价方法的可操作性，可采用模糊综合评价法进行评价。

2. 指标权重的确定

用层次分析法确定指标权重，包括 5 个步骤。

（1）建立层次结构模型

在对问题进行充分分析的基础上，划分各个因素的层次，说明层次的递阶结构和因素之间的从属关系。一般情况下，可将层次结构划分为三个层次，一是目标层：表示解决问题的目的，即评价的目标；二是中间层：表示为实现预期目的而采取的措施、政策、方案等的中间环节，根据实际要解决的问题还可被称为准则层、策略层、约束层等；三是最低层，也被称为指标层，表示要解决问题而采用的措施、政策、方案等（图 3.4）。

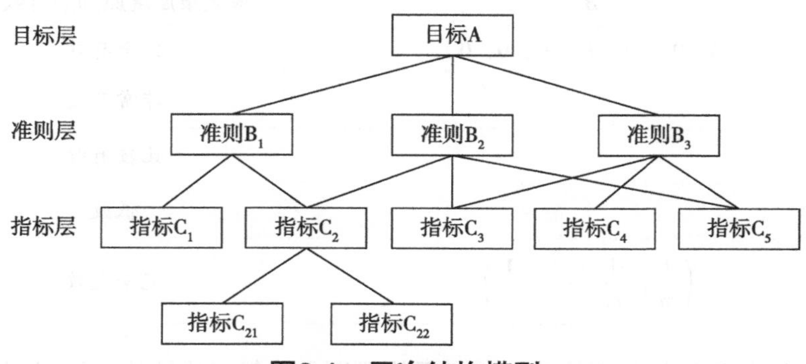

图3.4　层次结构模型

在层次结构模型中，作用线表明了上下层次不同因素之间的联系。如果上一层某个因素与下一层所有因素都有联系，则称这一因素与下一层存在完全层次关系。如目标层 A 与准则层 B 的联系就属于完全层次关系。如果上一层某一因素与下一层部分因素有联系，则称这一因素与下一层存在不完全层次关系。如准则层 B 中的因素与指标层 C 就是不完全层次关系。层次中还可以建立子层次，子层次中的因素与主层次中的某一因素为从属关系，但是不构成独立层次。如图 3.4 中指标层 C 存在子层次 C_{21}、C_{22}，其中的两个因素从属于指标 C_2。

（2）构造判断矩阵

判断矩阵是人为地对每个层次的因素的重要性做出判断，再引入合适的标度数值加以表示而构造出来的。判断矩阵表示的是针对上一层某一因素，本层次的因素对于这一因素的相对重要性的比较。具体形式如下：

A_1	B_1	B_2	…	B_n
B_1	b_{11}	b_{12}	…	b_{1n}
B_2	b_{21}	b_{22}	…	b_{2n}
⋮	⋮	⋮	⋮	⋮
B_n	b_{n1}	b_{n2}	…	b_{nn}

此判断矩阵表示的是针对上一层因素 A_1，下一层中与其相联系的因素 B_1，B_2，…，B_n 中每两个因素之间的相对重要性。其中 $b_{ii}=1$，$b_{ij}=1/b_{ji}$（i，$j=1$，2，…，n）。

b_{ij} 的值一般通过 1 ~ 9 标度方法来确定，如表 3.4 所示。

表 3.4　判断矩阵标度及其含义

标度	含义
1	表示两个因素相比具有相同重要性
3	表示两个因素相比，一个因素比另一个因素稍微重要
5	表示两个因素相比，一个因素比另一个因素明显重要
7	表示两个因素相比，一个因素比另一个因素强烈重要
9	表示两个因素相比，一个因素比另一个因素极端重要
2，4	上述两相邻比较的中值因素
6，8	
倒数	B_i 与 B_j 比较得 b_{ij}，则 B_j 与 B_i 比较得 $b_{ij}=1/b_{ji}$

（3）层次单排序及一致性检验

层次单排序指的是计算判断矩阵 A 的特征根问题，即 $A_W=\lambda_{\max} W$ 的解 W，在进行归一化后得到同一层次上的因素对于上一层次某一因素的相对重要性排序权重。首先要对判断矩阵进行一致性检验，公式为：

$$C_R=\frac{\lambda_{\max}-n}{n-1} \tag{3.11}$$

引入判断矩阵的平均随机一致性检验指标 R_I 值，1 ~ 9 阶的判断矩阵的 R_I 值如表 3.5 所示。

表 3.5 R_I 值表

n	1	2	3	4	5	6	7	8	9
R_I	0.00	0.00	0.58	0.90	1.12	1.24	1.32	1.41	1.45

当 n=1，2 时，判断矩阵总具有完全一致性；当 n>2 时，检验随机一致性比率：$C_R=C_I/R_I$，当 C_R<0.10 时，认为判断矩阵具有满意的一致性；否则需要调整判断矩阵直到具有满意的一致性。

（4）层次总排序

层次总排序指的是计算同一层次所有因素对于目标层因素相对重要性的排序权值。这一步是由高层次向低层次逐层进行的。假设上一层 A 有 m 个因素 A_1，A_2，…，A_m，层次总排序分别为 a_1，a_2，…，a_m；下一层 B 有 n 个因素 B_1，B_2，…，B_n。它们对于 A_j 的单层总排序为 B_{1j}，B_{2j}，…，B_{nj}（如果 B_r 与 A_j 没有联系，则 B_{rj}=0）。那么 B 层的总排序的值如表 3.6 所示。

表 3.6 层次总排序值

层次 B	层次 A				B 层次总排序数值
	A_1	A_2	……	A_m	
	a_1	a_2	……	a_m	
B_1	B_{11}	B_{12}	……	B_{1m}	$\sum_{j=1}^{m} a_j b_{1j}$
B_2	B_{21}	B_{22}	……	B_{2m}	$\sum_{j=1}^{m} a_j b_{2j}$
⋮	⋮	⋮	⋮	⋮	⋮
B_n	B_{n1}	B_{n2}	……	B_{nm}	$\sum_{j=1}^{m} a_j b_{nj}$

（5）层次总排序的一致性检验

若 B 层某些因素相对于 A_j 的一致性指标为 C_{Ij}，平均随机一致性检验指标为 R_{Ij}，那么，B 层总排序后的一致性比率为：

$$C_R=\frac{\sum_{j=1}^{m} a_j C_{Ij}}{\sum_{j=1}^{m} a_j R_{Ij}} \tag{3.12}$$

当 CR<0.10 时，总层次排序具有满意的一致性，否则，重新调整判断矩阵的取值。

五、林业标准适用性影响因素分析

1. 标准的先进性对标准适用性的影响

标准的先进性表现为标准中的技术规范或对产品的质量规格要求应该与当前的技术发展水平进程同步。发达国家为了保护本国企业和产品的竞争力，不断利用其先进的科技优势更新技术标准，无形中就会形成技术性贸易壁垒，对采用落后标准的发展中国家的企业造成打击。如德国、日本等许多发达国家为了参与国际市场竞争，都积极地将国际先进标准等同采标，作为本国的国家标准。因此，如果标准在先进性方面表现较差，就会导致采用该标准的企业市场竞争力降低。企业若想提升产品质量，应对激烈的市场竞争，必须主动使用更先进的标准。

2. 标准的协调性对标准适用性的影响

标准的协调性是指相关标准或强制性标准和相关法律法规在内容上没有矛盾和冲突。这类问题经常出现在不同层级之间或同一层级的标准之间，主要表现为不同标准对同一指标或方法的规定不同。这种相互不协调的标准的存在，导致需要使用标准的单位在选择适用的标准时面临抉择，一些单位就会选择更有利于自身发展的标准；或者不同单位虽然都是严格按照标准来执行操作，但是仍然存在参差不齐的现象。这类标准的存在不利于规范市场秩序，影响标准的技术指导作用。

3. 标准的标龄对标准适用性的影响

标准的标龄从标准正式发布实施之日算起，到标准被新的标准替代或者废止之日为止。一般规定标准的标龄为五年，即标准实施五年后，标准管理部门应该组织人员对标准进行复审，来决定标准是否能够继续有效。但是在实际操作中，并不是所有的标准都严格按照五年的复审计划及时被复审。林业标准复审不及时的情况非常普遍。标准的不及时复审，会导致标准中规定的许多指标和方法可能已经过时，执行这样的标准将降低工程或产品质量，造成不良后果。

4. 标准满足市场需求的能力对标准适用性的影响

ASTM（美国材料与试验协会，American Society for Testing and Materials）国际标准组织执行副总裁凯瑟琳·摩根（Katharine E. Morgan）曾提出标准的作用是在响应社会和市场需求的过程中逐渐增强的，应该基于价值来制定标准，即标准应保持高质量、高市场相关性和有效性。王忠敏也认为标准的价值来源于市场需求，不能把标准使用率低归因于标准不是强制性标准，而是看标准是否满足了市场需求。制定标准不是为了完成科研任务，归根结底是为市场服务的。例如，2011 年版的便携式油锯国际标准 ISO 11681-2 在旧版的基础上进行了修改，增加了许多技术条款，对安全要求越来越严格，反映了市场对便携式油锯的安全需求。因此，我国也需要修订国家标准，以达到国际标准的要求，促使企业生产更高质量的产品，应对国际市场竞争。发达国家的标准化机构大多不由政府管理，标准的制定工作也多由企业参与。企业更加了解市场的需求，这样制定出来的标准才更贴近市场。脱离市场需求制定出来的标准最终只能束之高阁。

5. 标准适用性其他相关因素分析

其他相关因素不同于标准适用性的影响因素，包括标准实施的效益和提高劳动效率的程度，这些因素不会影响标准的适用性，但是能够反映标准的适用性。标准并不直接产生效益，标准的效益来源于标准化的活动，当标准被应用于生产操作过程所带来的效益，部分可以归功于标准化效益。要确定标准化实施效益可以计算标准化实施前后的效益变化。如果标准实施后并没有产生更大的效益或没有提高劳动效率，那么标准的价值就无从谈起。因此，标准实施后是否带来了更多效益或提高劳动效率反映出标准是否适用于生产实践。

第五节　案例研究

通过总结、归纳标准适用性理论，分析标准适用性影响因素以及林业标准的特点和问题，建立了林业标准适用性评价体系。为了验证该评价体系的科学性和可行性，并发现需要改进的地方，从而不断完善该评价体系，采用实证研究方法，以林业生态工程建设标准体系中的地方标准《山区生态公益林抚育技术规程》（DB11/T 290—2005）为例，对其适用性进行评价。

该标准是北京市地方标准，适用范围为北京市山区生态公益林的抚育管理。标准适用性评价由林业标准化科研专家和北京市西山试验林场技术人员组成。北京市西山试验林场多年来一直使用该标准。

一、标准采用概况

《山区生态公益林抚育技术规程》（DB11/T 290—2005）是现行的北京市林业地方推荐性标准，属于林业生态工程实施阶段的技术标准。按照标准复审的规定，该标准已经超出复审年限，没有标注继续有效日期，也没有被新版本取代，说明该标准未经过复审。因此，以此标准作为评价对象，可有效验证本研究中建立的林业标准适用性评价体系的可行性。

1. 标准结构

该标准由前言、引言、正文、附录、参考文献组成。正文包含 7 个部分，一是标准的内容；二是术语和定义；三是抚育原则；四是抚育对象；五是林木分级；六是抚育方法；七是森林抚育调查设计与施工。标准文本中，附录 A、B、C 均为规范性附录，附录 A 介绍了森林龄级、龄组划分标准；附录 B 为生态公益林补植后密度；附录 C 为天然次生林生态疏伐不同径阶适宜保留株数。

2. 标准主要内容

标准的适用范围为北京地区山区生态公益林的抚育管理。北京市山区生态公益林面积约为67.3万公顷。

标准规定的抚育对象为符合抚育条件的防护林和特种用途林。根据林业生态工程的分类，防护林和特种用途林分别属于生态防护型类别和生态经济型类别。因此，《山区生态公益林抚育技术规程》属于林业生态工程建设标准。该标准在林业生态工程建设标准体系六维结构的各个维度中，分别属于级别维上的地方标准，性质维上的技术标准，对象维上的实施标准，强制程度维上的推荐性标准，制修订状态维上的现行标准，支撑关系维上的一般标准。

标准规定的林木分级对象为人工林和天然次生林中的单纯同龄纯林林木。Ⅰ级优势木树高最高，胸径最大，树冠处于主林层之上，几乎不被挤压。Ⅱ级亚优势木胸径、树高仅次于优势木，树冠形成林冠层的平均高度，侧方多少会受到挤压。Ⅲ级中等木胸径、树高均为中等，树冠能伸到主林层，但侧方受挤压。Ⅳ级被压木树干纤细，树冠窄小且偏冠，处于主林层之下或只有树梢能达到主林层。Ⅴ级濒死木、枯死木处于主林层之下，生长衰弱，接近死亡或已经死亡。

抚育方法分为针对幼龄林的抚育方法，如割灌、定株、修枝、补植等；针对中龄林的间伐措施，如生态疏伐、景观疏伐、卫生伐。

二、标准适用性评价

1. 评价指标体系

采用本章第四节的林业标准适用性评价指标体系。

2. 指标权重计算

采用层次分析得出指标权重。在确定判断矩阵阶段，邀请了15位高级职称的专家参与问卷调查（附表1）。经过对调查数据进行统计汇总后，在每两个指标的相对重要性取值的所有数据中，选取众数作为两两指标之间的重要程度比值。在通过了一致性检验之后，确定判断矩阵。代入公式后，得出标准评价指标权重（表3.7）。

表3.7 林业生态工程建设标准适用性评价指标权重

准则层	权重	指标层	权重
B_1	0.128	B_{11}	0.057
		B_{12}	0.030
		B_{13}	0.041
B_2	0.221	B_{21}	0.1105
		B_{22}	0.1105

续表

准则层	权重	指标层	权重
B_3	0.102	B_{31}	0.102
B_4	0.157	B_{41}	0.067
		B_{42}	0.023
		B_{43}	0.067
B_5	0.102	B_{51}	0.034
		B_{52}	0.034
		B_{53}	0.034
B_6	0.16	B_{61}	0.052
		B_{62}	0.037
		B_{63}	0.071
B_7	0.13	B_{71}	0.033
		B_{72}	0.097

三、评价模型分析

1. 评价论域

（1）评价对象的因素论域

评价对象的因素论域 U 由评价对象的评价指标体系组成。林业生态工程建设标准适用性评价指标体系在前一小节已经有过详细表述。

$$U=(B_{11},\ B_{12},\ B_{13},\ \cdots,\ B_{71},\ B_{72}) \tag{3.13}$$

（2）评价等级论域

V=（差，较差，一般，较好，好），分别用 V_1、V_2、V_3、V_4、V_5 表示。

2. 确定模糊关系矩阵

林业生态工程建设标准主要是技术标准。由表 3.1 看出，标准适用性评价除指标 B_{31} 和 B_{73} 为定量指标外，其余皆为定性指标。因此，为得出《山区生态公益林抚育技术规程》标准适用性评价结果，通过专家评审打分把定性评价数量化。评审专家包括从事森林抚育工作研究工作的 9 名高级研究人员，11 名硕、博士研究生和 24 位林场的标准使用者。《山区生态公益林抚育技术规程》适用性评价表见附表 2。其中，林场标准使用者主要为工程师和高级工程师。

为便于整体进行计算，首先确定定量指标 B_{31} 的隶属函数。

对于 V_1 这个子集，指标值越大，隶属度越好，所以使用偏大型梯形分布。

$$\tilde{A}_{v_1}(x)=\begin{cases}0, & x<a\\ \dfrac{x-a}{c-a}, & a\leqslant x\leqslant c\\ 1, & x>c\end{cases} \tag{3.14}$$

对于 V_2、V_3、V_4 三个子集，使用中间型梯形分布。

$$\tilde{A}_{v_2}(x)=\begin{cases}0, & x\leqslant b\\ \dfrac{x-b}{c-b}, & b<x\leqslant c\\ \dfrac{d-x}{d-c}, & c<x\leqslant d\\ 0, & x>d\end{cases} \tag{3.15}$$

$$\tilde{A}_{v_3}(x)=\begin{cases}0, & x<a\\ \dfrac{x-a}{b-a}, & a\leqslant x\leqslant b\\ 1, & b\leqslant x<c\\ \dfrac{d-x}{d-c}, & c\leqslant x<d\\ 0, & x\geqslant d\end{cases} \tag{3.16}$$

$$\tilde{A}_{v_4}(x)=\begin{cases}\dfrac{1}{a}, & 0<x\leqslant a\\ \dfrac{b-x}{b-a}, & a<x\leqslant b\\ 0, & x>b\end{cases} \tag{3.17}$$

对于 V_5 这个子集，指标值越小，隶属度越好，所以使用偏小型梯形分布。

$$\tilde{A}_{v_5}(x)=\begin{cases}1, & x<a\\ \dfrac{b-x}{b-a}, & a\leqslant x\leqslant b\\ 0, & x>b\end{cases} \tag{3.18}$$

一般规定标龄在 5 年内，标准不需要复审。通过对我国林业标准的标龄及其数量进行统计，截至目前，标龄最长为 32 年。所以取值为：a=5，b=10，c=20，d=30。代入公式得：

$$\tilde{A}_{v_1}(x)=\begin{cases}0, & x<5\\ \dfrac{x-5}{15}, & 5\leqslant x\leqslant 20\\ 1, & x>20\end{cases} \tag{3.19}$$

$$\tilde{A}_{v_2}(x)=\begin{cases}0, & x\leqslant 10\\ \dfrac{x-10}{10}, & 10<x\leqslant 20\\ \dfrac{30-x}{10}, & 20\leqslant x\leqslant 30\\ 0, & x>30\end{cases} \tag{3.20}$$

$$\tilde{A}_{v_3}(x)=\begin{cases}0, & x<5\\ \dfrac{x-5}{5}, & 5\leqslant x\leqslant 10\\ 1, & 10\leqslant x<20\\ \dfrac{30-x}{10}, & 20\leqslant x<30\\ 0, & x\geqslant 30\end{cases} \tag{3.21}$$

$$\tilde{A}_{v_4}(x)=\begin{cases}\dfrac{1}{5}, & 0<x\leqslant 5\\ \dfrac{10-x}{5}, & 5<x\leqslant 10\\ 0, & x>10\end{cases} \tag{3.22}$$

$$\tilde{A}_{v_5}(x)=\begin{cases}1, & x<5\\ \dfrac{10-x}{5}, & 5\leqslant x\leqslant 10\\ 0, & x>10\end{cases} \tag{3.23}$$

综合科研人员与标准使用人员的评价意见，得出《生态公益林抚育技术规程》标准适用性在各个定性指标上对应等级的模糊隶属度。再根据式（3.14）~式（3.23），代入数值，得出定量指标在各个等级上的模糊隶属度。通过计算得出表3.8中的模糊关系矩阵R。

定性指标在各个评价等级上的隶属度根据调查结果按比例分配。定量指标B_{31}的取值为14，代入公式后，得出：$\tilde{A}_{v_1}$=0.36，$\tilde{A}_{v_2}$=0.6，$\tilde{A}_{v_3}$=1，$\tilde{A}_{v_4}$=0，$\tilde{A}_{v_5}$=0。

3. 计算评价结果向量

$$B=A\circ R \tag{3.24}$$

式中：A——评价指标权重集，$A=\{a_i\}$（i=1，2，…，17）；

R——模糊关系矩阵。

$$R=R_{ij}=\begin{bmatrix} r_{11} & \cdots & r_{15}\\ \vdots & \ddots & \vdots\\ r_{17\,1} & \cdots & r_{17\,5}\end{bmatrix}_{(17,\ 5)} \tag{3.25}$$

“∘”代表A与R的合成算子，选择$M(\cdot,\oplus)$，即$b_j=\min\left(1,\sum_{i=1}^{17}a_i r_{ij}\right)$作为合成算子，得到向量$B$。

$$B=(0.037\quad 0.087\quad 0.337\quad 0.393\quad 0.244)$$

表 3.8 模糊关系矩阵

指标	等级				
	差	较差	一般	较好	好
B_{11}	0	0.023	0.159	0.705	0.114
B_{12}	0	0	0.114	0.5	0.386
B_{13}	0	0.047	0.163	0.349	0.442
B_{21}	0	0	0.233	0.326	0.442
B_{22}	0	0.05	0.35	0.4	0.2
B_{31}	0.36	0.6	1	0	0
B_{41}	0	0.05	0.35	0.45	0.15
B_{42}	0	0	0.368	0.632	0
B_{43}	0	0.023	0.432	0.455	0.091
B_{51}	0	0.042	0.25	0.583	0.125
B_{52}	0	0.083	0.167	0.625	0.125
B_{53}	0	0	0.375	0.208	0.417
B_{61}	0	0.042	0.208	0.625	0.125
B_{62}	0	0.084	0.375	0.333	0.208
B_{63}	0	0.042	0.208	0.333	0.417
B_{71}	0	0	0.125	0.583	0.292
B_{72}	0	0	0.208	0.333	0.458

四、结论与建议

1. 结果

在得出结果向量 B 后，为了获取最终的评价结果，对五个评价等级分别赋分“50、60、70、80、90”，用 W_j 表示。由于 $\sum_{j=1}^{m} b_j = 1.098 \neq 1$，因此，对向量 B 做归一化处理，得向量 B'（0.033，0.080，0.307，0.358，0.222），以向量 B' 的值 b'_j 作为各等级分值的权重，最终得分根据公式 $F = \sum_{j=1}^{m} b'_j \times W_j$ 计算得出，结果为 F=76.6。因此，《山区生态公益林抚育技术规程》适用性得分为 76.6，适用性等级为一般。

再将每个指标的评价结果代入公式 $F_n = \sum_{j=1}^{m} V_{nj} \times W_j$ 单独计算，得到该标准在单一指标上的评价结果。评价结果说明，该标准词句表述准确性、参数来源明确性、标准理念的先进性、标准与国外先进标准的统一性、标准与我国生产水平相适应性、标准与使用环境的适应性、标准与行业需求的适应性、标准实施效益的显著程度、提高劳动生产率程度等指标上得分为 70 ~ 80，归为一般等级；在文本结构的合理性、图表公式明确性、标准内容的完整性、标准与相关标准的协调性、提升林业生态工程建设质量程度、可理解性、可操作性等指标上得分大于 80，归为较好等级；在标龄指标上得分小于 70，较差。

2. 问题

（1）语言描述不清

内容描述过于笼统和简略，在参照标准操作时，难以理解，无法发挥标准的作用。如第 4 章抚育对象中，4.2 特种用途林需要满足的抚育条件之一“密度过大”，在抚育过程中对于密度过大的确认缺乏参考指标。第 8 部分抚育质量核查，8.2.1 关于中林间伐核查中提到林分抚育后郁闭度为 0.6 ~ 0.7，或不低于 0.7，容易导致设计和施工者在实际工作中难以把握。附录 B 生态公益林补植后的密度规定范围过大，特别是将油松林的密度范围定为 80~267，最高密度和最低密度相差 2 倍，同样的问题出现在第 6 部分抚育方法中，定株抚育规定每 667 平方米保留 150~440 株的范围过大，导致标准的参考价值降低，可以考虑增加其他的限制指标。

（2）标准结构不合规和内容不完整

将规范性引用文件放到了参考文献部分，不符合标准编写要求。标准中规范性引用文件过少，术语部分内容过多。标准中多处存在格式错误，如将“m^2”写作“m2”；分数格式不统一，“三分之一”的写法和“1/3”的写法并存；在 2.24 中将“中幼林”的英文翻译错误地写作“young–middled forest”。还存在标点符号的使用不规范等。标准正文中缺少对抚育档案管理相关内容的规定。量化指标来源不明确。标准正文中涉及较多约定作业数量化指标，但是缺少对其来源的明确标注。

（3）引用的标准已修订或废止

该标准共引用了四项标准：《造林技术规程》GB/T 15776、《森林抚育规程》GB/T 15781—1995、《生态公益林建设导则》GB/T 18337.1—2001、《封山育林技术规程》DB11/T 126—2000。其中，《森林抚育规程》GB/T 15781—1995 已分别在 2009 年和 2015 年经过复审，现行的是 GB/T 15781—2015。同样，《造林技术规程》GB/T 15776 已在 2006 年和 2016 年先后两次进行了修订，现执行的标准是 GB/T 15776—2016。虽然规范性引用文件被修订并不意味着该标准必须修订，但是应根据具体情况决定是否有修订的必要。

（4）内容矛盾

《山区生态公益林抚育技术规程》6.2 部分山区生态公益林的抚育措施中规定了间伐措施之一的卫生伐的抚育条件为：坡度小于 25° 的风景林可进行卫生伐；而在国家标准 GB/T 18337.3—2001《生态公益林建设技术规程》5.2 生态公益林抚育部分规定林分抚育

方法之一的卫生伐的抚育条件为：坡度大于25° 的防护林原则上只进行卫生伐。该标准第三章抚育原则中规定，山区生态公益林抚育总原则为“留优去劣，留强去弱，分布均匀，疏密适度”，更符合用材林的抚育原则，且与下文中提到的保护生物多样性中保留乔、灌、草的原则不匹配。

（5）内容需更新

从标准中施工技术要求部分来看，林分抚育的施工还需要依靠人力，疏伐后的密度偏高。随着我国社会经济的发展，人力抚育的可行性越来越小。标准中规定的生态疏伐中伐除木的选择方式为“一般要伐除枯倒木、濒死木（Ⅴ级木）和被压木（Ⅳ级木），对于过密的林分，还应考虑适量伐除部分中等木（Ⅲ级木）”。除以上对象外，还可以借鉴结构化森林经营方法，伐除影响顶级树种生长的其他树种的林木，影响其他建群种中大径木生长发育的林木。

3. 解决方法

（1）优化文本结构与格式

封面增加英文译名。为了显示标准的结构，方便查阅内容，应增加目次。前言中增加标准编制所依据的起草规则 GB/T 1.1。增加规范性引用文件，并按照 GB/T 1.1 的要求正确编写。一些常用的术语，如林分、立地、蓄积量、定株、修枝、卫生伐等，若在本标准中没有特殊含义，可以采用规范性引用文件的方式引用相关国家标准。注意角标，将分数统一为阿拉伯数字。对数量化指标应以脚注的形式说明其来源。增加档案管理部分。

（2）内容修正或更新

4.2 中特种用途林需要满足的抚育条件可通过郁闭度或密度定量描述，减少主观判断。8.2.1 中关于中林间伐核查中提到林分抚育后郁闭度为 0.6 ~ 0.7，或不低于 0.7，应改为间伐后林分郁闭度不低于 0.6。更新经营方式，目标树经营是实现近自然经营的有效方式，可以实现提高单株木质量的目的，更适合生态公益林的经营。因此，在标准内容上，应增加林木分类部分，将林木分为目标树、干扰树、特殊目标树和一般树。增加机械等其他抚育技术的设计施工等内容。在国家标准《森林抚育规程》GB/T 15781—2015 中采伐强度的影响因素中删去了经济条件，因此，在生态公益林抚育工作中也应重视其生态价值。在采用割草抚育时，可将割除幼树周边 1 平方米左右范围内的灌木、杂草改为将周边杂草、藤本植物全部割除，对灌木进行局部割除。修枝强度改为幼龄林冠长不低于树高的 2/3，中龄林冠长不低于树高的 1/2。将标准地面积改为不小于 600 平方米。

五、关于完善评价体系的思考

为了进一步提升林业生态工程建设标准适用性评价体系的作用，提高评价结果的科学性和可靠性，还需进一步完善下述内容。

1. 增加定量指标

由于标准适用性评价指标的综合性和概括性，此处构建的林业生态工程建设标准适用性评价指标体系以定性指标为主，在评估过程中更多依靠专家和标准使用者主观意见，受到评估者个人能力和经验的影响较大，虽然汇集了专家的智慧，但是缺少定量化表述，对有关指标的改善难以从具体数量上去把握。因此，尽可能地引入定量指标可使评估结果更加客观。

2. 提高评价指标的代表性

综合评价的目的是通过对各个对象的综合考量反映整体的情况。增加评价指标的数量能够提高评价的综合性和全面性，但会导致评价重心的不平衡并增加工作量，降低了在实际应用中的可操作性。因此，在保证评价结果科学、合理、有效的基础上，应构建合理的评价指标体系，尽可能设定和选择具有典型性、代表性的评价指标。

3. 扩大样本范围

由于林业生态工程建设标准适用性评价高度依赖评价专家的主观判断和决策，因此，为了避免主观性过高影响评价结果的真实性，应尽可能地扩大收集样本的范围，不仅是科研人员，还应包括标准的使用者、林业标准管理部门的相关工作人员等。根据发达国家及 ISO 的规定，标准评价者应包括被评价对象的所有利益相关者，且评价者应对被评价对象及相关技术指标有较全面的认识。

4. 多层次开展实证研究

仅以地方标准进行实证研究，验证标准适用性评价体系的可行性，代表性不强。该体系对于国家标准、行业标准层面上的可行性，如果不进行实证研究或相关调研，就无法得知该体系在国家标准和行业标准层面的适用性评价中是否可行，在后续研究中，建议多层次开展实证研究。

第四章 农林业标准化实施状况评价

科学、合理地评价农林业标准化水平，可以正确认识我国农林业标准化存在的主要差距和薄弱环节，从而有效地促进农林业标准化水平的进一步提高。评价农林业标准化水平的关键，是要建立一套科学、合理的评价指标体系和评价方法。

第一节 标准化水平评价

一、农林业标准化水平评价指标体系的设置原则

农林业标准化水平评价指标体系的设置，以相关经济理论为基础，以实际需要与可能为出发点，遵循以下原则（李林杰和梁婉君，2006）。

1. 科学性和实践性

评价农林业标准化水平的指标体系首先要符合科学性原则，即要依据农林业标准化的科学内涵，准确把握指标间的内在联系性和相互统一性，科学地反映农林业标准化活动及各项投入和有效成果之间的内在关系。同时，设置指标体系注重对实践的指导性。

2. 层次性和针对性

评价农林业标准化水平的指标体系应具备层次性和针对性，具体应包括以下两方面的含义：一是指标体系的构建在农林业生产所处的不同层次上应有不同的针对性；二是指标体系的结构形式具有多层次的特征，使信息的组织条理化。这有利于反映被评价主体在不同层次上的特征及其存在问题，清晰地显示其中的主要矛盾及其根源。

3. 全面性和重点性

评价农林业标准化水平应坚持综合分析、全面考虑的原则。在坚持全面性原则的基础上，还应考虑突出重点的原则，即对指标的赋权是有差异的。

4. 代表性和精练性

农林业标准化水平的综合评价涉及多方面的因素。但在构建评价指标体系时，对于要评价的各个方面，指标选取强调典型性和代表性，尽量避免选入意义相近、含义重复或可由其他指标派生而来的导出性指标，以保证指标体系的精练性和简洁易行。

5. 可行性和操作性

评价指标体系的构建以理论分析为基础，在实际应用中理论构想会受到实际数据的制约。因此，指标的设计应以一定的现实统计数据为基础。指标的可操作性在于强调各指标内涵明确、边界清晰并便于计算。

6. 静态可比性与动态可比性相统一

静态可比性原则指所设计的指标在国家之间、国内不同地区之间要能够进行横向对比。动态可比性原则指所设计的指标能够进行一个体系不同阶段的纵向对比。考虑到农林业生产及其外部条件的发展变化，评价指标体系的设置也要适应不断变化的情况，遵循静态可比性与动态可比性相统一的原则。

根据上述原则，建立农林业标准化水平评价指标体系。

二、农林业标准化基础水平指标

1. 农林业标准化专业人员比重

农林业标准化专业人员具有专业的标准化生产知识，能够指导农民按标准要求进行生产，是推广、实施农林业标准化工作的重要基础力量。因此，这一比重的高低从一个方面、在一定程度上反映了农林业标准化基础工作的水平。该指标的计算公式为：

农林业标准化专业人员比重=农林业标准化专业人员数/农林业劳动力总数×100%　（4.1）

农林业标准化专业人员应掌握一定的标准化理论知识与专业技能，才能对生产者进行科学指导。一般来说，农林业标准化专业人员平均受教育年限越高，说明其专业技术素质越高，实施农林业标准化的基础条件越好。该指标的计算公式为：

农林业标准化专业人员平均受教育年限=平均受教育年数×农林业标准化专业人员数/农林业标准化专业人员总数　（4.2）

2. 人均农林业标准化经费投入

充分、必要的经费投入，是农林业标准化得以顺利开展的必要前提和重要保障。该指标在一定程度上反映了农林业标准化经费投入的力度，以及农林业标准化实施的基础水平。该指标的计算公式为：

人均农林业标准化经费投入=农林业标准化经费投入总额/农林业劳动力人数 （4.3）

三、农林业标准化建设水平指标

1. 农林产品标准数量

农林产品标准数量即围绕农林产品制定、发布和实施的标准总量，它是从农林产品标准数量的总规模来反映农林业标准化建设水平的指标。

2. 农林产品标准覆盖率

该指标是指现行正式生产的农林产品品种中已制定有相应生产标准的品种所占有的比率。指标数值越高，说明已具有相应标准的农林产品品种越多，农林产品标准的完善程度越高，亦即农林业标准化的建设水平越高。计算公式为：

农林产品标准覆盖率=已具有相应生产标准的农林产品品种数/现行生产的全部农林产品品种数×100% （4.4）

3. 国际标准比率

该指标是指在我国制定的各项农林业标准中，采用的国际标准所占的比重。该指标表明了农林业标准的先进程度。农林业采标率越高，说明我国农林业标准化的建设水平越高。计算公式为：

国际标准比率=农林业标准中采用的国际标准数量/农林业标准总量×100% （4.5）

四、农林业标准化实施程度指标

1. 农林业标准化技术推广力度

该指标是指农林业标准化技术推广人数与农林业劳动力人数之比。我国农林业劳动力的文化水平普遍不高，仅仅提供农林业标准是远远不够的，还需要通过试验、示范进行言传身教，才能使农民真正掌握农林业标准化技术。这个指标数值越高说明农林业标准化推广力度越大，农林业标准化的实施程度越高。计算公式为：

农林业标准化技术推广力度=农林业标准化技术推广人数/农林业劳动力人数×100% （4.6）

2. 农林产品标准贯彻率

该指标是指已制定的农林产品生产标准中实际贯彻执行的标准数所占的比重。该指标反映农林业标准化工作实施的程度。计算公式为：

农林产品标准贯彻率=实际贯彻执行的标准数/已制定的标准数× 100% （4.7）

3. 农林产品达标率

该指标是指按已有标准正式生产的农林产品中已达到标准要求的农林产品产值（产量）所占比重。这一指标反映了所制定农林业标准最终实际实现的程度。计算公式为：

农林产品达标率=按标准生产并已达到标准要求的农林产品产值/已制定生产标准的农林产品总产值×100%　　（4.8）

第二节　标准化绩效评价方法

对农林业标准化实施绩效进行量化研究是当前和今后我国农林业标准化研究的重点内容之一。目前，国内对农林业标准化绩效评价的研究多集中在描述性分析上，而运用数量分析方法对农林业标准化绩效进行研究的并不多。为了客观、科学、全面地评价农林业标准化的实施绩效，促进农林产品质量水平和市场竞争力提高，促进农林业技术进步和产业化发展，有必要对农林业标准化绩效评价方法进行研究。

一、绩效评价概述

财政支出绩效评价体系是近 20 年来西方国家公共支出管理的一项重要制度。目前在世界 30 个经济合作与发展组织国家中，有 24 个向公众提供绩效结果，让公众了解政府的政策是否有效。党的十六届三中全会明确提出要“建立预算绩效评价体系”；《广东省财政支出绩效评价试行方案》决定，从 2004 年起对财政专项资金实行绩效评价制度；《2007 广东省市、县两级政府整体绩效评价指数研究红皮书》表明，来自民间的独立、系统的对政府的绩效评估视角也正在建立。

通过项目支出的绩效评价，不但可以检查监督项目支出的安全性、合规性和有效性，而且可以识别问题的所在，分析项目支出没有达到预期目标的原因，帮助找到解决问题的方法。进行绩效评价的方法有很多，目前西方发达国家形成了成本—效益分析法、最低成本法、综合指数法、因素分析法、生产函数法、模糊数学法、方案比较法、历史动态比较法、目标评价法、公众评判法等 10 多种比较主流的评价方法。此处介绍国内常用的两种方法。

二、生产函数法

生产函数法是通过生产函数模型的确定，明确投入与产出之间的函数关系，借以说明投入产出水平即经济效益水平的一种方法。用公式表示如下：

$$Y=f(A, K, L, \cdots) \quad (4.9)$$

式中：Y——产出量；

A、K、L 等——技术、资本、劳动等投入要素。

（1）确定模型所包含的变量

研究农林业标准化对农林业产出的绩效，可以选取农林业总产值作为产出指标，即被解释变量；而农林业投入要素主要有农作物播种面积、农林业劳动力、农林牧渔业中间消耗、农林业标准化投入等。

（2）模型设定及变量说明

上述解释变量与被解释标量之间是投入产出关系，建立如下生产函数模型：

$$Y=CK^{\alpha}L^{\beta}S^{\gamma} \tag{4.10}$$

方程两边同时取对数：

$$\ln Y=\ln C+\alpha\ln K+\beta\ln L+\gamma\ln S \tag{4.11}$$

式中：Y、K、L、S——农林业总产值、农林业标准化资金投入、农林业劳动力和农作物播种面积；

α、β、γ——投入要素 K、L、S 的产出弹性；

C——没有包括在模型中的其他因素对农林业经济的影响。

三、综合评分法

综合评分法是在多种绩效指标计算的基础上，根据一定的权数计算出综合绩效指数的方法。农林业标准化绩效综合评分法包括以下几个步骤：

（1）绩效指标选择

根据相关性、经济性、可比性和重要性原则选择绩效指标。

以广东省为例做说明。《广东省财政支出绩效评价指标体系》对农林业标准化实施的绩效目标，建立了一套由 3 个层次及其二级绩效指标构成的农林业标准化绩效评价指标体系（骆浩文等，2008），绩效指标计算公式说明如下。

第一层次绩效指标：

①发表论文、专著数：衡量评价年度农林业标准化研究项目目标任务完成情况。

②标准制定项目成功率（%）=评价年度通过验收的标准制定项目数/评价年度标准制定项目总数×100%　（4.12）

③标准实施与推广项目成功率（%）=评价年度通过验收的标准实施与推广项目数/评价年度标准实施与推广项目总数×100%　（4.13）

④通过验收或完成阶段目标任务的农林业标准化示范区比率（%）=评价年度通过验收或完成阶段目标任务的农林业标准化示范区个数/评价年度应通过验收或完成阶段目标任务的农林业标准化示范区个数×100%　（4.14）

⑤简明手册入户率（%）=评价年度通过验收的示范区中拥有农林业标准简明手册的农户数/评价年度通过验收示范区的农户总数×100%　（4.15）

⑥通过验收示范区标准入户培训率（%）=评价年度通过验收的示范区中接受农林业标准培训的农户数/评价年度通过验收示范区的农户总数×100%　（4.16）

第二层次绩效指标：

①成果（制定的标准、检测方法等）应用转化率（%）=已经成功应用的成果/评价年度项目成果总数×100%　　（4.17）

②制定标准的采标率（%）=评价年度制定的标准中采用国际标准或国外先进标准的数量/评价年度制定的标准总量×100%　　（4.18）

③示范农林产品（无公害、绿色或有机农林产品）认证计划完成程度（%）=评价年度通过认证的农林产品个数/评价年度计划通过认证的农林产品数量×100%　　（4.19）

④通过验收示范区种植业产品平均合格率（%）=评价年度通过验收的示范区中经检测合格的种植业产品样本量/评价年度通过验收示范区中抽取的种植业产品样本总量×100%　　（4.20）

⑤通过验收示范区畜禽产品平均合格率（%）=评价年度通过验收的示范区中经检测合格的畜禽产品样本量/评价年度通过验收示范区中抽取的畜禽产品样本总量×100%　　（4.21）

⑥通过验收示范区水产品平均合格率（%）=评价年度通过验收的示范区中经检测合格的水产品样本量/评价年度通过验收示范区中抽取的水产品样本总量×100%　　（4.22）

第三层次绩效指标：

①农林业总产值增长率（%）=（评价年度农林业总产值–基期农林业总产值）/基期农林业总产值×100%　　（4.23）

②农民人均纯收入增长率（%）=（评价年度农民人均纯收入–基期农民人均纯收入）/基期农民人均纯收入×100%　　（4.24）

③农产品出口增长率（%）=（评价年度农产品出口–基期农产品出口）/基期农产品出口×100%　　（4.25）

（2）确定各评价指标的权重

由于各层次及其评价指标在整个农林业标准化绩效中的重要性不同，因此，必须按层次结构关系分别确定各指标的权重。

采用层次分析法（AHP）确定广东省农林业标准化绩效评价指标体系中各指标的权重。首先，聘请农林业标准化专家根据指标体系的递阶层次结构逐层对各个要素两两之间采用1～9标度法，建立两两比较判断矩阵；其次，通过矩阵运算和一致性检验，得到各指标的相对重要性权数。

（3）确定各指标的评分标准

将农林业标准化项目评价年度的预期目标以及相关经济、社会效益的“十一五”规划目标作为标准值，将当期各绩效指标的实际值与预期目标标准进行对比分析，评价年度的农林业标准化项目实施绩效。

（4）计算综合评分

农林业标准化绩效综合评分的计算公式为：

$$K = \sum_{i=1}^{15} W_i P_i \tag{4.26}$$

式中：K——农林业标准化绩效综合评分；

W_i——各个评价指标的权重；

P_i——各个评价指标的分数。P_i= 指标实际值 / 指标标准值。当指标实际值大于标准值时，只按标准值计算。

第三节 林业标准化示范区评价及其项目考核

林业标准化示范区是指由国家标准化管理委员会与国务院林业行政主管部门和地方共同组织实施的，以实施林业标准为主，具有一定规模、管理规范、标准化水平较高，对周边和其他相关产业生产起示范带动作用的标准化生产区域。开展林业标准化示范工作，对于促进林业标准化的实施具有重要作用。林业标准化示范区建设是林业标准化工作中的一项重要内容，其根本目的就是将先进的林业技术标准、整个生产运营模式大规模应用于实践，是把整个产前、产中、产后过程的标准体系实施大面积普及、宣传推广直至应用阶段的桥梁，是科学技术进入产业化生产的过渡形式，通过林业标准化示范区的示范和辐射带动作用，加快利用现代科学技术改造传统林业，提高林业发展与服务能力。

一、林业标准化示范区建设

1. 林业标准化示范区建设原则与目标

（1）林业标准化示范区建设原则

①示范区具有典型性和代表性。林业标准化示范区建设要选择在林业基础条件好、林业技术力量强、林业行政能力水平高的地区或单位、企业，以便于更高地领会要进行示范的林业标准的内涵和目标，在示范中能更好地发现问题，解决问题，总结经验，为进一步推广提供理论依据和实践经验。

②示范区建设要有规划。要将示范区建设纳入当地的经济发展规划，对示范区建设有总体规划安排、具体目标要求、相应的政策措施和经费保证。

③示范区建设与产业发展和生态建设相结合。对于林产品标准示范区建设，要以当地优势、特色和经深加工附加值高的产品（或项目）为主，实施产前、产中、产后全过程质量控制的标准化管理，示范区建设要与生态环境保护、营林造林、小流域综合治理等工程紧密结合，合理布局，让工程带动示范区建设，让示范区建设推动工程建设水平的提高。

④示范区建设与其他相关产业发展相结合。示范区建设尽量与其他部门或地方政府实施的无公害食品行动计划、食品药品放心工程、农产品生产基地、出口基地、科技园区等建设项目相结合，共同推进林业标准化示范区建设，以加大林业标准化示范区建设力度，减少不必要的重复投资，节约资金和人力。

⑤示范项目要具有较高经济效益和产业优势。示范区应优先选择预期可取得较大经济效益、科技含量高的示范项目；示范区要地域连片，具有一定的生产规模，有集约化、

产业化发展优势，产品商品化程度较高。

⑥鼓励各种社会力量参与建设。组织龙头企业、行业（产业）协会和农民专业合作组织带头开展示范区建设，鼓励林农积极参与示范区建设，以扩大示范区的示范影响，加快示范区建设进程。

（2）林业标准化示范区建设目标

通过林业标准化示范区建设，要达到以下具体目标：

①森林生态服务功能明显改善，林业产业和森林文化水平提高。

②森林经营与林业产业标准化水平提高，促进了林业规模化、产业化、现代化的发展。

③林业新品种、新技术、新方法等成果的转化和应用推广能力明显增强，效益显著。

④形成基本的检测手段和监测能力，林产品质量安全水平明显提高。

⑤生产经营和管理者标准化意识普遍提高，特别是林农标准化生产意识与技能明显增强，形成相对稳定的技术服务和管理队伍。

⑥林业生产效率、农民收入明显提高，取得良好的经济、社会和生态效益。

⑦形成可服务于当地林业标准化经营管理的理论、方法与措施。

2. 林业标准化示范区建设策略

（1）用新理念提高林业标准化示范工作的有效性

林业标准化工作要抛弃过去的陈旧观念，摒弃计划经济遗留下的工作模式，要从静止的、固定的思维模式中转变过来，树立市场观念、竞争观念以及法制观念，以林业管理法制化、林业产品市场化、林业生产科学化为切入点，使林业标准化示范区建设工作不拘泥于形式，成为顺应法制化、市场化、科学化的自觉行为，以生态建设或林产品为对象，以标准化为动力，带动林业生产环节管理的标准化，最终实现林业现代化的目标。

（2）面对新形势选准林业标准化示范项目

林业标准数量不足，老化严重，决定了林业标准化示范工作必须有重点、有步骤地向前发展。因此，林业标准化示范项目的选择也就成为至关重要的问题。在林产品标准化方面，一是应坚持以市场为导向，市场需要的产品就是林业标准化工作的重点对象。二是在林区经济发展中，已经形成有规模、有发展前途和需要规范化管理的产品，应列入林业标准化工作发展对象。三是在林区经济发展中，影响面大、能够带动林区经济发展、受到各级组织关注、涉及千家万户林户利益的项目，应纳入林业标准化工作发展对象。在森林生态建设方面，要以重点生态区域生态建设、保护工程为示范重点，推动森林生态工程建设标准化，提高工程建设水平。

（3）针对新模式依托龙头企业和产品实施标准化

以林业行政主管部门为监管单位，依托龙头企业，参照公司加农户模式，通过产品标准规范林业产业化中的龙头企业，通过龙头企业向林农提供必要的模式化管理标准作为技术指导，最终在市场、企业、林农的产业链条中，标准作为组织交货依据，把三个环节紧密连接在一起，使标准化成为自觉行为。选准了林业标准化示范项目和依托单位，还要明确标准化管理模式，即实行综合标准化管理，以一个项目为对象，为了达到整体最优的预期目标，标准应当覆盖产品生产的产前、产中、产后的全过程，将各种可标准化因素考虑进去。

（4）应用新技术加强监督监管

充分利用司法机关、权力机关和社会、新闻媒体监督力量，加强对林业管理标准化工作的监督，促进林业管理工作规范化，提高林业行政能力水平；充分利用现有的各种遥感平台，加强森林生态监测，为维护森林安全和森林生态审计监察提供科学依据；加强林产品质量的监督管理，维护正常的生产秩序和公平竞争，全面提升林产品质量和市场竞争力（梁兆基等，1998）。

3. 林业标准化示范区建设方法

（1）建立健全林业标准化示范区的组织机构

林业标准化示范区项目的顺利开展，必须建立健全领导组织机构，要在示范区林业行政管理机构牵头下，组织质量技术监督、科技、多种经营、计划财务等部门成立示范区建设领导小组，办公室设在质量技术监督部门，负责林业标准化工作的组织领导、统筹协调。办公室内设工作领导小组、技术工作组、顾问组，对示范区建设工作进行具体指导。

（2）选择有代表性的示范点

示范点的选择是林业标准化示范区建设的重要环节，示范点选择适当，能够起到事半功倍的作用。首先要考察区域的自然条件、领导重视程度、林农生产基础等因素，选择具有一定基础的区域，便于标准的宣贯、实施。其次，能对周围的环境具有一定的影响力，容易辐射到其他地区，推广效应快。

（3）制定切实可行的实施方案

标准化示范区确立后，要对示范区建设前的基础情况进行摸底，便于示范区建设前后进行对比。情况摸底包括示范区规模、产品占当地同类产品生产量比重、项目实施前单位产量产值、示范区当年林户收入及示范项目产值占收入比重等。实施方案中目标要求科学，进度安排得当，措施落实得力，示范效果明显。制定时应充分听取行业专家、种植及养殖大户的意见，经示范区建设工作领导小组审定、发布，作为示范区实施、验收的依据。

（4）建立适用的林业标准体系

林业标准化示范区建设，就是要以生态建设和林产品标准为核心，包括保证标准实施所必需的配套标准，形成标准体系，并付诸实施。应该在对国内外标准广泛调研基础上，积极采用国际标准和国外先进标准，严格执行国家标准、行业标准和地方标准，充分考虑行业专家和生产一线人员的意见，制定符合林业地方特色、能够指导林产品的产前、产中和产后过程的林业标准体系。

（5）加强标准的宣传

根据标准体系的统一规划，结合各个示范点，在充分考虑地方特色和现有成熟经验的基础上，分解标准和操作规程，制订计划。宣传可采用社会舆论、宣传媒体、编印标准书籍和小册子、拍摄电视宣传片等方式，对不同层次的对象进行宣传、培训，让管理人员、林业技术人员、林农都能准确地把握标准、运用标准，充分发挥林业标准的作用。

（6）适时组织检查、指导林业标准化实施

示范区建在林区，示范点布局比较分散，应组织有关人员进行检查指导，一方面可协调、处理示范区建设过程中遇到的一些问题，另一方面可随时了解示范区的建设进度，做到及时掌握有关情况，便于有针对性进行指导，对示范区建设也可起到促进作用。

4. 林业标准化示范区管理

林业标准化示范区项目的管理，参照《国家农业标准化示范区管理办法（试行）》（国家标准化管理委员会、国标委农〔2007〕81号）执行。

《国家农业标准化示范区管理办法（试行）》规定，国家标准化管理委员会负责示范区建设规划、立项，制定有关政策和管理办法，负责示范区考核的组织管理工作。

国务院有关部门和省、自治区、直辖市标准化行政管理部门负责本行业和本地区示范区建设的管理、指导和考核。

市县标准化行政管理部门负责本地区示范区建设的组织实施和日常管理。各级标准化行政管理部门要加强示范区建设工作的组织和管理，在各级政府的领导下，建立协调工作机制，统一协调示范区建设各项工作。

国家标准化管理委员会对所确定的示范区建设项目给予一定的补助经费，地方财政要落实相应的配套资金。示范区建设的补助经费实行专款专用，不得挪用。

示范区建设周期一般为3年。示范区一经确定，由示范区建设承担单位按《标准化示范区任务书》要求，向国家标准化管理委员会报送实施方案。示范区建设承担单位每年对示范工作进行一次总结，将总结情况及时报送上一级主管部门。国务院有关部门和省、自治区、直辖市标准化行政管理部门汇总后，于年底前报国家标准化管理委员会备案。

要建立长效管理机制，对已通过项目目标考核的示范区加强后续管理。国务院有关部门和省、自治区、直辖市标准化行政管理部门应对示范区建设进展情况加强督促检查，每年至少要组织一次工作检查。对组织实施不力、补助经费使用不当的，限期改进。对经整改仍不能达到要求的，取消其示范区资格。对取得明显成果的，要及时总结经验并加以推广。

示范区工作不搞评比，不搞验收，不搞表彰，建设期满时严格按项目管理要求对示范区进行项目目标考核。项目目标考核工作由国家标准化管理委员会统一组织，一般委托国务院有关部门和省、自治区、直辖市标准化行政管理部门进行。

二、标准化示范区评价内容及指标

1. 评价内容

政府投资主导的农林业标准化示范区建设的评价，首先要考量农林业标准化实施措施，即评价示范区针对农林业标准化采取的推广工作和实施措施。同时，农林业标准化的作用体现在促进先进的农林业科技成果和经验迅速推广，确保农林产品的质量和安全，促进农林产品的流通，规范农林产品市场秩序，指导生产，引导消费等方面，从而取得良好的经济、社会和生态效益，以达到提高农林业竞争力的目的。

政府主导并投资建立示范区，对农林业标准化进行推广，其效果主要体现在内部效益和外部效益两个方面。对于示范区的内部效益，可以细分为短期内部经济效益和长期发展效益。在市场经济中，以农林产品为产出的示范区作为经营体追求经济产值最大化，内部效益首先体现在经济效益的最大化。然而，农林业标准化的实施同时促进了示范区的技术引用和质量管理水平的提升，这些长期发展效益不能在短期内体现在经济效益中。因此，将技术进步效益和质量管理水平作为一个指标进行考量。同时，农林业标准化的实施改善了农林业与环境的关系等社会和生态效益。所以，外部效益中，考虑农林业标准化的社会和生态效益。农林业标准化示范区的建设促进了示范区内部效益的提升，以及外部效益的改善。

综合考虑农林业标准化建设目标和示范效果，要把五个方面作为评价体系的二级指标：推广实施、经济效益、技术进步、质量管理、社会和生态效益（金爱民和于冷，2010）。

（1）推广实施

组织管理：描述当地政府对于推广农林业标准化相应的组织管理机构的设立。

标准化工作内容：评价当地政府和示范区对于标准化推广所做的主要工作。

（2）经济效益

投入产出：评价农林业生产的效率，包括土地、人力等投入产出的效率。

宏观发展：通过宏观发展指标的评价反映示范区整体效益的提升，内容包括整体产值、人均收入、出口产值的提升幅度。

（3）技术进步

技术投入：评价农林业标准化推广以来，带动农林业技术应用投入的情况。

技术进步：该指标的评价整体反映农林业标准化带来的技术进步的程度。

（4）质量管理

质量控制：农林产品的质量管理是保证质量和安全的重要措施，该指标评价示范区对于质量控制所做的工作。

食品安全：评价农林业标准化实际推广以来食品安全的改善情况。

（5）社会和生态效益

社会效益：评价农林业标准化带来的社会效益。

生态效益：评价农林业标准化带来的生态效益。

2. 评价指标

农林业标准化示范区评价指标体系的设立，首先从农林业标准化建设的目标出发，其次结合农林业标准化的原理和作用分析，力图达到经济效益、社会效益和生态效益评价的统一，并有较强的可操作性。评价指标的设置要坚持科学性、可操作性、全面性和动态性的原则。

（1）指标数量

农林业标准化示范区评价指标体系由 30 个指标（D）构成。这 30 个指标分别从推广实施、经济效益、技术进步、质量管理、社会和生态效益五个层面度量和描述了农林业标准化示范区的建设运营效果，详见表 4.1。

（2）指标含义

D_1 当地政府主管部门组织情况：是否成立农林业标准化推广领导小组。

D_2 负责标准化机构、人员落实：负责农林业标准化、技术推广机构人员落实情况。

D_3 政府资金投入情况：示范区农林业标准化建设专项资金投入总额。

D_4 标准化宣传、培训：投入举办标准化培训及赠送、印发、销售技术标准资料总额。

D_5 生产过程标准体系建设：农林业生产过程控制标准的制定和实施工作。

D_6 配套服务体系建设：配套服务如种子、化肥、农药等建设情况。

D_7 农林业总产值增长率：评价区间内的示范区平均每年农林业总产值增长率。

D_8 单位面积收入增长率：评价区间内的示范区平均每年单位面积收入增长率。

D_9 单位面积产量：农林产品总产量 / 播种面积。

D_{10} 财政利税增长率：评价区间内的示范区平均每年财政利税增长率。

D_{11} 劳均收入：农林业收入 / 农林业劳动力数量。

D_{12} 农林产品出口产值增长率：评价区间内示范区平均每年农林产品出口创汇额增长率。

D_{13} 农民人均年收入增长率：评价区间内的示范区平均农民人均年收入增长率。

D_{14} 农林产品市场占有率提高程度：示范区主要农林产品市场销售（量）额 / 本地市场上同种农林产品市场销售总（量）额 ×100%。

D_{15} 科技人才比重：示范区内具有初级以上职称的科技人员占园区人口比重。

D_{16} 与技术依托单位联系的紧密程度：两者密切程度分为四种：技术入股、科技承包、常年蹲点、定期指导、不定期指导，反映技术依托单位的支持力度。

D_{17} 年技术进步贡献率：依据农林业生产函数 $Y = AK^{\alpha}L^{\beta}M$，其中，$Y$ 为农林业产值，K、L、M 分别为投入要素，即物质费用、劳动力及耕地面积。以过去 10 年示范区的数据进行回归估算 *SOLOW* 模型的残量 A，从而求得技术进步对于产出的贡献率。

D_{18} 技术标准采用情况：示范区技术标准采用总数。

D_{19} 认证申请数量：示范区认证申请数量。

D_{20} 产品优质率：品优（达到国家某一标准之上）农林产品数 / 农林产品总量 ×100%。

D_{21} 质量控制体系标准：示范区有无实施质量控制体系标准。

D_{22} 食品安全事故：评价期间内发生食品安全事故的次数。

D_{23} 农林产品达标率：农林产品符合国家某一规定等级标准占全部农林产品的比例，即，农林产品达标数 / 农林产品总量 ×100%。

D_{24} 标准化培训人次数：评价期间示范区参与农林业标准化培训的总人次。

D_{25} 科技推广指数：推广率与推广度的乘积。推广率是已推广成果数占示范区采用总成果数比例；推广度是实际推广规模占区域面积的比例。

表 4.1　农林业标准化示范区评价指标体系

农林业标准化示范区评价指标体系	推广实施	1 组织管理	D_1 当地政府主管部门组织情况
			D_2 负责标准化机构、人员落实情况
		2 标准化工作内容	D_3 政府资金投入情况
			D_4 标准化宣传、培训
			D_5 生产过程标准体系建设
			D_6 配套服务体系建设
	经济效益	3 投入产出	D_7 农业总产值增长率
			D_8 单位面积收入增长率
			D_9 单位面积产量
			D_{10} 财政利税增长率
			D_{11} 人均收入
		4 宏观发展	D_{12} 农产品出口产值增长率
			D_{13} 农民人均年收入增长率
			D_{14} 农产品市场占有率提高程度
	技术进步	5 技术投入	D_{15} 科技人才比重
			D_{16} 与技术依托单位联系的紧密程度
		6 技术应用	D_{17} 年技术进步贡献率
			D_{18} 技术标准采用情况
农林业标准化示范区评价指标体系	质量管理	7 质量控制	D_{19} 认证申请数量
			D_{20} 产品优质率
			D_{21} 质量控制体系标准
		8 食品安全	D_{22} 食品安全事故
			D_{23} 农产品达标率
	社会和生态效益	9 社会效益	D_{24} 标准化培训人次数
			D_{25} 科技推广指数
		10 生态效益	D_{26} 节水灌溉面积增长率
			D_{27} 土壤改良面积增长率
			D_{28} 绿色食品、有机食品生产基地规模比重
			D_{29} 农药年用量减少幅度
			D_{30} 化学肥料使用量减少幅度

资料来源：金爱民，于冷．2010．农业标准化示范区效果评价指标体系设计［J］．华南农业大学学报（社会科学版）(2)：28–36．

D_{26} 节水灌溉面积增长率：评价期间示范区节水灌溉面积年平均增长率。

D_{27} 土壤改良面积增长率：评价期间示范区土壤改良面积年平均增长率。

D_{28} 绿色食品、有机食品生产基地规模比重：绿色食品和有机食品基地面积占示范区总面积的比重。

D_{29} 农药年用量减少幅度：评价期间内平均每亩*农药使用减少量。

D_{30} 化学肥料使用量减少幅度：评价期间内平均每亩化学肥料使用减少量。

评价指标体系建立的方法有很多，如层次分析法、德尔菲法（Dellphi）、模糊综合评价方法、结构化系统分析法等。可以根据评价对象的具体特点来选择评价指标体系的建立方法。

三、林业标准化示范县（区、项目）考核验收

参考国家林业局于2004年7月印发的《全国林业标准化示范县（区、项目）考核验收办法》做一说明。

为了进一步规范林业标准化示范县（区、项目）的考核验收工作，发挥示范工作在提高林业建设质量和效益中的作用，根据国家有关规定，制定本办法。

1. 考核验收的范围

经国家标准化主管部门、国家林业局审批的全国林业标准化示范县（区、项目），已如期按计划完成，经实施单位提出验收申请后，可进行考核验收。

2. 考核验收的组织

（1）国家林业局负责全国林业标准化示范县（区、项目）的考核验收工作。根据实际情况需要，国家林业局可自行组织或委托各省（自治区、直辖市）林业主管部门对本省（自治区、直辖市）范围内实施的示范项目进行考核验收。

（2）考核验收工作由考核验收工作组具体组织实施。

（3）考核验收工作组一般由5～7人组成。由省组成的考核验收组，由省（自治区、直辖市）林业（农林）厅（局）主管厅（局）长任组长，省（自治区、直辖市）林业科技主管部门领导及有关专家参加。考核验收工作组成员中具有相关专业的中级以上职称的人员不应少于5人。

（4）示范县（区、项目）领导小组成员需参加本示范县考核验收工作。

3. 考核验收方法和程序

（1）考核验收方法

考核验收采取综合考核、分项评分的方法。考核验收项目及评分标准见表4.2（《全国林业标准化示范县（区、项目）考核验收评定表》）。

（2）考核验收程序

① 考核验收工作由考核验收工作组组长主持。

---

* 1亩=1/15公顷，下同。

② 考核验收工作组听取示范县（区、项目）领导小组有关示范工作组织、进展、示范效果、取得效益及存在问题等方面情况的汇报。

③ 考核验收工作组根据附表所列的“验收项目”和“考核内容”，查阅反映示范工作进展的纪要、实施方案、年度计划、工作总结等文件和标准文本、经济指标统计等资料。对基础条件好的，也可查看相关的录相、照片等声像材料。

④ 考核验收工作组随机抽查 2~3 个示范点，着重考核以下项目：

- 种植业项目：现场测产，考核单位面积产量（含株数、树高、胸径、 蓄积量等指标）。
- 检查各个生产环节执行标准情况。
- 对有关加工、生产、经营企业现场考核。检查其生产、加工、经营、林产品质量和销售情况。
- 走访林农或生产者，了解其对质量、标准、技术等知悉程度。

⑤考核验收工作组经充分协商后，按附表要求逐项填写考核验收纪要，提出考核验收结论。

⑥考核验收工作组向示范县（区、项目）领导小组通报考核验收情况及结论，提出进一步加强标准化工作，促进林业发展的意见和建议。

4. 考核验收合格条件及荣誉

考核满分为 100 分。凡考核验收得分达到 60 分以上的示范县（区、项目）为示范工作合格，国家林业和草原局国家标准化主管部门授予“全国林业标准化示范工作验收合格县（区、项目）”荣誉称号。

该荣誉称号的后期管理工作，根据国家有关规定另行制定。

5. 考核验收材料的报送

由省组织考核验收的，考核验收工作完成以后半个月内，由各省（自治区、直辖市）林业（农林）厅（局）向国家林业和草原局报送与前述考核验收程序有关的主要材料一套，包括：被考核单位的工作总结、按要求填写的附表、与附表“主要依据”一栏有关的所有文件材料及考核验收综合报告。

表 4.2 全国林业标准化示范县（区、项目）考核验收评定表

示范县（市、区）：

示范项目：　　　　　　　　　　　　　　　验收日期：

验收项目	考核内容	考核办法及评分标准		考核验收纪要		
		考核方法及总分	评分标准	考核项目完成情况	考核得分	主要依据
一、组织管理方面（15 分）	1. 组织领导(6分)	（1）县（市、区）政府重视程度，3 分	成立领导小组，1 分 政府领导任组长，1 分 有关部门参加，1 分			

续表

验收项目	考核内容	考核办法及评分标准		考核验收纪要		
		考核方法及总分	评分标准	考核项目完成情况	考核得分	主要依据
一、组织管理方面（15分）	1.组织领导(6分)	（2）成立领导小组办公室、技术工作组等，3分	成立办公室，1分 成立技术工作组等，2分			
	2.管理工作(9分)	（3）标准化工作机构和人员落实情况，3分	设立机构，1分 专职人员，1分 标准化工作落实，1分			
		（4）领导小组工作情况，3分	每年至少召开两次工作会议，1分 制定示范县（区、项目）实施方案并安排工作，1分 检查工作落实，1分			
		（5）县、乡、村、户层层签定责任书情况，3分	县包乡（镇），1分 乡（镇）包村，1分 村包户、户带户，1分			
二、保障体系建设方面（15分）	3.服务体系(9分)	（6）造林绿化：林木良种率、苗木合格率，6分	良种率：达60%，1分；达75%，2分；达90%，3分 苗木合格率：达80%，1分；达90%，2分；达95%，3分			
		（7）病虫害防治：药物供给情况和防疫体系建设情况，3分	一般，1分 良好，2分 优秀，3分			
	4.资金投入情况（6分）	（8）当地政府投入资金情况，3分	投入资金数量占任务书计划数的60%，1分 达85%，2分 达100%，3分			
		（9）国家林业和草原局补助经费使用情况，3分	经费专款专用，3分			
三、示范工作内容（40分）	5.标准体系：建立包括生产、加工、流通全过程标准体系（20分）	（10）林木种子、苗木生产体系标准配套情况，4分	对种子、苗木质量的国家、行业或地方标准熟悉，2分 种子、苗木生产过程与标准配套完善，2分			
		（11）种植或工程建设或病虫害防治生产过程标准体系健全情况，4分	具有标准体系，2分 较健全，3分 很健全，4分			
		（12）林产品开发、收购、加工以及销售等环节标准配套情况，4分	对产品规格、等级等的国家、行业或地方标准熟悉，2分 林产品加工企业的标准体系完善，2分			
		（13）种植或工程建设或病虫害防治等生产过程标准规范的技术含量，4分	成熟技术配套，2分 吸收新技术，2分			

续表

<table>
<tr><th rowspan="2">验收项目</th><th rowspan="2">考核内容</th><th colspan="2">考核办法及评分标准</th><th colspan="3">考核验收纪要</th></tr>
<tr><th>考核方法及总分</th><th>评分标准</th><th>考核项目完成情况</th><th>考核得分</th><th>主要依据</th></tr>
<tr><td rowspan="6">三、示范工作内容（40分）</td><td>5. 标准体系：建立包括生产、加工、流通全过程标准体系（20分）</td><td>（14）标准宣贯培训情况，4分</td><td>乡、村、户普遍参加培训，2分
林农普遍有技术标准资料，2分</td><td></td><td></td><td></td></tr>
<tr><td rowspan="2">6. 监测体系（8分）</td><td>（15）围绕示范项目开展标准实施过程监督情况，4分</td><td>具有标准监督的技术机构或人员，1分
技术机构或人员对标准熟悉，1分
对标准实施过程进行监督，2分</td><td></td><td></td><td></td></tr>
<tr><td>（16）开展质量监督检查情况，4分</td><td>质量合格率达70%，2分
质量合格率达85%，4分</td><td></td><td></td><td></td></tr>
<tr><td rowspan="3">7. 示范区域及面积（12分）</td><td>（17）示范乡、村、户层层带动情况，4分</td><td>示范乡带动其他乡，1分
示范村带动其他村，1分
示范户带动其他户，2分</td><td></td><td></td><td></td></tr>
<tr><td>（18）林农对质量、标准的认知程度，4分</td><td>认识到标准的意义和重要性，1分
对所生产产品规格、等级等熟悉，1分
认识到生产过程需要讲科学、讲规范，2分</td><td></td><td></td><td></td></tr>
<tr><td>（19）实施标准化管理的区域面积占本县（市、区）同种或同类情况面积的百分比，4分</td><td>达到30%，3分
达到30%以上，加1分</td><td></td><td></td><td></td></tr>
<tr><td rowspan="2">四、示范效果（30分）</td><td rowspan="2">8. 效益情况：示范取得的经济、社会和生态效益(30分)</td><td>（20）种植业：三年示范平均单产与前三年非示范平均单产相比（根据统计资料、现场测定等综合评定），6分
工程建设或病虫害防治方面相关指标提高情况（三年示范与前三年非示范相比，比如社会效益或生态效益等方面），6分</td><td>增10%以内，3分
超10%，6分
评分标准由各省厅（局、集团公司）酌定</td><td></td><td></td><td></td></tr>
<tr><td>（21）三年平均：示范产品年均总指标比前三年增长情况，6分</td><td>增10%以内，3分
超10%，6分</td><td></td><td></td><td></td></tr>
</table>

续表

验收项目	考核内容	考核办法及评分标准		考核验收纪要		
		考核方法及总分	评分标准	考核项目完成情况	考核得分	主要依据
四、示范效果（30分）	8.效益情况：示范取得的经济、社会和生态效益(30分)	（22）示范户收入增加情况，6分	人均年增收50元以内（含50元），3分 人均年增收每超过50元加1分			
		（23）示范产品市场知名度及组织加工、销售能力，6分	本省范围内知名，2分 知名度超出本省范围，加1分 组织化加工、销售占总产量：40%～59%，2分 60%以上，3分			
		（24）本示范项目对本县（市、区）其他林业产业的带动效果，6分	至少另有一个产业已按本考核项目启动工作，3分 启动效果较好，加3分			

说明："主要依据"一栏填入文字材料编号即可。

四、农林业标准化示范区项目目标考核

为了规范农林业标准化示范区（以下简称示范区）项目目标考核工作，提高示范区建设成效，我们参考《国家农业标准化示范区管理办法（试行）》(国家标准化管理委员会，2007)、《国家农业标准化示范区项目目标考核规则》《国家农业标准化示范区项目绩效考核指标评分表》对标准化示范区项目考核内容做一说明。

项目目标考核的条件是，凡列入国家农业标准化示范区项目计划，示范区工作的目标任务已如期完成，方可进行项目目标考核。

1.方法和程序

（1）项目目标考核方法

项目目标考核采取听取汇报、审查资料、现场考核、抽样调查、农户走访等形式，由项目目标考核组专家根据《全国农业标准化示范县（场）考核验收评价表》，建立《农林业标准化示范区项目目标考核验收评价表》(以下简称《农林业目标考核评价表》，根据《国家农业标准化示范项目绩效考核指标评分表》建立《农林业标准化示范项目绩效考核指标评分表》(以下简称《农林业绩效考核评分表》）见表4.3、表4.4，逐项进行考核评分。

（2）项目目标考核程序

示范区建设承担单位应对照《农林业目标考核评价表》进行自查，自查结果已基本达到要求的，可向国务院有关部门和省、自治区、直辖市标准化管理部门提出项目目标考核申请，并附自查报告。

国务院有关部门和省、自治区、直辖市标准化管理部门对示范区建设承担单位提出的申请，要及时进行审核，决定是否组织项目目标考核，并通知承担单位具体考核时间。经审核不能进行项目目标考核的，要提出存在的问题和要求改进的方面。

2. 项目目标考核方式及内容

（1）听取工作汇报

示范区领导小组简要汇报示范区建设的组织管理、工作开展、经费使用、示范效果和任务完成情况，以及存在问题等，并回答项目目标考核组的质询。

（2）抽查相关资料

项目目标考核组根据《农林业目标考核评价表》所列项目，随机查阅反映示范区工作进展情况的实施方案、年度计划、运行记录、管理文件、工作总结和标准文本以及反映示范区经济指标统计等资料。有条件的可同时查看录像、照片等声像资料。

（3）现场考核

通过上述资料的审阅后，随机抽查 2～3 个示范点（或环节），按照《农林业目标考核评价表》要求，现场逐项考核打分。项目目标考核得分在 80 分以上的为合格。

（4）实地走访

现场考核要走访基层组织、农户，了解技术人员、农民接受标准化培训情况和掌握质量安全标准、生产技术规程等熟悉程度；有关标准资料的宣贯、发放和标准的实施情况；相关措施、资金的落实情况等。所有项目目标考核记录均由项目目标考核组专家签字。

（5）考核结论

项目目标考核组在充分调查，全面了解示范区实施情况的基础上，客观、公正地提出考核结论，并向示范区领导小组通报项目目标考核情况及结论。对需要补充说明和提供相关材料的，示范区承担单位应现场及时给予说明和提供相关证明材料，项目目标考核组根据实际情况公正处理。对存在的问题和不足要提出整改建议。项目目标考核通过后，要形成项目目标考核纪要。

3. 报送项目目标考核材料

项目目标考核工作完成后 30 个工作日内，国务院有关部门和省、自治区、直辖市标准化管理部门应将示范区工作总结和项目目标考核纪要纸质材料报送国家标准化管理委员会。其他相关材料经由《农林业标准化示范区信息平台》报送。

地方示范区项目目标考核可参照此规则执行。

表 4.3　农林业标准化示范县（场）考核验收评价表（推荐）

项目下达年份：　　　　　　　　　示范县（场）名称：

示范树种：　　　　　　　　　　　示范规模：

考核评价情况：符合□　　基本符合□　　不符合□

关键项：　　　　　　　　　　　　不符合项：

考核验收结论：通过□　　不通过□

续表

一级指标	考核项目	考核内容	考核意见			备注
			符合	基本符合	不符合	
一、组织管理	1. 组织领导	示范县（场）政府成立林业标准化工作领导小组，定期召开会议，研究部署工作。（查看相关文件，包括领导小组名单、日常工作记录）				
	*2. 工作机构	县级林业部门有林业标准化或农林产品质量安全工作机构和人员。（查看相关文件）				
	3. 组织实施	制订了林业标准化实施方案，包括年度目标、工作计划，明确了责任并定期检查。（查看相关文件、材料）				
	*4. 中央经费	中央安排的资金使用规范，专款专用。（查看相关材料）				
	5. 地方经费	县级有相应的项目配套经费，专款专用。（查看相关材料）				
二、制度建设	*6. 投入品管理	县域建立统一的农药、兽药、饲料及饲料添加剂等林业投入品管理制度。（查看相关文件、资料）				
	7. 生产记录	林产品生产企业和农民专业合作组织建立生产记录，记载使用林业投入品的名称、来源、用法用量和使用、停用日期；植物病虫草害发生和防治情况。				
	8. 质量安全监测	建立林产品质量安全监测制度，定期监督检查，每个生产季节对示范产品抽检不少于一次。（查看相关文件、记录）				
	9. 产地准出	对检测合格的林产品开具质量合格证明，实行产地准出管理。（查看相关材料、记录、质量合格证明）				
	10. 质量追溯	示范基地建立质量追溯平台，开展产品质量安全追溯。（现场查看追溯平台，查看相关文件、资料及记录）				
三、标准集成转化与培训	*11. 标准集成转化	建立贯通产前、产中、产后全过程的生产控制技术规范，将已制定的技术标准和管理规范集成转化为供产品生产、贮运、销售的操作手册或明白纸、卡，标准转化率达到100%，标准入户率达到60%以上。（查看标准文件、印刷实物及入户调查）				
	12. 标准培训	每年至少对全县（场）乡镇以上林产品质量安全或标准化推广人员进行1次林业标准化生产和林产品质量安全知识培训，对核心示范区林农进行2次标准化生产技术培训，对示范区生产企业和农民专业合作组织技术负责人及相关生产骨干进行1次全员标准化生产技术培训。（查看文件和有关材料）				
四、示范区建设	*13. 示范依托载体	核心示范区内有获得无公害林产品、绿色食品、有机农林产品或农林产品地理标志登记的省级以上林业产业化龙头企业（或林业产业化龙头企业原料基地）或农民专业合作组织带动。林业产业化龙头企业或农民专业合作组织示范面积（规模）不低于示范产品总面积（规模）的10%。				

续表

一级指标	考核项目	考核内容	考核意见			备注
			符合	基本符合	不符合	
四、示范区建设	14. 示范规模	县域范围内现有规模化茶叶面积不少于666.67公顷；畜禽养殖奶牛存栏不少于5000头，肉牛出栏不少于1万头，蛋鸡存栏不少于100万只，生猪出栏不少于10万头；名特优林产品、地理标志林产品及国有农场、山区县种植、养殖规模可适当放宽。				
	15. 核心示范区建设	依托农林业产业化龙头企业或农民专业合作经济组织创建2～3个生产集中连片核心示范区，建设面积(规模)应占示范产品总面积(规模)的20%以上。（查看文件和有关材料）				
	16. 产地环境	示范基地有明确产地区域范围，无对农林业生产活动和产地环境存在潜在危害的污染源，远离交通主干道、工业园区和生活区，土、水、气符合无公害种植业产品产地环境的要求。（现场查看相关检测报告）				
	*17. 投入品管理	核心示范区农药、兽药统一管理、统一配送率100%，药物使用率降低30%以上，不使用禁用农兽药。（查看记录，询问实施人员）				
	18. 生产记录	生产过程施肥、用药记录真实、清晰、完整、应包括肥料和农（兽）药施用日期、方法、使用量和施用人员等生产记录制度要求的相关信息。生产记录应保存二年。（查看文件和记录）				
	*19. 产品检测	核心示范区有独立检测室，配有专人，能对产品进行检测，对发现问题的产品能及时送检，并按照有关要求进行处理。(查看产品检测报告或记录）				
	20. 标识管理	包装物或者标识上应当按照规定标明产品品名、产地、生产者、生产日期、保质期、产品质量等级等内容。有完善的标志管理制度和使用记录。农林产品包装标识率提高至80%以上。（查看相关证明材料）				
五、示范效果	*21. 质量安全	项目实施以来示范县未发生重大农林产品质量安全事故或重大动物疫情。				
	22. 标准化队伍	农林业部门标准化或质量安全监管队伍健全、标准制修订技术队伍基本建成，生产基地推广、实施技术人员覆盖率达70%，企业、专业合作社和生产者标准化意识明显增强。(现场查看相关资料）				
	23. 品牌认证	核心示范区产品100%通过无公害农林产品（或绿色食品、有机农林产品、地理标志农林产品）认证；非核心示范区至少有一个品种获得“三品一标”认证。（查看认证文件及标志使用登记记录）				
	24. 农民增收	核心示范区农林业效益和农民经营性收入同比增长10%以上。				

注：1. 在每一条中相应的考核意见栏打“√”。2. 序号前带“*”号的考核项目代表“关键项”。3. 考核中发现的问题、提出的建议可记录在“备注”栏中。

表 4.4　农林业标准化示范项目绩效考核指标评分表（推荐）

一级指标	分值	二级指标	分值	三级指标	分值	得分	指标解释	评价标准
项目决策	20	项目目标	4	目标内容	4		目标是否明确、细化、量化	目标明确（1分）；目标细化（1.5分）；目标量化（1.5分）
		决策过程	8	项目服务对象	2		服务对象是否明确	服务对象是农林业、农村、农民（2分）；其他（0~1分）
				项目考核体系	2		考核体系是否符合经济社会发展规划和各地、各部门年度工作计划	符合经济社会发展规划（1分）；符合各地、各部门年度工作计划（1分）
				项目实施计划	4		项目是否符合申报条件；申报、批复程序是否符合相关管理办法；项目调整是否履行相应手续	项目符合申报条件（1.5分）；申报、批复程序符合相关管理办法（1.5分）；项目实施调整履行相应手续（1分）
		资金分配	8	项目预算安排	2		是否根据需要制定相关资金管理办法，并在管理办法中明确资金分配办法；资金分配因素是否全面、合理	办法健全、规范（1分）；因素选择全面、合理（1分）
				项目分配结果	6		资金分配是否符合相关管理办法；分配结果是否合理	资金分配符合相关分配办法（2分）；资金分配合理（4分）
项目管理	30	资金到位	5	到位率	3		实际到位 / 计划到位 ×100%	根据项目实际到位资金占计划的比重计算得分（3分）
				到位时效	2		资金是否及时到位；若未及时到位，是否影响项目进度	及时到位（2分）；未及时到位但未影响项目进度（1.5分）；未及时到位并影响项目进度（0～1分）
		资金管理	10	资金使用	7		是否存在支出依据不合规、虚列项目支出的情况；是否存在截留、挤占、挪用项目资金的情况；是否存在超标准开支情况	虚列（套取）扣4~7分；支出依据不合规扣1分；截留、挤占、挪用扣3～6分；超标准开支扣2～5分
				财务管理	3		资金管理、费用支出等制度是否健全，是否严格执行；会计核算是否规范	财务制度健全（1分）；严格执行制度（1分）；会计核算规范（1分）
		组织管理	15	组织结构	1.5		是否有组织机构，人员结构是否合理；是否有技术机构，人员结构是否符合要求	成立组织机构；人员结构合理；有独立办公室；有专职人员；有明确分工（0.7分）；设立技术机构；人员结构符合要求；有技术总责任人；技术运行能力强（0.8分）

续表

一级指标	分值	二级指标	分值	三级指标	分值	得分	指标解释	评价标准
项目管理	30	组织管理	15	管理制度	1.5		是否有计划、实施与控制；部门是否分工协作；是否有工作机制	实施方案和年度计划科学合理；便于实施控制；有工作总结；有完善的过程控制和持续改进方案（0.8分）；部门分工明确；沟通协调机制健全，效果良好（0.3分）；有明确的激励制度，能及时反映／兑现激励结果；农户对激励反应积极（0.4分）
				市场监管力度	2.5		是否进行生产投入品监管；服务体系是否建立	有年度监管文件、工作计划和实施监管记录文件，无违法记录（1分）；建立了能够实施规模化服务的专门体系；形成“统、分”结合的服务机制，组织化程度高，反应快，统一服务率80%以上（1.5分）
				政策保障	1.5		是否出台了示范区建设的相关政策	出台了相关政策，支持力度大，作用显著（1.5分）
				档案记录	5		是否有投入品记录;是否有实施过程记录;是否有加工记录	有投入品记录；记录完备；票证齐全（1分）；有实施过程记录，记录完整、真实、清晰；能明显体现关键控制点（1.5分）；有加工记录，包括产品初加工的记录顺序明确且过程完整，质量定期检验计划与检验结束记录齐全，并有相关检验报告（1.5分）；产品的贮运、加工与销售去向记录明了，过程中的转换记录清晰（1分）
				过程控制	3		是否有关键控制点的监管；是否有监督主体与实施主体；是否建立过程监督机制	过程关键控制点明晰、完整，有系统的监管方案和措施，有详细的关键控制监管记录（1分）；监督与实施主体分离，监督主体资质具备；有明确的工作职责和相关制度（1分）；监管制度的操作性强，人员自律性高，被监管人员对监管的反映良好（1分）
项目绩效	50	项目产出	25	标准体系建设	4		标准制（修）订人员结构是否合理；标准配套是否齐全，各项标准是否现行有效；标准是否具有实用性	标准制（修）订人员结构合理，具备良好资质（1分）；标准配套齐全，各项标准现行有效（2分）；标准应用满意率≥85%（1分）
				标准化生产覆盖率	2.5		实施标准化生产的面积（数量）/示范区面积（数量）	根据实施标准化生产的面积占示范区面积的比重计算得分

续表

一级指标	分值	二级指标	分值	三级指标	分值	得分	指标解释	评价标准
项目绩效	50	项目产出	25	示范带动规模	12		农林业企业是否具有一定发展规模，是否具有一定的加工能力或水平；是否形成了品牌或通过了认证；是否成立了专业化协会，专业化协会与外部联系是否紧密	有多家企业，有明显龙头企业，并带动形成了当地的支柱产业，产业群基本形成，经济增长显著（2分）；形成产业链并可完全“消化”区内原产品，或短链产业在国内形成了较大市场规模（3分）；有1个以上品牌产品或有1个以上产品通过认证（3分）；形成了行业协会和专业化服务组织，组织运行机制较好，容纳农户规模占示范区总农户90%以上（2分）；协会与企业有直接供销关系或能够直销本协会产品，与相关部门合作良好（2分）
				农林业标准化队伍建设	2.5		是否形成了一支精干的农林业标准化人才队伍	形成了一支10人以上的农林业标准化人才队伍，且都经过标准化培训（应有证明材料）（2.5分）
				标准化培训	4		是否有培训师资队伍；培训资料是否齐备有效；培训实施情况是否良好	有培训教师资源调查表，有培训师资相关证明文件，有受聘文件和老师签字，培训师资队伍结构合理（1分）；培训材料内容紧密围绕示范区标准，材料配套齐全，适用性强（1分）；有完整培训计划并按期实施，平均培训率90%以上，有完整培训记录，平均满意度80%以上（2分）
		项目效果	25	经济效益	12		农民是否增收；市场效益是否良好；整体是否增长	人均收入平均年增幅10%以上（4.5分）；产品商品化率100%，产业化增值率高，投资收益率显著（3.5分）；示范区内农林业标准化覆盖率90%以上，且农林产品质量合格率95%以上（4分）
				社会效益	6		农林业标准化意识是否已经形成；农林产品安全性是否提高	农户标准意识明显提高，区内标准化意识已经形成，有农林业标准化推动的成功经验（3分）；安全性有保障，社会声誉良好，无不安全事件（3分）
				生态效益	7		农药年用量减少幅度是否明显；对生态环境改善作用是否显著	能够严格执行有关规定；杜绝禁用药品流入，年农药用量较三年前平均下降30%以上（5分）；有建设前和验收期的产地环境质量检测报告，比较结果明显向良性化发展（2分）
总分	100		100		100			

第四节　农林业标准化效果评价

农林业标准化效果是通过一定的农林业标准化活动，在一定投入的前提下产生的，是一种综合效果。农林业标准化生态效果评价，就是通过收集一定的证据资料，用一定的定性或定量指标来评定所实施的农林业标准化工程。在不同阶段或结束时对农林业生态环境和人民生活环境条件的变化的影响，所实现或达到的生态作用和价值，是农林业标准化效果评价的重要组成部分。实施农林业标准化是跨部门、跨学科，涉及经济、社会和生态环境领域的一项政策性较强的工作，在正确评价原则指导下，确定适当农林业标准化效果评价内容，准确使用农林业标准化效果评价方法，科学评价农林业标准化综合效果，不断提高农林业标准化水平，对促进农林业发展、农民增收和农村稳定，以及保持农林业的可持续发展和推动社会进步意义深远。曾建民在分析发达国家农林业标准化发展进程已走在世界最前列的基础上，从正面效应和负面效应两方面对发达国家实施农林业标准化的效果进行了分析；柯庆明、郑龙（2004）等对农林业标准化效果评价的相关概念、特点、产生机理和内容进行了初步研究，并提出了几种评价农林业标准化效果的方法；李林杰等（2001）在分析农林业标准化及其评价重要性的基础上，设计了农林业标准化水平及效益评价指标体系。

一般来说农林业标准化经济效果评价可分为六个时期，但也可以根据项目的具体情况来安排。一是在农林业标准化项目设计阶段，主要进行需求评价，并根据以往经验评估项目设计是否合理；二是在农林业标准研究开发阶段，对项目的资源材料等进行评价；三是在农林业标准开始实施阶段，对农林业标准化效果预测验；四是在农林业标准化活动进行过程中，目的是及时调整和修正项目；五是在农林业标准化的总结阶段进行评价；六是在农林业标准化结束后进行后续评价，以检查项目的持续性。

一、标准化效果

1. 关于经济效果

经济效果是指经济活动支出、劳动耗费同劳动成果之间的对比，反映了社会再生产过程中各个环节对人力、物力、财力的利用效果。农林业标准化的经济效果主要表现为对生产消耗的种种节约和农林产品质量的提高方面。因此，在评价和计算标准化经济效果时，应考虑以下主要因素。

（1）标准化节约

主要包括种子、种苗、肥料、饲料等生产资料费用的节约，燃料、劳动费用的节约，设计费用的节约，生产制造费用的节约，提高产品质量的节约，生产周期的缩短，流动资金和固定资金占用的节约。

（2）标准化费用

主要包括标准制（修）订费用、标准贯彻实施费用和标准反馈费用。反映农林业标准化经济效果的指标包括劳动生产率提高、产品质量提高带来农民收入增加、投入要素成本节约额及耕地生产力指标等。这些指标计算时均通过比较标准化生产前后的经济效益得出。

（3）衡量指标

衡量农林业标准化的经济效益，是进行农林业标准化经济效益分析必须解决的一个基本问题。农林业生产经济学中关于经济效益最常用的是价格和效益两个指标，而且价格也是衡量竞争力的要素之一。但是在产品种类不同，地区间存在物价差异的情况下，价格和效益的绝对值难以直接用于衡量经济效益，这就需要将价格和效益分别与同一地区、同类产品进行对比，形成比较价格和比较效益，来衡量标准化产品相对于一般产品的经济优势，以下为比较价格和比较效益的计算公式。

①比较价格指数

将合作社农户销售的标准化农林产品价格与在当地同期散户销售的同类常规产品价格相比，可以计算出标准化农林产品比较价格，也称“价格优势”“价格优势系数”“价格比较系数”，具体计算公式如下：

$$\text{农户比较价格}\ P_A fi=\frac{P_i^S}{P^U} \tag{4.27}$$

式中：P_A——比较价格；

f——农户；

i——农户样本号；

P——产品的价格；

S——标准化生产的产品；

U——非标准化生产的产品；

P^U——非标准化产品的平均价格。

同理，可以计算出合作社的比较价格，具体计算公式如下：

$$\text{合作社比较价格}\ P_A cj=\frac{P_j^S}{P^U} \tag{4.28}$$

式中：P_A——比较价格；

C——合作社；

j——合作社样本号；

P——产品的价格；

S——标准化生产的产品；

U——非标准化生产的产品；

P^U——非标准化产品的平均价格。

②比较效益指数

将合作社农户在每亩标准化农林产品上获得的效益与在当地同期散户在每亩同类常规产品上获得的效益相比，可以计算出标准化农林产品比较效益，具体计算公式如下：

$$农户比较效益\ R_A fi = \frac{R_i^S}{R^U} \quad (4.29)$$

式中：R_A——比较效益；

f——农户；

i——农户样本号；

R——每亩产品的效益；

S——标准化生产的产品；

U——非标准化生产的产品；

R^U——非标准化产品的平均每亩效益。

同理，可以计算出合作社的比较效益，具体计算公式如下：

$$合作社比较效益\ R_A cj = \frac{R_j^S}{R^U} \quad (4.30)$$

式中：R_A——比较效益；

C——合作社；

j——合作社样本号；

R——每亩产品的效益；

S——标准化生产的产品；

U——非标准化生产的产品；

R^U——非标准化产品的平均每亩效益。

合作社农林业标准化产品的比较价格指数和比较效益指数分别根据合作社农林业标准化主产品的价格和亩产效益与当地常规同种产品的价格和亩产效益比较计算得出。

（4）影响因素

农林业生产实践中，由于农林业标准化活动涵盖的产业链条较长，内容广泛，各种因素综合影响评价结果，给准确评价带来一定困难。影响农林业标准化经济效果的因素有以下几点：

- 农林业标准化经济效果的综合性。农林业标准化经济效果是各项技术标准实施综合性的结果。各项技术标准可能相互促进，综合产生的结果高于单项标准实施的简单加总，也可能相互制约，使得综合效果低于单项标准效果。因此，评价农林业标准化经济效果的时候，必须明确评价对象是总体经济效果还是单项技术标准的经济效果。
- 农林业标准化经济效果具有连续性。比如，育种专家在选育新的品种时，应该以当前同种树种表现最好的品种技术标准要求作为其选育新品种的参照物。只有待选品种的生长量或其他质量指标要求超过目前参照品种同一指标时，待选品种才能获得新品种的审批，从而淘汰旧的品种。因此，参照品种的质量直接影响新选品种的质量要求。评价农林业标准化经济效果时，要搞清楚标准是在某一时期还是若干时期均发挥作用。
- 农林业标准化经济效果的不稳定性。农林业生产受自然环境影响很大，有明显的地域性和季节性，经济效果经常表现出不稳定性。当年效果显著的方案在下一年度由于其他因素的影响变得不可行。评价经济效果应该有一定的假设前提条件。

- 农林业标准化经济效果种类较多。按技术标准的特性，可以分为生产技术标准化和产品质量标准化的经济效果。产品质量标准的实施不直接产生经济效应，而是通过贯彻生产标准间接产生经济效应。按其范围具有不同的层次的标准，即企业、区域和国家各级别的农林业标准。评价农林业标准化经济效果时，要准确界定评价标准化效应的类型。

2. 关于社会效果

农林业标准化有利于推动社会进步和精神文明建设；有利于提高人民的素质和科学文化水平，促进科学技术发展；有利于增加社会就业率，提高人民生活水平；有利于农林业生产，改善劳动生产条件。社会效果是指农林业标准化实施对社会的科技、政治、文化等方面所做出的或可能做出的贡献。因此，评价时须注意定量评价和定性评价相结合。社会效果评价是对项目、农林业社会生产与宏观社会经济环境等方面之间作用、影响的诸因素的识别、计量、综合、分析和论证，具有客观性、间接性、多目标性、超长期性和行业特征多样性等特点。农林业标准化社会效果主要包括以下几个方面的内容：

（1）改变农民收入水平、生活水平与生活条件

如农民从中所取得的经济纯收入、就业效果、生产力效果、生活水平的提高、劳动条件的改善、直接受益范围、耕地使用效益等。

（2）改变农林业产业结构与农民就业结构

表现在对农林业劳动生产率、就业结构以及产业结构的影响。产业结构的影响，可用各产业在产业结构中所占比重的变化值来表示；就业结构的变化，可用各产业就业劳动力占总劳动力比重的变化值来表示。

（3）改变农民科技文化素质

表现在标准化对当地人民文化观念的影响、对当地普及义务教育的影响、对当地农民文化生活的影响等。标准化对科技水平的影响表现在：项目采用新技术推广和运用情况、对农民科技水平的影响、农民对标准化实施的态度、对学习科学技术的认识、学习的积极性和主动性、提高生产技能和解决实际问题的能力等。

（4）影响社会事业发展

主要表现在农林业标准化实施对农林业生产基础设施和生产环境的影响，对人口的影响，对人民卫生保健的影响，群众对标准化实施的参与态度与支持情况等。在评价农林业标准化社会效果时，一般采取农林产品商品化率、每个农林业劳动力供养的人数、农林业劳动者素质提高程度等指标反映。

3. 关于生态效果

生态效果是指在农林业标准化的干预下，经济运行对农林业生态系统结构和功能的影响，并进而对人类生活和生产产生直接和间接利益的生态效应。具体来说，就是通过农林业标准化活动，达到不破坏和污染人们赖以生存的自然环境，稳定生物的生理特性和生活特性，保障生物安全和生态安全，保持生态平衡，实现资源的持续利用和农林业

的可持续发展。生态效果评价是分析实施农林业标准化对改善生态因子、维持生态平衡方面的作用。主要表现为系统多种功能的提高，如水源涵养力提高、水土流失率减少、生物多样性增加、绿色覆盖率增加、病虫害发生频率减少、农林业灾害度下降等。一般采用光能利用率、土壤有机质含量增长率、主要投入品化肥或农药利用提高率等指标评价农林业标准化的生态效果。

农林业标准化生态效果评价的目的是为农林业标准化实施的决策提供科学分析依据。通过评价可以为选择对于农林业发展最有意义、最值得研究的农林业标准化项目以及为选择最有推广使用价值的农林业标准，做出推广决策提供依据。通过科学决策的实施，去影响农林业生态系统，提高农林业生态系统的生产力和生产效率，取得最好的生态、经济、社会效益。通过生态效果评价，可以比较清楚地认识到不同的农林业标准化活动会对农林业生态环境造成哪些后果，采取措施调整农林业标准化活动，按生态规律来改善农林业系统的运行。通过农林业标准化生态效果评价，可以明确实施某项农林业标准所产生的生态效果，从而使组织实施农林业标准的业务主管部门、农林业生产部门、农林业生产经营者等进一步认识到农林业标准化工作的重要性，对下一步制定、修订、实施新的农林业标准确立信心。农林业标准效果的评价是提高全社会对农林业标准化工作重要性认识的最佳方法。

生态效果评价要从农林业标准对生态因素影响、能否保持生态平衡方面进行，应尽可能地用定量的数据来说明。主要有环境综合利用的状况，水资源的利用情况，项目防止有害物质排放情况，土壤肥力变化情况，水体和土壤污染治理情况，植被覆盖率变化情况等指标。应把近期效果和长期效果、当年效果与长远效果结合起来，分析实施农林业标准化后对保护生态环境，维护生态平衡，创造一个高产、优质、低耗、安全的农林业生产系统和一个合理、高效、投入产出平衡的生态系统的作用效果。

农林业标准化生态效果指标体系可分为三个部分：农林业基础设施与生产条件的变化；农林业生态环境条件的变化；农林业生态系统结构和功能的变化。

（1）农林业基础设施与生产条件的变化

农林业标准化活动往往带来农林业基础设施的增加，表现在对水、电等生产条件的改善和抗灾能力的增强。具体用灌溉面积增加率、涝灾面积减少率、受灾面积减少率、抗逆力等指标表示。

（2）农林业生态环境条件的变化

生态环境的变化主要体现在自然植被覆盖变化、水质和水供应效果、生态恶化面积变化等。根据农林业标准化活动的特点，可分别选用以下计算指标：自然植被覆盖率变化率、水土流失量变化率、各类生态恶化面积变化率、环境质量综合指标、水质改善效果、有害物质排放量变化率。

（3）农林业生态系统结构和功能的变化

农林业系统是一个由生态、技术、经济、社会等子系统综合而成的、复杂的大系统，农林业生产离不开生态环境条件，当实施一项农林业标准化活动后，必然要引起其有关农林业生态系统结构和功能的连锁反应。主要体现在生态系统能源消耗结构、食物链比例结构、生物多样性（植物多样性、动物多样性）、可再生资源利用系数、光能利用率、生物能多层次利用效率、系统生态循环比、土壤肥力的变化、资源利用率等评价指标上。

此外，生态效果评价具有客观性、间接性、多目标性、超长期性和行业特征多样性等特点，部分农林业标准化生态效果很难被量化，如农林业生态系统的稳定性和持续能力、农林业产业和资源量相一致性关系、生态环境的脆弱度变化情况等方面。因此，评价时必须注意定量评价和定性评价相结合，不苛求定量评价，这样才能使农林业标准化效果评价做到科学、合理。

二、标准化效果评价原理

标准化效果评价是标准化效益评价的另一个方面。标准化效果评价主要包括秩序效果、互通效果、重复性效果、共同性效果、通用化效果评价等（麦绿波，2015）。

1. 秩序效果评价

秩序效果有流动秩序、排队秩序、布设秩序等效果。秩序标准化带来的效果主要是效率的效益。流动秩序的对象主要有交通秩序，如陆地交通、水面交通、空中交通等。标准化为流动建立行驶的统一秩序关系，如陆地、水面流动对象的靠右或靠左行驶方向，空中的分层行驶方向等，通过统一流动方向来提高流动效率。排队秩序标准化是针对多对象同时需要接待或处理所建立的标准化关系，如购买付款、办理登机、银行办事等。排队的标准化是统一排队方式，如按先后到来的秩序排队、按办理业务的简单和繁杂排队、按业务种类排队等，通过合理的设计排队关系和统一排队模式，提高办理业务的效率。布设秩序是针对事物摆放所建立的标准化关系，如电影院排座、教室排座、档案摆放、货架摆放、中药摆放等。布设的标准化是为了建立合理的安置秩序，如电影院座位前后排按阶梯高低排座、教室课桌按圆形摆放、档案和货架按分类摆放等，通过标准化的布设关系，提高视听效率或存取效率。秩序标准化效果的定量评价以流通增强效率进行评价，其数学模型为：

$$F_z=(F_h-F_q)/F_q \tag{4.31}$$

式中：F_z——事项建立标准化的流通增强效率（%）；

F_h——事项建立标准化秩序后的流通量；

F_q——事项建立标准化秩序前的流通量。

2. 互通效果评价

互通效果有文字互通、语言互通、信号互通、电子信息互通等效果。互通标准化带来的效果主要是实现相互识别，以获得能有效交流的效益。文字互通是建立文字组合元素标准、文字标准、词组标准、语法标准来实现文字的识别和书面交流。语言互通是建立语言拼音元素标准、文字发音标准、语法标准来实现语言的识别和口头交流。信号有肢体信号（手语、头语等）、旗语信号、灯光信号、符号等，通过建立肢体语言标准、旗语标准、灯光闪现标准、符号标准等，以应用标准信号进行交流，实现信号互通的效果。电子信息是通过建立信息代码、信息格式、交换协议等标准，实现信息的识别，以达到信息互通的效果。从广义的角度，文字、语言、信号或电子信息都可称为信息。互通标准化效果的定量评价以信息识别改善率进行评价，其数学模型为：

$$I_g=I_h-I_q \tag{4.32}$$

式中：I_g——文字、语言、信号或电子信息识别改善率（%）；

I_h——标准化后发出交流信息的可识别信息比（%）；

I_q——标准化前发出交流信息的可识别信息比（%）。

3. 重复性效果评价

重复性效果有生产产品的重复性、操作的重复性、服务的重复性等效果。重复性带来的效果是不同时间的一致性，这种重复是对标准规定要求在不同时间期间实施的不变性，如昨天、今天、明天生产的同类产品都是一致的，再如每天的客房服务都是一样的。生产产品的重复性效果是保证所生产产品在功能、性能、外观等方面的一致性，以实现产品质量在不同时间期间生产的稳定性。操作的重复性是行为动作在不同时间期间的一致性，如加工操作、检测操作、农林业耕作、驾驶操作、体育运动等，通过行为动作的重复性，保证产品制造、农林业耕作、驾驶、体育运动等行为动作在时间关系上的一致性，以实现保证操作质量和运动水平的效果。服务的重复性是餐饮服务、宾馆服务、旅游服务、银行服务等服务流程和服务内容的重复性，是服务事项不同时间段的一致性，以保证服务在时间轴上的质量一致性。重复性效果的定量评价以重复一致性改善率进行评价，其数学模型为：

$$P_{tg}=P_{th}-P_{tq} \tag{4.33}$$

式中：P_{tg}——产品或事项在时间 t 期间的重复一致性改善率（%）；

P_{th}——产品或事项在时间 t 期间实施标准化后的一致性比（%）；

P_{tq}——产品或事项在时间 t 期间实施标准化前的一致性比（%）。

4. 共同性效果评价

共同性效果有生产产品的共同性、操作的共同性、服务的共同性等效果。共同性带来的效果是空间上的标准化，这种共同是对标准规定要求在不同空间范围实施的相同性，如北京、上海、广州生产的同类产品都是一致的，再如各地区的餐饮服务都是一样的，以实现生产的规模化和行为动作的整齐化效果。生产产品的共同性效果是保证不同人、不同设备所生产产品在功能、性能、外观等方面的一致性，以实现产品质量由不同人在不同地方生产的一致性。操作的共同性是行为动作由不同人在不同位置的一致性，如加工操作、检测操作、农林业耕作、驾驶操作、方队、体操等。通过行为动作建立共同性关系，保证产品制造、农林业耕作、驾驶、方队、体操等行为动作在空间关系上的一致性。服务的共同性是餐饮服务、宾馆服务、旅游服务、银行服务等服务流程和服务内容在各地区的一致性，如麦当劳、肯德基连锁店，以保证服务在空间关系上的质量一致性。共同性效果的定量评价以空间范围一致性改善率进行评价，其数学模型为：

$$P_{sg}=P_{sh}-P_{sq} \tag{4.34}$$

式中：P_{sg}——产品或事项在空间 s 范围的一致性改善率（%）；

P_{sh}——产品或事项在空间 s 范围实施标准化后的一致性比（%）；

P_{sq}——产品或事项在空间 s 范围实施标准化前的一致性比（%）。

5. 通用化效果评价

通用化效果有产品通用化、功能通用化、接口通用化等效果。通用化带来的效果是在时间上、空间上广泛适用的效果，可提高通用化对象的利用率，简化品种规格，减少贮存备用量，节省费用。产品通用化是使产品具有广泛的适用性，以此降低产品零件的品种规格，扩大不同产品间的零件互换性，以提高通用零件的批量，降低通用零件的成本，如标准件中的螺栓、螺母、垫圈、密封圈、管件、轴承等。功能通用化有结构功能通用化、材料功能通用化、性能通用化。接口通用化有机械接口通用化、电气接口通用化、电子接口通用化、光学接口通用化、软件接口通用化等。通用化效果的定量评价以通用化改善率进行评价，其数学模型为：

$$T_g=T_h-T_q \tag{4.35}$$

式中：T_g——产品通用化改善率（%）；

T_h——产品标准化后的通用化率（%）；

T_q——产品标准化前的通用化率（%）。

在标准化的效果因素中，并不是没有经济利益，只是建立这些效果往往是出于公益和公众目的的标准化，关注的重点是效果，不是经济效益，受益者主要是公众，而不是投资方。这些评价往往不在于评价经济价值，而在于评价效果价值。

6. 标准化前后对象变更的修正系数

当标准化效益评价的对象在标准化前和标准化后一样时，如对同一种产品的生产进行标准化前和标准化后的评价，标准化效益评价的数学计算模型式（4.31）~ 式（4.35）是适用的。当标准化效益评价的对象在标准化前和标准化后不一样时，如标准化前是某种产品的生产，建立标准化时已更换为生产另一种产品（或新产品），此时，标准化效益评价的数学计算模型式（4.31）~ 式（4.35）是不适用的。对于评价对象变更的情况，要进行标准化效益的评价，需要对以上模型评价的结果进行修正，采用修正系数来实现。修正的目的是要扣除标准化后生产的产品相对于标准化前产品的自身增值部分（非标准化增值部分），这种增值主要表现在产品价值的提高，如产品的功能增加、性能提高、复杂性增加等，它们会综合地反映在新产品的价格上。标准化后产品相对于标准化前产品的增值系数为：

$$K_x=S_h/S_q \tag{4.36}$$

式中：K_x——标准化后的产品相对于标准化前产品的增值系数；

S_h——标准化后的产品的价格（元）；

S_q——标准化前的产品的价格（元）。

当标准化效益评价对象在标准化前和标准化后不一样时，标准化效益评价的数学计算模型式（4.31）~ 式（4.35）需要除以 K_x 进行修正，以扣除产品自身增值的利益。K_x 既是标准化后的产品相对于标准化前产品的增值系数，也是标准化效益评价的修正系数。

三、标准化经济效果的计算分析

1. 标准化经济效果评价的主要指标

国家标准《标准化经济效果的评价原则和计算方法》GB/T 3533.1—1983 规定的标准实施经济效果评估是标准化评价的基本内容。据此，计算标准化经济效果的指标主要有标准化经济效益、标准化投资回收期、标准化投资收益率、标准化经济效果系数。计算方法如下：

（1）标准化经济效益（X）

$$X = \sum_{i=1}^{i} J_i - K \tag{4.37}$$

式中：J——标准化年节约额（元）；

K——标准化投资（元）；

i——标准有效期（元）。

（2）标准化投资回收期（T）

$$T = \frac{K}{J} \tag{4.38}$$

一般情况下，由于标准制定的费用相对于标准效益小得多，所以从标准开始实施产生经济效益时计算标准化投资回收期。如果标准制定费用较高，也可以从标准化投资开始时计算。

（3）标准化投资收益率（R）

$$R = \frac{J}{K} \tag{4.39}$$

（4）标准化经济效果系数（E）

标准化经济效果系数表示的是每单位的标准化投资在标准有效期内获得的标准化节约额。

$$E = \frac{\sum_{i=1}^{i} J_i}{K} \tag{4.40}$$

2. 农林业标准化经济效果评价的主要项目

在农林业标准化活动的不同阶段和不同方面，分别产生不同的农林业标准化有用经济效果。根据标准化经济效果评价的三项国家标准（GB 3533.1 ~ GB 3533.3），说明农林业标准化有用经济效果计算的基本方法。只要分别计算出农林业标准化活动在每一个方面产生的有用经济效果，而后求和得出农林业标准化有用经济效果。农林业标准化有用经济效果的分析主要包括 5 个方面。

（1）提升效率

①工时费用的节约。贯彻农林业标准降低工时消耗定额的年节约为：

$$J_1 = Q_1 (E_{g1} - E_{g2}) F_{g1} \tag{4.41}$$

式中：J_1——工时费用的年节约（元 / 年或万元 / 年）；

Q_1——农林产品产量（千克／年，下同）；

E_{g1}、E_{g2}——农林业标准化前、后工时消耗定额（小时／千克产量）；

F_{g1}——农林业标准化后每小时工时费用（元／小时）。

②贯彻农林业标准，提高生产资料或原料利用率的节约。

其计算公式为：

$$J_6=Q_3(R_1-R_0)(D_0-D_1) \tag{4.42}$$

式中：J_6——贯彻农林业标准，提高生产资料或原料利用率的年节约（元／年或万元／年）；

R_0、R_1——农林业标准化前、后生产资料或原料利用率（%）；

D_0——生产资料或原料单价（元／千克）；

D_1——剩余或下脚料单价（元／千克）。

③农林业标准化后加速流动资金周转速度的节约。其计算公式为：

$$J_7=360P\left(\frac{1}{T_1}-\frac{1}{T_0}\right) \tag{4.43}$$

式中：J_7——农林业标准化后加速流动资金周转速度的年节约（元／年或万元／年）；

T_0、T_1——农林业标准化前、后流动资金的周转天数（天）；

P——一个周期获得的利润。

（2）降低生产资料消耗

①农林业生产资料费用的节约。农林业标准化后降低了农林业生产资料消耗定额的节约为：

$$J_2=Q_1(e_{c0}-e_{c1})D_{c1} \tag{4.44}$$

式中：J_2——农林业生产资料费用的年节约（元／年或万元／年）；

D_{c1}——农林业标准化后生产资料价格（元／千克）；

e_{c0}、e_{c1}——农林业标准化前、后生产资料消耗定额（千克／千克产量）。

②贯彻包装标准，减少农林产品运输中的损耗的节约。其计算公式为：

$$J_5=Q_2[(R_0-R_1)(D-Z_b)+(C_0-C_1)] \tag{4.45}$$

式中：J_5——贯彻包装标准，减少农林产品运输中的损耗的年节约（元／年或万元／年）；

Q_2——农林业标准化后年包装农林产品数量（千克／年）；

R_0、R_1——农林业标准化前、后农林产品损耗率（%）；

D——农林产品的单价（元／千克）；

Z_b——受损农林产品的残值（元／千克）；

C_0、C_1——农林业标准化前、后包装物成本或按包装标准包装的成本（元／千克）。

（3）提高质量

①减少不合格品的节约。其计算公式为：

$$J_3=Q_1(R_{b0}-R_{b1})(C_1-Z_b) \tag{4.46}$$

式中：J_3——减少不合格产品的年节约额（元／年或万元／年）；

R_{b0}、R_{b1}——农林业标准化前、后的不合格品率（%）；

C_1——农林业标准化后农林产品成本（元／千克产量）；

Z_b——不合格品残值（元 / 千克产量）。

②贯彻农林产品分级标准，提高一级品或等级品率获得的节约。其计算公式为：

$$J_8 = Q_1 \sum_{i=1}^{n} (R_{i1} - R_{i0})(D_i - C_i) \tag{4.47}$$

式中：J_8——提高一级品或等级品率获得的节约（元 / 年或万元 / 年）；

i——产品等级数目；

R_{i0}、R_{i1}——标准化前、后的第 i 级品率；

Q_1——农林业标准化后农林产品产量（千克 / 年）；

D_i、C_i——标准化后的第 i 级品的单价、成本。

（4）增加产出

①农林产品产量增加的节约。贯彻农林业标准，农林产品产量增加的节约额为：

$$J_4 = Q_1\left\{(C_0 - F_{c0})\left[1 - \frac{1}{(Q_1/Q_0)^{\alpha}}\right] + (F_{c0} - F_{c1})\right\} \tag{4.48}$$

式中：J_4——农林产品产量增加的年节约额（元 / 年或万元 / 年）；

Q_0、Q_1——农林业标准化前、后的农林产品产量（千克 / 年）；

F_{co}、F_{c1}——农林业标准化前、后每千克产量的工时费用（元 / 千克）；

α——时间年限数。

②种子标准化，提高单位面积产量获得的节约额。其计算公式为：

$$J_9 = Q_H[(Q_1 - Q_2)D - Q(D_1 - D_2)] \tag{4.49}$$

式中：J_9——种子标准化，提高单位面积产量获得的年节约额；

Q_H——年耕作土地公顷数（公顷 / 年）；

Q_1、Q_2——一级、二级种子的公顷产量（千克 / 公顷）；

D——农林产品收购单价（元 / 千克）；

Q——种子数量（千克 / 公顷）；

D_1、D_2——一级、二级种子的单价（元 / 千克）。

在农林业标准化有用经济效果的计算过程中，只要各方面的有用经济效果不含有重复计算的内容，就可以进行汇总，得出农林业标准化总有用经济效果。其计算公式为：

$$J = \sum_{i=1}^{9} J_i \tag{4.50}$$

收集农林业标准化经济效果数据资料时，可填写标准化年节约因素调查表，评价和计算农林业标准化经济效果时，应分别填写贯彻农林业标准获得的年节约额计算表、农林业标准化经济效果汇总表。

3. 标准化投资分析

（1）标准化投资

标准化劳动耗费是指制订与贯彻标准所付出的活劳动与物化劳动耗费的总和，也称为标准化投资。活劳动耗费以工资（元）或单位时间的工资（元 / 时）表示，而物化劳动耗费以原材料、燃料、动力等物资耗费数量乘以相应的物资单价来表示，这样劳动耗费的总和就可以用统一货币量来衡量。

劳动耗费的指标很多，如原料、材料、燃料、动力费，固定资产折旧费，设计费，试验，检验费，工时费等。一般又把它们分为标准化基本建设投资和标准化实施费用两种，前者是实施标准以前支出的费用，后者是标准实施后进行生产所耗费的资金。这种费用连续不断地支出去，一直到该标准修订或废除时为止。

第 t 年标准的制修订及实施过程的投资，按下式计算：

$$K = K_b + K_x + K_j + K_q \tag{4.51}$$

式中：K——企业投入在标准化工作中的费用（元/年）；

K_b——企业投入的标准制修订费用（元/年）；

K_x——企业投入的标准宣贯、培训费用（元/年），

K_j——企业投入的技术改造费用（元/年）；

K_q——企业投入的其他标准化费用（元/年）。

（2）标准化投资回收期

①基准年和评价年。评价标准化经济效益和标准化经济效率时，将实施标准前作为比较的基准年度，实施标准后与基准年进行比较的年度为评价年。

②标准有效期。从该标准的负责机构决定它生效之日起直到它被废止或代替之日为止所经历的时间。

评价标准化经济效益，需要把标准化前后，即“基准年”与“评价年”的各项技术经济指标进行比较，这里就有“基准年”的选择问题，如选择不当，将影响评价的客观性和准确性。一般应选择新标准实施前所达到的实际技术经济水平的年份作为基准年，这样比较符合客观实际情况，较为合理，也能真正的揭示出新标准的优越性。

标准投资回收期，按式（4.52）计算：

$$T_k = \frac{K}{\frac{1}{T}\sum_{i=1}^{T}(1+r_1)\times\cdots\times(1+r_t)J_t} \tag{4.52}$$

式中：T_k——标准化投资回收期，年；

r_t——第 t 年的折现率，用当年的平均利率代替，用百分数（%）表示。

投资回收期如果需要用月表示：

$$T_k = \frac{K}{\frac{1}{T}\sum_{i=1}^{T}(1+r_1)\times\cdots\times(1+r_t)J_t}\times 12 \tag{4.53}$$

投资回收期如果需要用日表示：

$$T_k = \frac{K}{\frac{1}{T}\sum_{i=1}^{T}(1+r_1)\times\cdots\times(1+r_t)J_t}\times 360 \tag{4.54}$$

（3）标准化投资收益率

标准化投资收益率分为标准有效期内总投资收益率和年度投资收益率两种，分别按式（4.55）和式（4.56）计算：

$$R_{\Sigma} = \frac{\sum_{t=1}^{T} J_t - K}{K} \tag{4.55}$$

$$R_t = \frac{J_t - aK}{aK} \tag{4.56}$$

式中：R_{Σ}——标准有效期内样本企业总投资收益率，用百分数（%）表示；

R_t——标准有效期内样本年度投资收益率，用百分数（%）表示。

除了上述 4 个通用指标以外，评价林业标准经济效益还包括特定指标和模型。

4. 改扩建投资项目财务评价指标的计算方法

参考原国家计委、建设部《关于印发建设项目经济评价方法与参数的通知》（已停用）中规定的改扩建项目财务评价方法，将农林业标准化投资作为增量费用，标准化节约作为增量效果。将标准化投资中的一次性投资作为建设期投资。机器设备费，新建、改造厂房和设施费用作为固定资产，在计算期内计提折旧费；一次性投资中的其他费用作为递延资产，在一定年限摊销。将每年贯彻标准的投资中除固定资产投资外的费用作为每年成本费用。编制损益表和现金流量表，计算增量财务评价指标。

（1）财务净现值（*FNPV*）

可以从现金流量表中求得，财务净现值等于计算期最后一年的累计增量净现金流量折现值。也可根据增量净现金流量，用 Excel 程序中的 NPV 函数求得。计算结果有三个可能：$FNPV>0$，说明项目的净收益在抵偿了投资要求的最低收益后还有盈余，项目财务上可行；$FNPV=0$，说明项目的净收益只够抵偿投资要求的最低收益，项目财务在一定条件下可行；$FNPV<0$，说明项目的净收益不够抵偿投资要求的最低收益，项目财务不可行。

（2）财务内部收益率（*FIRR*）

要求财务内部收益率，必须解一个一元高次方程，在实际计算中比较困难，因此一般采用试差法与插值法来粗略估计。

第一步，用估计的一个折现率对拟建项目整个计算期内各年财务净现金流量进行折现，得出净现值。

第二步，如果得到的净现值等于零，则所选定的折现率即为财务内部收益率。如果所得财务净现值为一个正数，则选择一个更高一些的折现率再次试算；如果所得财务净现值为一个负数，则选择一个更低一些的折现率进行试算。

第三步，如果两个折现率对应的净现值为一正一负且折现率之差为 5% 或更小，则停止，根据这两个折现率用插值法估算内部折现率。

利用上面得到的两个折现率用插值法来估算内部收益率的公式为：

$$FIRR=i_1+(i_2-i_1)\frac{|NPV_1|}{|NPV_1+NPV_2|} \tag{4.57}$$

式中：i_1、i_2——试算的低、高折现率；

$|NPV_1|$、$|NPV_2|$——试算低、高折现率的净现值的绝对值。

农林业标准化效果评价时，应该将项目的内部收益率与农林业行业的基准收益率进行比较：若 $FIRR \geqslant$ 基准收益率，则农林业标准化项目在经济效果上可接受；若 $FIRR<$ 基准收益率，则农林业标准化项目在经济效果上不可接受。

（3）投资回收期

静态投资回收期可以从现金流量表中计算累计净现金流量求得，计算公式为：

Pt=［累计净现金流量开始出现正值的年份数］–1+［上年累计净现金流量绝对值/当年净现金流量］　（4.58）

动态投资回收期可以从现金流量表中计算累计净现金流量折现值求得，计算公式为：

Pt=［累计净现金流量折现值开始出现正值的年份数］–1+［上年累计净现金流量折现值绝对值/当年净现金流量折现值］　（4.59）

若标准化投资回收期小于行业基准回收期或标准有效期，则农林业标准化项目可以接受；反之，不可接受。

（4）投资利润率

可从损益表中求取，其计算公式为：

投资利润率=年利润总额（年平均利税总额）/项目总投资×100%　（4.60）

项目总投资=农林业标准化一次性投资

不同项目按照不同方案所含的全部因素（包括效果和费用两个方面）进行方案比较，均应根据实际情况提出各种可能的方案进行筛选分类，按备选方案相互间的经济关系，可分为独立方案和相关方案。其中的相关方案又可分为互斥方案和互补方案。

独立方案是指在经济上互不相关的方案，即接受或放弃某个项目，并不影响其他项目的取舍。互斥方案是指同一项目的各个方案彼此可以相互代替。因此，方案具有排他性，采纳方案组中的某一个方案，就会自动排斥这组方案中的其他方案。方案之间有时也会出现经济上互补的问题：它们之间相互依存的关系可能是对称的，也可能是不对称的；经济上互补而又对称的方案可以结合在一起作为一个“综合体”来考虑，经济上互补而不对称的方案，则可以把问题转化为两个互斥方案的经济比较。

四、农林业标准化经济效果评价步骤与方法

1. 农林业标准化经济效果评价步骤

根据以往国家标准化评估的有关文件和实践经验的总结，农林业标准化经济效果评价可分为 6 个步骤：

（1）选取评价项目

即确定评价对象和评估的领域，包括评价的项目、评价项目的重点以及评价对象的

目标等。

（2）制订评价计划

包括评价的内容、评价人员组成、评价的时间、评价技术的选用（或资料收集的方法）、资料来源、经费开支等，最后列出评价活动时间表。

（3）确定评价标准

根据项目的目标以及评价的目标来确定评价标准。

（4）资料收集、整理和分析

按照评价中所列的资料来源和收集资料的方法来获取必需的资料。对收集到的数据资料，可按一般的数理统计方法进行分析，求出算术平均值、极差、方差、标准差及变异系数，对带有随机性的数据，需研究其变化的规律，判断它们遵从什么样的统计分布。分别分析标准化前后产品成本、产品质量、固定资金和流动资金、出口数量等变化原因，以便合理分摊或确定加权系数。

（5）写出评价报告

报告要求简明扼要、数值可靠、结论正确、措施可行，内容包括效果评价对促进农林业发展的作用，对社会、生态的影响以及实施措施意见等。

（6）把评价结果送交有关单位和个人

包括顾问委员会的成员、农林业技术推广机构、研究机构、行政管理机构、专业性组织、农民、专家等。

2. 农林业标准化效果评价方法

农林业标准化生态效果评价方法选择的科学与否，对于能否客观评价、动态跟踪、综合考核农林业标准化活动具有重要意义。

标准化的推行对农林业生产起到了巨大的作用，标准化的实际效果如何成为学者关注的问题之一。国外没有明确的农林业标准化，但是许多学者对农林业生产的制度化措施效果进行了研究，还有对传统农林业、综合农林业与有机农林业的对比分析以及其他的标准化措施。在国内，随着农林业标准化工作的不断推进，实施的情况和效果怎么样成为我国政府和学者普遍关注的问题。因此，对农林业标准化实施成效的评价研究逐渐兴起，当前的研究主要集中于对评价方法的探讨。按照评价方法来分，国内研究主要可以归纳为以下几个方面。

（1）调查比较分析法

①调查研究法。调查研究法是根据经验对农林业标准化效果进行直观判断，结合普查、抽样调查和典型调查等方法进行分析和计算，并进行数据统计研究，做出比较正确的评价，同时调查研究法也是一种定性分析与定量分析相结合的方法。在农林业标准化效果评价中，调查研究是一切经济科学研究中获取数据资料所必须采用的重要方法。其主要的工作步骤是：

第一，确定调查的目的。弄清调查的背景，明确为什么要展开调查，调查主要为了什么。

第二，确定调查的内容。根据调查的目的，需要收集哪些数据资料，列出需要调查的项目和事项。同时也要注意，调查的项目应尽可能详细具体，但也要分清主次。

第三，确定调查的方法、对象和范围。根据确定的调查目的和内容，拟订调查方案，编制或制订调查表格或调查大纲，确定调查的方法、对象和范围，展开实际调查。

第四，确定调查的统计、分析和评价结果。收集调查或访谈成果，对数据进行整理和统计分析，运用定性和定量、局部和整体、近期和远期等全面分析，进而做出比较正确的评价。

②对比实验法。在林业标准化效果评价中，对比实验法是获得经济数据的最重要和最可靠的方法。自然条件和生物对结果有较大影响，而且这种影响是不确定的，要知道实际结果如何，只有经过对比实验才能准确地得知。对比实验法应用不像调查研究法和预测评价法那么普遍和广泛，而有一定的适用范围。它仅适用于林业标准化活动与其对照之间的比较评价，不适用于较大范围或宏观方面的经济效果评价。但是，对比实验法可以为宏观经济效果评价提供典型资料。

对比实验法能否获得可靠的结果，在很大程度上取决于实验方法是否科学，以及实验对象与对照的可比性和实验条件的代表性。对比实验要进行精密设计，包括实验的目的、项目和方式，都要把握客观性，排除随意性。要把实验设置在具有代表性的典型单位，采取合理的排列方式，并对实验使用口径统一的比较指标，运用科学的数据处理和计算方法。

③平行指标比较法。采用这种比较法，是以新林业标准化活动与它所取代的对照（原有标准或旧的标准）相比较，通过平行指标的直接横向比较，考察前者的效果对照有无增加或增加多少。采用平行指标比较法，对新林业标准化活动与它所取代的对照进行单一因素的比较，以其他因素不变或等速变化，对对比结果没有影响为前提，并且遵循可比性原则，不能拿不可比的对象和指标相互比较。

④成本—效益分析法。成本—效益分析是指基于折现的效益和费用的量值大小来判断和评价公共部门或非盈利部门的项目（或计划）和投资的资源配置效率性的一种方法框架。我国在 20 世纪 70 年代末期吸收了发达国家关于可行性研究和成本效益分析的科学方法，经过 30 多年的发展，成本效益分析已成为我国投资项目决策的主要工具，对提高投资效率起到了积极的作用。成本—效益分析是通过比较项目的全部成本和效益来评估项目价值的一种方法，将成本费用分析法运用于政府部门的计划决策之中，以寻求在投资决策上如何以最小的成本获得最大的收益。该方法的优点是透明、定量化。一种尽可能货币化、定量化的比较，比定性描述更易为公众所接受和理解，也更具透明要求的强制性。不足之处是主要适合于评估单目标，在多目标效益量化（包括货币化）等方面较为困难。

（2）咨询统计分析法

①综合评分法。综合评分法是对某一林业标准化活动的多项指标进行综合评价的数量化方法，这种方法是将各个评价项目的具体指标数值综合加权给分，用于表示林业标准化的状况，从而可以从总体上概括地评价各个林业推广项目的优劣。

综合评分法的步骤和方法：

第一，正确选定评分指标。一般应选择对整个项目影响较大的指标参加评分，每项内容都要选定一个能说明问题的指标体系参加综合评分。

第二，确定各评价指标的权重。应根据各项指标在整个方案中所占的地位和重要性及当地具体条件合理确定各项指标的权重，一般用百分数表示。

第三，确定各项指标的评分标准。评分标准一般可采用5级记分法，即5分为优，1分为差。至于各个标准化项目的指标如何定级，一般可根据历史资料或典型试验材料，结合当前条件和要求加以确定。

第四，编制综合评分分析表，累加各个方案的总分，比较优劣。综合评分法以总分的高低来评价林业标准化活动的优劣，而正确地确定各项目分数和权重是综合评分法的关键。

②专家调查法。主要是向熟悉农林业标准化效果评价、有一定的声望和较强的判断及洞察能力的专家，通过通信的方式了解其看法。步骤主要有：第一轮是提出问题，要求专家们在规定的时间内把调查表格填完寄回；第二轮是修改问题，请专家根据整理的不同意见修改自己所提问题，即让调查对象了解其他见解后，再一次征求他们的意见；第三轮是最后判定，把专家们最后重新考虑的意见收集上来，加以整理。有时根据实际需要，还可进行更多几轮的征询活动。最后，整理调查结果，提出调查报告。对征询所得的意见进行统计处理，一般采用中位数法，把处于中位数的专家意见作为调查结论，并进行文字归纳，写成报告。

③层次分析法。参见第三章第四节的林业标准适用性评价模型和附录3主观赋权法主要方法。

由于层次分析法可以同时包含不同领域人员对于农林业标准化的不同标准，同时将复杂的问题简单化，便于工作人员在现实中开展农林业标准化评价工作。因此本文选取层次分析法来进行模型的构建。农林业标准化是通过“简化、统一、协调、选优”原则，调整生态经济系统内的生态结构、技术结构，促使生态经济系统内的能量流、物质流、价值流有效运转，实现自然扩大再生产与经济扩大再生产的同步增长，利用层次分析法将农林业标准化效果评价划分为生态效果、经济效果、社会效果的有机融合，达到和谐统一。通过层次分析法认真分析农林业标准化效果，确定适当的评价内容，以达到科学评价、客观评价、动态跟踪、综合评价农林业标准化活动。

④模糊综合评价法。参见第三章第四节的林业标准适用性评价模型。

（3）模型测算分析法

定量评价法主要分为两大类：第一类是纵向预测。根据事物过去发展的状况来推测它未来发展的趋势。常用的有几何平均法、指数平滑法等。第二类是横向预测。根据与事物密切相关联的外部因素变化来推测事物未来发展的趋势。常用的有回归分析法、投入产出法等。

生产函数法是从技术和经济的总体关系出发加以研究，其最大的优点是系统性和高度的概括性，能从经济的总体出发分析标准措施的作用，从中看出农林业标准实施的系统效果，从宏观上归纳出有价值的政策建议。但生产函数法要满足严格的假设前提，且只能从经济增长这一角度去观察标准的作用，较为笼统。

衡量农林业标准化在农林业经济增长中的作用，主要运用系统工程原理和经济数学方法，将农林业标准化作用从促进经济增长的各种因素中分离出来，进行定量估价。

①生产函数。农林业生产函数模型是反映生产要素投入量和实际产出的一种数学表达式。如果有 $x_1, x_2, \cdots, x_m$ 个生产要素，Y 代表产出，t 代表时间，生产函数一般表达式为：

$$Y=F\left(x_1,\ x_2,\ \cdots,\ x_m;\ t\right) \tag{4.61}$$

由于将所有 m 个生产要素的数据搜集到不太现实，实践中一般获取对产出影响最大的生产要素资本投入（k）和劳动投入（l），则上述生产函数改写为：

$$Y=F\left(k_t, l_t\right) \tag{4.62}$$

在对农林业标准化经济贡献进行分析时，经常选用产出增长型的生产函数表示：

$$Y=A_tF\left(k_t, l_t\right) \tag{4.63}$$

A_t 表示随时间 t 标准化发展水平。在此函数基础上，可构建柯布－道格拉斯生产函数模型和增长速度方程模型，这两类模型分别从不同角度评价农林业标准化经济效应。

② C–D 函数。将产出增长型的生产函数 $Y=A_tF(k_t,l_t)$ 中 $F(k_t,l_t)$ 以幂函数形式表示，即得出 C–D 生产函数：

$$Y=A_tK^{\alpha}L^{\beta} \tag{4.64}$$

上述函数中，通过 A_t 的变化估计农林业标准化水平的变化，在回归估计时，α、β 分别为待估计的参数。

把 $Y=A_tK^{\alpha}L^{\beta}$ 写成时间指数形式，并把标准化变量进行内生化设计，即为：

$$Y=A_tK^{\alpha}L^{\beta}S^{\gamma} \tag{4.65}$$

式中：K——资本投入；

L——劳动力投入；

S——农林业标准化实施的内生变量指标，对生产函数两边取对数，得到回归计量模型：

$$\ln Y=\ln A_t+\alpha\ln K+\beta\ln L+\gamma\ln S+\varepsilon \tag{4.66}$$

式中：α、β、γ——资本产出弹性、劳动产出弹性和标准化制定并实施的产出弹性。

③增长速度方程。增长速度方程从各个经济变量的相对变化评价投入要素与经济发展的关系，描述投入各要素增长速度、产出增长速度及农林业标准增加速度之间关系的数学模型。此方程式在产出增长型生产函数基础上推导得出，通过对该函数两边求导获得：

$$\frac{\mathrm{d}y}{\mathrm{d}t}=\frac{\mathrm{d}A_t}{\mathrm{d}t}f(k_t,\ l_t)+\frac{\partial y}{\partial k}\frac{\mathrm{d}k}{\mathrm{d}t}+\frac{\partial y}{\partial k}\frac{\mathrm{d}l}{\mathrm{d}t} \tag{4.67}$$

两边除以 $f\left(k_t,\ l_t\right)$，并定义 $\alpha=\frac{\partial y}{\partial k}\frac{k}{t}$，代表资本的产出弹性，$\beta=\frac{\partial y}{\partial l}\frac{l}{y}$，代表劳动的产出弹性，然后得出如下增长速度方程，左边为产出的增长速度，右边第一项为标准化水平提高速度，第二、三项分别为参数与资本增长速度和劳动增长速度的乘积。

$$\frac{\mathrm{d}y/\mathrm{d}t}{y}=\frac{\mathrm{d}A/\mathrm{d}t}{y}+\alpha\frac{\mathrm{d}k/\mathrm{d}t}{k}+\beta\frac{\mathrm{d}l/\mathrm{d}t}{l} \tag{4.68}$$

增长速度方程代表的经济含义为，由于生产要素资本增长和劳动增长及农林业标准化水平的提高等要素贡献带来产出的增长。运用计量经济学适当方法估计参数后，农林业标准化水平的提高速度作为“余值”为：

$$\frac{\mathrm{d}y/\mathrm{d}t}{y}=\frac{\mathrm{d}A/\mathrm{d}t}{y}-\alpha\frac{\mathrm{d}k/\mathrm{d}t}{k}-\beta\frac{\mathrm{d}l/\mathrm{d}t}{l} \quad (4.69)$$

这个余值计算方法也称索洛余值法。

朱慧敏（2012）将安徽省农林业标准化示范区存量（NBS）作为标准化变量，将C–D生产函数模型予以拓展，经过1995—2009年的安徽农林业经济数据拟合得出，农林业标准化示范区对农林业总产值的贡献弹性系数为0.0445。王艳花（2012）在C–D生产函数的基础上，将陕西农林业专利存量和农林业国家标准存量及农林业地方标准存量作为变量纳入函数方程，设计回归模型，并使用1990—2010年的陕西省农林业经济数据进行实证分析得出，农林业标准数量增加1%时，人均农林业产出会增加2.92%。张建华（2012b）提出，农林业标准化就是在生产过程中推广规范后的农林业科技成果，其实质是农林业技术进步的综合体现，并采用C–D函数模型，利用索洛余值法计算农林业标准化水平提高后对产值增长速度的贡献，结合具体案例计算出2009年和2010年农林业标准化的贡献率分别为57%和88%。冯琦（2013）基于陕西省苹果种植业的经济数据对农林业标准化贡献率进行了宏观测算和分解测算：宏观测算采用C–D生产函数，将认证面积作为标准化变量，计算农林业标准化在促进产值增长方面的贡献率为9.53%；分解测算中，将生产效率变动率、规模效益变动率、要素配置收益率作为农林业标准化贡献的组成部分，并计算得到农林业标准化对产值增长的贡献率为12.9%。

④实际应用分析。常用的有三种，一是应用生产函数模型。设定广义的C–D生产函数模型，并将林业标准化变量通过内生化设计放入模型中，来评估林业标准化实施对林业经济增长所产生的影响。运用C–D生产函数模型评估林业标准化实施对林业产出增长的影响，最主要的一个难点就是如何把林业标准化这个指标量化放入数学模型中。通过统计资料及补充调查发现，从林业标准的适用范围来看，在林业标准化实施过程中主要有国家级、行业级和地方级三种级别标准，其中可实施范围越广的林业标准能够获得越大的经济效益。借鉴周宏和朱晓莉（2011）对不同级别农林业标准赋值的思想，将国家级、行业级和地方级林业标准分别赋值为3、2和1。从林业标准的实施强度来看，在林业标准化实施过程中有强制性标准和推荐性标准。调查发现：相对来说，利用强制性标准生产的林产品在市场上更能获得消费者信赖，从而获得相对较高的经济效益，将强制性标准和推荐性标准分别赋值为2和1。从样本林业标准化项目所使用的林业标准的适用范围和实施强度考虑，设置两种林业标准化量化指标S_1和S_2：

$$S_1=（3\times 国家级标准数量+2\times 行业级标准数量+1\times 地方级标准数量）\times r_c \quad (4.70)$$

$$S_2=（2\times 强制性标准数量+1\times 推荐性标准数量）\times r_c \quad (4.71)$$

式中各种标准数量是指样本林业标准化项目在实施过程中使用各级标准的数量；r_c是覆盖率，指该林业标准化项目示范面积占项目实施单位经营总面积的比例。

根据研究需要，将生产函数进行一定的变形，线性化后，可以采用回归分析方法估计出参数α、β和λ，模型形式可表示如下：

$$\ln Y=\ln A+\alpha_1\ln K+\beta_1\ln L+\lambda_1\ln S_1+\mu_1 \quad (4.72)$$

$$\ln Y=\ln A+\alpha_2\ln K+\beta_2\ln L+\lambda_2\ln S_2+\mu_2 \quad (4.73)$$

式中：S_1、S_2——林业标准化中实施范围和实施强度两种内生化变量；

α_1、α_2——两种变量下资金的产出弹性；

β_1、β_2——两种变量下劳动的产出弹性；

λ_1、λ_2——两种变量下林业标准化制定与实施的产出弹性。

二是回归分析计算方法。运用 Stata 10.0 统计软件，对 C–D 生产函数模型进行回归分析和检验，并给出回归系数、t 值、显著性水平（P 值）、R^2 和调整 R^2。

三是贡献率测算方法。林业标准化的两种量化指标 S_1 和 S_2 都对林业产出增长具有一定的促进作用，但是林业标准化实施对林业产出增长的贡献率多少还有待于作进一步的测算。林业标准化实施对林业产出增长的贡献率可以表示为：

$$c=\frac{\lambda s}{y}\times 100\% \tag{4.74}$$

式中：y——林业产出年均增长率；

s——标准数量年均增长率；

λ——林业标准化制定与实施的产出弹性。

3. 讨论

标准化效果最好采用单项效果进行评价，既可突出标准化的特征，也可使标准化效果的评价方法简单化。标准化的效果从改善和增强利益的角度，也可以转换为定量评价关系。标准化效果的定量说服力来自标准化前与标准化后有益作用的对比，如产品生产的材料标准化节约效果，可以用标准化前产品所用材料量与标准化后所用材料量的对比获得，同理，工作效率可用标准化前产品生产的工作效率与标准化后产品生产的工作效率的对比获得。这种效果计算的可信性，依赖于标准化前和标准化后相关数据统计的真实性。

五、北京市西山林场标准化效果评价

当前，我国林业标准化工作已经取得了很大的进展，在全国各地建立了数量众多的林业标准化示范区、示范基地，为林业标准化提供示范和经验。通过分析评估示范区、示范基地的林业标准化效益，能够更深刻地理解林业标准化的重大意义，提高标准化意识，促进标准化发展。此处对北京市西山林场标准化效果评价作一介绍。

1. 研究区概况

北京市西山林场属太行山余脉，是典型的华北石质山区，林区内最高峰为克勒峪，海拔为 797.6 米。西山林场作为北京西北部重要的生态屏障，占地总面积为 5949 公顷（89235 亩），跨越门头沟、石景山、海淀三区。林场内主要种植的树种有侧柏、油松、山桃等 517 种，还栖息着北京市二级保护鸟类戴胜、黑枕黄鹂等鸟类 50 余种。

1994 年西山林场被评为全国科技兴林示范林场。2002—2004 年西山林场开展了中幼林抚育工程，2005—2009 年开展了北京市科学技术委员会项目——森林健康经营示范区建设工程。2012年西山林场再次被国家林业局评为全国森林经营样板基地。西山林场具有丰富的生态公益林建设经验，技术基础扎实。

2014年1月，西山林场开始实施为期3年的《森林多功能经营综合标准化示范区》项目。项目分为4个示范小区，总面积250亩。在项目实施前，由于连续干旱和抚育管理技术滞后，西山林场曾存在森林景观单一、林木生长缓慢、草本及灌木盖度多样性水平低下、固碳释氧等生态服务功能的发挥受到极大抑制、森林火险等级居高不下等问题。在项目实施期间，西山林场一直致力于加强标准化管理工作，取得了较大成果。

2. 实施标准化的主要措施及成效

（1）明确组织管理和制度

为了实现森林多功能经营综合标准化示范区项目建设的目标，西山林场形成了由项目领导小组负责总体规划，办公室负责协调统筹，资源管理科、西山国家森林公园和生物防治中心负责技术支持的标准化管理和实施模式。此外，还组织了由西山林场以及北京林业大学和科研院所专家组成的技术专家组提供标准化技术指导。同时，还专门成立了标准编写小组，发布了《森林多功能经营综合标准化示范区建设项目工作机制》，为标准化实施提供了完善的组织和制度基础。

（2）制定标准

在制定标准之前，标准编写小组首先搜集了70余项相关的标准，对森林多功能经营标准化的现状进行了细致的分析；再对此次项目实施的目标进行细分，根据具体的目标来确定需要的标准；最终规划出一个标准综合体。在项目实施期间，共制定了2项地方标准和5项企业标准。

（3）划分标准化示范区

西山林场占地广，分为不同的生态功能区，所以为了更好地实现标准化管理，将林场分为了景观和水源涵养林经营试验示范区、生物多样性保护试验示范区、森林生态休闲游憩试验示范区和森林文化示范区4个标准化示范小区。针对不同示范小区的特点，分别实施不同的标准。

（4）开展标准化培训

召开了多次培训活动，如服务岗位培训、售检票岗位培训、火灾扑救演练培训、树木养护技术培训等，并现场讲解。

通过实施《管氏肿腿蜂人工繁育》标准，在示范区内投放管氏肿腿蜂防治天牛，防治效果达到89.72%，使得侧柏被害率从中度被害降到了1.69%的轻度被害水平。应用围环技术防治越冬代油松毛虫，将有虫株率由86.6%降到23.5%，虫口密度由20头/株，降到4头/株，防治成效显著。

林下更新植物数量增加15%，生物多样性水平、乡土树种比例都显著提升。林区内负氧离子水平保持在1000～6000个/立方厘米，个别地段达到20000个/立方厘米以上。形成了“早春踏青节”“西山牡丹节”“森林音乐节”“森林越野”等固定的文化品牌。特别是“森林音乐节”在北京市乃至全国独树一帜，开创了我国森林多功能利用的新领域，至今已成功举办六届。项目实施期间共接待国内外团体及个人参观、学习580人，游客

710万人。

3. 标准化效果评价方法

北京市林业标准化工作主要由北京市园林绿化局科技处负责。针对标准实施效果，北京市园林绿化局科技处从创造直接或间接经济效益、生产效率提高率、节约资源种类和数量、环境保护减少污染物排放种类和数量、提升安全管理水平，事故率降低百分比、实现城市精细化管理、提高顾客满意度、其他社会效益等方面来考核。地方标准实施情况报告内容见表4.5。

表4.5　北京市地方标准实施情况报告

行业主管部门（公章）：

标准号		标准名称	
标准实施效果	□创造直接或间接经济效益（　）万元 □生产效率提高（　）% □节约资源种类（　），数量（　） □环境保护，减少污染物排放（　） □提升安全管理水平，事故率降低（　）% □实现城市精细化管理 □提高顾客满意度（ ）% □其他社会效益（　）		
标准实施措施	召开（　）次宣贯培训会，培训（　）人次		宣贯培训日期、名称：
	出台配套政府文件（　）项		文件名称、文号：
	开展试点示范（　）项		试点示范名称，文件名称、文号：
	投入标准实施经费（　）万元		

填表人：　　　　　　　　　　　　联系电话：　　　　　　　　　　　　电子邮箱：

国家标准GB 3533规定了标准经济效果评估指标，可用于定量与定性相结合的评估，对标准实施的效果涵盖得更加全面。我们选择国家标准GB 3533规定的标准经济效果评估指标对北京市林业标准化实施效果进行评估。

根据国家标准《标准化经济效果的评价原则和计算方法》GB 3533，计算标准化经济效果的指标主要有标准化经济效益、标准化投资回收期、标准化投资收益率、标准化经济效果系数。计算方法如下：

（1）标准化经济效益（X）

$$X = \sum_{i=1}^{i} J_i - K \tag{4.75}$$

式中：J——标准化年节约额（元）；

K——标准化投资（元）；

i——标准有效期（年）。

（2）标准化投资回收期（T）

$$T=\frac{K}{J} \tag{4.76}$$

一般情况下，由于标准制定的费用相对于标准效益小得多，所以从标准开始实施产生经济效益时开始计算标准化投资回收期。如果标准制定费用较高，也可以从标准化投资开始时计算。

（3）标准化投资收益率（R）

$$R=\frac{J}{K} \tag{4.77}$$

（4）标准化经济效果系数（E）

标准化经济效果系数表示的是每单位的标准化投资在标准有效期内获得的标准化节约额。

$$E=\frac{\sum_{i=1}^{i} J_i}{K} \tag{4.78}$$

4. 评价结果

由于林业生产周期长，标准化实施后难以在短期内产生效益，所以在实施标准化较长时间后计算效益更加合理。西山林场负责建设和管理的西山国家森林公园是本次项目的一个重要示范区，但是由于公园的公益性，主要功能是为游客提供森林疗养、休憩等服务，所以评估标准化实施在生态和服务方面的效益时，存在难以量化的困难，我们仅从现有的可以量化的数据来评估。

在示范区内投放管氏肿腿蜂防治天牛平均减少树木（一般为胸径 8 厘米以上侧柏，每亩按 100 株）死亡率 2%以上，减少苗木损失为 800 元 / 株，250 亩的示范面积共可挽回经济损失 40 万元，标准实施期间可共计降低经济损失 200 万元。

应用围环技术防治越冬代油松毛虫节约费用为：喷洒 1 次化学农药（以灭幼脲 3 号为例），防治费用为 16.2 元 / 亩，围环费用为 10 元 / 亩，则防治一次每亩可节约 6.2 元，250 亩共计节约费用为：1550 元。在标准实施有效期内，共计可节约费用 7750 元。

由此，在西山林场实施标准化示范区项目开始实施之后，标准投入使用期间，林业标准化实施节约的费用约为 200.775 万元。

此次项目实施总投资经费为 66.5 万元。

可以得出西山林场标准化实施经济效益：X=200.775−66.5=134.275

$$\text{标准化投资回收期：} T=\frac{66.5}{200.775/5}\approx 1.66$$

$$\text{标准化投资收益率：} R=\frac{200.775/5}{66.5}\approx 0.60$$

$$\text{标准化经济效果系数：} E=\frac{200.775}{66.5}\approx 3.02$$

北京市西山试验林场通过实施《森林多功能经营综合标准化示范区》项目，制定多项标准并积极开展标准化培训，在天牛、越冬代松毛虫的防治方面取得了显著的成效，生物多样性得到提升；在森林旅游、康养等文化方面吸引了更多游客。经济方面，根据国家标准 GB 3533 规定了标准经济效果评估指标，通过标准化实施产生经济效益 134.275 万元，投资回收期 1.66 年，投资收益率为 0.6，标准化经济效果系数为 3.02。

在评估标准化实施效益时，数据的收集和处理影响评估结果。由于在实际工作中，难以单独将标准化实施与其他管理措施分割开，所以未来为了更加合理地评估标准化实施的效益，可采取加权系数法，对标准化及其他管理措施的效益进行加权分割。

第五章 林业标准化效益评价

标准实施效益指的是标准实施之后带来的直接经济效益和潜在效益的增长。因为，制定标准的目的是为了提高工作效率、提升产品质量和服务质量等，所以标准实施效益是评价标准质量优劣的一个关键因素。具体地说，标准实施效益的来源，一是标准可以提升劳动产出率；二是标准能够加快科学技术向生产力的转化，提高生产效率；三是通过标准化的操作可以降低劳动损耗和成本等；四是严格的标准保证了产品或服务的高质量，可为企业赢得更大的市场占有率。

当前，林业标准化工作已经取得了很大的进展，在全国范围内建立了大量的林业标准化示范区、示范基地等。所以评估林业标准化的实施效益对于林业标准化示范区、基地等的考核，以及对于林业标准的宣传、推广和发展都有非常重大的意义。

林业标准化效益主要表现在以下几个方面：①生态方面。如生态环境改善，人居环境质量提高，森林健康水平提高，森林数量增加，森林质量提高等。②资源节约方面。在林业生产领域、流通领域、消费领域中，可节约大量的人力、物力和财力，减少资源浪费和消耗，提高林业劳动生产率。③林产品质量方面。在林产品质量安全、卫生、环境保护等方面得到保障。④市场化方面。能够合理简化林产品的品种规格，促进林产品的生产标准化、市场化，提升农林产品质量安全，保护消费者利益，增强农林产品的市场竞争力；消除国际贸易技术壁垒，解决国际贸易纠纷，加强与国际技术合作交流。⑤科学技术方面。推进科技进步，加速科技成果的转化。

林业标准化效益评价，目前还没有一个统一的标准。林业标准化效益主要体现在经济、社会和生态效益三大方面。经济效益评价主要看标准实施前后经济效益的对比情况，是否对林区发展和林农增收有利，能否提高当地的劳动生产率、改善林产品质量与安全性等。社会效益评价主要看标准实施前后对社会发展水平的影响，林农素质、文化生活、科技水平、经济活力以及林农人均纯收入的增长情况。生态效益评价主要看标准实施前后，对生态环境和可持续发展产生的影响，包括对森林资源、环境质量以及林产品质量与安全性等的影响。通过林业标准化效益评价，可以直观得知实施某项标准后的效益以及标准的科学性，使标准化过程的科学性得到检验，同时对促进标准的质量提升具有重要作用。

第一节　国内外标准化效益评价动态

由澳大利亚、德国、英国、加拿大和法国等开展的标准化经济效益评价研究工作借鉴古典增长理论，使用标准来代表整个经济中技术知识的传播作用，以实证描述标准与可持续经济增长之间保持积极紧密的联系。新古典主义的观点促进了这项研究工作的开展，将产出作为物质资本、人力资本和生产率的函数。资本、劳动力与经济增长之间的关系是典型的边际收益递减关系，意味着资本的库存量增加时，资本调配的回报减少。针对这种影响，生产率被认为对经济的增长作出了三分之一的主要贡献。生产率衡量经济的技术进步，代表被利用资源的效率。业已证明，规模经济、公开竞争和技术知识传播等因素有助于促进这个进步，而标准在每一个因素中起着决定性的作用。

在宏观经济层面，标准的作用是保障社会的安全，促进国际贸易，提高技术和工艺的互操作性，通过降低信息不对称促进技术进步和经济的发展。但是标准使用不当可导致选择性减少、竞争力降低、技术性贸易壁垒增加，从而阻碍生产力的发展（范洲平，2013）。

纵观标准研究现状，各国经济学家对标准化可以带来经济效益这一点已经达成共识，虽然方法各异，但从研究范围来看，随着时间的推移，各国由研究标准对整个国家经济的影响逐渐转向标准对某个行业的影响。因此，可将国外标准的经济效益研究分为两个阶段，第一阶段是2000—2007年，以德国和英国研究为代表，还包括奥地利和加拿大，主要研究标准对整个国家生产力的影响；第二阶段是2009年至今，从法国开始，研究并试着建立对标准效益统一的评价方法，新西兰引入标准化对建筑业的影响研究。

一、澳大利亚

澳大利亚国际经济中心（CIE）于2006年开展了标准化经济效益评价研究工作，CIE试验了两个独立的评价模型。第一个评价模型，分析研发（R&D）和标准对全要素生产率（TFP）的影响，论证表明，标准数量每增长1%而TFP就相应增加0.17%；第二个研究模型，是将研发与标准结合在一起，创建一个澳大利亚经济中的知识存量指数，结果表明，知识存量每增加1%，TFP就相应增加0.12%。

这两个评价模型致力于通过经验证明澳大利亚标准对澳大利亚经济所产生的价值。这里所指的标准是所有澳大利亚的标准、所有澳大利亚 / 新西兰联合标准和所有采用的国际标准。这些标准涉及澳大利亚经济的12个关键领域，由技术专家协调委员会为澳大利亚社会净效益而制定。

澳大利亚对标准化经济效益评价开展的实证分析旨在更新CIE（2006）的结果，并为相关研究进行比较提供依据。因此，该模型一定偏离先前CIE（2006）指定的模型。此外，在该分析中提出的模型假设标准和专利对多因素生产率（MFP）具有重要意义。

2006 年澳大利亚国际贸易中心搜集 1962—2003 年的数据（每年新发行和已修订的标准总量），评估标准对澳大利亚经济的贡献。他们运用这些宏观数据，检验标准的库存量与澳大利亚生产力之间是否存在统计学关系，并针对标准的风险管理以及矿业、水、电等行业进行了 4 个案例研究。

澳大利亚标准化协会（CEO）开展了题为“标准、创新与澳大利亚经济”的研究，结论是“标准促进了澳大利亚经济的发展，创造了就业机会”。这项研究从宏观角度研究标准的总体水平，利用统计的方法解释了整个经济生产力的变化。依据截至 2002 年的前 40 年的数据，研究结果给出了标准数量与生产力的关系如下：

- 标准数量每增加1个百分点，整个经济的生产力增加0.17个百分点。
- 标准是知识积累的一个因素，标准中各类知识积累每增加1个百分点，可使整个经济的生产力提升0.12个百分点。
- 标准为水力发电业带来的经济效益每年大约19亿澳元，为采矿业带来的经济效益每年在2400万～1亿澳元。
- 证实标准能够带来如下益处：

——标准是知识的精华，帮助知识的传播；

——为技术贸易交流提供了公共语言；

——巩固市场，帮助解决外部效应；

——降低生产费用，促进生产力的提高；

——促进安全生产和风险管理。

上述研究结果与英国（2005 年）和德国（2000 年）开展的类似研究结果基本一致。

二、德国

从 1960 年开始，以欧洲各国为引领，各国围绕标准化活动对行业和企业所产生的经济效益开展评价研究。其中，德国和英国的研究成果获得较大影响。

德国主要由 Lungmittag、Blind 和 Grupp 在 1999 年开始，他们利用 1961—1996 年的数据，证明标准应该是决定经济总量的一个重要因素，并可以在一定程度上改善生产力。基于这个研究，德国标准化协会（DIN）联合多方研究机构在多国针对标准的经济效益，随机选择了 4000 多家公司发放调查问卷，并在德国和奥地利采访了 10 个可以代表个人、政府的专家进行调研。

一方面，他们的研究以标准化与技术进步、经济增长及贸易出口之间的关系为中心，认为技术进步是标准化促进经济增长的主要原因。在具体的研究方法上，考虑到不同行业标准化对经济的影响可能有所差异，因此，更多地采用面板数据的分析方法，对国内生产总值、对外贸易总额等多种宏观经济指标进行测算，最终测得标准化的作用并不亚于创新和专利，因标准化而获得的经济效益的提升约为国内生产总值的 1% 左右。另一方面，他们还关注标准对公司及与公司密切相关的商业环境的影响、标准的实施是否可以带来潜在的竞争优势并形成战略联盟。

DIN 对 1960—1996 年的资本与劳动力数据进行回归分析，得出“标准对技术创新有正向激励作用”的结论，强调技术创新必须通过标准和技术规则的推广和引用才能实现。

DIN 在其 2011 年的研究中试图更新和改进有关标准化经济效益的初始研究结果。该项研究通过对劳动力、资本、标准、专利和许可证产出价值的评估，来测量总增加值。结果表明，标准与经济产出有显著的正相关性，然而，由于德国经济经历了经济震荡，这种关系的重要性随时间而变化。考虑到这些因素后的研究结果显示，德国统一后，标准数量变化 1%，经济增长则变化 0.7%～0.8%，呈正相关性。

DIN 开展的“标准化对德国经济和外贸影响”的研究结果表明：①标准对商业有着巨大的正面影响，改善了流程，提高了商业效率。②在供给者与消费者的关系上，标准是降低运输成本、维持供给者与消费者间市场力的主要工具。③标准相对于专利许可对经济增长的贡献更大。④以出口为导向的工业部门把标准作为打开新市场的一个战略。⑤标准促进了技术创新。标准作为公众获取知识的一个重要来源，在新经济中对宏观经济增长将具有积极影响。

三、英国

英国标准化学会（BSI）在德国研究成果的基础上开展了关于“标准实证经济学”的研究，首次用定量分析的方法计算了标准对经济增长的实质性贡献。该研究结果显示，1948—2002 年标准对英国生产力增长的贡献份额为 13%，对科技创新及进步的贡献份额为 25%。此外，BSI 还对标准与技术创新之间的关系进行了研究，提出标准既可以促进技术创新，也可能对其产生抑制作用。

2005 年，英国工业贸易司（DTI）利用英国 1948—2002 年的数据证明，标准是决定经济总量的一个重要因素，进而促进生产力的发展。他们建立了评价指标体系来评估标准化对科技进步的影响、标准对技术信息流通的影响以及标准会限制还是促进革新等。他们使用了柯布 - 道格拉斯函数（Cobb-Douglas）等计量经济学模型，证明标准与生产力之间存在一个均衡的关联。

DTI 在其 2005 年的经济学报告中，研究了标准对劳动生产率的实证经济学。结果表明，标准和资本劳动比率与劳动生产率呈正相关性。特别是，该分析表明，标准数量有 1% 的变化，劳动生产率就有 0.054% 的间接变化。

DTI 组织相关大学、研究院对“标准对经济中的影响和作用”进行了量化研究，给出了标准对经济效益，特别是增长率、生产力和技术创新的影响。结论如下。

（1）标准化给英国带来明显的经济和技术效益

- 标准每年给英国经济带来25亿英镑的收益。
- 13%的劳动率增长归功于标准。
- 标准在技术变革中促进了创新。
- 从标准实施中获得的收益，保证了经济在宏观和微观层面的健康发展。

（2）标准化在以下方面促进了英国商业发展

- 鼓励创新：标准激励了创新，并从概念到市场为商业提供了支持。通过知识共享和创造有效合作，加速了生产与服务市场的发展，促进了工作分工。

- 发展的基石：标准通过改善商业效率和降低成本，增加了消费者信心，提供了发展基石，提高了收益。
- 改进市场准入：标准促进市场准入，促进了贸易。标准提升了市场竞争，帮助企业掌握知识、分享见解，减少风险。

（3）标准化成为一种可持续发展的政策工具

- 标准和相关法规已经被证实是一种寻找贸易和可持续发展的互补方式。
- 当企业将标准与认证作为企业自发行为时，它们就成为了企业可持续发展的政策工具。
- 制定标准的过程，为企业提供了聆听不同观点和学习的机会。从参与标准的协调中能够获得更多的利益。

四、其他国家

1. 日本

2007 年，日本对国际标准化活动的经济效益以及标准化与宏观经济的关系进行了研究。日本采用标准效果 – 成本法对国际标准的经济效益进行计算，基本方法是以日本参与制修订国际标准产生的经济效益（日本标准上升为国际标准所产生附带的知识产权、技术壁垒降低等给相关产业带来的经济效益）减去制修订国际标准的成本（标准研制项目投入费用，如可能的会议、人力、差旅、试验等），其差额就是国际标准所能带来的经济效益。研究结果显示，日本将一项日本国家标准（JIS）推动转化为国际标准，将本国的优势技术及产品参数反映到国际标准中去，一般能带来 300 亿日元（折合人民币 20 亿元）的经济效益。涉及规模较大的特殊产品和产业时，则能产生上千亿日元的经济效益。而对于标准化与宏观经济的关系，日本的研究表明，采用国家标准可增加通商机会；标准是推广科研成果的有效手段，比企业专利战略还要重要，更能促进经济的增长；标准对技术创新具有很大的促进作用。

2. 加拿大

加拿大会议委员会（Conference Board of Canada，是加拿大非盈利性智库，建立于 1954 年，旨在调查和分析经济走向、组织绩效以及公共政策问题——编者注）于 2007 年测量了 1981—2004 年，标准和资本劳动比率对加拿大劳动生产率的影响。结果表明，标准与劳动生产率有直接的、重要的正相关性，如标准数量有 1% 的变化，劳动生产率就有 0.356% 的变化。加拿大标准委员会（SCC）在 2007 年开始标准化对国民经济影响研究的实证分析，他们认为，标准主要通过改善劳动生产率来促进整个经济发展。在借鉴德国、英国研究方法的基础上，进行了大量的采访，调查对象涉及多位行业领导人，调查结果为标准及标准化的效益及成本提供了更进一步的证据。另外两个具体案例研究了标准化在具体公司里的效益，并针对获得 ISO、IEC 标准化组织认可的挑战进行了研究。

3. 法国

法国标准化协会（AFNOR）于2009年开展了标准对经济增长影响的宏观研究，并采用全要素生产率（TFP）作为测量指标。研究结果表明，自1950年以来，通常情况下标准对经济增长的影响是显著的，如标准数量有1%的变化，TFP就有0.12%的变化，呈正相关性。AFNOR在2009年研究了自愿采用标准对经济活动的影响，发现标准化是宏观经济与微观经济之间一个强大的杠杆。

4. 新西兰

新西兰在2011年宏观经济中，收集了1978—2009年的数据，测量了标准库存量对新西兰全要素生产率（TFP）的影响，并建立一般均衡模型来测算、证明标准为新西兰经济方面带来的效益、成本及机会。在微观经济方面，研究了标准对特定行业的影响，尤其是建筑业，并用3个具体案例研究标准的经济效益、实施标准的成本，以及标准在个人、公司及行业领域是如何影响决策的。

新西兰于2011年实施了一个二阶段评价程序，首先确定标准、专利和TFP之间的关系，然后确定资本劳动比率同TFP和劳动生产率的关系。结果显示，标准和TFP之间存在显著的正相关关系，如标准数量有1%的变化，则TFP增加0.10%、劳动生产率增加0.054%。

总体来说，按照德国、英国等学者的研究结果，标准实施后，对标准所涉及的产业领域带来的经济增长及其贡献方面，都将起到很大的促进作用。这也是近年来，世界各国致力于推行当地标准化战略的原因所在。德国是对标准化经济效益的研究较为突出、影响较大的国家。虽然标准实施后会对社会发展有正向的推动作用，但如何计算、贡献率到底体现在哪些方面，还没有很一致的说法。

苏联等国还根据一些学者的论断，起草了计算一项标准在实施后给当地经济和产业带来多少经济效益方面的标准，并发布实施。只是当时标准化工作还不受重视，这些标准也没能得到各界的重视和推广实施。

2010年，虽然一些国家对标准化经济效益展开了一些研究，但是鉴于研究方法的多样性，不利于进行各项研究之间的对比，无法从研究组合中得出比较基准。因此，ISO从2007年开始，在2008年分析比较近期研究成果及与之相关的方法论的基础上，2009年3～5月研发了一种通用的方法来评价和量化标准经济效益，2009年7月就将该方法论应用于世界范围内的试点产业和行业。整个方法论基于20世纪80年代哈佛商学院迈克尔·波特教授提出的企业管理新概念——价值链分析（VCA）可运用于评价标准对国家或国际层次上某一产业领域的影响，并在全球汽车业中已经展开试点研究。这一方法论为标准化对某一特定行业的经济效益研究提供了很好的指导。

WTO利用标准和法律政策建立了一个公开、非歧视的贸易系统。这个系统考虑到公共政策问题，缩减了标准中一些隐含保护和歧视造成的危害。为使该贸易系统有效运行，需要加快国际标准制定的速度和广泛参与度。WTO报告中指出，国际标准日趋重要，WTO把ISO、IEC、ITU列为49个国际标准组织中最重要的组织。

五、国内研究现状

与国外开展的标准效益评估方法相比，我国的标准化经济效果研究更为微观，更聚焦于行业或企业内部个体的经济效益的计算。

1. 发展历程

我国于20世纪六七十年代开始标准化效益的研究，到2010年大致可分为3个阶段。

第一阶段，以我国有关政府部门为首。1983—1984年，我国就以国家标准的形式发布了标准经济效果的评价指标体系和计算方法：《标准化经济效果的评价原则和计算方法》GB 3533.1—83、《标准化经济效果的论证方法》GB 3533.2—84和《评价和计算标准化经济效果数据资料的收集和处理方法》GB/T 3533.3—84。该系列国家标准经过多年实施，取得较好的应用效果，为我国开展标准化经济效益的评估、优化标准在企业中的实施应用提供了较好的指导。其研究的是标准的经济效益，结合定量和定性分析，将标准当做对经济的一种独立的促进因素，标准化的经济效益等于标准化有用效果减去标准化劳动耗费，即因执行标准化而得到的收益与标准化的成本之差。这种计算方法较为直观、简便，但却无法反映和区分标准和其他要素的共同作用。

第二阶段，原国家标准局的标准化对经济影响的研究基于投资收益理论，从微观角度出发，通过评价标准在企业实施中的成本以及收益（或经济效益），来描述标准对经济的影响。研究认为标准在实施过程中会增加或减少各种成本，也可能会提高生产或产品质量、增加产出，对国家层面而言，则有可能使出口增加。为评价标准对经济的影响，原国家标准局建立标准化经济效果评价计算体系，将标准的影响分为标准化节约和标准化费用两大部分。此外，对于有些投资额较大、延续时间较长的标准，采取动态计算方法，对每年的节约或投资折算成相同年度的数额（折旧处理）进行比较。该评价方法基于标准对微观经济体的影响研究，例如标准对某企业生产的影响和企业实施标准的成本研究，利用各企业的调研数据，分析标准实施对企业的影响，然后综合研究结果，得到标准对经济的影响。

第三阶段，主要采用计量经济学方法进行定量分析。有人主要从宏观角度，结合我国实际情况，收集1979—2007年相关数据，运用计量经济学方法测算出标准对我国实际GDP年均增长的贡献率。在大量收集标准存量数据（包括标准发布和标准废止数据）的基础上，以标准有效存量作为标准状态的指标，采用柯布－道格拉斯生产函数作为模型的基础，将专利、标准和教育科研投入都纳入科技进步的外延，建立了我国技术标准对国内生产总值增长的贡献率模型。运用统计学方法评估我国技术标准对GDP增长的贡献率及关键影响因素，考虑到我国标准制（修）定的速度，计算出因执行技术标准而获得的国内生产总值增长的最终估算结果。

王超等（2009）的研究得出“工程建设标准化对我国国内生产总值的拉动为0.4个百分点左右”的结论。他们认为工程建设标准化服务于工程建设全寿命周期，只有完成工程建设标准化活动全过程，才能实现对国民经济和社会的影响；通过制定和实施工程建设标准，工程建设单位可以在生产中简化或消除大量不必要的重复劳动，提高专业化生产和专业化协作程度，降低生产成本，节约劳动时间，取得比较大的经济效益；制定和实施严格的工程建设标准，可以减少环境污染以及资源浪费带来的巨大损失。因此，分别定性地分析了工程建设标准会对微观（企业）层次、中观（产业）层次、宏观层次的作用机理及效果，从微观角度上升到宏观角度。另一方面，他们建立了可计算的一般均衡模型（computable general equilibrium，CGE），定量研究了工程建设标准对国民经济的影响，主要由3个方面体现：延长工程使用寿命、促进技术进步、对投资产生影响。围绕这三方面，设计了针对折旧、投资、技术进步等经济指标的影响调查问卷，通过调查问卷分析得出CGE模型有关参数，结合社会核算矩阵、生产函数法、投入产出法等计算方法，最终得出影响程度。

2009年和2017年，由中国标准化研究院主导，先后2次对该系列中的二项国家标准进行了修订，并发布了GB/T 3533.1—2017《标准化效益评价第1部分：经济效益评价通则》、GB/T 3533.2—2017《标准化效益评价第2部分：社会效益评价通则》，这是目前我国开展标准化经济效果评价和计算的最新准则。

2. 农林业标准化效益研究概况

农林业标准化既是一门成长中新兴的横断学科，又是一门古老而年轻的新学科。对于农林业标准化生产带来的经济效益评价方面的研究，大多以定性研究为主，定量研究较少。

由于农林业生产的复杂性以及我国农林业生产经营体制的限制，有关活动要面对复杂的自然环境条件和不同的操作人员，所以源自工业标准化效益评价的方法与成果，难以应用在农林业领域。因此，农林业标准化的产业经济效应方面的评价研究一直处于摸索阶段。1986年我国开始建立农林业标准化示范区，通过示范的方式推广农林业技术标准，推进标准化经济、生态和社会效益评价指标体系的发展，农林业标准经济效益方面的评价有了新的进展。李太平等（2008）通过分析供求关系，建立了模型并结合农业标准化的实施情况，分析了采用单一农产品的标准还有同时使用2项以上标准的不同情况，对农民收入有什么推动，来进行研究分析，结论是采用2个标准对农民的增收影响更大，用这种方式对农业标准化工作的提升效果也是更好的。

近几年来，部分学者结合标准化和农林业技术经济学、生态经济学、产业经济学等相关知识，对农林业标准化经济、生态和社会效益进行了初步探索，研究了农林业标准化经济、生态和社会效益评价内容、原则、方法以及指标设置和选用。

林业标准化效益评价方法可分为定性评判法与定量评判法。更准确的评价标准，一般不只采用一种方法，而是根据需要采取多种方法，进行更科学的综合性评价，避免主观因素影响评价结果。

定性评判法：评判者根据自己的专业知识，对目标标准的全文审阅后做出质量影响判定。这种判定需要高层次及全面知识的支持和客观的心态保证。这种评判可延伸到对制定过程的全面了解。

定量评判法：根据标准制定要求、实践结果及过程质量控制点的行为效果，提前确定一系列量化指标，再借助某些工具进行运算判定。这种方法需要预先确定指标和有关指标测量的方法。

标准化效益的评价可以有多种技术路径评价模型，包括基于指标体系的评价模型、宏观统计评价模型、理论预测评价模型、综合统计权重评价模型、单项效益评价模型。指标体系评价模型已有人在进行尝试。

第二节　标准化效益评价概述

林业标准化通过“简化、统一、协调、选优”，调整生态经济系统内的生态结构、技术结构，促使生态经济系统内的能流、物流、价值流的有效运转，实现自然扩大再生产与经济扩大再生产的同步增长，将生态效果、经济效果、社会效果有机融合在一起，达到和谐统一。只有认真分析林业标准化效果，确定适当的评价内容，采用科学的评价方法，才能客观评价、动态跟踪、综合考核林业标准化活动。

一、标准化效益的内涵

1. 效益与效果

效益定义为：“效果和利益”。效果是“由某种力量、做法或因素产生的结果（多指好的）”。根据以上定义，标准化的效益就是标准化的结果和利益。标准化的结果和利益可以是定量的，也可以是定性的，可分为标准化的经济效益、生态效益、社会效益、技术效益、时间效益等。经济效益通常是能用定量关系来表达的，社会效益、生态效益、技术效益、时间效益等通常难以定量表达其效益关系。标准化的经济效益通常可直接用经济费用指标来度量，如降低成本费用、增加收益回报费用等，也可用能转换为经济利益关系的时间减少、效率提高等定量指标来表达；社会效益主要带来社会环境、公共安全、公众健康、公用设施、交通方便和社会秩序等利益；生态效益主要是标准化带来的环境污染减少、水质和空气质量改善、水土流失控制等；技术效益主要体现在技术进步、科研生产能力增强、产品性能提高、产品质量提高等；时间效益主要有缩短时间周期、节省时间、合理利用时间等。

2. 标准效益与标准化效益

标准是基于科学的规则程序、本着“公开透明、协商一致”的原则而制定的，所以它成为反映消费者需求的工具，因此具有很强的“公众产品”属性。经济学家从广泛的历史角度审视标准，认为标准不仅是一种“公众产品”，而且是制定政策的手段。现在的问题是，当技术创新发展很快时，制造商未能对消费者的要求给予充分考虑并反映在标准之中。标准为满足多方需求起到重要作用，表现为：

- 满足消费者对产品安全与质量的需求；

- 满足技术创新的需求；
- 满足全球经济扩展的需求；
- 满足政府或非政府组织对社会与环境的需求。

这些作用在实际中产生了效益，也是标准化效益的重要组成部分。但是，标准效益和标准化效益不是同一概念，标准效益是标准投入回报的效益，标准化效益是标准应用或标准化方法应用投入的效益。标准化的效益不是标准经济价值的输入和输出关系，而是标准化方法性的输入和输出关系；不是标准自身的贡献效益，而是应用标准或标准化方法带来改变产生的效益。一种标准化状态的建立需要人员培训、设备、装置、环境、材料等标准化的投入。

从知识角度看，标准是知识体，不是经济再生体，用投资标准评价标准化效益不太合适。例如，一个物理定律或一本有意义的书，其投资成本与其应用产生的价值相比是微不足道的。知识体的效益更主要体现在应用效益上，不应以知识获取的成本来计算知识的应用效益。即使就标准投入本身而言，通常计入的标准投入并不是标准真实投入的全部。通常，标准制定的投入只考虑了标准制定的资料费用、标准阶段程序会议费用，而从事标准研制的科研和管理人员的人工成本、硬件投入和试验验证等成本并未计算在内，这部分成本通常作为公益和自愿的奉献未纳入计算。对于研制的标准，这部分成本要比资料和会议成本大得多。即使是“抄标准”和“编标准”，人工费用和验证费用也未纳入计算。标准的价格标定，主要是以印刷和编辑费用计算的，并未纳入标准出版前的研制人工、验证和程序性过程费用。因此，用标准显性的投入和回收费用是不能真实反映标准的投入和回报关系的，也是没有说服力的，其销售未按真实投入的价值来评估定价。对于经济效益的评价，如果用标准制定的投入和标准销售回报关系来表达，是不能全面反映标准化的利益关系的。标准制定投资方效益往往以标准作为产品出售获得的效益，这一收益只占标准化利益的很小部分，大部分利益则是标准使用者通过使用标准带来的利益。如果计算标准化效益只计算标准制定的投入和标准销售回报，是不能算作标准化效益的，充其量只能算作标准制定效益。标准化的效益是状态改变的效益，是从非标准化状态或低标准化状态改变到标准化状态或高标准化状态的效益。标准化状态的改变不只是购买标准的投入，还包括为改变状态所进行的工作环境标准化改造投入、工作行为标准化培训投入、工作方法标准化改造投入等。标准化的投入主要是标准使用方的投入，标准使用者在买标准时，不关注标准价格，而关注通过使用标准使产品满足进入市场的质量要求、可用性要求、竞争要求等，这些利益的价值已远远大于买标准时的成本费用支付。标准化的投入不能以标准制定投入来计算，标准化效益也不能以标准销售回报来考量。标准化效益不是标准制定的效益。对于出于经济利益的标准制定业务，可建立标准制定投入和回报评价关系，以支持标准制定的可持续发展性。

3. 标准化效益的类别

标准化效益从定量和定性关系分，可分为标准化定量效益和标准化定性效益；从标准化的作用性质分，可分为经济性效益、公益性效益、以及权益性效益、使用性效益和互通性效益五大类。

经济性效益是获得经济收益的利益，通常有节约的经济利益、提高效率的经济利益，受益者是投入方，通常是生产者的利益。

标准化的经济性效益主要表现为四个方面。

一是提高劳动生产率是直接的经济性效益。在企业生产中，高产量的产品供应、高质量的生产直接影响企业的经济效益。因此，标准化的生产模式将有效提高产品的生产效率、扩大生产规模，大幅降低劳动力和生产工序的损耗。标准化生产模式可以运用到大规模、大范围产品生产的各个环节，同时也有利于先进生产技术的创新和广泛应用。如自动化、专业化、标准化生产模式已广泛投放在大批量的工业部件和机械零件等生产中。标准化为国家的各个生产体系和劳动力体系提供了一定的技术支持。将生产工序标准化及生产经验高效而有序地运用到定向生产中，大幅提高了劳动生产率。同时，标准化能够缩短产品生产周期，提高企业的经济效益。

二是促进经济和贸易的快速增长，为社会发展积累物质财富。国内标准化效益主要体现在标准化的高效性、收益性，以及节省人工和生产时间等方面的重要性。世界其他国家也均受益于标准化的生产和经营模式。一些发达国家国民经济增长的收益高，均得益于其高效的组织经验和生产。因此，标准化在各国经济发展上提供了有力的技术支持和丰富的生产经验。自从对外开放以来，我国对外贸易逐年增加，但是进出口贸易却严重失衡，大量的中国出口高新技术产品受到不公平对待，同时国内产品标准 6% 未能达到对外出口质量标准，造成中国与国际之间经济收入平均水平严重失衡，每年约损失 50 亿美元。为解决中国羸弱的进出口短板，唯有达到国际标准化产品技术支持才能高效地提升国内产品的质量标准，增进国际间经济和技术流动水平，提高我国国际竞争力和综合国力。

三是由“标准制定、技术进步、价格下降、利益增加”组成的链条，为全球信息产业经济带来增长。20 世纪 90 年代后期，信息技术国际标准化对世界经济产生了重大影响，加速了发达国家与新产业经济的合作，特别是推动了半导体与数字技术的发展，促进了产业化结构升级和现代化进程。由“标准制定、技术进步、价格下降、利益增加”组成的链条，为全球信息产业经济带来增长。

四是信息技术标准给企业带来商业利益。信息时代以信息技术为基础，以信息系统为手段。信息技术标准化范围的扩大是信息时代的标志。后信息时代的标准为企业达到商业利益的同时支持公共标准提供了新方法。在信息时代，社会主要收益在企业，企业对其产品与市场控制的愿望必须与社会对标准在技术传播与市场控制的愿望相平衡。

国际电工委员会（IEC）自 1906 年至今出版了成千上万的标准，在世界范围内规范了电子、电工的技术标准。不少案例分析证明，企业通过标准化可获得巨大收益和更大的市场份额，并降低了成本。

公益性的效益是使公众获得好处的利益，主要有公共安全、环境保护、社会福利等利益，受益者是社会和公众群体。公益性效益是非支付获得的利益，是广泛性受益的利益。标准化的公益性效益主要表现在以下六个方面。

一是优化和创新管理体系。标准化是一种理念，一种管理模式，拥有着一套固定又有条理的技术方法和管理制度。实现实时监督，系统化、科学化地提供科学的管理体系经验，保证每一项科技成果和技术创新都能第一时间运用到工作制定、实施、修订的全过程。创新的标准化管理是保证企业紧跟时代脚步、避免落后的重要技术支持。所以，企业拥有先进的标准化管理经验将有助于企业高效发展，获得更高的收益。

二是提高了整体经济利益。标准化被认为是微观经济基础结构的一个重要组成部分，对降低成本和提升产品质量具有重要作用。虽然标准化不能提高所有公司的盈利，但符合整体经济利益并引入了竞争机制。标准对经济增长产生巨大影响，加速了技术转移和成本降低。随着技术进步的加快、产品价格的快速下降，提高了社会效益，使消费者获得更多的利益。

三是提高综合素质和生活质量。标准是保证产品、服务和系统达到民众要求的重要保障。一系列标准已经或正在帮助改善我们的生活质量，相关法律和法规以强制的方式保护公众的安全和健康。对环境、消费者利益等外物的标准化，为国家高速发展提供良好生产、生活环境。通过严格的生产、管理和检查制度的标准化，层层过滤掉危险。此外，标准化的执行也能逐渐且深入地提高生产质量和人们的综合素质修养、生活水平。

四是有助于构建和谐社会。科学、合理、有效地利用和保护各种资源是实现可持续发展、建设生态文明的最有效方法。在人们的生产、生活中，在农林业、工业、服务业、环境保护等方面制定标准化的方案，合理分配和利用资源。同时，严格执行标准、节省自然资源，实现人与自然和谐相处，将加速构建节约型社会和社会主义和谐社会。

五是为国内外可持续贸易提供便利。可持续贸易能为贸易形成多赢的局面，为贸易提供了机会，可以消除贫穷和保护环境。标准特别是环境标准能作为可持续发展的运作工具，是社会首选的“公众产品”。标准在市场维持与市场准入方面营造了良好的环境，支持了可持续发展。

六是为世界经济发展与环境保护创造了条件。从各国对标准的需求以及它在经济活动中扮演的角色可以看出，标准化为规模经济和网络效应提供了可能，产品间的兼容性与信息交换的加强提高了经济效率；能帮助解决信息不对称、负外部效应这一重要的公共政策问题；有助于公司与政府决策；为消费者、环境保护、相关产品与服务兼容性方面提供信息。

标准化的权益性效益是支付人的维权性利益，主要有产品质量保证、服务质量保证等，受益者是产品和服务的支付者，通常是消费者的利益。

标准化的使用性效益是获得使用便利的利益，通常有接口通用带来的可普遍使用利益、维修更换方便的利益、维护保障经济的利益等，受益者是用户，利益有经济性和公益性双重属性。

标准化的互通性效益是获得信息识别与交换的利益，通常有语言互通、文字互通、符号互通、信息互通等，互通利益有经济性的、公益性的或经济公益性的，受益者是信息交流的双方或多方。

节约的经济性利益主要表现为节约材料、节省能源、节省体力劳动、节省智力劳动等消耗。提高效率的经济利益主要表现为提高设计效率、加工效率、试验效率、管理效率、交通效率、物流效率等。节约和效率看起来有些难以区分，区分的关键是时间关系，具有时间关系的节约为效率，物质和能量的节省看作节约。节约和提高效率带来经济利益的另一个视角是避免浪费和降低成本。标准化带来的节约利益通过制定标准规定合理的材料下料关系、耗能设备功耗、工作行为方式、技术工作方法等内容，以带来材料、能源、劳动的节省。标准化带来的效率利益通过制定标准规定合理的工作流程关系，实现节省时间，提高工作效率。获取经济利益的标准是收益方的主动动机和行为。

公共安全的利益主要是公共的食品安全、社会安全、道路设施安全、产品安全等保证。环境保护的公益性利益主要通过控制废气、废水排放和废物处置，控制水资源、植物资源、矿产等资源开发利用，保护动物生存和生存环境等来实现。社会福利的利益主要有人员救助、环境美化绿化、健身设施建立等，通过制定标准来保证社会福利充分和有效地提供。公共安全的利益通过制定公共安全标准、制定限值来控制，以保证公共利益的不可侵犯性。公共安全的标准和环境保护的标准是限值性的强制标准。社会福利的标准是推进性的标准，以推动不断改善公共事业的服务。

产品质量保证的利益主要涉及机械、机电、电子、光电、冶金、轻工、化工、材料、食品、农牧业等产品，通过制定产品标准，确保这些产品的功能、性能、外观、耐用、可靠、环境适应性的质量，使消费者的支付能得到相应价值回报；保证食品、农牧业等产品的营养成分、有效期、添加剂控制等，确保食用产品有益和安全，保护消费者的健康不受侵害。服务质量保证的利益主要涉及餐饮、住宿、娱乐、美容、金融、物流、交通、购物等服务，通过制定标准，保证服务的内容、时间、态度等质量。

接口通用的利益主要涉及机械接口、电子接口、电气接口、光学接口等，通过制定通用接口使产品可跨地区、跨国家使用，避免接口不可连接或接通不能使用。维修方便利益涉及维修问题检测容易、拆卸简单、省时、更换牵连性小（降低更换成本）等，通过制定产品的测试性和维修性标准，保证产品维修的便利。维护保障经济性主要是产品的保养经济性和使用耗能的经济性，利益涉及维护更换时间短、维护用物料易获得、经济性好（如汽车保养）、使用消耗经济和方便获得（如汽车的汽油）等，通过制定维护性标准和保障性标准，获得方便和省钱的利益。

语言互通、文字互通、符号互通、信息互通的利益主要通过制定语言、文字、符号、信息标准，实现交流双方或多方的相互识别和相互理解，以获得信息互通带来的知识学习、信息搜集、感情交流、信息传递等利益。

4. 林业标准化效益

林业标准化以林业科学技术和实践经验为基础，遵循生态优先、生态补偿、生物多样性、功能多样性等林业标准化活动的四大原理，对苗木栽培、造林、营林等林业生产的全过程制定并实施相应标准，使林业生产经营全过程达到系统化和规范化，从而取得经济、社会和生态三大效益。林业标准化的有效实施能够保障林产品的质量安全，有助于提升林产品的市场竞争力，是促进林业科技成果转化为现实生产力的有效手段，对林业产业的转型升级及其可持续发展具有重要的推动作用。

林业的功能与价值主要来自森林，森林能够产生经济、生态和社会效益。

森林的经济效益：为社会提供木材、林副产品；提供人们必须的生产原料和生活资料。

森林的生态效益：为生物提供繁衍生存条件，保护生物物种的多样性；保持水土，涵养水源，减少泥沙流失；净化空气，改善空气质量；防风固沙，减少风沙危害；降低空气中粉尘，减轻噪音污染，缓解“热岛效应”等。

森林的社会效益：为人们提供优质的生存、生活、生产环境条件；提供教学、科研、文化、文艺等采集和创作基地；提供人们旅游休憩、娱乐疗养的场所。

因此，林业标准化效能主要表现在以下几个方面：①生态方面。如生态环境改善，人居环境质量提高，森林健康水平提高，生物多样性增加，森林质量提高等。②资源节约方面。在林业生产领域、流通领域、消费领域中，可节约大量的人力、物力和财力，减少资源浪费和消耗，提高林业劳动生产率。③林产品质量方面。在林产品质量安全、卫生、环境保护等方面得到保障。④市场化方面。能够合理简化林产品的品种规格，促进林产品的生产标准化、市场化，提升农林产品质量安全，保护消费者利益，增强农林产品的市场竞争力；消除国际贸易技术壁垒，解决国际贸易纠纷，加强与国际技术合作交流。⑤科学技术方面。推进科技进步，加速科技成果的转化。

林业标准化经济效益主要表现在林业标准实施前后经济效益的变化对比：在生产方面，主要包括农民的个人收入、土地资源利用率和劳动生产率、林业产品质量和林业生产环境、林业发展概况以及林产品安全性等问题；在经营方面，主要包括林产品品种和规格的简化、林产品生产过程的标准化以及林产品的质量安全等，除此之外，还包括消除林业国际贸易的技术壁垒、促进国际间的技术交流合作等方面。

社会效益主要表现为标准实施前后对社会发展水平的影响，林农素质、文化生活、科技水平、经济活力以及林农人均纯收入的增长情况。

生态效益主要表现为标准实施前后对生态环境和可持续发展产生的影响，包括对森林资源、环境质量以及林产品质量与安全性等的影响。

二、标准化效益评价的基本原理与方法

标准化的效益反映的是标准化的利益。标准化的效益从通俗的角度可以看作标准化的好处，标准化的定量效益和定性效益是标准化利益的不同表现形式。标准化效益的评价一直以来都是迫切需要解决的问题，但至今还未得到满意的解决方法。建立合理、有效的评价方法的难度在于效益评价的理论关系研究得不够，难以支撑建立科学的评价方法，或是标准化效益评价路径选择不合适，陷入复杂困境。效益评价通常是为了说明投资回报的利益。评价标准化效益主要是对实施标准化带来的效益进行说明，开展这种评价是为了推动人们充分利用标准化这一有益手段，服务于社会进步和社会发展的需要。业界出现的一些标准化效益评价尝试，不是过于简单，就是过于复杂。简单的评价方法是以标准销售收入来计算效益的，使标准化的作用价值不能真实体现。复杂的评价方法设置了庞大的评价指标体系，造成了评价周期长和评价成本高，使标准化效益评价陷入复杂化的高耗费和高耗时的困境。对于简单式评价和复杂式评价而言，前者不足以体现标准化的价值，后者使评价的费用和时间支付难以承受。采用指标体系评价标准化效益

是一件非常困难的事，难度在于如何从复杂的多方面利益关系中分离出标准化的部分，且分离出的标准化利益比例是公认合理的，评价的结果是普遍认可的。

标准化效益的评价要避免主观化、复杂化和扩大化。主观化的评价会造成与实际偏离，不易得到广泛的认同。复杂化的评价使评价成本高、时间周期长，难以实施和广泛推广使用。扩大化的评价，效益归属模糊，难以划分清楚，评价将陷入事倍功半的境地。一个可行的标准化评价方法是繁简适度、归属清晰、证据充分，具有自觉认同性。

1. 标准化效益评价原理

标准化效益的定量计算如采用白箱模式，不易从诸多利益贡献中清楚地分离出来，且各贡献方都在意自己对效益作出的定量贡献，都计较己方的贡献是否被它方所归属，因此，标准化的效益不易确定归属。标准化效益的定量计算采用黑箱模式，可避开标准化与其他贡献的细分工作。对于定性的标准化效益或标准化效果的评价，因其具有标准化独特的显性状态，如标准化形成的良好交通秩序、品牌标识等，不易造成效果归属的多方利益冲突，容易被认可。

可行和有效的标准化效益评价模型必须基于正确的评价技术路径，正确的技术路径应为：标准化不是效益的原创因素，而是效益的增强因素或改善因素；以黑箱方式关注效益相关的输入与输出关系，而不关注过程细节；标准化的作用可以是多维的，可从技术、工作、管理、硬件全面实施标准化，将效益贡献归集于标准化；标准化的效益贡献是一个时间周期过程，标准化的总效益应是时间积分的结果。标准化效益计算模型的建立应以以上技术观点为思路。标准效益模型的建立，可从基本模型建立到计算模型建立，基本模型是概念性模型，以厘清计算关系。标准化宏观统计基本评价模型是以建立标准化状态后与建立标准化状态前的效益之差减去标准化的投入。

设建立标准化状态前的效益为 B，建立标准化状态后的效益为 A，为建立标准化状态所进行的投入总和（标准、人员培训、设备设施增加、设备设施改造、环境改变等投入）为 Z，建立标准化状态带来的经济效益为 X，计算标准化效益 X 的宏观统计基本数学模型为：

$$X=(A-B)-Z \tag{5.1}$$

标准化投入效率 T 的宏观统计基本数学模型为：

$$T=[(A-B)-Z]/Z \tag{5.2}$$

宏观统计时间相关的标准化全寿命周期效益计算数学模型为：

$$X_T=\left(\sum_{i=1}^{g} A_i - B_y Y_g\right)+(A_g - B_y)Y_{gz}-Z \tag{5.3}$$

式中：X_T——全寿命周期的标准化效益（元）；

A_i——实施标准化后第 i 年的效益（元）；

B_y——实施标准化前每年的效益（元）；

Y_g——实施标准化开始至拐点的年数（年）；

A_g——实施标准化后拐点年的年效益（元）；

Y_{gz}——拐点年至标准化寿命周期终止年的年数（年）；

Z——建立标准化状态的投入总和（元）。

宏观统计时间相关的标准化投入全寿命周期回报率 T_T 计算数学模型为：

$$T_T=\left[\left(\sum_{i=1}^{g}A_i-B_yY_g\right)+\left(A_g-B_y\right)Y_{gz}-Z\right]/Z \tag{5.4}$$

以上标准化效益评价模型是基于标准化效益的总结果来计算的，没有展开到标准化相关的各因素和各过程去计算。此处的标准化效益评价方法或模型是基于标准化前后的效益对比来计算的，避开了复杂因素细节的处理，且有可信度高的特点。

2. 效益评价需注意事项

不要以非标准化目标的投入来计算标准化的效益，这样很难厘清是谁发挥的作用、产生的效益，如不要在质量改进目标投入、可靠性投入、精益管理的投入方面，来计算标准化的效益，这种多目标重叠的效益贡献是很难分清各方面贡献的，也很难取得对贡献认定的共识。多目标会带来对标准化效益贡献的直接性、配合性、保障性、间接性等关系划分的复杂化和困难化。对于工作目标不是标准化目标的情况，标准化带来的作用需要从诸多作用中区分出标准化的直接作用、配合作用、保障作用等作用关系，并由此区分出哪些是标准化的直接效益作用，哪些是标准化的间接效益。

3. 标准化效益评价方法

标准化效益的评价可以有多种技术路径评价模型，包括基于指标体系的评价模型、宏观统计评价模型、理论预测评价模型、综合统计权重评价模型、单项效益评价模型。

基于指标体系的评价模型是以不同等级的大量指标统计为依据来计算标准化效益的。基于指标体系评价模型已有人开展了相关工作，但面临指标体系的指标种类过于庞大、指标数据采集困难、标准化的贡献难于界定、数值确定主观性干扰大等问题。基于指标体系评价模型是一种“白箱”方法的评价模型，计算方法工作量巨大，工作复杂程度也很高，需要耗费大量的人力和时间，带来巨大的标准化效益评价成本。宏观统计评价模型是基于效益的结果统计，是一种“黑箱”评价方法模型，关心的是费用的输入和收益的输出关系，不涉及效益获得的细节关系，计算难度小，可信度高，是标准化效益评价比较好的选择模式。理论预测评价模型是基于仿真预测的理论数据和公式进行计算的评价模型，需要对评价对象建立效益产生的仿真关系，以此进行标准化效益的评价。理论预测评价需要在前期进行理论性的分析和统计工作，建立评价的理论计算公式，编制仿真软件方可进行。目前尚未有人开展相关工作，但随着仿真软件全面发展，这将会是一种有前景的标准化效益评价模式。综合统计权重评价模型是针对管理、技术和标准化等方面的改进产生的效益，评价方法可参照宏观统计评价模型，评价的重点是把管理、技术、标准化等效益的贡献率进行区分，并给出相应的权重，确定各项效益的贡献。单项效益评价模型主要是针对标准化带来某一特定利益建立的评价模型，如标准化提高效率的算法模型、节约成本的算法模型和提高良品率的算法模型等。

目前对标准化经济效益的评价可以分为两个层次：

一是宏观层次，即从整个国家角度评价标准化对国民经济所带来的效益，例如德国标准化学会（DIN）在德国、奥地利和瑞士三国所开展的长达两年的“标准化总体经济效益”研究。该研究表明，标准化给国民经济带来的效益约为国民生产总值的1%，其中德国国民经济增长的三分之一是由标准化创造的。2001年德国在标准化方面的投入为7.7亿欧元，而产生的经济效益高达160亿欧元，投入产出比约为1∶20。早期其他国家所进行的研究也表明，标准化投入能够给国民经济带来显著的效益，标准化的投入产出比在日本大约是1∶10，苏联为1∶7.5，法国为1∶20，而美国为1∶50。

二是微观层次，即从企业角度评价标准化所带来的经济效益。在微观层次上，世界各国自20世纪60年代起相继提出标准化经济效益的评定与计算方法。日本提出了《公司级品种简化的经济效益计算方法》和《重要度评价与优先顺序》；美国的全国宇航标准（NAS1524）提出《公司级节约的计算方法》，给出了9个计算标准化节约的公式；苏联制定了《标准化经济效益计算方法基本规定》等7个国家标准，给出了20个基本公式和56个个别类型的计算公式；我国也制定了《标准化经济效益的评价原则和计算方法》GB 3533.1—83的国家标准及相应的配套标准，给出了计算评价指标的公式和36个计算经济效果的公式。

目前对介于宏观和微观之间的行业级标准化经济效益评估的分析研究还很缺乏。宏观层次的标准化经济效益评价由于涉及的范围太广，难以为企业标准化活动提供具体的指导，而微观层次的评价由于针对某个具体的企业，评价结果难以为其他企业的标准化活动提供普适性的指导。从整个行业角度检验标准化的活动成果，使得人们对标准化的地位和作用的认识具体但不狭隘，可以为同行业各个企业标准化投入决策、标准制定和标准规划提供基础和依据。

学术界对标准化实施所产生的经济效益的分析方法有多种，但归纳起来主要有三种：一是根据评估对象的不同情况需要，选择相应的财务指标分析标准化实施后的经济效益，如吴劲峰（2009）选择财务净现值（financial net present value，FNPV）、财务内部收益率（financial internal rate of return，FIRR）、投资回收期（payback period，Pt）以及投资利润率（investment profit margin，IPM）等财务指标论述了农林业标准化实施后的经济效益。二是通过构建一套评价指标体系来评估标准化实施后产生的经济效益，如宋敏等（2003）基于DEA数据包络分析法（data envelopment analysis，DEA），从投入和产出两方面构建评价指标体系，对企业实施标准化后产生的经济效益进行了分析；王冰（2013）通过构建一套包括经济、社会和生态三大效益的评价指标体系评估了林业标准化实施产生的效益。三是运用生产函数法，把标准化作为一种投入变量，使用生产函数测算标准化对经济产出的贡献率，如吴海英（2005）基于具体案例，用C-D生产函数分析了实施标准化后所带来的经济效益。前两种分析方法虽然简明易懂，但由于缺乏统一度量的标准，不能对所产生的经济效益进行量化分析；尽管第三种方法被很多研究者使用，但是大多数研究都没有把标准化量化处理放入生产函数模型中进行分析。因此，通过设计林业标准化指标，对林业标准化变量进行量化处理，将其作为一种投入变量放入生产函数模型中，实证分析林业标准化实施对林业经济增长所产生的影响，并测算林业标准化实施对林业经济增长的贡献率，具有一定研究意义。

三、标准化效益评价步骤——ISO“价值链”分析

标准在企业、行业、国家等不同层面到底发挥了多大的作用，尤其是产生了多少经济效益，至今没有公认可行的评估方法和详实的数据结论。近10年来，德国、英国、澳大利亚、法国、日本等发达国家都不同程度地对标准化经济效益评价方法进行了研究，以评价标准化活动的前期投入与后期产出的关系，同时将标准化经济效益评价结果作为国家制定标准化战略和政策的重要参考依据。

ISO在德国罗兰·贝格战略咨询公司的支持下，制定了一个以价值链概念为基础的方法来评估和量化标准对企业产生的经济效益。截至2012年年底，ISO与19个成员国一起完成了22个关于标准经济效益的案例研究，出版了《标准的经济价值：国际案例研究》(*Economic benefits of standards: International case studies*)，其中包括中国开展的新兴铸管股份有限公司和大连船舶重工集团有限公司两个案例的研究成果。这些试点项目都是由国家标准委组织，联合被评估的企业、当地的大学/研究机构共同开展的。

哈佛大学商学院教授迈克尔·波特于1985年提出了“价值链”概念。波特认为：“每一个企业都是在设计、生产、销售、发送和辅助其产品的过程中进行种种活动的集合体。所有这些活动可以用一个价值链来表明。”企业的价值创造是通过一系列活动构成的，这些活动可分为基本活动和辅助活动两类，基本活动包括内部后勤、生产作业、外部后勤、市场和销售、服务等，而辅助活动包括采购、技术开发、人力资源管理和企业基础设施等。这些互不相同但又相互关联的生产经营活动，构成了一个创造价值的动态过程，即价值链。价值链模型如图5.1所示。

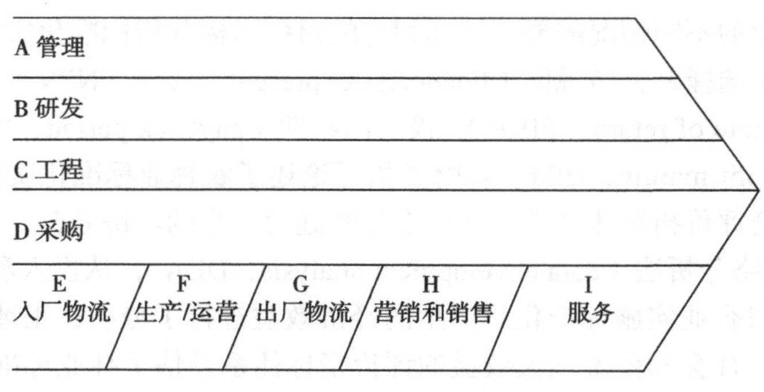

图5.1 价值链模型图

ISO标准经济效益方法是国际标准化组织（ISO）制定的用以评价和量化标准经济效益的方法论。基本分析方法是价值链。价值链指一连串与产生某些输出、产品或服务相关的活动，可以是公司价值链或产业价值链。ISO运用比较分析的方法，以“价值链”概念为基础采取5个步骤对标准的经济效益进行评估。

1. 理解产业和公司的价值链

这一步要明确公司在产业价值链中的定位以及公司的价值链，确定评价的范围。将

待研究的企业置于行业价值链的背景中，确认与企业最相关的业务功能。评价范围取决于公司的规模和复杂程度、评价项目可获得的资源、关键信息的获取以及评价项目组成员的经验等。

2. 识别标准的影响

明确标准对企业主要业务功能及相关活动的影响，并选择指标确定这些影响。确定标准在价值链的哪些环节发挥了影响，并确定产生了什么影响。这一环节可以借助标准综合影响图。

3. 价值驱动因素分析

确定价值驱动因素和关键绩效指标。价值驱动是使一家企业具有竞争优势的重要企业能力。在评价标准的影响时与价值驱动因素相关联，考虑哪些活动对价值创造至关重要，识别出标准对其是否有影响。通过明确企业的价值驱动因素，把评估的重点放在评估与企业最相关标准的影响上，然后推导出每一个价值驱动指标（也就是关键绩效指标，简称 KPIs），这样就把标准的影响转化为成本的减少或收入的增加两种形式。

4. 评价和整合结果

评价的目的是对标准产生的影响进行量化，一般借助财务方式，表现为降低成本或增加收入或两者兼有。财务影响可以借助营运指标或其他数据确定。

5. 评估标准化的经济效益

将与企业最相关标准的影响量化，计算每个影响对利息及税项前盈余（EBIT）的影响。最后，在企业层面上对标准的经济效益进行汇总。

除了计算经济效益之外，ISO 标准经济效益方法论还可以用于量化非经济效益。包括 3 个步骤。一是前期准备。主要是在评价前分析组织营运的社会和环境因素，确定非经济效益是组织核心业务的一部分，或者组织以盈利性业务为主，非经济效益与核心业务有关。如果组织已经通过管理衡量了社会或环境绩效，就可以直接采用报告指南得出评估结果。二是明确评价的范围。确保明确的范围十分必要。为了保证分析的针对性和可管理性，可定义关键方法来描述评价范围的社会和环境效益。三是评估非经济效益。在完成前两步后，就可以按照评估经济效益的步骤评估标准的非经济效益。

可以看出，ISO 标准经济效益方法论以公司或产业价值链为基础，也就是说，这种方法是基于公司生产经营活动的过程来评估标准的经济效益的。这种基于过程的评估方法，既可以用于评估总的标准化实施的经济效益，也可以用于评估单一标准的经济效益。同时，通过评估标准在各个细分的价值链环节上产生的影响，获取的信息更为详尽，评估结果更可靠。价值驱动分析通过选择营运指标来量化标准对公司业务的影响的方法，对于评估标准的非经济效益也能适用，可以将定性的影响转化为定量的结果。ISO 方法论是一个比较成熟、完善的方法，能够提供评估、分析所需的工具、实施指南以及方法实施的案例，对实施操作有很大的帮助。

但是，ISO 标准经济效益方法论获取数据的方式有案头研究、收集行业数据、对公司代表进行访谈和研讨会等。这些方式都不直接获取所评估公司的财务信息，而是通过获取类似公司或行业的信息间接地来评估所选公司的标准创造价值，很容易造成评估的误差。

第三节　林业标准化的经济效益评价

一、评价方法

我们主要基于《标准化效益评价　第 1 部分：经济效益评价通则》（GB/T 3533.1—2017），结合林业科研生产实际，研究林业标准化的经济效益评价。

标准化产生经济效益的机理目前还在继续研究和探讨着，从 20 世纪 60 年代至今已取得了不少成果。国际标准化组织标准化原理常设委员会第十工作组（ISO / STACO / WG10）在经过大量调查研究的基础上撰写了《贯彻国际标准的效果》《贯彻国际标准经济效果的判断》《经济效果的计算》《经济效果的近似判断》《经济效果的分析》《产品国际标准化优先顺序评价》等一系列文件；日本提出了《公司级品种简化的经济效果计算方法》和《重要度评价与优先顺序》；美国则提出《公司级标准化节约的计算方法》等 9 个标准（ANSI 1524）；苏联先后制定和修订了《标准化经济效果、计算方法基本规定》（TOCT20779）等 7 个国家标准；我国自 1983 年以来已先后制定了《标准化经济效果评价原则和计算方法》（GB/T 3533.1—83）、《标准化经济效果的论证方法》（GB 3533.2—84）、《评价和计算标准化经济效果数据资料的收集和处理方法》（GB 3533.3—84）、《包装标准化经济效果的评价和计算方法》（GB 857—89）等国家标准。有些行业（如化工）和地方也制定了相似的行业标准和地方标准。1979 年，国际标准实践联合会（IFAN）建立的第一工作组就是标准化经济效益工作组，经过几年的研究，已提出了指导性文件《一个公司标准化经济效果的计算方法》和题为《标准化的效益》的小册子。相信标准化效益的研究将更广泛更深入地开展下去，并将取得更大的成果。

李尔丁提出农业经济效益应以相对经济效益为准，即在制定和实施标准后产生的经济效益超过原有实施技术和措施产生的经济效益部分，只有相对经济效益为正才能说明实施标准的价值和意义。

评价林业标准化经济效益应遵循以下原则：

- 综合考虑世界科学技术的进步与我国林业发展水平；
- 与我国的经济管理与林业经济核算制度相结合；
- 评价数据准确；
- 指标体系科学合理，避免同一指标在不同环节的重复计算；
- 评价方法实用，简便易行。

1. 效益评价的主要影响因素

通过标准化节约的人力、物力、财力以及产品或生态工程质量的改善，提高了林业标准化经济效益，同时，林业标准化费用是影响经济效益的主要因素。在资源节约方面，是否能够通过对林业生产领域、流通领域以及消费领域等各环节进行改善，以减少人力、物力、财力的投入，减少资源滥用和浪费现象的产生，最大限度地降低消耗，确保林业劳动生产率的提高。对比标准化前后的费用和产量、收入等指标可以获得标准化活动的效益。影响林业标准化经济效益评价的因素、标准化费用及效益分析见表 5.1~ 表 5.3。

表 5.1　标准化经济效益主要影响因素（参考 GB/T　3533.3—1984）

<table>
<tr><td rowspan="11">标准化经济效益主要因子</td><td rowspan="11">标准化节约</td><td rowspan="2">劳动量的节约</td><td>节约人力</td></tr>
<tr><td>降低定额工时</td></tr>
<tr><td rowspan="4">原材料的节约</td><td>降低原材料消耗定额</td></tr>
<tr><td>提高原材料利用率</td></tr>
<tr><td>减少原材料品种规格</td></tr>
<tr><td>采用廉价原材料</td></tr>
<tr><td rowspan="5">设计费用的节约</td><td>减少设计工作量</td></tr>
<tr><td>降低设计工时</td></tr>
<tr><td>减少试验费用</td></tr>
<tr><td>节约工艺文件编制费用</td></tr>
<tr><td>节约工装设计费用</td></tr>
<tr><td rowspan="19">标准化经济效益主要因子</td><td rowspan="17">标准化节约</td><td rowspan="3">燃料费用的节约</td><td>降低燃料、动力等能源消耗量</td></tr>
<tr><td>降低单位综合能耗</td></tr>
<tr><td>提高设备热效率</td></tr>
<tr><td rowspan="5">提高产品质量</td><td>降低不合格产品率</td></tr>
<tr><td>延长产品寿命（含消费者的节约）</td></tr>
<tr><td>增加优级品率</td></tr>
<tr><td>提高质量、增加销售、扩大出口</td></tr>
<tr><td>提高可靠性</td></tr>
<tr><td rowspan="3">生产费用的节约</td><td>减少工艺装备</td></tr>
<tr><td>降低单位加工工时</td></tr>
<tr><td>扩大使用标准件、通用件</td></tr>
<tr><td rowspan="2">生产周期的缩短</td><td>缩短生产准备时间</td></tr>
<tr><td>缩短设计、生产周期</td></tr>
<tr><td rowspan="4">资金的节约</td><td>减少流动资金占用量</td></tr>
<tr><td>加快流动资金周转</td></tr>
<tr><td>提高设备利用率、减少维修费用</td></tr>
<tr><td>减少固定资金占用量</td></tr>
<tr><td rowspan="2">标准化费用</td><td>标准制定费用</td><td></td></tr>
<tr><td>标准贯彻费用</td><td></td></tr>
</table>

表 5.2　标准贯彻费用统计表

序号	项目	金额（元）	支出时间	签注
1	标准和技术文件费			
2	原材料、新增未成品费、配件			
3	设备、仪器、新增工装费、工具			
4	设备更新改造费			
5	新建、改造厂房和设施费用			
6	标准宣贯费			
7	人员培训费			
8	差旅费			
9	会议费			
10	资料费			
11	标准过渡损失费			
12	其他			
13	总计			

表 5.3　标准化经济效益数据调查统计表

序号	标准化前后变化因素名称	符号	计量单位	变化因素数量		变化因素单位费用		年产量（工作量）	
				标准化前	标准化后	标准化前	标准化后	标准化前	标准化后

表 5.2、表 5.3 资料来源：洪生伟，2009. 基础标准学［M］. 北京：中国标准出版社.

2. 价值链分析法

价值链分析法适用于林业企业和行业层面的标准化经济效益评价。

价值链指与生产产品、服务或某种输出相关的一连串活动。作业的输出按固定顺序贯穿价值链各阶段，并在各阶段获得增值（参见附录 1）。价值链分析法是通过将企业内部结构分解为基本活动以及相关的辅助活动的方式来分析组织盈利模式的方法。应用价值链分析方法分析企业标准化经济效益，按以下几个步骤进行：

- 了解企业价值链。明确产业边界，分析企业价值链，识别企业主要业务功能。
- 识别标准的影响。识别标准对主要业务功能及其相关活动的影响，选择相关营运指标以识别标准的主要影响。
- 确定价值驱动因素和关键营运指标。识别价值驱动因素，以便重点评价最相关的标准影响。为每个价值驱动因素找到一个关键绩效指标并转换为成本或收入。

- 衡量标准的影响。量化最相关标准的影响。计算每一标准对息税前利润（EBIT）的影响，整合结果，计算对企业的总影响。

3. 生产函数法

生产函数法适用于林业行业和国家层面的标准化经济效益评价，生产函数模型可以测算标准对经济增长的促进作用。

应用生产函数方法计算和评估标准对经济增长的影响，应把行业（或国家）的标准存量数据作为投入要素，并与资本投入、劳动投入一起共同构成对行业（或国家）经济效益发挥作用的因素，采用增长核算方法，对标准产生的作用进行定量测量。目前，宜用 C–D 生产函数模型计算标准对我国宏观和中观经济增长的促进作用。国家和行业层面的标准经济效益可通过 C–D 生产函数模型获得，C–D 生产函数模型如式（5.5）所示：

$$Y_t = A \times P_t^{\gamma} \times S_t^{\theta} \times K_t^{\alpha} \times L_t^{\beta} \tag{5.5}$$

式中：Y_t——t 时刻的经济产出；

A——技术变动因素；

P_t——t 时刻的专利存量；

S_t——t 时刻的标准存量；

K_t——t 时刻的资本投入；

L_t——t 时刻的劳动投入。

α、β、γ、θ——资本投入、劳动投入、专利存量和标准存量对产出的弹性系数。

对式（5.16）两边取自然对数，加入回归误差项 μ_t，得到式（5.5）的回归模型式（5.6）：

$$\ln Y_t = \ln A + \gamma \ln P_t + \theta \ln K_t + \beta L_t + \mu_t \tag{5.6}$$

式中：μ_t——回归误差项。

利用线性回归模型参数估计方法，估计出标准对经济产出的弹性系数 θ：

——若 $\theta>0$，则表明标准化对经济产出有正面影响；

——若 $\theta<0$，则表明标准化对经济产出有负面影响；

——若 $\theta=0$，表明标准化对经济产出无影响。

$|\theta|$ 的大小反映了影响的强弱程度。

4. 模糊综合评价法

参见第三章第四节的林业标准适用性评价模型。

二、标准化经济效益计算与分析

为了正确评价标准化经济效益，必须建立一套衡量标准化经济效益的指标体系，通过这些指标从某些方面、在一定范围内或在一定程度上反映标准化经济效益的大小。

根据我国《标准化效益评价　第 1 部分：经济效益评价通则》（GB/T 3533.1—2017）等 3 项国家标准，林业标准化经济效益指标的计算主要考虑两个方面。

1. 标准化经济效益计算

标准化经济效益指标准化有用效果与标准化劳动耗费的差。标准化经济效益有相对和绝对两种表示方法。

标准化有用效果是指贯彻标准所获得的节约或其他有益的结果。它的表现是多方面的，如提高劳动生产率，改善劳动条件，减轻工人劳动强度，节约劳动耗费，巩固国防能力，改善人类生活、工作环境等，价值链各环节的标准化有用效果指标见附录 1。有些有用效果可以用数量来表示，有些则难以用数量表示，即可用数量表示的有用效果，也不是都能以货币来表示。

在进行标准化有用效果分析时，应注意两点：一是要全面评价标准化有用效果，不要忽略定性的有用效果；二是凡能用货币表示的有用效果尽量采用货币单位，以便进行标准化经济效果的定量计算。显然，标准化的经济效益多以货币或类货币来表示。社会效益、生态效益等可采用环境经济学或生态经济学方法，将定性指标量化或用货币来表达，突出生态效益与社会效益的作用与价值。标准化有用效果主要指标的计算公式见附录 2。

（1）标准化相对经济效益

标准化相对经济效益指制定与贯彻标准所获得的有用效果与所付出的劳动耗费之比，表达式为：

标准化相对经济效益＝标准化有用效果／标准化劳动耗费　　（5.7）

这个表达式表明，标准化活动的目的是以尽可能少的标准化劳动耗费，取得尽可能多的标准化有用效果，从而实现较大的标准化经济效果。该表达式还表明，当比值大于 1 时，标准化活动才有经济效益。

（2）标准化绝对经济效益

标准化绝对经济效益指制定与贯彻标准所获得的有用效果与所付出的劳动耗费之差，表达式为：

标准化绝对经济效益＝标准化有用效果–标准化劳动耗费　　（5.8）

这个表达式表明，只有当标准化有用效果的数值大于标准化劳动耗费的数值时，才可获得标准化经济效益，即标准化活动具有经济效益。

由此可以看到，标准化相对经济效益和标准化绝对经济效益是两个相互联系，但又有所区别的概念。前者表现了标准化活动的效率，后者是标准化活动的净收入。

（3）标准化经济效益计算

企业第 t 年的标准化经济效益 X_t 按式（5.9）和式（5.10）计算：

$$X_t = J_t - aK \tag{5.9}$$

$$J_t = \sum_{j=1}^{n} J_{tj} \tag{5.10}$$

式中：X_t——企业第 t 年的标准化经济效益；

J_t——样本企业在标准实施第 t 年的标准化有用效果（元／年）；

a——标准评价期内，标准化投资折算成一年的费用系数（a=1/T。如标准有效期为 5 年时，每年均摊的费用为投资的 1/5，即 0.2；其中 T 为标准有效期，年）；

K——样本企业的标准化投资（元）；

J_{tj}——样本企业在标准实施第 t 年的第 j 个价值链（j=1，2，3，…，n）环节的标准化有用效果（元 / 年）。

2. 标准化经济效益评价指标计算模型

（1）新增总产量指标

新增总产量指标指由于实施标准而产生的产量的增长量。计算公式为：

$$Y=(Y_n-Y_0)RA \tag{5.11}$$

式中：Y——新增总产量（千克）；

Y_n——标准实施后的单位面积产量（千克 / 公顷）；

Y_0——标准实施前的单位面积产量（千克 / 公顷）；

R——单产增量缩值系数，一般为 0.6 ~ 0.8；

A——有效标准实施面积（公顷）。

（2）新增纯收益指标

新增纯收益指标指产值减去生产成本、标准制定和实施成本的余额。计算公式为：

$$P=(P_n-P_0)A-(C_n+E_n+M_n) \tag{5.12}$$

式中：P——新增纯收益（元）；

P_n——标准实施后的单位面积产值（元）；

P_0——标准实施前的单位面积产值（元）；

A——有效标准实施面积（公顷）；

C_n——标准研制成本（元）；

E_n——表示实施成本（元）；

M_n——新增生产成本（元）。

（3）新增标准费用效益率

新增标准费用效益率指耗费每单位标准费用产生的纯收益。计算公式为：

$$S=\frac{P}{C_n+E_n+M_n}\times 100\% \tag{5.13}$$

式中：P、C_n、E_n、M_n 含义同上。

这一方法不同于其他农林业标准经济效益评价方法之处在于，用实施标准前后的经济效益的增量更能体现标准实施的价值。以最终的产量和效益为主要指标进行分析计算，具有全面、直观、方便计算等特点，可减少多层次因素分析带来的复杂计算。

该方法要求评价的对象必须能够用定量的方法确定价值。评估范围仅包括农林业标准产生的一次性的直接经济效益。

（4）市场占有率提高程度

市场占有率提高程度反映实施农林业标准化的市场效果，是提高农林业经济效益的重要前提和保证。其计算公式为：

市场占有率提高程度=（实施农林业标准化后某种农林产品市场销售额–实施标准化前该种农林产品市场销售额）/市场上同种农林产品的销售总额×100% （5.14）

（5）出口创汇率提高程度

该指标是指农林业标准化实施前后出口创汇率之差，用以衡量实施农林业标准化后其产品参与国际竞争能力的提高程度，是农林业标准化经济效益的重要体现。

出口创汇率提高程度=（实施农林业标准化后某农林产品出口额–农林业标准化实施之前该产品出口额）/同类农林产品出口总额×100%
=实施农林业标准化后某农林产品出口创汇率–实施标准化前该产品出口创汇率 （5.15）

（6）总收益和年收益

农林业标准化经济收益指制定与贯彻农林业标准所取得的有用效果与所付出的劳动耗费之差，可分为总收益 X_z 和年收益 X_n，具体可按以下公式计算：

$$X_z = \sum_{i=1}^{t} J_i - K \quad (5.16)$$

$$X_n = J_i - aK \quad (5.17)$$

式中：J_i——实施农林业标准化的某项有用效果（包括收入增加额和费用节约额，元）；

K——农林业标准化总投资（元）；

t——农林业标准有效期（年）；

a——农林业标准化投资年费用系数（在计算年经济效益时，可采用标准化投资的“分摊法”，目前一般按 5 年平均分摊，即取 a 值为 0.2）。

农林业标准化经济收益指标反映了实施农林业标准化所实现的总收益，从总量上表现了所实现经济效果的水平。

（7）农林业标准化边际成本收益率

该指标是指实施农林业标准化后新增加的产值与新增加的成本之间的比率。若该边际成本收益率小于 1，说明农林业标准化的实施并未提高农林业的经济效益；若大于 1，则说明农林业标准化的实施提高了农林业的经济效益。该指标的计算公式为：

边际成本收益率=新增的总产值/新增的总成本
=（标准化后总产值–标准化前总产值）/（标准化后总成本–标准化前总成本） （5.18）

三、林业标准化经济效益评估案例

这项研究（邱方明等，2013）基于浙江省 45 个林业标准化项目实施的调查数据，运用广义的 C–D 生产函数模型，对林业标准化项目实施的经济效益进行了实证分析。研究结果表明，林业标准化的实施对林业产出具有显著的正向影响，并从林业标准适用范围和实施强度两个角度测算出林业标准化的实施对林业经济增长贡献率分别为 19.85% 和 20.62%。

为了分析林业标准化项目实施的经济效益，2013 年 8 月，项目组选择了林业标准化实施典型省份浙江省作为调查点，按照分层抽样法抽取了杭州市的桐庐县、淳安县和临安市，绍兴市的诸暨市，金华市的兰溪市、东阳市、武义县和浦江县，衢州市的常山县，丽水市的松阳县、云和县、青田县和缙云县，共 13 个县市作为调研区域，然后对每个县市所实施的林业标准化项目（此处指经济林标准化项目）的实施情况进行数据收集。林业标准化项目的实施主体包括企业、合作社以及林业技术推广站，共调查了 45 个林业标准化项目。

评价研究通过设计林业标准化指标，对林业标准化变量进行量化处理，将其作为一种投入变量放入生产函数模型中，对林业标准化项目实施的经济效益进行实证分析，并测算出林业标准化项目的实施对林业经济增长的贡献率。

1. 计量模型设定

为了衡量林业标准化在林业产出增长中的作用，这里采用产出增长型生产函数：

$$Y=F(K,\ L,\ S) \tag{5.19}$$

在式（5.19）的基础上，可以推导出增长速度方程和 C–D 生产函数两个数学模型，从不同角度来评价林业标准化实施对林业产出增长的作用，即经济增长贡献：

$$y=a+\alpha k+\beta l+\lambda s \tag{5.20}$$

$$Y=AK^{\alpha}L^{\beta}S^{\lambda} \tag{5.21}$$

式（5.20）为增长速度方程，式（5.21）为 C–D 生产函数模型。

式中：y——林业产出年均增长率；

k——资金数量年均增长率；

l——劳动数量年均增长率；

s——标准数量年均增长率；

Y——林业产出；

K——资金投入；

L——劳动力投入；

S——林业标准化实施内生化变量。

α、β 和 λ 这三个参数的经济含义分别表示资金的产出弹性、劳动的产出弹性和林业标准化制定与实施的产出弹性。

对式（5.21）两边取对数，则：

$$\ln Y=\ln A+\alpha\ln K+\beta\ln L+\lambda\ln S+\mu \tag{5.22}$$

式（5.22）为双对数线性形式的数学模型，因此，可以采用回归分析方法估计出参数 α、β 和 λ。

2. 林业标准化指标与变量设定

（1）标准化指标设定

运用 C–D 生产函数模型对林业标准化项目实施的经济效益进行评价，最主要的一个难点是如何把林业标准化这个指标量化放入数学模型中。从林业标准的适用范围来看，在林业标准化实施过程中主要有国家级、行业级和地方级 3 种级别标准。根据一般经验分析以及调查访问过程获知，可实施范围越广的林业标准应该能够获得更大的经济效益。本文将国家级、行业级和地方级林业标准分别赋值为 3、2 和 1。另外，从林业标准的实施强度来看，在林业标准化实施过程中主要有强制性标准和推荐性标准，根据经验判断和调查访问过程获知，利用强制性标准生产的林产品相对来说在市场上更能获得消费者的信赖，从而能够获得相对较高的经济效益。因此将强制性标准和推荐性标准分别赋值为 2 和 1。

通过以上的分析，本文从样本林业标准化项目所使用的林业标准的适用范围和实施强度两种情况考虑，设置了两种林业标准化量化指标：

$$S_1=（3\times 国家级标准数量+2\times 行业级标准数量+1\times 地方级标准数量）\times r_c \qquad (5.23)$$

$$S_2=（2\times 强制性标准数量+1\times 推荐性标准数量）\times r_c \qquad (5.24)$$

在式（5.23）和式（5.24）中，各种标准数量表示样本林业标准化项目在实施过程中所使用各级标准的数量；r_c 表示覆盖率，指该林业标准化项目示范面积占本单位该种经济林品种种植面积的比例。

（2）其他变量设定

①单位年增产值。用林业标准化项目实施当年项目年增产值与示范面积之商来表示。

②单位资金投入。用林业标准化项目实施当年项目投资总额与示范面积之商来表示。

③单位劳动投入。用林业标准化项目实施当年劳动年度总投入与示范面积之商来表示。所有变量设定说明见表 5.4。

表 5.4　变量设定

变量	变量定义	取值说明
Y	单位年增产值	取具体数值，单位为元 / 公顷
K	单位资金投入	取具体数值，单位为元
L	单位劳动投入	取具体数值，单位为工日 / 公顷
S	林业标准化	取具体数值，单位为“1”

由于林业标准化量化指标有两种情况，因此，根据（5.22）式可以得到如下双对数线性回归模型：

$$\ln Y=\ln A+\alpha_1\ln K+\beta_1\ln L+\gamma_1\ln S_1+\mu_1 \qquad (5.25)$$

$$\ln Y=\ln A+\alpha_2\ln K+\beta_2\ln L+\gamma_2\ln S_2+\mu_2 \qquad (5.26)$$

3. 模型估计结果分析

通过运用前文所述的 C–D 生产函数模型，然后结合 stata10.0 统计软件对样本数据进行了回归分析和检验（表 5.5 和表 5.6），分别给出了回归系数、t 值、显著性水平（p 值）、R_2 和调整 R_2。从模型检验结果可以看出，模型总体上具有良好的拟合优度，回归具有可信性。

表 5.5 模型（5.42）估计结果

变量	回归系数	t 值	显著性水平（p 值）
C	2.012	1.74*	0.090
$\ln K$	0.619	5.59***	0.000
$\ln L$	0.546	5.20***	0.000
$\ln S_1$	0.078	1.71*	0.095
R^2	0.674		
调整 R^2	0.650		

注：*、*** 分别代表在 10%、1% 的显著性水平上显著。

表 5.6 模型（5.43）估计结果

变量	回归系数	t 值	显著性水平（p 值）
C	2.250	2.23**	0.031
$\ln K$	0.616	5.59***	0.000
$\ln L$	0.554	5.29***	0.000
$\ln S_2$	0.081	1.87*	0.069
R^2	0.678		
调整 R^2	0.654		

注：*、**、*** 分别代表在 10%、5%、1% 的显著性水平上显著。

从表 5.5 和表 5.6 的回归验证可以得出如下结果：林业标准化的实施对林业产出的增长具有明显的推动作用。从林业标准的适用范围来看，林业标准化的量化指标 S_1 值对林业产出具有显著的正向影响（在 10% 的水平下），具体地说，在其他条件不变的情况下，S_1 相对增加一个单位，林业产出 Y 相对增加 0.078 个单位；从林业标准的实施强度来看，林业标准化的量化指标 S_2 值对林业产出同样具有显著的正向影响（在 10% 的水平下），具体地说，在其他条件不变的情况下，S_2 值相对增加一个单位，林业产出 Y 相对增加 0.081 个单位。综上所述，林业标准化的实施对林业产出具有显著的正向作用，因为在林业标准化实施过程中，整个林业生产过程（包括产前、产中和产后）都按照一定的规范和标准操作，包括苗木栽培的规格、施肥的时间、施肥的数量、打农药的次数以及农药使用量等一系列操作都有一定的标准，无疑会提高林产品的产出水平。

从模型估计结果可以看出，林业标准化量化指标 S_2 对林业产出增长的贡献大于指标 S_1 的贡献，但是差异不大，这说明虽然林业标准化的这两种量化指标形式不一样，但是它们都具有相同的效果，即它们对林业产出增长都具有贡献，在一定程度上可以说明这两种林业标准化量化指标设计得较为合理。

4. 林业标准化实施对林业产出贡献率测算

林业标准化的两种量化指标 S_1 和 S_2 都对林业产出增长具有一定的促进作用，但是看不出来林业标准化对林业产出增长的贡献率具体有多大，下面将对这种贡献率进行测算。

由前文式（4.74）可知，林业标准化实施对林业产出增长的贡献率 C 可以表示为：

$$C=\frac{\lambda s}{y}\times 100\% \tag{5.27}$$

通过对统计资料和本次调研数据整理计算，可得出林业标准数量年均增长率 s=28%，林业产出年均增长率 y=11%。由于本文设计了两种林业标准化量化指标，因而林业标准化的实施对林业产出增长的贡献率有两种测算方式。

从林业标准适用范围角度来考虑，由表 5.5 估计结果可知 λ_1=0.078，因此

$$C_1=\frac{\lambda_1 s}{y}\times 100\%=\frac{0.078\times 28}{11}\times 100\%=19.85\%$$

从林业标准实施强度角度来考虑，由表 5.6 估计结果可知 λ_2=0.081，因此

$$C_2=\frac{\lambda_2 s}{y}\times 100\%=\frac{0.081\times 28}{11}\times 100\%=20.62\%$$

上述林业标准化的实施对林业产出贡献率的计算结果表明，从林业标准适用范围角度来看，林业产出年均增长率 11% 中的 19.85% 是由林业标准化实施所贡献的；从林业标准实施强度角度来看，林业产出年均增长率 11% 中的 20.62% 是由林业标准化的实施所贡献的。虽然两种不同的林业标准量化指标对林业经济增长的贡献率有所差异，但是从总体上来看，差异不大。贡献率的测算结果同时也表明，林业标准化的实施对浙江省林业经济增长具有重要的推动作用，进一步可以说明浙江省林业标准化项目实施取得了显著的经济效益。

第四节　林业标准化生态与社会效益评价

一、标准化对林业生态和社会效益的影响

1. 标准化对林业生态效益的影响

标准化对林业生态效益的影响主要反映为森林生态系统服务功能或价值的结构和数量变化，与标准化之前相比，林业标准化后森林各种生态系统服务功能或价值将得到提高。计算森林各种生态系统服务功能或价值的内容见表 5.7，评价林业标准化生态效益的指标和方法见表 5.8。

表 5.7　森林生态服务的内容（江泽慧，2008）

生态服务类别	生态服务功能	核算覆盖的内容
固土保肥	森林地下根系与土壤紧密结合，起到固土作用；为林地周边土地输送营养物质，提高土地生产力	（1）固土价值 （2）保肥价值

续表

生态服务类别	生态服务功能	核算覆盖的内容
涵养水源	通过森林乔木、灌草、地被物和根系对大气降水具有阻滞和调节作用，通过枯枝落叶有质的过滤，起到净化水质的作用	（1）调节水量 （2）净化水质
固碳制氧	通过光合作用从大气中吸收二氧化碳，并将大部分碳储存在植物体和土壤中	（1）固碳 （2）制氧
防风固沙	通过树干和林冠的作用，减低风速，调节林网内温度，起到防风、固沙、防病虫害、沿海防浪作用	（1）农田、牧场防护林和防风固沙林防护效益 （2）沿海防护林防护效益
净化空气	具有吸收污染物、阻滞粉尘、杀灭病菌和降低噪声等作用	（1）提供负离子的效益 （2）吸附污染物的效益 （3）滞尘效益
景观游憩	作为生态系统，具有观赏、娱乐等美学价值	森林游憩价值
维持生物多样性	为各类生物物种的生存和繁衍提供了适宜的场所，为生物进化及生物多样性的产生与形成提供了条件	森林物种资源保护价值

表 5.8 林业标准化生态效益评价指标

目标层	准则层	次准则层	指标层	评估方法	计算方法
林业标准化生态效益	供给服务	提供产品	物质产品生产	市场价值法	物质产品量 × 市场价值
		水源涵养	调节水量	替代工程法	蓄积水最 × 用水价格
			净化水质	替代工程法	蓄积水量 × 净化费用
	调节服务	保育土壤	固土	影子工程法	流失量单位蓄水量水库造价成本
			保肥	影子价格法	N、P、K 等养分流失量 × 化肥价格
		大气调节	固定 CO_2	市场 / 影子	CO_2 固定量 × 固碳价格或造林成本
	调节服务	大气调节	释放 O_2	市场 / 影子	O_2 释放量 × 工业制氧价格或造林成本
		净化大气环境	吸收污染气体	费用分析法	吸收污染气体量 × 去除单位污染气体的成本
			滞尘	费用分析法	滞尘量 × 消减单位粉尘的成本
	支持功能	营养积累	林木持留养分	影子价格法	林分持留 N、P、K 量 × 化肥价格
		生物多样性	物种保育	费用分析法	Shannon-Wiener 指数、濒危指数及特有种指数计算
		森林防护	森林防护	费用分析法	森林面积 × 单位面积森林的各项防护成本
	文化服务	文化旅游	科研服务	文献评估	文献论文数量 × 文献价值
			森林游憩	旅行费用法	旅游收入

资料来源：赵佳奇，卯昌书，张剑，等，2017．基于森林生态服务价值的流域生态补偿标准研究［J］．中国农村水利水电（6）：105-109.

2. 标准化对林业社会效益的影响

标准化社会效益指实施标准对社会发展以及节能环保所起的积极作用或产生的有益效果。

（1）标准成为可持续贸易的运作工具

可持续贸易能为贸易形成多赢的局面，为贸易提供了机会，可以消除贫穷和保护环境。标准，特别是环境标准能作为可持续发展的运作工具，是社会首选的“公众产品”。标准在市场维持与市场准入方面营造了良好的环境，支持了可持续发展。

（2）标准是一种“公众产品”和制定政策的手段

标准是基于科学的规则程序、本着“公开透明、协商一致”的原则而制定的，所以它成为反映消费者要求的工具，因此具有很强的“公众产品”属性。经济学家从广泛的历史角度审视标准，认为标准不仅是一种“公众产品”，而且是制定政策的手段。现在的问题是，当技术创新发展很快时，制造商未能对消费者的要求给予充分考虑并反映在标准之中。

（3）标准符合整体经济利益

标准化被认为是微观经济基础结构的一个重要组成部分，对降低成本和提升产品质量具有重要作用。虽然标准化不能提高所有公司的盈利，但符合整体经济利益并引入了竞争机制。标准对经济增长产生巨大影响，加速了技术转移和成本降低。随着技术进步的加快、产品价格的快速下降，标准提高了社会效益，使消费者获得更多的利益。

（4）标准化提高了大众的生活质量

标准化影响我们生活的每一个方面，从空气和水的质量，到确保产品与服务的安全有效性，有成百上千的标准已经或正在帮助改善我们的生活质量。标准是保证产品、服务和系统达到民众要求的重要保障，可以通过法律和法规以强制的方式保护公众的安全和健康。正是有了标准，现代社会可以像拼图游戏一样拼接起来。

林业标准化的社会效益主要表现在标准实施前后社会发展水平的提高，林农素质、文化生活、科技水平、经济活力以及林农人均纯收入的增长等方面。以退耕还林工程标准化为例，标准化的社会效益包括生态环境保护和社会经济发展两大方面，6 类共 22 个指标（表 5.9）。

表 5.9　退耕还林工程标准化社会效益评价指标示例

目标层	准则层	次准则层	指标层
退耕还林工程标准化社会效益	生态环境保护	森林资源	森林覆盖率变动率
		生态环境	水土流失治理率，陡坡耕地面积减少率，农作物受灾面积变化率，有效灌溉面积增长率

续表

目标层	准则层	次准则层	指标层
退耕还林工程标准化社会效益	社会经济发展	生活水平	贫困人口变化率，外出务工劳动力比率，农林牧渔劳动力比率，农民人均纯收入变动率
		社会保障	（村）农户经营林地比率，农村养老保险覆盖率，农村合作医疗保险参与率
		基础设施	建沼气池的农户比例，节柴改灶的农户比例，以煤（电、气等）代柴的农户比例，村屯绿化覆盖率
		区域经济	地区生产总值增长率，林业产值比例，林业增长贡献率，粮食播种面积变化率，粮食总产量变化率，期末大小牲畜存栏头数变化率

注：表中列示的指标参考了中华人民共和国林业行业标准《退耕还林工程社会经济效益监测与评价指标》（LY/T 1757—2008）国家林业局2008年9月3日发布，2008年12月1日实施。

指标计算方法：森林覆盖率变动率 =（报告期森林覆盖率 / 基期森林覆盖率 –1）×100%；水土流失治理率 = 水土流失治理面积 / 水土流失面积 ×100%，陡坡耕地面积减少率 =（报告期陡坡耕地面积 – 基期陡坡耕地面积）/ 基期陡坡耕地面积 ×100%，农作物受灾面积变化率 =（报告期农作物受灾面积 – 基期农作物受灾面积）/ 基期农作物受灾面积 ×100%；有效灌溉面积增长率 =（报告期有效灌溉面积 – 基期有效灌溉面积）/ 基期有效灌溉面积 ×100%；贫困人口变化率 =（报告期末贫困人口数 – 基期末贫困人口数）/ 基期末贫困人口数 ×100%；外出务工劳动力比率 = 外出务工人数 / 期末村劳动力人数 ×100%；农林牧渔劳动力比率 = 农林牧渔就业人数 / 期末乡村从业人数，农民人均纯收入变动率 =（报告期农村居民人均纯收入 – 基期农村居民人均纯收入）/ 基期农村居民人均纯收入 ×100%；（村）农户经营林地比率 = 户经营有林地面积（村）/ 村有林地面积 ×100%；农村养老保险覆盖率：直接调查，农村合作医疗保险参与率：直接调查；建沼气池的农户比例 = 累计建沼气池的农户数 / 农户总数 ×100%；节柴改灶的农户比例 = 累计节柴改灶的农户数 / 农户总数 ×100%；以煤（电、气等）代柴的农户比例 = 累计以煤（电、气等）代柴的农户数 / 农户总数 ×100%；村屯绿化覆盖率 = 行政村绿化面积 / 行政村土地面积 ×100%；地区生产总值增长率 =（报告期地区生产总值 – 基期地区生产总值）/ 基期地区生产总值 ×100%；林业产值比例 = 林业产值 / 农林牧渔总产值 ×100%；林业增长贡献率 = 林业增加值 / 地区生产总值 ×100%；粮食播种面积变化率 =（报告期粮食播种面积 – 基期粮食播种面积）/ 基期粮食播种面积 ×100%；粮食总产量变化率 =（报告期粮食总产量 – 基期粮食总产量）/ 基期粮食总产量 ×100%；期末大小牲畜存栏头数变化率 =（报告期末大小牲畜存栏头数 – 基期末大小牲畜存栏头数）/ 基期末大小牲畜存栏头数 ×100%。

二、林业标准化生态与社会效益评价指标体系

1. 框架

林业标准化生态与社会效益评价指标体系一般包括目标层、准则层、次准则层和指标层。具体应用时，宜根据评价对象的行业特点进行调整并有所侧重。

从宏观的角度看，林业标准化生态与社会效益评价涉及自然、经济和社会等多方面因素。考虑到林业自然、经济和社会系统的复杂性和多样性，不同地区、不同类型的林

业系统的组成和结构差别很大，因此，建立有可操作性的林业标准化社会效益评价指标体系必须针对具体的评估对象进行。

2. 指标体系

在我国大范围实施的退耕还林工程是当代林业发展具有重要意义的生态经济和社会活动，不仅显著改善了工程区的生态环境条件和经济发展条件，而且产生了显著的生态和社会效益。在退耕还林工程实施过程中，标准化能增进工程在生态环境保护和社会经济发展的效益。表 5.8、表 5.9 分别列示了林业标准化生态效益评价指标与退耕还林工程标准化的社会效益评价指标。

三、评价方法

评价可以是阶段性评价，也可以是终期性评价。无法直接通过数据分析评价的内容，可通过定性指标客观描述和分析来反映评价结果；可以准确进行数量定义、精确衡量并能设定绩效目标的内容，可通过定量指标做定量评价。开展林业标准化社会效益评价工作，应制订总体评价方案，并按照总体评价方案确定的评价过程开展评价工作。评价过程包括确定评价目标、构建评价指标体系、选择评价方法与判定依据、数据资料收集、评价结果分析、撰写评价报告和评价结果应用等环节。

1. 评价原则

在评价林业标准化社会效益时，应充分考虑现代科学技术的发展和我国的国情，所使用的方法应通俗、实用、简便易行，并遵循以下原则：

——全面考虑林业标准化社会效益发生的环节；

——着眼于林业在生产领域和非生产领域的社会效益；

——依据准确可靠的数据，并避免同一社会效益在不同环节上的重复计算；

——集中分析社会效益显著的项目，注意受标准化影响而扩展的效益项目。

2. 评价方法与判定依据

标准化社会效益评价一般采用多级评价方式。以五级评价方式为例，用“显著”“较显著”“一般”“不显著”“非常不显著”5 个等级对标准化的社会效益进行描述（表 5.10），通过对指标层、次准则层、准则层和目标层依次进行五级评价，最终确定标准化社会效益的评价值。

表 5.10　评价结果判定依据示例

标准化社会效益评价值（y）	$0 \leqslant y<2$	$2 \leqslant y<4$	$4 \leqslant y<6$	$6 \leqslant y<8$	$8 \leqslant y<10$
标准化社会效益效果判断	非常不显著	不显著	一般	较显著	显著

表 5.10、表 5.11 资料来源：GB/T 3533.2—2017《标准化效益评价　第 2 部分：社会效益评价通则》。

对林业标准化生态效益中定量指标的评价，包括提供产品、水源涵养、保育土壤和大气调节等，可采用市场价值法、替代工程法、影子工程法和费用分析法等计算价值量，分析评价标准化前后的效益。标准化对评价年影响的程度宜用实际值与基准年相比较，计算得出评价年的指标变动率。可将变动率分为相应的 5 个区域，每个区域分别对应 5 级评价中的一个等级。

对林业标准化社会效益中定性指标的评价，如道德素质、社会秩序、公共安全等，标准化对其影响的程度可采用五级评价的方法进行评价。定性指标评价的量化方法宜采用德尔菲法、层次分析法等。确定指标权重的方法主要包括主观赋权法和客观赋权法（参见附录 3 和附录 4）。两种方法的比较见表 5.11。

表 5.11 权重确定方法分类及比较

分类	方法描述	主要方法	优点	缺点
主观赋权法	利用专家或个人的知识及经验，对权重做出判断	德尔菲法、层次分析法等（参见附录 3）	计算简单、适用广而且方法应用过程中的解释较为直观	易受人为主观因索的影响
客观赋权法	从指标的统计性质来考虑，由实际所得数据决定，无须征求专家意见	熵权法、CRITIC 法等（参见附录 4）	基于统计、智能决策等方法之上，在很大程度可排除人为因素的干扰	忽略指标的重要程度；并且其约束条件太多，对现实数据有较高的要求

3. 评价结果与报告

评价结果宜包括以下三方面的内容：①标准化的生态与社会效益评价的基本资料。介绍评价对象的基本情况和评价实施的基本情况，说明评价的目的、评价标准、评价安排等。②标准化生态与社会效益评价的基本结论和主要发现。解释标准化生态与社会效益评价的结果，并做进一步分析说明。③改善建议。说明进一步提升生态与社会效益的对策建议。

对标准化社会效益的评价结果进行分析时，宜考虑评价结果的完整性、一致性、敏感性和不确定性等，如果评价结果经分析存在明显不合理性，则应重新选择评价指标体系，或重新选择评价方法。

林业标准化社会效益评价报告直接反映评价结果，应力求全面、准确和公正，能够将评价结果、数据、方法、假设和限制的细节充分展示给读者。评价报告的分析和结论应与标准化社会效益评价的目标一致。

评价结果将会应用于标准修订、标准体系的完善、标准化战略的提升和标准化相关公共政策的制定等方面。

四、泰宁县旅游标准化效益评价

标准化已经成为引领和规范我国旅游业发展的有效工具。虽然不同的旅游标准规范的对象不同，但是大部分旅游标准都起着规范旅游市场经营和提高旅游行业水平的作用。

此外，随着国际服务贸易的扩大和世界经济一体化进程的加速，在旅游业遵循国际惯例、引用先进管理经验等方面，标准化更是以其特有的方式发挥着不可替代的作用。

1. 旅游标准化效益评价概况

旅游标准化效益评价是用一定的定性或定量指标，评定所实施的旅游标准化工作在不同阶段或结束时，所实现的经济效益、社会效益和技术效益，通过收集一定的证据资料，用科学方法评定旅游标准化实施过程和实施结果的作用和价值。旅游标准化效益不像工农业产品可以被形象感知，有的是在实施后才实现，具有时间上的后延性，有的甚至很难用量化指标来评定。因此，如何对旅游标准化进行科学客观地综合评价一直是一个难题，其研究远落后于对标准的制定、宣贯。

2010 年 4 月，国家旅游局印发《关于全面推进旅游标准化试点工作的通知》，提出要改进当前以政府为单一评价主体的旅游标准评价体系，探索发挥行业协会和中介组织在标准实施及评价中的积极作用。从第一批试点工作至今，旅游标准化试点建设已进行数年，对标准化效益评价积累了一定的经验，特别是在试点企业和试点地区，主要形成了经济效益和社会效益为主的评价指标，主要包括游客满意度、游客投诉率、企业经济效益和社会效益等（表 5.12）。但在实际运用中，表 5.12 所选取的指标往往受营销策划、接待能力提高、新增旅游吸引点等因素影响，因此很难客观评估标准化所产生的效益。

2017 年，国家颁布了《标准化效益评价　第 1 部分：经济效益评价通则》和《标准化效益评价　第 2 部分：社会效益评价通则》。虽然这两份标准主要适用于工业领域，但是有些评价内容，旅游业这样的服务业也可以灵活借鉴，如经济效益评价可吸收管理和售后部分指标、社会效益可参考节能环保与社会发展部分指标。

2. 泰宁县旅游标准化效益评价现状

泰宁县是福建省最早开展旅游标准化探索的地区之一，2005 年泰宁开始编制旅游服务标准（陈慧，2019）。2007 年福建省质监局批准发布《泰宁世界地质公园旅游服务综合标准》，包括通用要求、竹筏漂游、景区讲解员、社会旅馆 4 项地方标准。2009 年，泰宁参与首批国家级服务业标准化试点创建工作，于 2011 年通过验收。2014 年，泰宁县被国家旅游局列入创建第三批全国旅游标准化试点县，于 2016 年通过验收，成为福建省首个“全国旅游标准化试点县”。试点工作有针对性地扩大旅游标准在泰宁县的覆盖率，对提升行业管理和行业服务水平方面具有积极意义，作为试点地区和试点企业的效益评价指标见表 5.12。

尽管泰宁县在推进旅游标准化工作方面积累了一定经验和成绩，但作为旅游标准化试点的主体——试点企业，对标准化有何评价尚未清楚。因此，有必要通过进一步调研了解试点企业对旅游标准化的评价，这不仅能衡量各旅游要素标准化的建设成效和发展水平，更重要的是通过效益评价发现标准化工作中的不足，从而有针对性地总结经验，为进一步推进旅游标准化工作提供参考意见。

表 5.12 试点地区和试点企业经济效益、社会效益评价指标

主体类型	经济效益指标	社会效益指标
旅游饭店	饭店客饭指数（客房出租率 × 平均房价） 企业主营业务收入年度缴税额	游客满意度 游客有责投诉 企业获得相关荣誉 旅游服务质量等级认证有所提高
旅行景区	景区年接待游客量 企业主营业务收入年度缴税额	游客满意度 游客有责投诉 企业获得相关荣誉 旅游服务质量等级认证有所提高
旅行社	企业接团人数 企业主营业务收入年度缴税额	游客满意度 游客有责投诉 企业获得相关荣誉 旅游服务质量等级认证有所提高
旅游地区	旅游业总收入增长率 游客人数增长率	游客满意度 游客有责投诉

注：根据全国旅游标准化试点企业评估表（试行），全国旅游标准化试点市、县（区）评估表（试行）整理。

3. 泰宁县旅游标准化效益评价方法

首先，基于标准化效益应通过标准的良好执行才能体现，因此，把标准执行情况较好的企业列为效益评价对象。据泰宁县旅游管委会推荐及标准化试点建设过程中具有引领角色、形象较好的旅游企业，研究选择了旅游景区、旅游饭店、旅行社各一家作为案例分析。其次，主要以定性方法研究。基于旅游业的产业性质是服务，标准化规范的对象是服务活动和服务过程，而服务的无形性也决定了标准产生的效益难以量化，因此，适合从定性的角度描述。

4. 标准化对泰宁县旅游业的效益评价

标准化对泰宁县旅游业产生了多方面的社会经济效益，主要包括：

（1）提高旅游企业服务质量

标准化提高了旅游企业服务质量，主要体现在以下三个方面。一是规范服务。标准化的实施促使对经验主义、惯例、习惯的纠正，尤其对从业经验并不丰富的工作人员，在标准化架构下进行管理和操作，避免了服务的随意性和出差率，提供了完成服务的质量目标，对工作习惯和技能提升具有良好的塑造作用。二是文明服务。多数旅游试点企业对服务人员的着装、工牌、服务礼仪等都提出了规范要求，并使之逐渐成为工作人员的自觉行动。三是安全服务。试点企业基本实现对安全标准的编写，制定了突发安全应急处理、游客量高峰期应急疏导、游客人身伤亡事故处置、安全检查与隐患整改等突发事件的处置程序，并不定期进行演练和安全技能学习，为游客安全提供了服务保障。

（2）提升旅游企业服务水平

标准化能有效提高旅游企业服务水平，主要通过标准找出差距，包括技术水平差距、设施设备差距及服务差距等。一是技术水平差距。部分旅行社通过外出考察学习，了解行业新兴管理技术，积极采用旅游管理软件把原本复杂、多点多面组团、地接和单项服务等进行梳理、优化，实现外联、计调和财务等多岗位流程化操作，从根本上提高效率、方便管理。二是设施设备差距。通过标准化培训，旅游企业能了解并采用与企业相关的国家标准、行业标准及地方标准，根据标准确定自身企业的服务设施水平，如景区依据《旅游景区公共信息导向系统设置规范》（GB/T 31384—2015），对区内的标识系统进行统一改造，改善了景区导向识别系统，优化了旅游环境。三是服务差距。经调研发现，按《旅游饭店星级的划分与评定》（GB/T 14308—2010）要求部分旅游饭店在服务项目与服务流程中与国家标准还有一定差距，旅游饭店采用游客满意度调查及宾客意见反馈表，对服务项目与服务流程进行改进，通过标准找差距，为饭店服务改进提供现实可靠的参照依据。因此，旅游标准化可促使旅游企业采用新技术、新设备和新流程，而这些正是提高旅游企业服务水平的重要途径。

（3）提高行业管理水平

由于受地方经济及企业经济性质的影响，泰宁县多数旅游企业在管理上存在诸如理念陈旧、流程无序、人情管理和工作被动等问题。经过旅游标准化建设，全县共计30家旅游企业运用标准化的体系思路，将企业原有的制度经过简化、梳理和整合作为管理标准、服务标准及岗位标准等内容，确定了较为清晰的企业标准体系，扩大了行业管理的范围，尤其是岗位标准在企业内部得到了广泛推行。同时，已有部分企业认识到标准应持续改进或提升的必要性，也有部分企业尝试在新领域制定旅游标准，通过标准修订和制定引领地方行业发展，其获得行业话语权的意识在觉醒。因此，标准化作为一种管理手段，在促进旅游业规范发展方面起到积极作用。

（4）树立旅游企业新形象

由于旅游标准化的出发点是旅游产品与服务质量的控制，目标是实现更为可靠、优质的旅游产品和服务。在标准化建设过程中，一方面，试点企业通过标准化建设服务趋于规范，给游客提供了监督服务行为和评价服务行为的渠道，从而降低游客的投诉率或相应的纠纷，为企业赢得良好口碑。另一方面，泰宁县顺利通过评估，成为第三批“全国旅游标准化示范县”，为县域旅游企业发展树立了良好形象，引起其他区县前来学习和交流经验。因此，标准化带来的最终效益是使旅游企业在市场竞争中取得竞争优势，基于市场竞争优势地位及游客好评，旅游企业逐步形成正面的品牌形象及良好的口碑。

（5）培养旅游企业标准化人才

泰宁县旅游行政部门先后组织试点企业参加在武汉、苏州、海口、永泰等地举办的全国或全省旅游标准化工作业务培训会、经验交流会，提高了试点企业工作人员的标准化意识。同时，组织涉旅企业举办了导游、宾馆服务员、车船驾驶员、排工等技能竞赛，提升了一线员工的操作技能，强化了服务标准化的典型性。另外，还聘请标准化技术服务公司为试点企业开展标准编写培训，提高了工作人员对标准的认知度。通过试点工作，初步探索了旅游标准化人才培养方向，为持续开展标准化工作奠定人才基础。

（6）促进旅游区生态环境可持续发展

随着标准化工作的持续深人，环境保护理念得到密切关注，尤其对环境依赖性较大的旅游景区已经认知到“绿水青山就是金山银山”发展理念，认为环境保护会给企业带来长效的综合效益，而旅游标准化工作通过制定、实施与环境保护和资源开发相关标准，可从制度上保证对资源与环境的保护，以此确保旅游资源和环境的可持续开发和利用。

第六章 林业标准体系研究

进入21世纪以来，特别是在加入WTO后，标准成为在国际贸易中面临的一个重要挑战。标准影响着全球80%的贸易，发达国家都在想方设法将本国标准上升为国际标准，增强本国在国际市场中的竞争优势，世界各国越来越重视标准化工作，纷纷将标准化工作提高到国家战略的高度。我国积极参与国际贸易事务，标准化问题成为我国走向国际面临的首要问题。由于其他国家标准化工作开始时间早，标准化体系已趋于完善，而我国的标准化工作还存在诸多问题。其中，我国的林业标准体系发展相对滞后，对我国森林资源的发展、保护，对生态环境、林产品出口贸易等都存在影响。

第一节 发达国家林业标准体系概要

虽然很多其他国家将林业划归农业，但是，对林业的重视程度并没有因此降低。目前国际标准化组织（ISO）、国际食品法典委员会（CAC）、欧盟食品安全局（EFSA）、国际种子检验协会（ISTA）、国际植物保护公约（IPPC）等都发布了关于林业方面的标准。发达国家如美国、日本、德国、澳大利亚等农业标准化体系中也都包含了林业标准化体系。

一、美国和日本的林业标准体系

1. 美国

美国标准体系由国家标准、行业标准和农场主或企业制定的操作规范组成。林业国家标准植物检疫方面，由美国农林业部动植物检疫局（APHIS）负责管理，内部机构完备，分工明确，协调机制科学，下设9个部门，植物保护与检疫处（PPQ）为项目组织的核心部门之一。其职责主要是管理动植物及出口农林产品检疫证书；防止动植物等有害生物传入美国；调查控制植物病虫害；执行植物检疫法律法规和国际上保护濒危植物公约；就植物检疫和法规事宜与外国政府间进行协商；收集植物检疫信息并进行评估和分发。美国在植物检疫方面还颁布了多部法律，如美国《联邦法典》第 7 卷和第 21 卷农林业部分第 319 章涉及动植物检疫法规、《植物检疫法》《联邦植物有害生物法》。同时，美国对国际组织公布的植物检疫相关标准也等同或等效采用，美国林业行业标准由美国木材委员会、美国木材保护协会、美国复合木材协会、建筑木制品协会、美国森林与纸协会、美国农林业与生物工程学会等制定。第三类标准是由农场主或企业制定的操作规范，这类标准大多属于自愿采用的标准。美国一直以来都鼓励民间制定标准，在国家或行业发展的利益基础上能够保障企业的利益，同时，企业可以提供对未来发展趋势的“早期预警”机制，提高标准制定的科学性，为美国在国际市场中占据更大的竞争优势。

2. 日本

日本的林业标准体系归属于农林水产省管理的日本农林业标准（Japanese Agricultural Standard，JAS）体系，JAS 体系是在农业和林产品标准化相关法规的基础上建立的，内容包含食品标签和食品标准，为消费者在购买食品时提供了有用的信息。食品标签标准的制定和设计归消费者事务部管理，JAS 体系根据认证系统为符合标准的产品印上 JAS 标识，除了有机食品标准之外，其他 JAS 标准都为自愿采用。日本国会目前颁布的关于林业的法律有 32 部，包括《森林・林业基本法》《森林法》《林业种苗法》《森林病害虫等防除法》《关于促进公共建筑物木材利用的法律》等，内容涉及防护林培育、森林资源的综合利用、优良种苗的供给、森林病虫害防治等各个方面。日本的森林和林业主要由农林水产省的林野厅管理，内部又包含许多分支机构，分工明确、职能覆盖范围全面，既设立了本厅负责管理全国的森林事务，又在各地设立地方支分部局等分管地方的森林事务。除此之外，还建立了森林技术综合研究所，从技术及管理两个方面入手，提高对全国森林资源、森林产业的合理利用与开发。

二、德国和澳大利亚的林业标准体系

1. 德国

DIN 是德国标准化学会，一个非盈利性的标准组织，有 30000 多名专家，DIN 的标准委员会由专家组成，分别负责一个领域的标准制定、设计任务，以及参与欧盟或国际标准化工作。DIN 标准为自愿采用的标准。DIN 将林业标准分为 3 个部分，食品与林产品标准委员会制定种子标准，纸、木板与纸浆委员会制定原料、纸浆、产成品、抗老化性能、环境效率评价标准的要求标准，以及要求标准的检测方法，包括化学技术检测法、光学检测法、物理技术检测法。该委员会还与 ISO/TC6 对接，承担德国在 ISO 标准化中的工作；木材与家具委员会负责制定林业、木材工业、家具产业及相关领域的国际标准、欧洲标准与国家标准。

DIN 标准具有下列特点：①公开性。DIN 标准在最终确定之前会将标准提案与草案向公众公开，公众可提出建议或表示反对，并参与讨论。②广泛的参与性。DIN 的委员会由代表不同利益相关者的专家组成，标准必须得到普遍的理解与赞同才能做出最终的决策，这样的标准决策程序保证了多数群体的利益，也保证了DIN标准能够被社会广泛接受。③一致性和连续性。DIN标准涵盖了全部技术学科，标准之间互不重叠和矛盾。④标准完全符合市场的实际需求。⑤将标准提高到国际层次或欧盟层次，为德国消除了国际自由贸易中遭遇的技术性贸易壁垒。⑥公开的评论、调解和决策的标准制定过程使国家在立法时采纳DIN的成果，特别是评价较高的标准，如环境保护等。

2. 澳大利亚

澳大利亚的标准体系分为强制性标准和非强制性标准。强制性标准是由政府管理部门颁布的法律和法规，涉及的范围较小。澳大利亚目前林业相关法律法规已超过10000项。非强制性标准为主要标准，由企业自愿使用，依靠市场自由选择。

综上所述，发达国家林业标准化工作的特点表现为以下几点：

- 以推荐性标准为主。强制性标准主要以法律、法规的形势存在，占全部标准的比重很小，占据更大比例的是行业标准及企业标准，除日本主要以国际标准和国家标准为主外，其他国家更多采用行业标准，通过行业协会或技术委员会制定标准。
- 重视企业标准。企业以成员身份参与行业协会或技术委员会的标准制定程序，企业的利益得到保证，制定的标准更加科学。
- 积极参与国际标准的制定。将本国国家标准上升为国际标准，以及尽可能使用国际标准。
- 完善标准化体制。标准的制定、实施、管理、更新等机制发展地比较完善，标准涵盖的领域也很全面。

三、国际标准化组织涵盖的体系

国际标准化组织（ISO）有关林业的技术委员会（TC）有TC34农林产品食品、TC50胶、TC54香精油、TC55锯材和原木、TC87软木、TC89建筑纤维板、TC93淀粉、TC99木材半成品、TC120皮革、TC134肥料和土壤改良剂、TC190土壤质量、TC218木材等技术委员会，这些TC根据工作需求成立了若干个分委员会和工作组。国际食品法典委员会（CAC）是由联合国粮农组织和世界卫生组织共同组建的从事食品方面标准化的组织机构，应用危险性分析与关键控制点（HACCP）进行危害评估和预防，其下属的农药残留委员会（CCPR）建立了MRLs体系控制食品中农药残留限量标准。欧盟食品安全局（EFSA）下设的植物安全部门负责对危害植物、林产品和生物多样性的害虫风险进行评估并提出科学建议，专家组由欧洲从事害虫风险评估的科学家组成。他们制定国际统一的种子检验方法标准，并在种子贮藏、标签、检验仪器设备等方面制定统一的国际标准。国际植物保护公约（IPPC）是联合国粮农组织（FAO）于1952年正式通过的多边条约国家标准体系，IPPC秘书处从20世纪90年代开始和各国植保组织联合制定“植物检疫措施国际标准（ISPMs）”，现共发布36个国际植物检疫措施标准（ISPMs）（王雨和李忠魁，2018）。

第二节 中国林业标准发展现状

一、林业资源

1. 森林资源

第九次全国森林资源清查（2014—2018 年）结果显示（崔海鸥和刘珉，2020），全国国土森林面积 22044.62 × 10^4 公顷，森林覆盖率 22.96%，全国活立木总蓄积 190.07 × 10^8 立方米，森林蓄积 175.60 × 10^8 立方米。与第八次全国森林资源清查（以下简称八次森清）比较，全国森林面积增加 1275.89 × 10^4 公顷，增加了 6%；森林覆盖率增加了 1.33 个百分点；森林蓄积增加 24.23 × 10^8 立方米，增加了 16%。

全国林地面积 32368.55 × 10^4 公顷，其中，林地森林面积 21822.05 × 10^4 公顷，林地活立木总蓄积 185.05 × 10^8 立方米。森林面积中，乔木林（含经济林）17988.85 × 10^4 公顷，占 82.43%；竹林 641.16 公顷，占 2.94%；特灌林 3192.04 × 10^4 公顷，占 14.63%。林地活立木蓄积中，林地森林蓄积 170.58 × 10^8 立方米，占 92.18%；疏林 1.00 × 10^8 立方米，占 0.54%；散生木 8.78 × 10^8 立方米，占 4.75%；“四旁”树 4.69 × 10^8 立方米，占 2.53%。在全国林地面积中，林地森林面积增加 1266.14 × 10^4 公顷，增加了 6%；林地森林蓄积增加 22.79 × 10^8 立方米，增加了 15%。

按起源分，全国林地森林面积中，天然林 13867.77 × 10^4 公顷，占 63.55%；人工林 7954.28 × 10^4 公顷，占 36.45%。全国林地森林蓄积中，天然林 136.71 × 10^8 立方米，占 80.14%；人工林 33.88 × 10^8 立方米，占 19.86%。

按林种与功能分，全国林地森林面积中，防护林 10081.95 × 10^4 公顷，占 46.20%；特用林 2280.40 × 10^4 公顷，占 10.45%；用材林 7242.34 × 10^4 公顷，占 33.19%；薪炭林 123.13 × 10^4 公顷，占 0.56%；经济林 2094.23 × 10^4 公顷，占 9.60%。全国林地森林蓄积中，防护林 88.18 × 10^8 立方米，占 51.69%；特用林 26.18 × 10^8 立方米，占 15.35%；用材林 54.15 × 10^8 立方米，占 31.75%；薪炭林 0.57 × 10^8 立方米，占 0.33%；经济林 1.50 × 10^8 立方米，占 0.88%。

总体上看，我国森林资源仍存在总量不足、质量不高、分布不均衡的问题。有关资料表明，我国其他林业资源种类丰富，数量大。

2. 野生动植物资源

我国野生动植物资源十分丰富。全国有脊椎动物 6482 种，约占世界脊椎动物种类的 10%，其中兽类 581 种、鸟类 1332 种、爬行类 412 种、两栖类 295 种、鱼类 3862 种。我国有许多特有的野生动物，其中特有的兽类 86 种、鸟类 80 种、两栖类 163 种、爬行类 126 种。全国有高等植物 3 万多种，居世界前三位，其中特有植物种类约 1.7 万余种，如银杉、珙桐、银杏、百山祖冷杉、香果树等，均为我国特有的珍稀濒危野生植物种类。

3. 林业自然保护区资源

我国林业系统共建立各类自然保护区 2012 处，总面积 1.237 亿公顷，约占国土陆地面积的 12.88%，其中国家级自然保护区 247 处，面积 7597.42 万公顷。林业系统建立的自然保护区中，森林生态系统类型自然保护区 1254 处，面积 3086.26 万公顷；湿地生态系统类型自然保护区 356 处，面积 3178.55 万公顷；荒漠生态系统类型自然保护区 30 处，面积 3709.35 万公顷；野生植物类型自然保护区 107 处，面积 168.32 万公顷；野生动物类型自然保护区 284 处，面积 2227.57 万公顷。此外，我国还建立了近 5 万个自然保护小区，900 处国家湿地公园。这些自然保护区，有效地保护了我国 90% 的陆地生态系统、85% 的野生动物种群和 65% 的高等植物群落，以及 20% 面积的天然林群落。

4. 湿地资源

根据第一次全国湿地资源调查（1996—2003 年）结果统计，全国现有湿地 3848.55 万公顷（不包括水稻田湿地），其中自然湿地 3620.06 万公顷，占 94.06%；库塘湿地 228.50 万公顷，占 5.94%。在自然湿地中，沼泽湿地 1370.03 万公顷，近海与海岸湿地 594.17 万公顷，河流湿地 820.70 万公顷，湖泊湿地 835.16 万公顷。湿地内分布有高等植物 2276 种，野生动物 724 种，其中水禽类 271 种、两栖类 300 种、爬行类 122 种、兽类 31 种。

5. 荒漠化和沙化土地

我国是世界上荒漠化和沙化面积大、分布广、危害重的国家之一，严重的土地荒漠化、沙化，威胁着我国生态安全和经济社会可持续发展。截至 2014 年，全国荒漠化土地总面积达 261.16 万平方千米，占国土总面积的 27.20%，分布于北京、天津、河北、山西、内蒙古、辽宁、吉林、山东、河南、海南、四川、云南、西藏、陕西、甘肃、青海、宁夏、新疆 18 个省（自治区、直辖市）的 528 个县（旗、市、区）。全国沙化土地总面积达 172.12 万平方千米，占国土总面积的 17.93%，分布在除上海、台湾及香港和澳门特别行政区外的 30 个省（自治区、直辖市）的 920 个县（旗、区），主要分布在新疆、内蒙古、西藏、青海、甘肃 5 省（自治区）。

二、林业标准化重点范畴

林业标准发展以科学发展观为指导，全面贯彻《中共中央国务院关于加快林业发展的决定》，全面贯彻落实国家“十二五”规划“应对全球气候变化、发展低碳经济、促进产业结构调整、转变经济发展方式”等对社会经济发展的新要求，切实落实国务院《标准化事业发展“十二五”规划》《质量发展纲要（2011—2020 年）》和《林业科学和技术中长期发展规划（2006—2020 年）》，紧紧围绕现代林业建设对标准的需求，深入实施标准化战略，以强化自主创新为核心，以森林可持续经营、应对全球气候变化和保障国家木材安全为宗旨，以构建林业大体系为目标，建立和完善林业标准体系、技术监督体系和推广应用体系，为全面提升我国林业标准化水平、促进林业又好又快地发展提供技术支撑。

林业标准发展总体目标，以提高林业标准的适应性、有效性、前瞻性和引领作用为核心，以加快森林资源保护、森林可持续利用、花卉、竹藤、生物质能源、生物质材料、林产品质量安全、资源综合利用等一些重点领域和新兴林业产业的标准制修订速度为重点，以满足林业生态建设和产业发展需要为最终目标，进一步完善林业标准体系，推动林业标准化工作的规范化、科学化。

国家林业局对林业标准化重点范畴有比较明确的说明，总体上包括生态建设、林业产业和行政管理三个方面。

1. 生态建设

以增强生态建设能力、精准提升森林质量、增加生态产品供给、提高生态服务功能为目标，围绕京津冀一体化生态保护与修复、长江经济带生态建设、“一带一路”生态治理等国家战略，结合国土绿化、天然林资源保护、退耕还林、三北防护林、湿地保护与恢复、濒危野生动植物抢救性保护及自然保护区建设、防沙治沙等国家重大生态工程，加快推进林木种苗、营造林、森林抚育、森林资源管理、防沙治沙、湿地保护、林业灾害防控、国家公园、城市林业、美丽乡村、古树名木等重要标准修订工作，增强标准的系统性和先进性，形成覆盖生态建设与保护全领域、全过程的标准体系。林业生态建设和保护工程项目要严格按标准进行工程设计和预算编制，按标准进行施工、检查验收，切实把实施林业标准贯穿于林业生态工程建设全过程。详见表 6.1。

表 6.1　林业生态建设标准化重点

01 森林生态系统：制修订天然林保护、防护林建设及经营、生态红线划定、生态公益林培育、退化林修复、退耕还林、规划设计、生态环境调查、监测与测定方法等标准。
02 湿地生态系统：制修订湿地保护、湿地调查分类与监测、湿地评价、湿地风险评估、湿地景观分类、湿地恢复和湿地公园建设规范等标准。
03 荒漠生态系统：制修订沙化土地、盐碱地、石漠化土地、荒漠化土地有关的调查监测、保护治理、规划设计、评价评估、资源管理等标准。
04 生物多样性保护：制修订野生动植物保护、野生动物疫源疫病监测防控和公共安全、野生动植物资源调查监测、自然保护区及国家公园管理等标准。
05 林业灾害防控：制修订森林消防、林业有害生物防控方面的标准。重点突出消防技术、消防管理、重大林业有害生物的检疫、防治和测报技术，药剂安全检测和使用等标准。
06 生态公共服务设施：制修订林区道路、国家公园、森林公园、湿地公园、沙漠公园、野生动物园、野生植物园、公共绿道、生态教育、生态监测站点、县林权管理服务中心、林业基层站所建设等标准。

2. 林业产业

以发展循环经济、推动绿色生产为目标，围绕林业产业转型升级，加快推进木材及其他原料林培育产业、木本油料等特色经济林产业、林下经济产业、竹藤产业、花卉产业、苗木产业、林产工业、林业生物产业、野生动植物繁育利用产业、森林旅游休闲康养产业以及沙产业等领域的质量和技术标准的制修订工作，建立政府标准和企业标准衔接互补、符合国际国内市场要求的林业产业标准体系。积极鼓励林业企业制定和采用先进标准，通过提升企业标准化工作水平，推动林业产业绿色转型升级。切实加大对涉及公众健康安全的木质、非木质林产品质量监管力度，建立林业产业和全国重点林产品质量监测预警体系，不断提高我国林产品质量，增强林产品的市场竞争力。详见表6.2。

表6.2 林业产业标准化重点

01 林木种苗：制修订植物新品种和重要树种的品种选育、审定、生产、加工、储藏、种子园建设及种子、苗木质量等级评价等标准。
02 林产工业：制修订木材、浆纸、人造板、新型木质装饰材料、木质结构材料、户外木质材料、非木质人造板、木材改性、木制品、装修材料有毒有害物质检测方法、林化产品、木材节约、资源综合利用等标准。
03 木本油料等特色经济林产业：制修订油茶、核桃、橄榄油、板栗、杜仲等特色经济林资源与育种、栽培、采后处理与贮运、加工、品质检测、质量控制等标准。
04 森林旅游休闲康养产业：制修订森林旅游、森林康养、生态体验、生态文化、科普教育等标准。
05 林下经济产业：制修订人参、食用菌、牛蛙、五味子等林下经济动植物品种选育、种养植栽培、品质检测、质量评价等标准。
06 竹藤产业：制修订竹藤类培育和经营、竹藤材测试方法、竹装饰材、竹制品、竹木复合材料、竹种质资源、化工产品等标准。
07 花卉产业：制修订花卉繁育、栽培、生产、养护、管理、质量分级与评价等标准。
08 林业生物产业：制修订生物质能源、生物质材料、生物质化学品、生物质提取物等标准。
09 野生动植物繁育利用产业：制修订野生动植物场地建设、繁育、容器、运输、加工技术、产品质量、疫源疫病监测防控等标准。
10 沙产业：制修订沙区重要沙生树种基地建设、沙区经济林果和药材、沙生区生态旅游等标准。
11 林业装备：制修订种苗机械、营林机械、木材生产机械、木材加工与人造板机械、园林机械、竹藤加工机械、林产化工机械与设备、林特产品采收加工机械等标准。

3. 行政管理

以提升林业治理体系和治理能力现代化水平为目标，加快推进管理与服务、自然资源资产评估、林业信息化、林业认证、知识产权等领域标准的制修订，切实把林业标准化工作贯穿于林业管理全过程，提升管理效率和管理能力，促进林业管理的标准化和规范化，建立系统完备、相互协调、科学规范的管理标准体系，详见表6.3。

表6.3 林业行政管理标准化重点

01 林业资源评估：制修订林业生态环境效益评价、林业碳汇计量、生态功能监测计量、生态服务价值评估、种质资源清查收集与保存利用、荒漠化和沙化土地保护与监测、重要森林风景资源保护与监测等方面标准。
02 生态工程管理与服务：制修订防护林体系工程建设、绿化工程建设、防沙治沙工程建设、生态公益林建设、国家储备林建设、国有林区营造林检查验收、集体林权制度改革监测、林权电子化管理、造林工程设计等管理与服务标准。
03 林业认证认定：制修订林业碳中和产品、珍稀濒危野生动物饲养管理，非木质林产品、花卉、森林生态服务，森林防火、生态旅游、湿地管理，森林碳服务等认证标准。

续表

04 林业信息化：制修订林业公共服务平台、业务系统建设、林业物联网、林业大数据、林业信息系统资源共享、林业灾害监控与应急、综合办公、林业信息安全、森林景观可视化模拟等信息化标准。
05 知识产权：制修订林业遗传资源、林业植物新品种测试指南、林木种苗转基因、林产品地理标志等标准。
06 行政管理：制修订行政审批、执法监管、绩效评价、平台运行评估等标准。

三、林业标准体系

国家林业和草原局编制的林业标准体系表，包括林业国家标准、行业标准，不涉及地方标准、团体标准和企业标准。目前该标准体系表与《林业标准化“十三五”发展规划》相适应，主要反映 2017—2020 年的标准需求和发展。林业标准体系包括林业基础、森林培育与保护、湿地保护与修复、荒漠化防治、生物多样性保护、林业产业、行政管理与服务、其他 8 个标准分体系（图 6.1、表 6.4 ~ 表 6.11）。

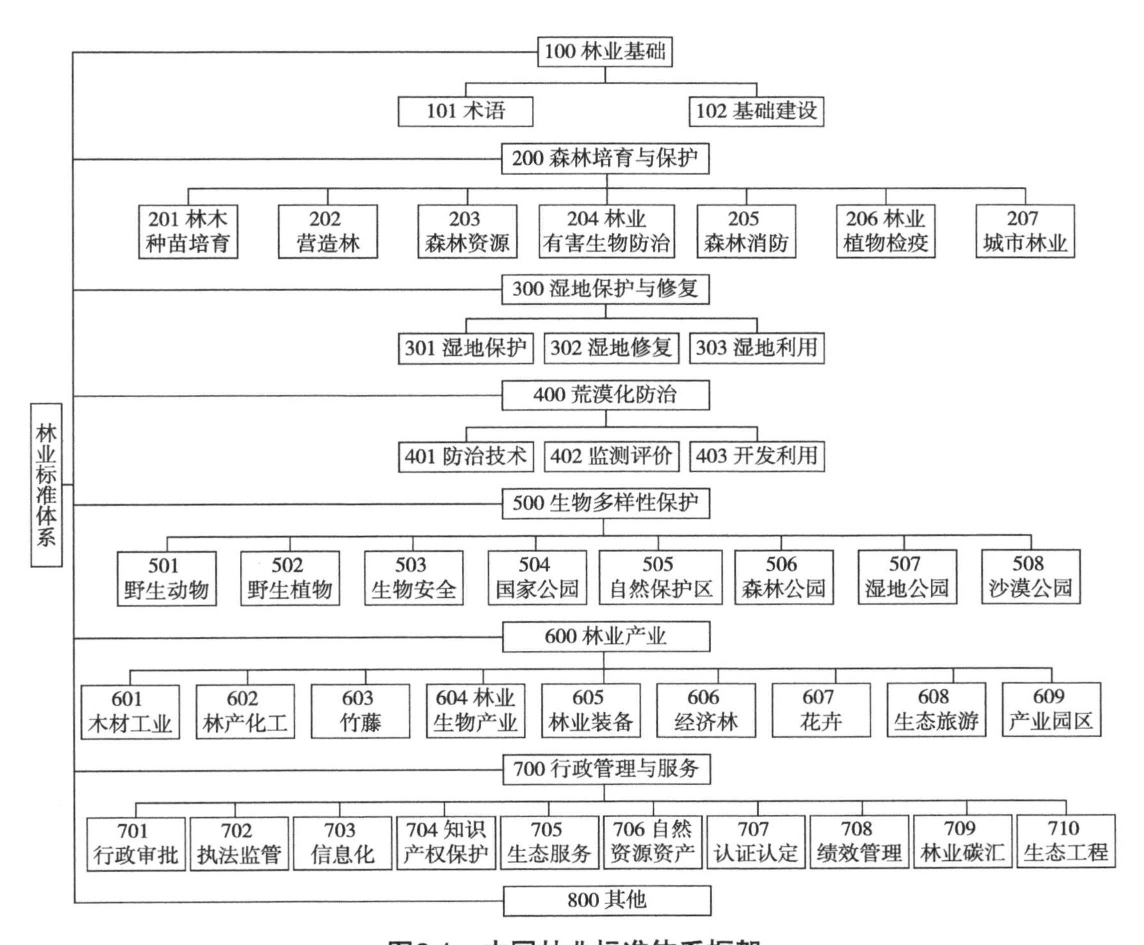

图6.1 中国林业标准体系框架

资料来源：国家林业局《中国林业标准体系》，2017 年 10 月，未出版。

表 6.4　林业基础（100）

分类号	标准类别	标准内容说明
101	术语	林业领域涉及的术语标准
102	基础建设	林业基础设施、工程建设、定额、作业等方面标准

表 6.5　森林培育与保护（200）

分类号	标准类别	标准内容说明
201	林木种苗培育	管理、种苗生产技术、育种技术、种苗质量等方面标准
202	营造林	五大林种造林技术、森林经营技术指标、管理营造林机械设施设备、勘察调查、规划设计、监测评价等方面标准
203	森林资源	调查规划、监测监督、评估管理等方面标准
204	林业有害生物防治	监测预报、防治技术、药剂使用技术、药械使用技术、防治管理等方面标准
205	森林消防	消防工程、消防装备、消防技术、消防管理等方面标准
206	林业植物检疫	检疫工作程序、检疫技术、检疫管理等方面标准
207	城市林业	城市绿化、森林城市、古树名木保护等方面标准

表 6.6　湿地保护与修复（300）

分类号	标准类别	标准内容说明
301	湿地保护	湿地履约、资源保护管理等方面标准
302	湿地修复	湿地修复、恢复和重建等方面的技术与建设标准
303	湿地利用	湿地生产、资源合理利用、生态旅游等方面的技术与建设标准

表 6.7　荒漠化防治（400）

分类号	标准类别	标准内容说明
401	防治技术	土地沙化预防技术、沙化土地治理技术及石漠化防治技术等方面标准
402	监测评价	调查、监测、评价、预测等方面标准
403	开发利用	荒漠资源利用、产业开发等方面标准

表 6.8　生物多样性保护（500）

分类号	标准类别	标准内容说明
501	野生动物	调查监测、监督管理、救护繁育、产品利用、疫病防治与管理等方面标准
502	野生植物	种质资源管理、就地保护、迁地保护、野外回归、植物园等方面标准
503	生物安全	转基因、外来物种入侵、野生动物源性疫病监测预警、野生动物及其产品检疫等方面标准
504	国家公园	资源保护、规划设计、资源调查评价、监测管理等方面标准

续表

分类号	标准类别	标准内容说明
505	自然保护区	资源保护、规划设计、资源调查评价、监测管理等方面标准
506	森林公园	资源保护、规划设计、资源调查评价、监测管理等方面标准
507	湿地公园	资源保护、规划设计、资源调查评价、监测管理等方面标准
508	沙漠公园	资源保护、规划设计、资源调查评价、监测管理等方面标准

表 6.9 林业产业（600）

分类号	标准类别	标准内容说明
601	木材工业	木材、人造板、木制品及清洁生产等方面标准
602	林产化工	松脂、植物多酚、植物提取物、热解、水解、树胶等方面标准
603	竹藤	竹材、藤材及其制品，竹材人造板，竹笋、藤笋等方面标准
604	林业生物产业	生物质材料、生物质能源等方面标准
605	林业装备	林业机械、木（竹）材加工机械等方面标准
606	经济林	资源培育、采收加工、产品质量、检测监测等方面标准
607	花卉	花卉育苗、繁殖、栽培、质量等级等标准
608	生态旅游	森林、湿地、荒漠等标准
609	产业园区	园区建设、评价、管理等方面标准

表 6.10 行政管理与服务（700）

分类号	标准类别	标准内容说明
701	行政审批	行政审批程序、检查监督管理等方面标准
702	执法监管	执法程序、监督管理等方面标准
703	信息化	信息资源、应用、基础设施、管理等方面标准
704	知识产权保护	新品种保护、林业专利保护等方面标准
705	生态服务	生态定位观测、生态监测、生态评估、价值核算等方面标准
706	自然资源资产	自然资源价值评估、核算方法等方面标准
707	认证认定	森林认证、林业认定等方面标准
708	绩效管理	绩效考评、检查要求等方面标准
709	林业碳汇	林业碳计量、监测、方法学等方面标准
710	生态工程	生态工程监测、效益评估、设计规范等方面标准

表 6.11 其他（800）

分类号	标准类别	标准内容说明
800	其他	主要包括林业能耗、节能监测和计量等方面的标准，将拓展新领域

可以看出，林业行业标准涵盖的主要学科领域有造纸技术、园林学、园林植物学、野生动物保护与管理、土壤学、土壤肥料学、森林采运学等15个森林相关学科，木材学、木材加工与人造板工艺学、木材防腐学、林业信息管理、林业经济学、林业机械、林业机械化与电气化、林业工程、林木遗传育种学、林产化学加工学、经济林学、环境学、环境保护工程、环境工程学、风景园林工程、防护林学等30多个学科。在这些领域形成了国家标准、行业标准和地方标准相配套的标准体系。

第三节　中国林业标准体系的分类、组成与结构分析

一、林业标准体系组成分析

1. 国家标准、行业标准和地方标准的数量结构

从林业各专业领域统计，我国目前制定的林业标准总计为6184项，其中林业国家标准、行业标准和地方标准数量分别为1945、1775（国家标准化管理委员会，统计截止时间为2017年12月31日）和2464项（中国林业信息网，统计截止日期为2016年12月31日。由于其中包含被替代的标准，所以现行的标准数量要小于这些数据），分别占总数的31.45%、28.70%和39.85%，详见表6.12。

这些标准中，以推荐性标准为主，总计为4859项，占林业标准总数的78.57%。在林业国家标准、行业标准和地方标准中，推荐性标准的占比分别为75.17%、96.79%和68.14%；强制性标准总计为1325项，在林业国家标准、行业标准和地方标准中，强制性标准的占比分别为24.83%、3.21%和31.86%。

另外，加上其他行业涉及林业的标准，林业国家标准共有3155项，国家指导性技术文件24项。

表6.12　我国林业各类别标准数量

标准类别	约束性类别	数量	总数量
国家标准	推荐性	1462	1945
	强制性	483	
行业标准	推荐性	1718	1775
	强制性	57	
地方标准	推荐性	1679	2464
	强制性	785	

2. 国家标准的专业结构

林业国家标准包括强制性和推荐性标准两大类，见表 6.13。

表 6.13　林业各专业领域国家强制性和推荐性标准数量统计

专业领域	标准总数	强制性标准	推荐性标准
造纸技术	206	32	174
园林学和园林植物学	26	4	22
野生动物保护与管理	5	3	2
土壤学和土壤肥料学	107	15	92
森林相关学科	102	10	92
木材学	54	0	54
木材加工与人造板工艺	291	46	245
木材防腐学	29	1	28
林业信息管理	18	0	18
林业经济学	2	0	2
林业机械相关学科	454	84	370
林业工程	4	0	4
林木遗传育种学	52	5	47
林产化学加工学	133	14	119
经济林学	119	18	101
环境相关学科	335	251	84
风景园林工程	2	0	2
防护林学	6	0	6
合计	1945	483	1462

从各专业领域的国家标准总数来看，野生动物保护与管理、林业经济学、林业工程、风景园林工程、防护林学学科领域的标准数量都不足 10 项，国家标准数量较少。从强制性标准和推荐性标准数量来看，强制性标准总数为 483 项，推荐性标准总数为 1462 项，占比分别为 24.83% 和 75.17%。其中，木材学、林业信息管理、林业经济学、林业工程、风景园林工程、防护林学等学科国家标准全部为推荐性标准。环境相关学科（环境学、环境工程学、环境保护工程）中强制性国家标准数量大于推荐性国家标准数量，以强制性标准为主。森林相关学科中森林土壤学、森林生态学、森林培育学、森林测量学分别包括 4 项、1 项、2 项、3 项强制性国家标准，在森林防火学和森林动植物检疫领域缺少强制性标准，不符合《林业标准化管理办法》的规定。

3. 行业标准的专业结构

从表 6.14 可以看出，森林相关学科、林业机械相关学科、木材加工与人造板工艺和林产化学加工学等领域的标准数量较多，占据行业标准总数的 85.41%，且多为推荐性标准。造纸技术、土壤学和土壤肥料学、木材防腐学、环境相关学科（环境学、环境工程学、环境保护工程）等学科数量较少。推荐性标准为主要标准种类，数量为 1718 项，占行业标准数量的 99.77%，大多数的专业领域都没有行业强制性标准。

表 6.14　林业各专业领域行业强制性和推荐性标准数量统计

专业领域	标准总数（个）	强制性标准（个）	推荐性标准（个）
造纸技术	1	0	1
园林学和园林植物学	47	0	47
野生动物保护与管理	46	0	46
土壤学和土壤肥料学	2	0	2
森林相关学科	558	4	554
木材学	12	0	12
木材加工与人造板工艺	253	0	253
木材防腐学	9	1	8
林业信息管理	27	0	27
林业经济学	41	0	41
林业机械相关学科	444	47	397
林业工程	16	1	15
林木遗传育种学	25	1	24
林产化学加工学	150	2	148
经济林学	111	1	110
环境相关学科	5	0	1
风景园林工程	13	0	13
防护林学	15	0	15
合计	1775	57	1718

根据《林业标准化管理办法》中对强制性标准范围的规定，除上述学科方面的标准外，在森林防火学、森林病虫害防治、森林动植物检疫、卫生和技术、林业生态工程建设的安全与卫生标准、野生动物或其产品的标记方法和标准、野生动物园动物饲养技术要求和安全标准等应制定强制性标准。从表 6.14 中可以看出，林业工程和野生动物保护与管理领域没有按照《林业标准化管理办法》规定制定强制性林业行业标准。森林相关学科中只有森林培育学、森林采运学、森林保护学 3 个学科包含强制性标准，同样在森林防火和森林动植物检疫领域强制性标准过少。所以在制定林业行业

标准时，应注意哪些领域需要制定强制性标准，制定为强制性标准的必须强制使用。

4. 地方标准的专业结构

在选择的这些学科中，林业地方标准数量最多，为2464项。由于造纸技术、木材防腐学、环境相关学科领域的地方标准没有明确区分推荐性或强制性标准，所以表6.15中没有具体的数据。除这几个领域之外，推荐性标准数量仅占总数量的64.4%，相对于林业国家标准、行业标准，占比较低。野生动物保护与管理、土壤学和土壤肥料学、森林培育学、森林经理学、森林保护学、木材学、木材加工与人造板工艺学、林木遗传育种学、林产化学加工学等学科，强制性标准数量较多，特别是野生动物保护与管理领域与其国家标准和行业标准中情况相反，如表6.15所示。

表6.15　林业各专业领域地方强制性和推荐性标准数量统计

专业领域	标准总数（个）	强制性标准（个）	推荐性标准（个）
造纸技术	212	—	—
园林学和园林植物学	185	31	154
野生动物保护与管理	22	12	10
土壤学和土壤肥料学	113	107	6
森林相关学科	766	261	505
木材学	32	31	1
木材加工与人造板工艺学	87	67	20
木材防腐学	8	-	-
林业信息管理	0	0	0
林业经济学	15	4	11
林业机械相关学科	4	2	2
林业工程	5	2	3
林木遗传育种学	51	36	15
林产化学加工学	19	10	9
经济林学	888	213	675
环境相关学科	28	—	—
风景园林工程	6	0	6
防护林学	23	9	14
合计	2464	785	1431

5. 行业标准标龄与专业结构分析

根据中国林业信息网中收录的数据，我国最早的林业行业标准是1964年由国家科学技术委员会制定、中华人民共和国科学技术委员会发布的《原条材积表》，该标准替代了国家标准GB 198—1963。而后的林业行业标准始于1982年，在1982—1990年的9年间，总共制修订林业行业标准 170 项；1991—2000 年的 10 年内，共制修订林业行业标准 328 项，与前一阶段相比增加了 158 项，相当于 93% 的增长率；2001—2010 年这一阶段，制（修）订林业行业标准数量比上一阶段又增加了 145 项，可见，这一期间新制修订的标准数量有所下降但速度基本一致；2011—2017 年这 7 年内，我国林业行业标准的制（修）订数量实现了快速的增长，由 2010 年的 473 项增加至 814 项，新制（修）订了 341 项标准，增长率为 72%，这也说明了林业管理部门对林业标准制修订工作和林业标准化工作的重视程度提高，详见表 6.16。

表 6.16　林业行业标准数量时间序列

发布年份（年）	数量（个）	累计数量（个）
1964，1982—1990	170	170
1991—2000	328	498
2001—2010	473	971
2011—2017	814	1785

自标准实施之日起至标准复审重新确认、修订或废止的时间，称为标准的有效期，又称标龄（国家标准化管理委员会网站）。我国在《国家标准管理办法》中规定国家标准实施 5 年，要进行复审，即国家标准有效期一般为 5 年。本文根据国家标准化管理委员会网站和中国林业信息网公布的数据，统计了我国现行林业行业标准的标龄（表 6.17）。我国现行的林业行业标准实施时间最早为 1992 年，截至 2017 年，标龄为 25 年，标准数量为 107 项，占全部标准的比例为 5.85%；标龄在 20 年（包括 20 年）以上的标准总数为 202 项，占全部标准的 11.04%；标龄在 10 年（包括 10 年）以上的标准数量为 463 项，占全部标准的 25.3%；标龄为 5 年（不包括 5 年）以上的标准数量为 815 项，所占全部标准的比例为 44.54%。可见约有一半的林业行业标准没有按照《国家标准管理办法》的规定及时进行复审，在这些未及时复审的标准中，10 年以上标龄的标准数量又占到一半。

表 6.17　现行林业行业标准的标龄（截至 2017 年）

标龄（年）	数量（个）	标龄（年）	数量（个）
25	107	12	32
24	22	11	34
23	26	10	35
22	16	9	123
21	22	8	57
20	9	7	82
19	8	6	90
18	81	5	103
17	6	4	101

续表

标龄（年）	数量（个）	标龄（年）	数量（个）
16	24	3	269
15	20	2	90
14	6	1	284
13	15	0	168

从各学科领域标准数量来看，经济林学、林业机械相关领域、森林相关领域、木材加工与人造板工艺学和造纸技术等领域总体数量较多。但是造纸技术、土壤学和土壤肥料学 2 个领域中标准的制修订时间都在 2011 年之前，2011—2016 年没有新的标准制定或对旧的标准进行修订。在木材学、木材防腐学、风景园林工程、防护林学、林业工程、林业信息管理、林业经济学等学科领域中，标准数量还非常少。其中，林业经济学、林业工程、风景园林工程、防护林学的标准制修订工作都起步于 2000 年左右，发展时间还很短，见表 6.18 和图 6.2。

表 6.18 林业各学科标准各阶段发布数量统计

学科	1990 年之前	1991—2000 年	2001—2010 年	2011—2016 年	总数（个）
造纸技术	228	93	98	—	419
园林学和园林植物学	2	18	188	50	258
野生动物保护与管理	2	10	23	38	73
土壤学和土壤肥料学	66	100	56	—	222
森林相关学科	88	237	702	399	1426
木材学	6	52	24	16	98
木材加工与人造板工艺	117	132	194	188	631
木材防腐学	4	7	5	30	46
林业信息管理	5	5	—	35	45
林业经济学	—	—	30	28	58
林业机械相关学科	117	315	316	154	902
林业工程	—	2	3	20	25
林木遗传育种学	18	35	48	27	128
林产化学加工学	52	116	80	54	302
经济林学	59	66	887	106	1118
环境相关学科	90	207	67	4	368
风景园林工程	—	—	7	14	21
防护林学	1	7	21	15	44
合计	855	1402	2749	1178	6184

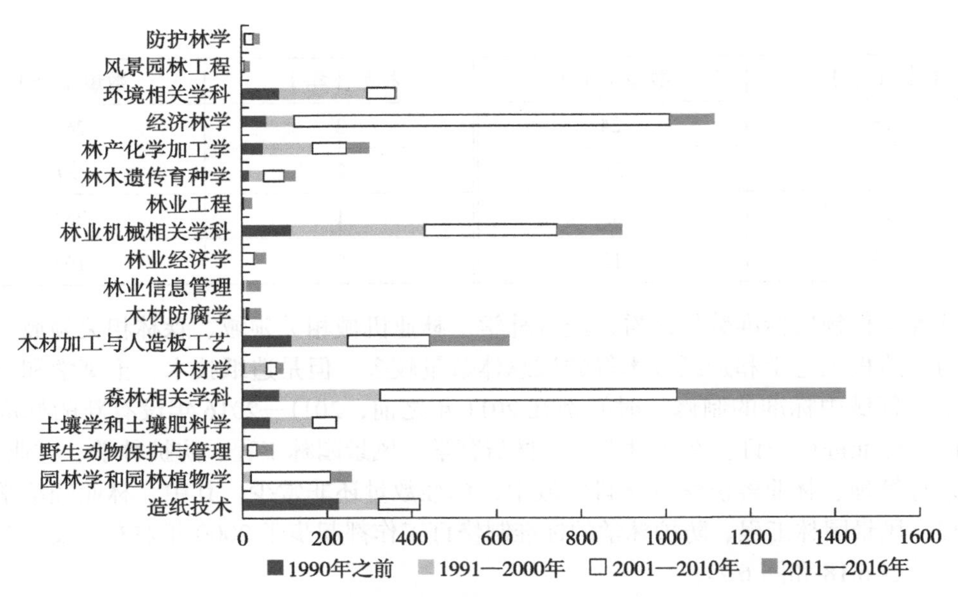

图6.2 林业各学科标准各阶段发布数量

二、各专业领域强制性与推荐性标准的数量变化分析

1. 强制性标准分析

强制性标准总计1325项，主要由国家标准和地方标准组成，占比分别为36.45%和59.25%，行业标准数量极少，共计57项，占比4.3%，且主要为林业机械相关学科方面的标准。国家强制性标准最多的是环境相关学科、林业机械相关学科、木材加工与人造板工艺学和造纸技术等领域；地方强制性标准集中在森林相关学科、经济林学、土壤学和土壤肥料学、木材加工及人造板工艺学、木材学等领域，特别是森林相关学科中，占地方强制性标准的95.03%。强制性标准数量较多的领域为森林相关学科、环境相关学科和经济林学，总数分别为275项、251项和232项，占总体比例的96.56%。森林相关学科的强制性标准数量虽多，但主要是地方标准；环境相关学科的强制性标准均为国家标准，见表6.19。

表6.19 不同学科国家标准、行业标准和地方标准中强制性标准

专业领域	国家标准	行业标准	地方标准
造纸技术	32	0	—
园林学和园林植物学	4	0	31
野生动物保护与管理	3	0	12
土壤学和土壤肥料学	15	0	107
森林相关学科	10	4	267

续表

专业领域	国家标准	行业标准	地方标准
木材学	0	0	31
木材加工与人造板工艺学	45	0	67
木材防腐学	1	1	0
林业信息管理	0	0	0
林业经济学	0	0	4
林业机械相关学科	84	47	2
林业工程	0	1	2
林木遗传育种学	5	1	36
林产化学加工学	14	2	10
经济林学	18	1	213
环境相关学科	251	0	0
风景园林工程	0	0	0
防护林学	0	0	9
合计	483	57	785

2. 推荐性标准分析

推荐性标准总计为4859项，主要集中于森林相关学科、经济林学、林业机械相关学科、木材加工与人造板工艺学以及造纸技术、林产化学加工学、园林学和园林植物学等领域中，占推荐性标准总数的62.96%，占林业标准总数的49.47%，见表6.20。

林木遗传育种学、木材学、野生动物保护与管理、林业经济学、林业信息管理、木材防腐学、防护林学、林业工程、风景园林工程等领域的推荐性标准较少，占推荐性标准总数的8.89%。在造纸技术、土壤学和土壤肥料学、环境学等领域的国家推荐性标准最多；在森林相关学科、木材加工与人造板工艺学、林业机械、林产化学加工学等领域行业推荐性标准最多；在园林学和园林植物学、经济林学领域中地方推荐性标准最多。

表6.20 不同学科国家标准、行业标准和地方标准中推荐性标准

专业领域	国家标准	行业标准	地方标准
造纸技术	174	1	212
园林学和园林植物学	22	47	154
野生动物保护与管理	2	46	10
土壤学和土壤肥料学	92	2	6
森林相关学科	92	554	505
木材学	54	12	1

续表

专业领域	国家标准	行业标准	地方标准
木材加工与人造板工艺学	245	253	20
木材防腐学	28	8	8
林业信息管理	18	27	0
林业经济学	2	41	11
林业机械相关学科	370	397	2
林业工程	4	15	3
林木遗传育种学	47	24	15
林产化学加工学	119	148	9
经济林学	101	110	675
环境相关学科	84	5	28
风景园林工程	2	13	6
防护林学	6	15	14
合计	1462	1718	1679

三、不同省、直辖市地方标准统计分析

在地方标准中，标准数量最多的是台湾，有422项，但是由于标准中没有写明标准类型，所以无法确定推荐性标准和强制性标准的数量。除此之外，标准数量较多的省份、直辖市、自治区有浙江省、新疆维吾尔自治区、辽宁省、江苏省、黑龙江省、河北省、甘肃省、福建省和北京市。标准数量较少的有重庆市和江西省。总体来看，各省、直辖市、自治区的地方标准都以推荐性标准为主。标准涵盖的主要领域有林木遗传育种学、森林培育学、经济林学、园林学、茶学、木材加工与人造板工艺学、造纸技术、土壤肥料学、森林经理学、草原学、森林保护学等。其中又以经济林学和森林培育学为更主要的学科领域，可以看出经济林和森林培育在全国各个地区林业发展中的重要地位，特别是新疆、山东、江苏、贵州、广西、安徽、甘肃等地区，经济林学领域的标准数量占比明显高于其他地区。北京作为直辖市在标准数量上高于许多省份（表6.21）。

表6.21　地方标准中不同省、自治区、直辖市标准统计

地域	地方标准	强制性标准	推荐性标准	主要领域
重庆	2	0	2	林木遗传育种学（1）；森林培育学（1）
江西	7	1	6	森林培育学（5）
上海	14	1	13	经济林学（4）；森林经理学（3）
天津	19	2	17	经济林学（8）
青海	22	0	22	森林培育学（8）；草原学（10）

续表

地域	地方标准	强制性标准	推荐性标准	主要领域
湖北	29	7	22	经济林学（7）；森林培育学（6）
广西	31	0	31	经济林学（17）
内蒙古	38	19	19	森林保护学（9）；森林培育学（9）
宁夏	39	6	33	经济林学（21）
湖南	39	3	36	森林培育学（13）；森林保护学（8）
贵州	42	0	42	经济林学（21）
山西	52	38	14	森林培育学（17）森林经理学（25）
云南	53	15	38	经济林学（31）；森林培育学（9）
吉林	54	18	36	森林培育学（28）
陕西	55	9	46	茶学（14）；经济林学（10）
河南	55	0	55	经济林学（23）；森林培育学（11）
广东	88	9	79	森林培育学（28）
安徽	90	4	86	经济林学（45）
四川	91	8	83	经济林学（32）；森林培育学（27）
山东	94	13	81	经济林学（46）；森林培育学（17）
北京	107	4	103	园林学（25）；经济林学（39）
福建	121	0	121	园林学（21）；经济林学（42）森林培育学（19）
辽宁	142	33	109	经济林学（37）；森林经理学（28）
江苏	150	47	103	经济林学（79）
黑龙江	158	1	157	森林培育学（54）经济林学（26）
甘肃	160	4	156	经济林学（75）；森林培育学（47）
新疆	170	8	162	经济林学（128）
浙江	190	37	153	森林培育学（29）；经济林学（66）；园林学（21）；茶学（56）
河北	242	6	236	森林培育学（64）；经济林学（104）
台湾	422	—	—	木材加工与人造板工艺学（54）；造纸技术（212）；土壤肥料学（97）
合计	2776	—	—	

四、林业团体标准分析

截至2018年3月，共有76项林业团体标准发布，其中2016年发布3项，2017年发布46项，2018年发布27项：其中经济林领域的营林技术标准15项，病虫害防治标准20项，关于木材及木制品交易等的服务标准和工作标准共计36项，旅游领域标准1

项，农药标准2项，木制家具标准1项。制定标准的团体协会有洮南市林果产业协会、佛山市标准化协会、滨州市沾化区沾化冬枣协会、上海市浦东新区农协会、石林彝族自治县烤烟专业化服务协会、锦州市果业协会、贵州省家具协会、广东省木材行业协会、鞍山市千山区南果梨产业化发展协会、浙江省农林产品质量安全学会、中国茶叶流通协会、东港市草莓协会。制定标准最多的有洮南市林果产业协会和广东省木材行业协会，见表6.22。

表6.22 林业团体标准

编号	标准号	标准中文名称	团体名称	发布日期
1	T/TNLG 9—2018	白城甘草蚜虫防治技术规程	洮南市林果产业协会	2018-03-02
2	T/TNLG 8—2018	吉林黄芩蛴螬防治技术规程	洮南市林果产业协会	2018-03-02
3	T/TNLG 7—2018	吉林关防风黄凤蝶防治技术规程	洮南市林果产业协会	2018-03-02
4	T/TNLG 6—2018	白城甘草褐斑病防治技术规程	洮南市林果产业协会	2018-03-02
5	T/TNLG 5—2018	吉林黄芩根腐病防治技术规程	洮南市林果产业协会	2018-03-02
6	T/TNLG 4—2018	吉林关防风白粉病防治技术规程	洮南市林果产业协会	2018-03-02
7	T/TNLG 3—2018	白城甘草种苗培育技术规程	洮南市林果产业协会	2018-03-02
8	T/TNLG 2—2018	吉林黄芩栽培技术规程	洮南市林果产业协会	2018-03-02
9	T/TNLG 1—2018	吉林关防风栽培技术规程	洮南市林果产业协会	2018-03-02
10	T/TNLG 009—2017	白城甘草蚜虫防治技术规程	洮南市林果产业协会	2018-02-11
11	T/TNLG 008—2017	吉林黄芩蛴螬防治技术规程	洮南市林果产业协会	2018-02-11
12	T/TNLG 007—2017	吉林关防风黄凤蝶防治技术规程	洮南市林果产业协会	2018-02-11
13	T/TNLG 006—2017	白城甘草褐斑病防治技术规程	洮南市林果产业协会	2018-02-11
14	T/TNLG 005—2017	吉林黄芩根腐病防治技术规程	洮南市林果产业协会	2018-02-11
15	T/TNLG 004—2017	吉林关防风白粉病防治技术规程	洮南市林果产业协会	2018-02-11
16	T/TNLG 003—2017	白城甘草种苗培育技术规程	洮南市林果产业协会	2018-02-11
17	T/TNLG 002—2017	吉林黄芩栽培技术规程	洮南市林果产业协会	2018-02-11
18	T/TNLG 001—2017	吉林关防风栽培技术规程	洮南市林果产业协会	2018-02-11
19	T/FSAS 9—2017	蔬菜水果中有机氯类农药残留量的快速检测	佛山市标准化协会	2018-01-15

续表

编号	标准号	标准中文名称	团体名称	发布日期
20	T/FSAS 8—2017	蔬菜水果中拟除虫菊酯类农药残留量的快速检测	佛山市标准化协会	2018-01-15
21	T/ZHDZ 002—2017	沾化冬枣采收、贮藏、包装、运输、销售技术规程	滨州市沾化区沾化冬枣协会	2018-01-09
22	T/ZHDZ 001—2017	沾冬2号	滨州市沾化区沾化冬枣协会	2018-01-09
23	T/PDNXH 303—2017	南汇翠冠梨包装标识规范	上海市浦东新区农协会	2018-01-07
24	T/PDNXH 302—2017	南汇翠冠梨生产技术操作规范	上海市浦东新区农协会	2018-01-07
25	T/PDNXH 301—2017	南汇翠冠梨	上海市浦东新区农协会	2018-01-07
26	T/PDNXH 203—2017	南汇水蜜桃包装标识规范	上海市浦东新区农协会	2018-01-07
27	T/PDNXH 202—2017	南汇水蜜桃生产技术操作规范	上海市浦东新区农协会	2018-01-07
28	T/SLTSA 020—2016	专业化植保服务队管理规范	石林彝族自治县烤烟专业化服务协会	2017-12-22
29	T/JZGY 004—2017	锦州桃树整形修剪技术规程	锦州市果业协会	2017-10-18
30	T/JZGY 003—2017	锦州桃生产技术规程	锦州市果业协会	2017-10-18
31	T/GZFA 001—2017	非指接拼板	贵州省家具协会	2017-09-28
32	T/GTIA 6.1—2016	服务体系　第1部分：采购管理	广东省木材行业协会	2017-09-22
33	T/GTIA 4.9—2016	木材及木制品电子交易平台　第9部分：风险管理与控制	广东省木材行业协会	2017-09-19
34	T/GTIA 4.8—2016	木材及木制品电子交易平台　第8部分：报表分析管理	广东省木材行业协会	2017-09-19
35	T/GTIA 4.10—2016	木材及木制品电子交易平台　第10部分：融资与清算管理	广东省木材行业协会	2017-09-19
36	T/GTIA 4.7—2016	木材及木制品电子交易平台　第7部分：数据分析管理	广东省木材行业协会	2017-09-19
37	T/GTIA 4.2—2016	木材及木制品电子交易平台　第2部分：出库管理	广东省木材行业协会	2017-09-18
38	T/GTIA 4.6—2016	木材及木制品电子交易平台　第6部分：供应商绩效管理	广东省木材行业协会	2017-09-18
39	T/GTIA 4.5—2016	木材及木制品电子交易平台　第5部分：供应商信息管理	广东省木材行业协会	2017-09-18
40	T/GTIA 4.1—2016	木材及木制品电子交易平台　第1部分：入库管理	广东省木材行业协会	2017-09-18

续表

编号	标准号	标准中文名称	团体名称	发布日期
41	T/ASNG 04—2017	南果梨病虫害防治技术规程	鞍山市千山区南果梨产业化发展协会	2017-06-16
42	T/ASNG 02—2017	南果梨建园技术规程	鞍山市千山区南果梨产业化发展协会	2017-06-16
43	T/ASNG 01—2017	南果梨苗木繁育技术规程	鞍山市千山区南果梨产业化发展协会	2017-06-16
44	T/ASNG 03—2017	南果梨整形修剪技术规程	鞍山市千山区南果梨产业化发展协会	2017-06-16
45	T/GTIA 6.10—2016	服务体系　第10部分：中断送管理	广东省木材行业协会	2017-05-12
46	T/GTIA 6.7—2016	服务体系　第7部分：运输作业管理	广东省木材行业协会	2017-05-12
47	T/GTIA 6.6—2016	服务体系　第6部分：运输调度管理	广东省木材行业协会	2017-05-12
48	T/GTIA 5.13—2016	交易体系　第13部分：订单处理流程	广东省木材行业协会	2017-05-12
49	T/GTIA 1.3—2016	木材及木制品联盟市场　第3部分：联盟木材市场验收规范	广东省木材行业协会	2017-05-12
50	T/GTIA 5.12—2016	交易体系　第12部分：订单调整	广东省木材行业协会	2017-05-12
51	T/GTIA 5.6—2016	交易体系　第6部分：竞价专场交易	广东省木材行业协会	2017-05-12
52	T/GTIA 5.5—2016	交易体系第5部分：双向竞价交易	广东省木材行业协会	2017-05-12
53	T/GTIA 2.1—2016	产品体系　第1部分：商品信息管理	广东省木材行业协会	2017-05-12
54	T/GTIA 1.2—2016	木材及木制品联盟市场　第2部分：联盟木材市场基本要求	广东省木材行业协会	2017-05-12
55	T/GTIA 1.5—2016	木材及木制品联盟市场　第5部分：联盟木材市场监督与管理	广东省木材行业协会	2017-05-12
56	T/GTIA 1.4—2016	木材及木制品联盟市场　第4部分：联盟木材市场的加入与退出	广东省木材行业协会	2017-05-12
57	T/GTIA 5.10—2016	交易体系　第10部分：订单的生命周期	广东省木材行业协会	2017-05-12
58	T/GTIA 5.11—2016	交易体系　第11部分：订单失效	广东省木材行业协会	2017-05-12

续表

编号	标准号	标准中文名称	团体名称	发布日期
59	T/GTIA 1.9—2016	木材及木制品联盟市场　第 9 部分：联盟木材市场价格指数管理	广东省木材行业协会	2017-05-12
60	T/GTIA 3.2—2016	木材及木制品电子交易报价　第 2 部分：计费分类	广东省木材行业协会	2017-05-12
61	T/GTIA 3.1—2016	木材及木制品电子交易报价　第 1 部分：木材及木制品价格评估	广东省木材行业协会	2017-05-12
62	T/GTIA 1.7—2016	木材及木制品联盟市场　第 7 部分：联盟木材市场基础管理	广东省木材行业协会	2017-05-12
63	T/GTIA 1.6—2016	木材及木制品联盟市场　第 6 部分：联盟木材市场机构构成与管理	广东省木材行业协会	2017-05-12
64	T/GTIA 6.9—2016	服务体系　第 9 部分：终端分拨配送管理	广东省木材行业协会	2017-05-12
65	T/GTIA 5.1—2016	交易体系　第 1 部分：在线竞卖交易	广东省木材行业协会	2017-05-12
66	T/GTIA 4.4—2016	木材及木制品电子交易平台　第 4 部分：客户基本信息管理	广东省木材行业协会	2017-05-12
67	T/GTIA 4.3—2016	木材及木制品电子交易平台　第 3 部分：库存盘点	广东省木材行业协会	2017-05-12
68	T/GTIA 2.3—2016	产品体系　第 3 部分：木材及木制品质量与数量评价	广东省木材行业协会	2017-05-12
69	T/GTIA 6.4—2016	服务体系　第 4 部分：退货管理	广东省木材行业协会	2017-05-12
70	T/GTIA 5.15—2016	交易体系　第 15 部分：木材交易结算	广东省木材行业协会	2017-05-12
71	T/GTIA 1.8—2016	木材及木制品联盟市场　第 8 部分：联盟木材市场推广培训及服务	广东省木材行业协会	2017-05-12
72	T/ZNZ 001—2017	杨梅主要病虫防治指南	浙江省农产品质量安全学会	2017-05-08
73	T/CTMA 001—2017	茶文化旅游示范区评定规范	中国茶叶流通协会	2017-01-13
74	T/JZGY 002—2016	锦州梨生产技术规程	锦州市果业协会	2016-12-05
75	T/DGSS 001—2016	草莓脱毒种苗生产技术规程	东港市草莓协会	2016-10-24
76	T/JZGY 001—2016	锦州苹果生产技术规程	锦州市果业协会	2016-10-17

第四节 林业生态工程建设标准体系分析

为深入研究林业生态工程建设标准体系，建立了林业生态工程建设标准体系六维结构，分别为级别维、对象维、性质维、强制程度维、制修订状态维、支撑关系维。通过建立林业生态工程建设标准体系及六维结构，可以明确林业生态工程建设标准体系的标准类别和组成标准，进而确定林业生态工程建设标准适用性评价体系的应用范围，以便开展后续研究。

一、相关概念辨析

1. 生态工程

生态工程这一概念最早由美国的生态学家H·T·奥德姆（H. T. Odum）在1962年提出，他将生态工程定义为“利用自然能源实现对环境的控制，对自然的管理，或者是与自然结成伙伴关系”。之后在20世纪80年代，欧洲、美国的多位生态学家都对生态工程的定义有过具体表述，每位学者的表述都基于各自的实践，体现了不同的角度。但毋庸置疑的是随着对生态工程的认识不断深入，对生态工程的理解也变得越来越全面。20世纪70年代末，我国也开始了生态工程的研究，不少学者都提出了对生态工程的理解。80年代马世俊提出生态工程是生态系统中利用物种共生与物质循环再生原理，结合系统工程最优化方法，设计了分层多级利用物质的工艺系统。90年代王如松教授提出生态工程是着眼于生态系统持续发展能力的整合工程技术，认为生态工程包含内容广泛，涉及多个领域和行业，如种植业、林业、养殖业、农林牧复合、荒芜土地恢复与重建、庭院与城市等。

2. 林业工程

林业工程是运用对林业发展规律的认识，利用和改造森林，开发、设计、加工、制造、提供对人类社会有用的林产品、制品以及服务的生产活动和工程技术。根据《林业工程概论》中的分类，林业工程包含森林工程、木材科学与技术、林产化学加工工程等。按照《工程设计资质标准》中对林业工程的分类，可分为林产工业工程、林产化学工程、营林造林工程、森林资源环境工程、森林工业工程。

3. 林业生态工程

关于林业生态工程的定义，接受度最高的是王礼先教授提出的“林业生态工程是根据生态学、林学以及生态控制论原理，设计、建造与调控以木本植物为主体的人工复合生态系统的工程技术，目的在于保护、改善和持续利用自然资源与环境”。可以看出，林业生态工程作为生态工程的一部分，基于生态学相关的理论基础，符合生态工程的目的。作为一项系统工程，林业生态工程不同于传统的森林培育与经营，或可以说传统的森林培育与经营属于林业生态工程的一部分，是为实现林业生态工程的目标而服务的。从概念中可以看出，林业工程与林业生态工程的区别之一是林业工程涉及林产品、制品和服务，重在经济效益，而林业生态工程以生态综合效益为主。

二、工程建设标准化的内涵与特点

1. 工程建设标准化的内涵

工程建设标准化主要包括两项工作，即标准的执行和执行情况的监督检查。工程建设标准化旨在确保工程建设标准化在技术、管理等方面的科学性和条理性。

（1）从标准化范围上界定

标准、标准化的概念涉及范围很广，贯穿于各行各业。为工程建设过程中取得较好的秩序，工程建设标准制定了多次连续使用的文件，这些文件由我国国家规定的机构批准后制定，将工程建设有效经验、先进技术及科学研究成果作为基础，确保获得最佳经济、生态和社会效益。

（2）从标准化内容界定

工程建设标准化是一个连续的工作过程，从标准的制定开始到用户对标准的执行，以及后续对标准执行情况的监督检查以及反馈，形成了一个循环过程，不断优化并改进，实现提高工程建设质量、保障安全等项目目标。对于标准的制定主要包括4个环节，即下达具体的制定计划、编制要求、审批发布时间及印刷。标准的执行工作主要包括标准在项目中的具体应用、对标准的使用宣传及培训教育、相关部门对标准的解释及管理工作、后续标准实施情况的调研及意见反馈等。对标准的监督检查工作主要在国家相关机构的引导下，依据相关的法律规范，约束工程建设标准的执行，对其进行监督检查并加以指导，最终形成经验总结并反馈意见，不断循环、不断完善并制定后续标准，提高工程建设标准的总体水平。

（3）从建设工程目标上界定

工程建设标准贯穿于工程建设项目的全寿命周期，是各个环节所有活动及完成情况在技术和工作程序上的强大依据。工程建设标准是工程建设领域在先进技术及实践经验方面的综合，能够保障质量，降低安全事故，保护环境，降低工程建设浪费，降低成本，缩短工期，提高企业的合同管理、信息管理及组织协调能力。

标准化原理可以归纳为“统一、简化、协调、择优”。他们之间互相联系、渗透。任何一项标准的形成与发展过程，它们都共同发挥作用，形成一个有机整体。统一的平台是标准化的前提，简化是实现标准化的手段，协调是所有活动实施的基础，择优是整体的重心（表6.23）。

表 6.23 工程建设标准化原理

原理	定义	特点
统一原理	统一的平台是实施工程建设标准化的先决条件，即在特定条件下保证标准化对象的多个特性具有一个相对统一的标准，汇合标准对象的各种表现形式，消除多样性，建立共同遵守的、稳定的、具有可延续性的一种状态	统一需要时机，在不成熟和成熟之间需要一个适合的时机，既有足够的经验打基础，又可以避免食物多样性泛滥造成混乱和损失。统一需要适度，不同作用对象统一的程度不同，需视具体情况而定
简化原理	将标准的特性降低到最低，减少多余、重复及功能度低的部分，在保证结构合理的基础上，将标准的结构精简到最大限度，并使总功能不断优化	当标准之间过多的特性形成差异，并与实际需求不对应时，此时需要把标准进行精简，选择高质、优化、简练的方式实现 简化旨在使标准的整体功能得到最大优化，是衡量简化是否合理、完结的最终标准，需要运用最优化的方法和系统的方法进行综合分析
协调原理	利用系统工程的方法，分析调整同类标准、不同类标准之间存在的联系与区别，最终达到互相适应的目标	鉴于个体之间的差异性，使得他们观察分析问题的角度不同，融合这些差异后，得到大多数个体能够接受的结论，即形成某阶段的标准
择优原理	根据特定的目标，分析不同标准之间的差异，对比分析后选择最优方案，使整个系统功能得到最大优化	选择贯穿于所有原理的所有环节；择优，本质上是将“实践成果”转变为“理论”

资料来源：孙锋娇，2015. 工程建设标准化对建筑企业的经济效益影响研究——以北京市为例［D］. 北京：北京建筑大学.

2. 工程建设标准化的特点

工程建设的特殊性决定了工程建设标准的特殊性，标准的特殊性反映并刻画了工程建设的特征。综合工程建设特点以及国内外工程建设标准的发展现状，工程建设标准归纳为方针性强、综合性强、地理环境性强、阶段性强、经济性强五大特点。

（1）方针性强

工程建设标准化是引导和落实国家一系列重大方针政策的有效手段，如节约资源、保护环境等重要方针政策，能够强有力地保障社会及公众利益。国家有关部门曾强调，要将标准的约束、引导作用最大化，将工程建设标准和优化资源配置、减少浪费，节约资源、改善环境等有力结合起来；将提升行业管理水平、规范建设市场运作环境、强化竞争力作为工程建设标准的一大目标，为我国快速稳定的可持续经济发展服务。因此，工程建设标准必须贯彻落实控制浪费，达到节约资源，安全合理、保证质量、经济合理的方针政策。

（2）综合性强

工程建设标准化涉及经济、技术、管理各个领域，三者之间的关系协调是标准制定时综合性分析的首要任务，三者之间的协调性高低对工程建设标准制定的质量及实施后的效益影响非常大。过高的技术水平能否与设计、施工、协调配套，能否与工程管理水平适应，能否保障大多数条款实施，是否需要依赖设备更新才能适应，以及能否匹配国家当前的经济条件等，需要综合分析、全面衡量、统筹兼顾，才能达到在可能的条件下获取标准化的最佳效果。

（3）地域性强

我国地域辽阔，东西部的经济发展差异很大，在气候、地质、人文等方面存在很大差别，环境条件对工程建设的影响非常大。因此，工程建设标准的制定不仅需要考虑经济上的合理性及可能性，还要结合工程项目自身的特点，充分考虑自然条件的差异，进一步结合国情来制订和实施。鉴于我国国家标准级行业标准的覆盖范围非常广、通用性强，不能完全有针对性地满足不同地域环境条件下的工程建设需要，因此，在工程建设中，必须依据当地的建设经验及当地地质及气候的特殊条件，采取适当的技术措施，运用地方标准明确特殊规定。为了满足各地域的特殊性，充分体现对自然环境条件影响的重视，国家专门针对不同的自然条件，制定了相应的技术标准，如《北京地区地基基础勘察设计规范》等。

（4）阶段性强

工程建设标准化贯穿于工程建设全寿命周期的各个阶段，因此，工程建设标准服务于工程建设的各个阶段，并适用于全社会各行业的工程建设。通过工程建设各环节责任主体的实施使用，标准作用于工程建设的立项审批、策划、设计、施工和运营维护、使用的全生命周期中各阶段的活动。综合所有的工程建设类标准，分析其特点，发现工程建设标准作用在不同的行业中，应用的环节也不同，甚至是不同的专业作用于不同的主体，但这些标准都依附于工程建设本身，服务于工程建设的全寿命周期，具有非常明显的阶段性。

（5）经济性强

工程建设标准是工程项目投资的重要参考依据，如建筑节能设计标准，对外墙和屋顶等的保温隔热性能、采暖或制冷空调等的效率均提出了明确的要求。这些要求的提出，虽然在短期看可能需要增加工程建设的成本，影响初始的投资，但是从长期来看，其可以减少浪费、节约资源、降低安全事故率，从多方位降低项目的建设费用。

工程建设标准是用户进行投资的重要依据之一，因预算阶段涉及材料、机械使用等物资，必须以工程建设标准为依据，以及工程建设其他各阶段都要符合工程建设的管理标准、技术标准及工作标准的具体要求。建筑活动与交易统一的特性，决定了工程建设标准化在经济技术决策方面的重要作用。

三、林业生态工程建设标准体系构建

1. 林业生态工程建设标准发展概况

林业生态工程建设标准是为了指导林业生态工程的实施而制定的标准，所以其发展历程离不开林业生态工程的发展。国外大型林业生态工程的实践始于1934年的美国“罗斯福工程”。除此之外，20世纪以来，影响较大的林业生态工程还包括苏联的“斯大林改造大自然计划”、加拿大的“绿色计划”、日本的“治山计划”、韩国的“治山绿化计划”等。“罗斯福工程”中对防护林带的面积、宽度、长度，实行网、片、点相结合等就有明确的标准规定。在1949—1965年，苏联实施的“斯大林改造大自然计划”中，将防护林分为国营防护林带、国营农场防护林带、集体农庄护田林、池塘水库沟渠周围河道两岸的绿化林带，已经对防护林带的建设有了明确的标准要求。其中，俄罗斯南部防护林建设工程在20世纪30年代相关研究的基础上，制定了一系列技术措施来防止地表植被被破坏。在加拿大的“绿色计划”中，提出林业应从永续收获转向永续发展，启动了为期五年的环境科学技术行动计划，鼓励开发高新环境技术，并制定了新的标准，为实现林业发展的可持续性，编制了森林生长和经营模型。在1960年之前，日本采用传统的治山方式，以造林绿化为主，1960年之后，日本进入治山工程规范实施阶段，开始采用工程措施与生物措施相结合的治山方式，对山体滑坡治理、滑坡泥石流堆积体治理、潜在崩塌及滑坡治理、溪流整治、火山岩浆等堆积物植被恢复等工程，已经形成了成熟、先进的技术和标准体系。

林业生态工程建设标准是工程建设标准的一个重要组成部分，1949年10月中央技术管理局（1952年撤销）成立，设置标准规格处，专门负责工程建设标准化工作；此后，工程建设标准由国家建委主管；1962年11月，国务院颁发了《工农业产品和工程建设技术标准管理办法》；1977—1987年发布了若干工程建设标准规范性文件；2000年国务院发布《建设工程质量管理条例》。

1977年完成林业局（场）总体设计规程等4项标准的修订工作；“七五”期间原林业部完成21项标准规范编制、修订工作；1992年编制林业工程建设决策阶段标准23项，共编制标准和用地指标18项，规范21项；1997年编制标准、规范3项，定额2项；2000年之后，森林病虫害综合治理、自然保护区、林木种苗、森林重点火险区综合治理等工程相继颁发了项目建设标准，在营造林领域组织制定了水源涵养林、水土保持林、防风固沙林等公益林建设技术规范，以及《防护林造林工程投资估算指标》等林业工程造价定额类标准。当前，我国已初步形成林业生态工程建设标准体系，相关国家标准、行业标准和地方标准共计600余项。

2. 林业生态工程建设标准体系构建方法

（1）标准化系统工程六维结构

标准化系统工程六维结构源于霍尔的系统工程三维结构和标准属性空间结构。霍尔三维结构从时间、逻辑和知识维度描述了系统工程。标准属性空间由标准的三种不同的分类方法组成。标准分类方法有多种，但是最常用的公认的分类方法分别为标准性质、标准级别、标准对象。这三种分类方法构成了标准属性空间的三个维度。在霍尔三维结构的基础上进行改进，将知识维度改为条件维和标准属性，空间结构从同一原点出发最终形成了六维结构。标准化系统工程六维结构在之后的应用中并未一直沿用这六个维度，先后出现了将强制程度、支撑关系、修订状态作为系统工程结构的六维模型，以对象、层次、专业、级别、属性、性质为不同维度的六维结构，以专业、性质、级别、层次、制修订状态、强制程度为维度的六维结构。可见，标准化系统工程六维结构应以适应标准化对象为主。标准级别是最基本的标准特征，林业生态工程建设标准发展至今，多是技术标准，管理标准和工作标准数量过少。为了解决这一问题，加快管理标准和工作标准的制定，应保留级别维和性质维。专业维适用于更高层级的标准化系统工程，而对象维更利于细化系统，因此选择对象维。强制程度维体现了标准的约束力，制修订状态维能够展示出标准的生命周期，体现了标准的动态性，支撑关系表示标准之间的层次结构，因此，系统空间结构选择强制程度维、制（修）订状态维和支撑关系维（图 6.3）。

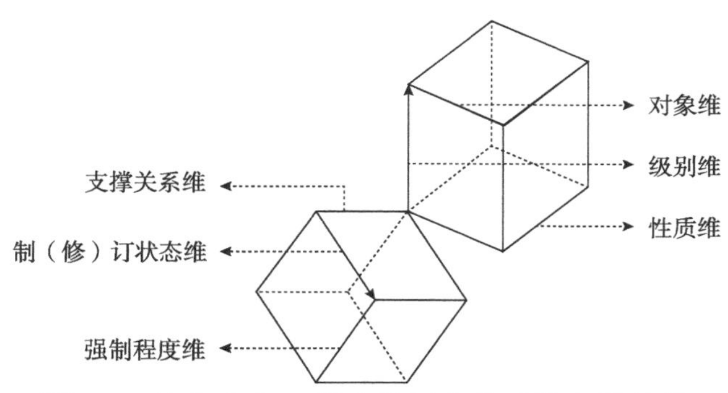

图6.3 林业生态工程建设标准化系统六维结构

（2）依存主体系统平行分解法

根据标准化系统工程理论，标准化系统工程对工程系统工程具有依存性，标准系统不可能脱离工程系统而单独存在，标准系统是为工程系统实现标准化和规范化而服务的。因此，标准系统必须依靠对工程系统的层次结构进行平行分解发展而来。构建林业生态工程建设标准体系需首先对林业生态工程系统结构进行分解。

3. 林业生态工程建设标准体系框架结构

（1）林业生态工程工作分解结构

行业标准《林业生态工程信息分类与代码》中将林业生态工程建设过程分为组织、规划设计、实施、监管、评价和验收管理。

组织指的是林业生态工程的组织管理。长期有效且稳健的组织机构和明确的职能分工对于林业生态工程建设的成效至关重要。因此，组织过程应完成组织机构和组织职能两部分工作。

规划设计是为了保证林业生态工程按照既定目标实施，规划设计过程包括两方面的工作：一是制定林业生态工程总体规划，二是林业生态工程设计。无论是规划还是设计，都需要按照总体、分支的顺序进行，即先制订总体规划设计方案，再在总规划设计方案的指导下制订各个单项工程的规划设计方案。

实施过程中一方面需要工程建设技术保证工程顺利开展，另一方面需把控工程进度，以使工程可以按期完成。实施阶段一般可分为：施工前期准备、制订施工组织计划和施工现场管理三个主要程序。

监管过程应贯穿工程建设实施过程和工程后期。我国林业生态工程的监管分为内部监管和外部监管，内部监管为林业部门的监管，主要负责工程质量监管和工程监理；外部监管为财政部门、审计部门等进行的对工程资金的监管。

评价过程在工程后期开展，目的是了解林业生态工程实施效益和效果，主要包括工程效益评价和工程绩效评价两项工作。林业生态工程综合效益包括生态效益、经济效益和社会效益。

工程验收管理过程是伴随着监理工作进行的，工程实施每一阶段的工作完成后，都需要进行阶段性验收。验收内容包括检查验收工程质量、验收工程档案，同时做好验收管理工作（图 6.4）。

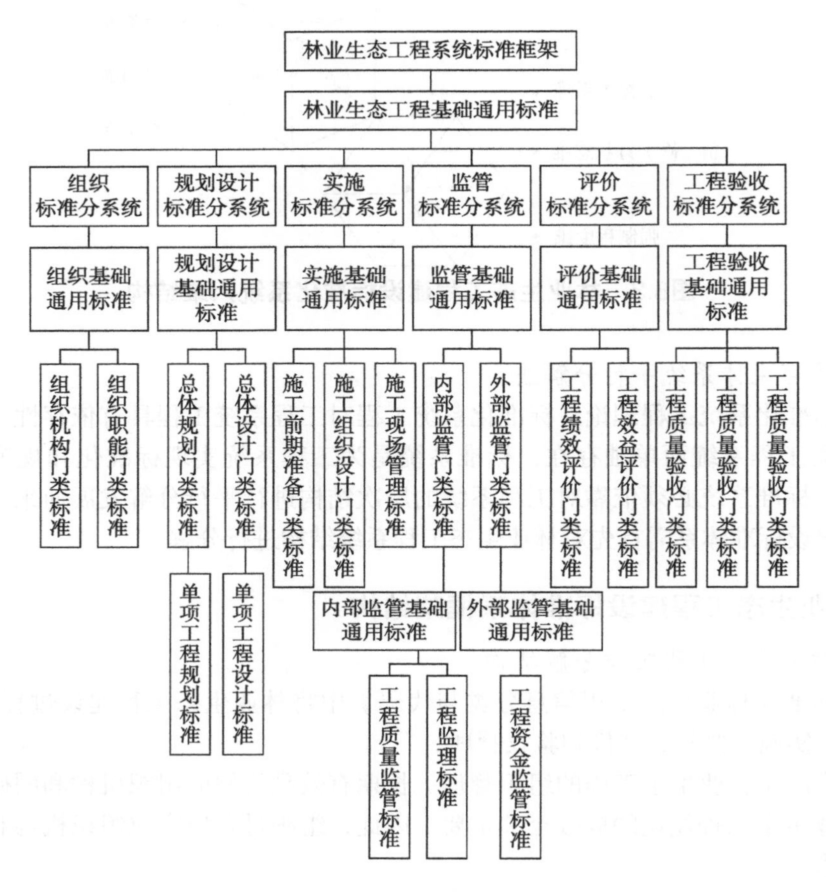

图6.4　林业生态工程建设标准体系结构

（2）林业生态工程建设标准体系结构平行分解

标准体系结构需依托于工作结构进行构建。林业生态工程工作结构可分解为系统层、分系统层、门类层。上层工作系统所需的标准将位于下层子系统所需标准之上，门类层标准系统位于具体标准层之上。同时根据标准体系的支撑关系，基础通用标准为技术标准，工作标准、管理标准提供支撑作用，应位于上层。

4. 林业生态工程建设标准体系六维空间分析

（1）级别维

级别维从标准级别角度对标准进行归类，标准按照级别可分为国际标准、国家标准、行业标准、地区标准、团体标准、企业标准。我国林业生态工程建设标准最高层级为国家标准，其次为行业标准、地方标准。除此之外，团体标准正处于快速发展阶段，因此将团体标准也纳入标准体系级别维中。

（2）对象维

对象维是将标准体系按照标准化的对象分为多个分体系或子体系。林业生态工程建设标准体系的对象维的顶层可根据林业生态工程系统工作分解结构分为组织、规划设计、实施、监管、评价和验收管理。

（3）性质维

标准的性质可分为基础标准、管理标准、技术标准、工作标准等，体现在性质维度上。林业生态工程建设标准体系应以技术标准为主，其他类型的标准作为支撑和辅助（图 6.5）。

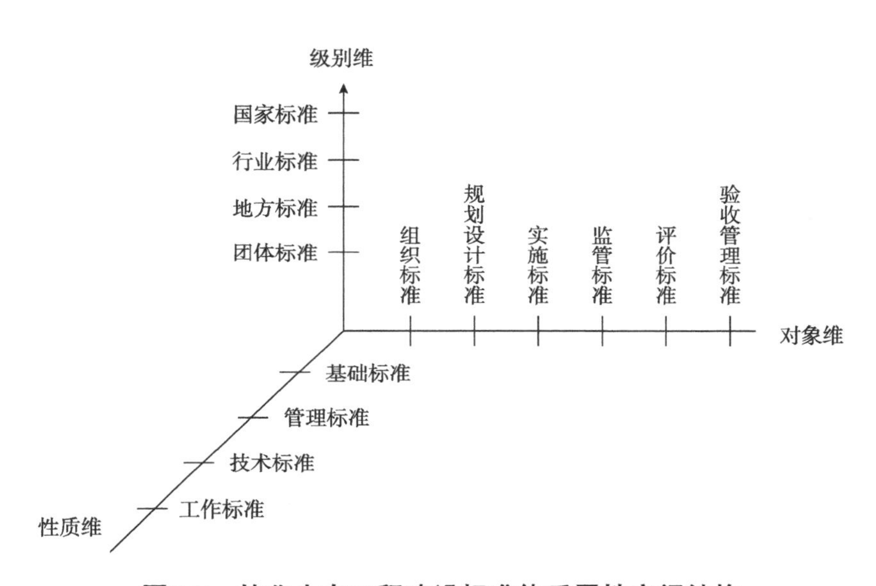

图6.5 林业生态工程建设标准体系属性空间结构

（4）强制程度维

强制程度指的是标准的强制性实施力度，可分为强制性标准、推荐性标准、指导性技术文件。

（5）支撑关系维

支撑关系指的是标准体系中，通用标准或基础标准能够为其他标准提供支撑。因此，支撑关系维应由基础通用标准和一般标准组成。

（6）制（修）订状态维

修订状态表明标准体系中各个标准当前的状态，标准可能处于制订、实施和修订等不同状态，但是不会一直处于某个状态，林业生态工程建设标准的修订状态可以分为拟编、在研、现行、修订、废止等（图 6.6）。

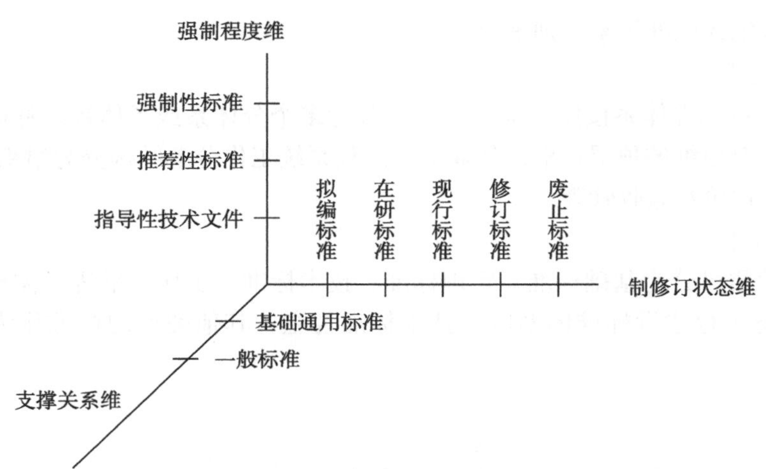

图6.6　林业生态工程建设标准体系系统工程空间结构

四、林业标准体系的问题与解决途径

1. 六大林业生态工程中标准应用情况

为改善生态环境，实现可持续发展，进入21世纪后，国家开始实施林业六大生态工程，分别为天然林保护工程、退耕还林工程、“三北”和长江中下游地区等重点防护林建设工程、京津风沙源治理工程、野生动植物保护和自然保护区建设工程、重点地区速生丰产用材林基地建设工程。在六大林业生态工程建设中，标准发挥着重要的指导作用。

我们通过检索国家林业与草原局网站、林业标准化技术委员会的相关数据，收集北京、天津、河北、山西、内蒙古、辽宁、上海、江苏、浙江、安徽、福建、江西、山东、河南、湖南、广东、广西、四川、贵州、云南、陕西、甘肃、新疆23个省（自治区、直辖市）在林业六大生态工程的相关数据，统计了工程建设中标准的应用情况（表6.24）。

表6.24　六大林业生态工程国家标准和行业标准使用情况

六大林业生态工程	国家标准、行业标准
天然林保护工程	《生态公益林建设技术规程》（GB/T 18337.3—2001）、《生态公益林建设规划设计通则》（GB/T 18337.2—2001）、《造林技术规程》（GB/T 15776—2006）、《森林采伐作业规程》（LY/T 1646—2005）、《森林抚育规程》（GB/T 15781—2009）、《造林作业设计规程》（LY/T 1607—2003）、《低效林改造技术规程》LY/T 1690—2007
退耕还林工程	—
“三北”和长江中下游地区等重点防护林建设工程	《低效林改造技术规程》（LY/T1690—2007）、《生态公益林建设技术规程》（GB/T 18337.3—2001）、《造林技术规程》（GB/T 15776—2006）、《封山（沙）育林技术规程》（GB/T 15163—2004）等9项

续表

六大林业生态工程	国家标准、行业标准
京津风沙源治理工程	《防沙治沙技术规范》（GB/T 21141—2007）、《沙化土地监测技术规程》（GB/T 24255—2009）、《流动沙地沙障设置技术规程》（LY/T 2986—2018）
野生动植物保护和自然保护区建设工程	《国家公园功能分区规范》（LY/T 2933—2018）、《自然保护区总体规划技术规程》（GB/T 20399—2006）、《陆生野生动物疫源疫病监测技术规范》（LY/T 2359—2014）、《陆生野生动物疫病危害性等级划分》（LY/T 2360—2014）等 51 项
重点地区速生丰产用材林基地建设工程	《速生丰产用材林建设导则》（LY/T 1647—2005）、《杉木速生丰产用材林》（LY/T 1384—2007）、《速生丰产用材林培育技术规程》（LY/T 1706—2007）、《桉树速生丰产林生产技术规程》（LY/T 1775—2008）等 20 项

根据统计的地方标准的使用率，除河北省缺少数据外，北京市为 60.0%，辽宁省为 98.8%，浙江省为 97.98%，广东省为 70.0%，贵州省为 99.0%，新疆维吾尔自治区为 98.7%，其余省（自治区、直辖市）的地方标准使用率为 100%。

2. 林业标准体系优化分析

通过国家标准化管理委员会网站、中国林业信息网、国家林业与草原局等渠道，收集并整理了林业生态工程建设标准目录。共整理林业生态工程建设国家标准、行业标准、地方标准 600 余项。其中国家标准 50 余项，行业标准 200 余项，地方标准 300 余项。对其进行遍历和分析后，发现存在以下问题。

（1）林业标准数据库不完善

目前仅中国林业信息网可查询部分林业标准，还没有一个系统的林业标准数据库供相关人员查询林业标准。

（2）标准制定周期长

标准的制定是基于产业发展的需求。理想状况下，标准制定应该先于产业的需求进行预测。即使在产生需求之后再制定标准，标准的制定周期应尽量缩短。如果标准制定时间花费过长，既无法满足产业的需要，又产生了人力、物力的浪费。林业生态工程建设领域，标准制定周期普遍较长，特别是一些标准制定项目延期，滞后了林业生态工程建设标准化的发展。

（3）标龄较大

我国林业标准存在审查、修订不及时等问题，导致标龄过大。通过对国家标准化管理委员会公布的林业行业标准进行标龄统计，发现 44.54% 的林业行业标准标龄超过五年，25.3% 的林业行业标准的标龄为 10 年及以上，11.04% 的林业行业标准的标龄为 20 年及以上。标龄过大导致标准在适用性、技术先进性等方面表现较差，影响标准的总体质量，质量水平有待提高。可以发现，我国林业行业标准呈现“老龄化”现象。

林业生态工程建设标准的标龄跨度最大为 31 年，不同标龄段的标准数量分别为：25 ~ 31 年的标准约为 28 项，20 ~ 25 年的标准数量约为 42 项，15 ~ 20 年的标准为 21

项，10～15年的标准为106项，5～10年的标准约为200项，5年内的标准约为170项。可见，目前，林业生态工程建设标准存在的主要问题是还存在很多标龄较大的标准，标龄大的原因，一是标准经过复审后继续有效而使得标龄偏大，另一原因就是标准在发布实施后未进行复审。未经过复审的标准在技术水平等外部条件更新、变化的情况下，难免出现先进性差、适用性差等问题。所以按时对标准进行复审是保证标准的技术先进性的有效手段，否则只能被束之高阁。

编写标准是推广科学技术的一个手段，标准应该反映出一个领域先进的技术水平。但是由于大部分林业标准复审不及时，很多都是十几年前制定的标准，自然跟不上科学技术更新换代的步伐，特别是林业生态工程建设方面的技术标准，从营林技术到有害生物防治手段等都在不断进步。

（4）标准体系有待优化和完善

主要出现在林业术语标准和各类技术规程标准中。不同标准的内容重叠或矛盾，容易给实施标准的单位造成困扰。出现这类问题的重要原因是标准编写者不同，在开始编写标准之前没有对相关资料和标准进行搜集和查询，不仅导致标准体系的混乱，也是对人力和物力资源的浪费。

标准体系的优化与完善，一是林业生态工程建设标准体系结构尚需进一步补充完善，二是标准数量满足不了生产建设和需要，三是缺少管理标准和工作标准数量。从当前统计的林业生态工程建设标准数量可以看出，标准数量依然较少，现行的标准数量共计不足300项，且主要是技术标准，管理标准和工作标准数量涵盖的范围较小。林业生态工程建设一方面需要技术支撑，另一方面也需要管理和实施工作，因此，技术标准、管理和工作标准均需要制定。

（5）强制性标准偏少

林业行业标准中强制性标准数量少。根据中国林业信息网的统计数据，我国林业标准中强制性标准与推荐性标准的比例近似为1：3，其中，林业行业标准中强制性标准与推荐性标准的比例近似为1：27，国家标准中的比例近似为1：3，地方标准中这一比例近似为3：2。

森林防火和野生动植物检疫等领域国家标准和行业标准中强制性标准较少。园林学和园林植物学、野生动物保护与管理、木材学、木材防腐学、林业信息管理、林业经济学、林业工程、林木遗传育种学、风景园林工程、防护林学等学科领域的强制性标准数量都非常少。森林相关学科中只有森林土壤学、森林生态学、森林培育学、森林测量学分别包括7项、1项、2项、3项强制性国家标准；森林培育学、森林保护学和森林采运学等学科的个别行业强制性标准较少。总体上，在森林防火学和森林动植物检疫领域强制性标准偏少，不符合《林业标准化管理办法》的规定。

（6）各等级不同领域的数量分布不均

在林业国家标准中，强制性标准最多的是造纸技术、林业机械、环境学等领域；推荐性标准最多的主要在造纸技术、土壤学和土壤肥料学、环境学等领域。林业地方标准中，强制性标准集中在土壤学和土壤肥料学、木材学、森林相关学科、木材加工及人造板工艺学、经济林学等领域，特别是森林相关学科中；推荐性标准最多的是在园林学和园林植物学、经济林学领域中。林业行业标准中，强制性标准数量极少，共计 56 项，占比不足 4%，主要为林业机械领域；推荐性标准最多的是在森林相关学科、木材加工与人造板工艺学、林业机械、林产化学加工学等领域。

（7）地区间标准制定数量情况差距较大

地方标准数量最多的地区是我国台湾省，总数为 422 项，最少的为重庆市，仅有 2 项，较少的还有江西省，仅为 7 项。其他地方标准数量较多的地区有浙江省、新疆维吾尔自治区、辽宁省、江苏省、黑龙江省、河北省、甘肃省、福建省和北京市，标准数量都在 100 项以上。30 个地区中，标准涵盖的主要领域共有林木遗传育种学、森林培育学、经济林学、园林学、茶学、木材加工与人造板工艺学、造纸技术、土壤肥料学、森林经理学、草原学、森林保护学 11 个领域，相对较集中，特别是以经济林学和森林培养学为主。

3. 优化与完善林业标准化体系的途径

针对林业标准体系的问题，解决途径的总体原则是统筹规划，突出重点，逐步完善我国林业标准体系。

首先，对林业标准制修订的近期、中期、长期计划统筹安排，逐步完善，确保标准制定的科学性、适用性和超前性要求；其次，分清主次，突出重点，从当前关系到生态安全、森林资源培育与保护以及涉及国计民生、人民生命安全林产品的质量标准、林业管理标准制定为重点，分类制定强制性标准或推荐性标准；再次，在总结我国林业科技成果和先进的实践经验的基础上，积极引进、吸收、转化国际国外先进标准，使我国林业发展与国际接轨；最后，对于林产品标准（包括森林工业产品），要围绕生产者、经营者、消费者最关心的问题，重视研究采用高新技术，提高产品档次，开发一些质量高、安全可靠、环境友好的林产品标准，通过林业标准化协调消费、流通和生产之间的关系，为参与国际竞争、开拓国际市场打下基础。当前应做好以下 4 项工作：

（1）合理制定强制性标准和推荐性标准

强制性标准守底线、推荐性标准保基本。整合精简强制性标准，范围严格限定在保障人身健康和生命财产安全、国家安全、生态环境安全以及满足社会经济管理基本要求的范围内。这是建设国家标准体系的要求，林业标准体系是国家标准体系的一部分，也应该遵循这一要求。根据《林业标准化管理办法》，关乎森林食品、化学制品卫生标准，林业生态工程建设、林产品运输等安全卫生标准以及规定的其他情况下必须制定强制性标准。

（2）尽快对标龄超过五年的标准进行复审

优化完善推荐性标准，逐步缩减现有推荐性标准的数量和规模，合理界定各层级、各领域推荐性标准的制定范围。达到复审期限的林业标准在全部林业标准中占了相当大的比例。在这些标准中，不可避免地存在着需要重新修订或者废除的标准，及时地对标准进行修订或废除可以达到精简推荐性标准的目的。同时，也可以提高林业标准的适用性，提升林业标准化发展水平。

（3）加快制定标准填补标准较少的领域

林业标准数量在各个领域中分布不均，同时，考虑到林业发展方向和任务的变化，不少领域缺少必要的标准或需制定新的标准，需要相关领域的专家结合林业发展的现状对本领域的标准体系做一个系统的研究，提出合理的标准制定的建议，现有的标准体系必需通过增加或填补新的标准来健全，逐步完善林业标准体系。

（4）鼓励制定地方标准

我国地大物博，幅员广阔，而林业产业受到地域特征的影响较大，所以不同地区制定不同的林业地方标准，对林业的发展是有利的。当前，一些地区的林业地方标准还比较少。一方面可能是因为当地不适合发展林业产业，所以不需要制定过多林业标准。另一方面，可能存在林业标准化意识不够，对林业标准化发展的重视不够，导致林业标准的制定滞后。林业生态和林业文化领域也要加强地方标准的制定。

第七章 林业标准化体制分析

标准化体制是标准化活动开展的组织方式、管理方式和运行方式的总称，是标准化活动有效开展的组织上和制度上的保证。它通过规范国家、行业以及企业之间的关系，明确各自的职能来组织全国标准化活动的开展。

标准化活动中最重要的内容是标准制定。因此，标准化体制的核心问题在于标准制定发布主体的定位。基于标准制定发布主体的不同，总体来说，国际上标准化体制主要分为两种类型：一种是由政府直接管理模式，即政府直接制定发布标准；另一种是政府或法律授权某一机构管理模式，即政府不制定发布标准，而是由该授权机构制定发布。标准化体制是建立在经济体制基础之上，市场经济发达的国家主要采取第二种模式，大部分发展中国家基本上采取第一种模式。

第一节　发达国家林业标准化体制

一、标准化管理体制

标准化管理体制是以经济体制为基础的。市场经济体制在发达国家已有较长的历史，已经形成了比较成熟的适应市场经济的标准化管理体制。通过对市场经济发达国家的标准化管理体制分析研究，可以对我国标准化管理体制建设提供有益的经验和启示。发达国家标准化管理体制主要有以下 4 个特点。

1. 自愿性标准体系

发达国家普遍采用自愿性标准体系，这也与 WTO BT 协议中“标准”的定义相一致。标准的自愿性主要体现在以下几方面：第一，标准提出是自愿的，美国、德国和日本等发达国家，标准的制定是从市场需要出发的自愿行为，行业协会学会、制造商个人都可以提出市场需要的标准草案通过规定的程序就可成为正式标准；第二，标准制定过程公开透明，所有的标准利益方均可自愿参加，对标准草案提出意见；第三，也是最重要的——自愿实施标准，标准是否采用由相关方自愿决定，除非该标准被法律法规引用。在市场经济体制国家中，标准制定发布机构一般是非政府性质的民间组织，这也在组织机构上表明了标准的自愿性。美国联邦政府委托民间私营的非营利机构——美国国家标准协会（ANSI）作为美国自愿性标准体系管理和协调机构，组织协调国家标准制修订工作，批准国家标准，建立国家标准体系，代表美国组织协调参与国际标准化活动。德国是德国标准化协会（DIN），法国是法国标准化协会（AFNOR），英国是英国标准协会（BSI）等。美国、德国、法国等发达国家的自愿性标准体系虽然各具特色，但基本是由国家标准、协会标准和企业标准三层次标准组成。由于世界经济一体化和国际贸易的发展，国际标准在各国标准中的比例不断增加。

2. 政府支持标准化活动

发达国家政府对标准化活动的支持形式与其市场经济体制相适应。政府对标准化活动的支持主要体现在以下方面。

（1）政府在立法和采购中引用自愿性标准

在政府制定的法律法规中引用标准，从而使标准具有法律效力，使标准成为法律法规和契约合同的组成部分，是发达国家标准法制化的重要特征。例如，英国政府与英国标准协会（BSI）签订的备忘录中规定，今后政府各部门将不再制定标准，一律使用BSI制定的英国国家标准，特别是在政府采购规格及其制定的法律中要引用BSI的标准。德国政府工作运转时明确规定使用DIN标准，如国防部采购局明文规定，采购合同中的技术要求首先使用DIN标准，没有相应的DIN标准时，才允许使用其他标准，但要经过批准。

（2）政府通过标准项目资助标准化活动

政府出资支持社会上的研发单位，开展标准制定和相关的政策与方法研究。

（3）政府委托标准化机构组织制定标准

政府立法所需的标准，通过项目的形式，委托标准化机构组织制定所需的标准。

（4）政府资助相关人员参加标准化活动

政府资助消费者代表、中立的技术专家、政府职员等非企业代表参加标准化活动，尤其是国际标准化活动。

英国政府设立的标准化资助计划有三项，包括："国际出差资助计划"资助参加国外标准会议的委员会代表团负责人的出差费用，"顾问起草计划"资助BSI技术委员会利用外部专家协助起草准备标准草案，"消费者出差费用基金"资助在国家和国外标准委员会中消费者代表的出差费用和支持标准的基础性研究。标准的基础性研究、国家科技产业政策与标准政策的有机结合是标准水平不断提高的基础。美国标准技术研究院就获得美国联邦政府的巨额财政支持，每年的研究经费多达7亿美元。

3. 委员会模式的标准化管理机构

标准化管理体制是建立在经济体制基础之上，在市场经济体制下，尽管区域和国家不同，但其标准化管理体制一般是适应市场经济的协会主导型管理体制。自愿性和协商一致是市场经济体制中标准化活动的原则，也是 WTO/TBT 规则的要求。为了保证标准被广泛地采用，市场化原则要求标准的制定具有公正性。在市场经济体制下，发达国家的国家标准化管理或协调机构一般是协会或学会，标准化最高管理决策机构是由各方利益代表组成的委员会或理事会（表 7.1）。标准是各方利益协商一致的产物，标准化管理机构为集体权利的代表，标准的利益各方代表均衡、平等地参与国家标准化管理决策，保证标准制定过程的公正性，从而促进所制定的标准被广泛接受和采用。

表 7.1　发达国家标准化管理机构

国家	标准化管理机构	标准化管理机构的最高决策部门
美国	美国国家标准协会（ANSI）	理事会是 ANSI 的决策机构，由各大公司、企业、学术团体、研究机构和政府机关的代表组成。
日本	日本工业标准调查会（JISC）	JISC 由生产者、消费者、经销商和作为第三方的专家以及政府职员组成，秘书处设在经济产业省产业技术环境局。
英国	英国标准协会（BSI）	理事会是 BSI 的最高权力机构，理事会由政府部门、私营企业、国有企业专业学会和劳工组织的代表组成。
法国	法国标准化协会（AFNOR）	AFNOR 的最高领导是理事会，由 18 名成员组成，其中政府 6 人、产业界 6 人、消费者团体、中小企业、大学等 6 人，理事会主席由 AFNOR 会长担任。
德国	德国标准化协会（DIN）	DIN 的最高机构是会员全体大会，团体会员来自工业商业、消费者、工会、银行、大学、研究机构等各界。主席团是全体大会的常设机构，由商业界工业界、科技界、银行、政府机关等代表组成。除政府机关的八名代表由政府委派外，其余的代表都是由各界选举产生。

资料来源：赵朝义，2004．国外标准化管理的启示［J］．世界标准信息（4）：12+16。

4. 标准的“商品管理”模式

标准是社会和经济发展的基础设施，具有公共品的属性，但标准也是一种特殊的商品。标准是标准化机构组织相关利益方，通过协商一致生产的一种商品，是标准化机构生存的基础。在市场经济发达的国家，政府不需要在标准制定方面投入过多经费，标准化机构的生存依赖于会员的会费、标准版权的收入以及相关服务的收人。由于标准的自愿性，为了保证标准被广泛的采用，标准化机构会主动地改进标准制定程序和运行机制，以保证标准的公正性、合理性，提高标准商品的质量，这种机制体现了市场经济的资源配置原则。

标准的“商品管理”体现在以下几方面：

（1）标准化机构的工作人员担任技术委员会的秘书

标准是标准化机构组织生产的商品，代表其形象，影响其收入，德国标准化协会（DIN）和英国标准化协会（BSI）等下属的标准化技术委员会的秘书都是其协会或学会的成员，这样有利于控制标准制定过程，保证标准各方的参与，确保标准的公正、合理，保证标准的质量。专职的技术委员会秘书保证了标准制定过程符合规定的程序，因而，BSI 或 DIN 等国外标准化机构一般没有单独的标准审查机构。

（2）标准的“推销”

由于标准的自愿性，市场经济发达国家的标准化机构非常重视标准的宣传推广工作，通过教育培训和宣传推广，促进标准的广泛采用，从而提高标准化机构的形象，增加其收入。1918 年，即德国标准化机构成立的第二年，就设立了负责促进标准贯彻与应用，组织标准实践经验交流的专门机构——标准实践委员会（ANP）。

（3）标准服务市场

法国、美国和德国等发达国家都建立了现代化的标准服务体系。利用高新技术和现代传媒，提供标准信息化服务是美国、日本和欧盟等发达国家标准服务体系的重要特征，使标准信息能够及时、准确和有效地传播给标准用户。发达国家标准化机构更加注重开发提高标准附加值的服务形式，例如，美国的 ANSI 成立了标准化战略中心（CSSMTM），专门研究如何利用标准化工作在竞争中获得优势，重点在于如何利用标准帮助公司降低成本，以及高效地开发产品，在国际市场中获得竞争优势。

通过对市场经济发达国家的标准化管理体制进行研究分析，可以对我国标准化管理体制建设提供许多有益的启示。第一，我国应建立自愿性标准体系，明确法规对标准的引用关系；第二，政府对标准化活动的支持要与社会主义市场经济体制相适应；第三，建立可代表标准利益各方的标准化管理机构；第四，营造标准商品管理的运行机制，健全标准信息化服务体系；第五，加强标准化教育和培训，提高社会标准化意识。

二、代表性国家标准化体制

美国、德国、英国等发达国家都建立了适应市场经济和国际贸易发展需要的政府授权民间机构主导的标准化体制。各国标准一般由国家标准和社会团体标准构成。除政府标准外，都有体系比较健全、数量庞大的社会团体标准。社会团体均可受政府委托承担具体起草政府标准的工作，政府也可将社会团体标准转化为政府标准。

1. 美国

美国标准化体制是国际上最具代表性的标准化体制之一。作为一个受市场驱动且高度多元化的国家，美国建立了以民间标准化机构为主体、分散灵活的自愿性标准体系。这种标准体系为美国经济发展提供了强大动力，也使得美国成为国际标准化格局中的重要一极。美国标准体系包括自愿性标准体系和强制性技术法规体系两部分。自愿性标准体系主要由美国国家标准、学（协）会标准和联盟标准构成。美国国家标准（ANS）是由美国政府委托美国国家标准协会（ANSI）组织协调并批准发布，由 ANSI 认可的标准制定组织（SDOs）制定的标准。美国自愿性标准体系的特点是以企业为主体，以学（协）会为核心，高度开放、自愿参加。在标准体系运行过程中，ASNI 不制定标准，而是通过认可标准制定组织并向其提供程序性文件来管理和协调国家标准的制定工作。ANSI 认可的标准制定组织以及其他学（协）会机构各自组建制定标准的技术委员会，形成各自的标准制定体系，制定ANSI委托的国家标准和各自的学（协）会标准和联盟标准。

2. 德国

德国的标准化体制是由1975年德国联邦政府与德国标准化协会（DIN）签署的合作协议确立的，实行的是政府授权民间管理的标准化体制。政府与DIN之间的关系是合作关系，而并非行政管理关系。德国标准体系主要由国家标准、团体标准和企业标准组成，所有标准均为自愿性标准。德国三级标准体系与我国四级标准体系相比，都包括了国家标准和企业标准，但没有行业标准和地方标准，比我国多了团体标准一级。德国的团体标准，包括协会标准和联盟标准。目前，德国有近200个专业团体、协会、民间组织和政府机构在制定标准，其中影响最大的有德国工程师协会（VDI）标准和德国电气工程师协会（VDE）标准，它们制定了超过2800项团体标准。

3. 英国

英国标准化体制是由英国《皇家特许》(Royal Charter）授权一个非营利性的民间标准化机构——英国标准协会（BSI）来统一管理英国的标准化活动。英国标准体系由国家标准和团体标准两类组成。国家标准是由BSI制定或转化的标准。团体标准则包括了各类学协会标准和联盟标准，是由各行业协会、学会和产业联盟制定的标准。在整个英国标准体系中，团体标准占据重要地位。像食品标准局（FSA）、英国售业联合体（BRC）所制定的团体标准对于本行业的企业运营都产生了重大影响。

4. 日本

日本从1999年6月至2001年9月，历时2年3个月，投入相当于3.3亿元人民币的专项资金，完成了日本标准化发展战略的制定任务。该战略核心是：加强国际标准化活动；加强产业界参加国际标准化活动的力度；建立适应国际标准化活动的标准化体系。日本标准化战略包括3个战略目标、4个重点领域、12项策略、46项措施，并将信息技术标准化和制造技术、产业基础技术的标准化作为重点领域。2003年，日本首次通过绿色循环认证会议，制定了日本独特的森林认证制度SGEC（Sustainable Green Ecosystem Council)。森林计划、防护林等法律制度特别是应用于森林营造计划，以此为基础，同时根据国际化的蒙特利尔进程中的标准及环境管理体系，最终制定出7个标准、35个指标，包括标明认证对象森林，以及确立管理方针生物多样性的维护；土壤及水资源的维护及维持；森林生态系统的生产力及健全性的维持；为了持续森林的经营，法律、制度架构；社会、经济权益的维及增资；监测和信息公开。

从上述发达国家的标准化体制可以看出，由民间组织制定的团体标准是各国标准体系的重要组成。这种体制充分利用了市场和社会资源，极大地调动了社会组织的积极性，拓宽了标准供给渠道，有效满足了本国经济社会发展对标准的多样化需求。国外发达国家的标准化管理经验对我国标准化体制改革具有有益的借鉴作用。

三、标准化管理机构

虽然很多国家将林业划归到农业中，但是对林业的重视程度却没有因此降低。目前国际标准化组织（ISO）、国际食品法典委员会（CAC）、欧盟食品安全局（EFSA）、国际种子检验协会（ISTA）、国际植物保护公约（IPPC）等都发布了关于林业方面的标准。发达国家如美国、日本、德国、澳大利亚等农林业标准化体系中也都包含了林业标准化体系。

1. 美国

美国农林业国家标准由联邦农业部、卫生部和环境保护署等政府机构，以及经联邦政府授权的特定机构制定，农林业行业标准由民间团体如美国谷物化学师协会、美国苗圃主协会、美国奶制品学会、美国饲料工业协会等制定，农林业企业标准由农场主或公司制定。

美国林业行业标准由美国木材委员会、美国木材保护协会、美国复合木材协会、建筑木制品协会、美国森林与纸协会、美国农林业与生物工程学会等制定，林业标准体系由国家标准、行业标准和农场主或企业制定的操作规范组成。第三类标准是由农场主或企业制定的操作规范，这类标准大多属于自愿采用的标准。美国一直以来都鼓励民间制定标准，在国家或行业发展的利益基础上能够保障企业的利益，同时，企业可以提供对未来发展趋势的“早期预警”机制，提高标准制定的科学性，为美国在国际市场中占据更大的竞争优势。

林业国家标准包含植物检疫方面，由美国农业部动植物检疫局（APHIS）负责管理，内部机构完备，分工明确，协调机制科学，下设九个部门，植物保护与检疫处（PPQ）为项目组织的核心部门之一，其职责主要是：管理动植物及出口农林产品检疫证书；防止动植物等有害生物传入美国；调查控制植物病虫害；执行植物检疫法律法规和国际上保护濒危植物公约；就植物检疫和法规事宜与外国政府间进行协商；收集植物检疫信息并进行评估和分发。美国在植物检疫方面还颁布了多部法律，如美国《联邦法典》第7卷和第21卷农林业部分第319章涉及动植物检疫法规、《植物检疫法》《联邦植物有害生物法》。同时，美国对国际组织公布的植物检疫相关标准也等同或等效采用。

2. 澳大利亚

澳大利亚的各个行业的非强制性标准由澳大利亚标准管理（Standard Australia，SA），SA是澳大利亚的非政府、非盈利性质的标准组织，主要任务是推动澳大利亚的标准发展和应用以及参与国际标准的制定。其中，与林业相关的标准机构或组织有澳大利亚森林和木产品有限公司（Forest and Wood Products Australia Limited，FWPA），这是一家非盈利性质的公司，为澳大利亚森林和木产品工业提供国家综合研究和发展服务，致力于帮助森林和木产品工业更具有协调性、创新性、可持续性和竞争力，应对其他工业和市场上的产品。决定权归成员所有，成员由木材加工、林木种植相关人员及澳大利亚的林产品进口商组成。SA将林业标准与农林业标准、渔业标准以及食品标准归为一大类，每个行业标准都由技术委员会负责标准的制定与发展，如 CS-090 Horticulture、EV-018 Arboriculture、FR-001Chain of custody of forest-based products、TX-008 Textiles for Horticulture and Agriculture、ZZ-AFSL Accredited SDO Australian Forestry Standard Limited 等，分别制定园艺标准、植物栽培标准、林产品储存链标准及林业标准认证等。植物培育委员会下设五个委员会，分别管理树木评估、施工场地树木保护、树木说明、城市美化植物的修剪。澳大利亚在林业标准方面与国际标准化组织（ISO）之间积极合作，如林产品储存链技术委员会在 ISO 木材及木质产品的储存链标准中承担观察员工作。

2000 年 4 月 7 日，开始制定支持森林可持续经营的澳大利亚林业标准，它可以独立于 ISO 14001，也可以与其相结合；2003 年，制定了《澳大利亚林业标准》，所有的澳大利亚木材来源必须经过该标准认证。澳大利亚的森林认证由“澳大利亚林业标准有限公司”（AFS Limited）负责执行。2004 年 10 月 30 日，澳大利亚森林认证体系（AFCS）实现了与 PEFC 的互认。相互认可使澳大利亚的森林认证体系与国际要求相一致，成为与 PEFC 获得互认的 22 个国家森林认证体系之一。AFS 建立在国际框架之下，如 ISO 14000 环境管理标准和蒙特利尔进程森林可持续经营指标；但这些只是基础，为了能在澳洲得到公众接受，AFS 标准确立后的 2 年内通过了大量的公众咨询。另外，行使职责的 2 个委员会也分别不断在国家层面和公众层面征求意见以补充完善标准：① AFS 委员会。AFS 由 AFS 委员会负责管理，其代表来自政府、林主协会和雇主代表组织。其发展过程应该遵循 SA（澳大利亚标准）；② AFS 技术委员。AFS 的内容由其技术委员会不断修改并确定。委员会代表来自独立的专家学者、林场主和林产工业主、感兴趣的社区和消费者组织、公众林业机构和控制体系。AFS 采用与 FSC 和 PEFC 相兼容的标准作为其标准制定的基础；在森林保护和环境问题方面，AFS 等于甚至优于现有国外标准；AFS 强调维持森林的生产能力，限制林地用途的转变；AFS 重视生态问题，要求保护自然资源和生物物种，使用乡土树种进行更新造林，强调保护具有重要意义的生物多样性价值和水土资源；在利益方参与程序方面，AFS 与 FSC 和 PEFC 非常一致，强调可持续性、透明性和共同决策。

3. 德国

DIN 是德国标准化协会，一个非盈利性的标准组织，有 30000 多名专家，DIN 的标准委员会由专家组成，分别负责一个领域的标准制定、设计任务，以及参与欧盟或国际标准化工作。DIN 标准为自愿采用的标准。DIN 将林业标准分为三部分，即食品与农林产品标准委员会制定种子标准，纸、木板与纸浆委员会（NPa）制定原料、纸浆、产成品、抗老化性能、环境效率的评价标准的要求标准，以及要求标准的检测方法：化学技术检测法、光学检测法、物理技术检测法。NPa 还与 ISO/TC6 对接，承担德国在 ISO 标准化中的工作。木材与家具委员会（NHM）负责制定林业、木材工业及家具产业及相关领域的国际标准、欧洲标准与国家标准。

DIN 标准化具有下列特点：①公开性，DIN 标准在最终确定之前会将标准提案与草案向公众公开，公众可提出建议或表示反对，并参与讨论。②广泛的参与性，DIN

的委员会是代表不同利益相关者的专家组成，标准必须得到普遍的理解与赞同才能做出最终的决策，这样的标准决策程序保证了少数群体的利益。也保证了DIN标准能够被社会广泛接受。③一致性和连续性，DIN标准涵盖了全部技术学科，标准之间互不重叠和矛盾。④标准完全符合市场的实际需求。⑤将标准提高到国际层次或欧盟层次，为德国消除了国际自由贸易中遭遇的技术性贸易壁垒。⑥公开的评论、调解和决策的标准制定过程使国家在立法时采纳DIN的成果，特别是评价较高的标准，如环境保护等。

第二节　我国标准化体制发展动态

人类自从进入文明社会以来，就生活在一个人类自己有意制造或者无意形成的标准化环境中。2015年3月，国务院出台《深化标准化工作改革方案》的通知，这标志着标准化改革全面启动。标准化如何改革成为一个核心问题，而标准化体制改革问题是重中之重。

一、标准化体制存在的问题

1.《标准化法》难以满足市场需求

《标准化法》于1989年4月1日起实施，将标准化工作纳入法制管理的轨道，计划经济大背景下决定了由政府主导而不是市场主导。它确定国家、行业、地方和企业四级标准，前三类由政府组织制定，明确企业标准备案制度以及强制性国家标准的地位。我国标准化体制行政色彩浓重，难以适应现实需要，需进行修订（张雪松等，2016）。

2. 政府主导的标准化体制面临压力

我国的国家、行业和地方标准均由政府主导制定。“政府主导型”的标准化管理体制，客观上存在不适应市场经济要求的因素。在现行的政府单一标准化管理体制下，标准化资源被行政力量垄断，市场运行机制受限，抑制了企业积极性。标准化工作在紧贴企业实际、反映并满足市场需求方面，压力和挑战越来越大。

3. 标准制定流程与协调机制有待完善

标准化体制的核心问题是标准制定的主体定位。我国标准制定周期过长，难以满足市场提质增效升级的实际需求。例如，国家标准从预、立项到废止有9个阶段，耗时94个月，近7.83年；地方标准从立项、起草至废止共11个步骤。加上，自上而下为主的标准协调机制，企业尤其是中小型企业参与度低，颁布标准很难平衡其利益，标准执行率低。

4. 标准化的市场意识薄弱

一些企业领导和管理层的思想认识不到位，忽视“质量是企业的生命，而标准又是质量的保证”，特别在标准立项时，没有对企业和市场需求进行有效的论证，也没有广泛征求利益各方意见，只采纳对企业有利的建议，无法保证各方的真实需求。部分标准化机构因体制改革变成企业，导致科技人员要到市场去挣钱，极大影响了标准化工作。

5. 企业标准研发流于形式

《标准化法》明确企业标准在技术上应具有先进性，要求上应高标准。有些企业认识不足，工作力度不够，企业标准的制定不规范，可操作性差，实施流于形式，制定企业标准是在应付质监部门的检查。一些标准化管理部门工作不扎实，在企业标准备案时重格式、轻内容，缺乏必要的科学验证，对一些技术常识知之甚少。

二、标准化体制改革的路径

基于标准化体制存在的问题，要积极寻找解决问题的路径，切实发挥标准化的重大作用。

1. 修订《标准化法》势在必行

修订《标准化法》，实现从政府垄断标准化、面向国有企业转变为面向我国多种经济成分，从法律上保证企业成为标准化主体的权利，实现“在我国引入制定标准的多元化机制，允许行业协会制定自己的专业标准，形成国家标准化管理委员会组织制定国家标准和各行业协会制定专业标准的多元化局面，废除我国现行的企业标准备案制度和政府对企业按照标准进行监督的制度”。

2. 建立团体主导的标准化体制

转变政府主导为团体主导的标准化体制，“5 个正当目标以及关于资源节约等公共基础领域范围内，由政府制定强制性标准，而在其他方面则充分发挥各学会、协会和商会在标准化领域的重要作用，由其主导制定并推行相应的推荐性标准”。它适应了利益多元化的趋势，维护企业和消费者的利益。政府与团体主导相结合的新型标准体系，提高标准的市场适应性，实现标准的公共管理。

3. 简化标准制定流程，完善标准协调机制

借鉴标准建设的成功经验，简化标准制定流程，精简不必要流程，合并交叉流程，进一步明确责任，注重对各相关方的协调，切实提高标准的制定效率。采用自下而上和自上而下相结合的标准协调机制，标准主管部门策划方案，企业标准项目组负责，标准草案由论证小组论证、修改、公布，打造政府引导、市场驱动、社会参与、协同推进的工作格局，提升标准化管理效能。

4. 建立稳定的标准化队伍

以微信、微博、内网等，加大标准化宣传力度，增强管理层的标准化意识，选派实践、理论扎实的员工从事标准化工作，按标生产，依标管理。以中报“标准化示范企业”为契机，开展TCS使用、标准编写等培训，提高企业标准的科学性、实用性与创新性，鼓励员工参加标准化工程师考试并给予评聘，积极做标准的制定者、宣传者、践行者与监督者，建立一支稳定的标准化队伍。

5. 规范标准化管理机制

企业标准在标准化体系中必将占据越来越大的比重。政府尽可能地创造条件和采取有效措施，鼓励企业参与标准化活动。管理部门要实行严格标准化准入制度，让企业、消费者参与，发表意见并反映在标准中。企业在实地调研后，确定标准化建设思路，构建具有唯一规则的标准体系，在实践中完善、运行“三单一卡一报告”。

三、标准化体制改革现状

我国标准化体制形成于计划经济年代，1988 年全国人大常委会通过的《标准化法》很大程度上是对这种标准化体制的确认。这种标准化体制的特点是政府主导着标准化资源的配置，政府不仅是标准化工作的管理者，而且是标准的主要制定者。随着市场化改革的不断深入和社会经济的发展，这种标准化体制逐渐显示出与市场经济不协调的一面，需要加以改革。2015 年，国务院印发了《深化标准化工作改革方案》(以下简称《改革方案》)，对标准化体制改革作了全面的部署，提出了“紧紧围绕使市场在资源配置中起决定性作用和更好发挥政府作用，着力解决标准体系不完善、管理体制不顺畅、与社会主义市场经济发展不适应问题”的改革思路，确立了“建立政府主导制定的标准与市场自主制定的标准协同发展、协调配套的新型标准体系，健全统一协调、运行高效、政府与市场共治的标准化管理体制，形成政府引导、市场驱动、社会参与、协同推进的标准化工作格局”的改革目标，为《标准化法》的修订奠定了基础，2017 年 11 月 4 日通过修订的新《标准化法》反映了标准化体制改革的要求。

1. 扩大了标准的范围

1988 年《标准化法》第 2 条将制定标准的范围定在工业产品、工程建设、环境保护和重要农产品，反映了当时标准化的水平。随着社会经济的发展，标准化的领域不断扩大，不仅工业、农业、服务业需要标准化，公共服务等社会事业领域也需要标准化，《标准化法》原定的制定标准的范围过窄，不能满足社会经济发展的需要。修订后的新《标准化法》第 2 条第 1 款规定：“本法所称标准（含标准样品)，是指农业、工业、服务业以及社会事业等领域需要统一的技术要求。”将制定标准的范围扩大到一、二、三产业和社会事业，为促进标准化事业的发展，发挥标准化对国家治理现代化的作用，提供了法律的支持。

2. 考虑市场建立新型标准体系

1988年《标准化法》规定的标准体系包括国家标准、行业标准、地方标准和企业标准，国家标准、行业标准和地方标准是政府制定的标准，企业标准原则上限于填补政府标准的缺失，并要求企业标准需报政府备案，虽然法律规定鼓励企业制定严于政府标准的企业标准，但又规定限于"企业内部适用"。这是政府主导标准化资源配置的集中体现。为此，《改革方案》提出要"建立政府主导制定的标准与市场自主制定的标准协同发展、协调配套的新型标准体系"，并提出了"培育发展团体标准，放开搞活企业标准，提高标准国际化水平的原则和措施。修订后的新《标准化法》删去了关于企业标准的限制性规定，增加团体标准（第2条第2款），并规定鼓励企业和社会团体参加标准化活动（第7条），规定企业可以根据需要自行制定标准（第19条），确认了企业、社会团体制定标准的自主权。这对激发市场主体活力，增加标准的有效供给，发挥市场的资源配置作用，构建新型的标准体系，具有重要的意义。

3. 精简强制性标准

我国原有标准化体制存在的"标准体系不完善、管理体制不顺畅"问题，集中体现在强制性标准上，依据1988年《标准化法》的规定，国家标准、行业标准和地方标准均有强制性标准，存在着制定主体过多、数量庞大、容易发生交叉重复矛盾等问题。《改革方案》因此提出"整合精简强制性标准"，从标准体系、标准范围和标准管理三个层面作了具体安排。修订后的新《标准化法》反映了改革的要求：在标准体系上，规定强制性标准只限于国家标准，行业标准和地方标准均不设强制性标准（第2条第2款）；在标准范围上，规定强制性国家标准重在"保障人身健康和生命安全、国家安全、生态环境安全以及满足经济社会管理基本需要"（第10条第1款）；在标准管理上，修订后的《标准化法》对强制性标准的制定作了专门的规定（第10条第2、3款），并建立了强制性标准公开制度（第17条）、强制性标准实施情况统计分析报告制度（第29条），加强强制性标准的管理（聂爱轩，2018）。

4. 建立标准化协调机制

按照1989年《标准化法》的规定，我国建立了"三个层次""主管"与"分管"结合的标准化管理体制：在中央层面上，国务院标准化行政主管部门统一管理全国标准化工作，国务院有关行政主管部门分工管理本部门、本行业的标准化工作；在省一级层面上，省自治区直辖市标准化行政主管部门统一管理本行政区域的标准化工作，省自治区直辖市政府有关行政主管部门分工管理本行政区域内本部门、本行业的标准化工作；在市县一级上，市县标准化行政主管部门和有关行政主管部门按照各自的职责管理本行政区域内的标准化工作。这种管理体制的好处是责任分工明确，但由于标准往往涉及各方利益，这种管理体制难以起到协调作用，从而制约了标准化事业的发展。《改革方案》要"建立高效权威的标准化统筹协调机制"，以解决现行标准化管理体制存在的问题。修订后的新《标准化法》第6条对标准化协调机制作了规定。在中央层面上，国务院建立标准化协调机制，统筹推进标准化重大改革，研究标准化重大政策，对跨部门跨领域、存在重大争议标准的制定和实施进行协调；在地方层面上，设区的市级以上地方政府可以根据工作需要建立标准化协调机制，统筹协调本行政区域内标准化工作重大事项。标准化协调机制的建立，对解决部门之间在标准化工作中的争议、提高标准化工作效率、促进标准化事业发展，提供了制度保障。

5. 积极参与国际标准化活动

标准化本身不是目的，目的是要通过标准化促进社会经济的发展。《改革方案》指出，标准化体制改革的最终目标是“更好发挥标准化在推进国家治理体系和治理能力现代化中的基础性、战略性作用，促进经济持续健康发展和社会全面进步”。然而，标准化能否发挥以及在多大程度上发挥这种作用，最为根本的是标准的质量。我国标准化历程的一个基本经验是积极采用国际标准和外国先进标准，从提升我国标准的质量。1979 年《标准化管理条例》规定“对国际上通用的标准和国外的先进标准，要认真研究，积极采用”。1989 年《标准化法》规定“国家鼓励积极采用国际标准”。《改革方案》进一步提出“提高标准国际化水平”的改革措施，提出“鼓励社会组织和产业技术联盟、企业积极参与国际标准化活动，争取承担更多国际标准组织技术机构和领导职务，增强话语权”。修订后的新《标准化法》第 8 条对标准国际化作了规定，在国家层面上，积极推动参与国际标准化活动，开展标准化对外合作与交流，参与制定国际标准，结合国情采用国际标准，推进中国标准与国外标准之间的转化运用；在社会层面上，鼓励企业、社会团体和教育、科研机构等参与国际标准化活动。从鼓励积极采用国际标准到鼓励积极参与国际标准化活动，是我国标准化工作走上国际舞台的制度保障。

第三节　林业标准化体制现状

一、林业标准化主要目标与任务

1. 主要目标

到 2020 年，基本建立支撑我国林业治理体系和治理能力现代化的标准化体系。林业标准的系统性、先进性、适用性和有效性明显增强，生态建设有标可依、转型升级有标支撑、管理服务有标可循、创新驱动有标引领，对生态建设和林业产业的贡献率明显上升，形成林业标准化全面服务支撑生态文明和美丽中国建设的健康可持续发展格局。

（1）标准化体系基本完备

建立覆盖林业各个领域的新型标准体系，实现政府主导制定强制性、公益性、基础性、通用性标准，企业根据需要自主制定具有竞争力的企业标准，形成标准协同推进、协调配套发展的格局。制修订林业国际标准 10 项，国家标准 100 项，行业标准 1000 项。

（2）标准质量明显提高

林业标准的先进性、适用性和有效性明显增强，与技术研发项目结合紧密；标准制订过程利益相关方参与度显著提高；完成“超龄”林业标准的修订，标准更新周期明显缩短，标龄5年标准复审率达到100%。积极跟踪研究借鉴国际标准和国外先进标准，提高标准的技术水平。采用国际标准率达到80%。

（3）标准实施成效显著

基本实现生态工程按标准设计、施工、验收；涉及公众健康和安全的林产品实现标准化生产，林业管理与服务基本实现标准化。开展国家标准创新基地试点，新建林业标准化示范区（基地）200个，创建“国家林业标准化示范企业”100家。

（4）标准化服务体系基本建成

建成全国林业标准化技术信息支撑服务平台，建设林业标准数据库，建立标准宣传、培训、监督检查、评估体系，培养一支精通标准化理论技术、熟悉各专业知识的复合型标准化人才队伍。

2. 主要任务

（1）完善林业标准体系

进一步优化标准体系结构，形成由政府主导制定的标准和市场自主制定的标准共同构成的新型标准体系，整合精简强制性标准，优化完善推荐性标准，培育发展团体标准，全面加强重点领域标准的制（修）订，完善标准制定程序。持续加强标准管理，积极开展标准复审，及时清理废止标龄长、实用性不强、水平低的标准，对重复性高、分散、不成体系的小标准加大整合力度，形成标准体系。

（2）强化标准实施示范

强化法律法规对标准的引用，增强标准实施的法制驱动力。加大重要标准宣贯力度，营造标准实施的良好环境。积极开展国家林业标准化示范企业认定与评估，创建一批林业标准化示范区、示范基地、示范林场，引导林业生产经营者按标准组织生产、加工和销售，推动林业标准化生产和管理。围绕林业重点领域技术创新和产业发展布局，建立国家林业技术标准创新基地，开展技术标准与科技创新、产业升级的协同发展试点示范。

（3）提升标准化服务水平

构建“互联网+林业标准化”技术服务体系，加快服务体系制度化、社会化进程，积极开拓标准宣贯培训、信息咨询、标准评价对比等标准化特色服务的新模式。完善标准化服务管理，加强行业自律，建立诚信信息管理、信用评价和失信惩戒等诚信管理制度。创新林业标准化培训形式，将林业标准化工作与林业科技推广、科技下乡、林业科普等工作紧密结合。建立林业标准制（修）订与咨询服务挂钩的新机制。强化各级林业标准化管理机构、技术推广机构、质量检测机构、基层林业站的标准化咨询职能，鼓励各类学会、协会、产业技术联盟、专业合作组织、标准化示范基地（区、企业）开展标准化咨询活动，支持有条件、有能力的科技中介机构开展标准化咨询服务，形成多层次、多渠道的标准化咨询服务体系。

（4）推进林业标准国际化

积极参与国际标准化活动，加快国际标准和国外先进标准向国内标准的转化，鼓励具有技术优势或自主知识产权的林业企事业单位主导和参与国际标准研制，积极推进竹藤、木制品、荒漠化防治等我国优势领域标准向国际标准转化。研究应对涉林技术性贸易措施，加快推动与主要贸易国之间的林产品质量、技术服务标准互通互认。以“一带一路”建设为契机，通过中国林业标准“走出去”带动我国林业产品、技术、装备、服务“走出去”，赢得技术话语权，增强我国林业的国际影响力和竞争力。

（5）加强林业标准化机构队伍建设

加强林业标准化专业技术委员会建设与管理，充分发挥专业技术委员会的作用；加强标准化行政管理队伍建设，加大对标准实施的监督管理力度；加快推进林业标准化人才培养和储备，通过多途径、多方式，建立专业、稳定的林业标准化研究队伍；加强对现有林产品质检机构的整合，建立覆盖面广、测试先进、布局合理的全国林产品检验检测网络体系。

（6）健全林业标准监督体系

加快标准化实施进程监督，建立和完善标准实施情况的检查、评估和信息反馈机制，开展标准实施效果评价，加强标准实施的社会监督。充分利用“互联网 +”手段，发挥林产品质量检验检测在林业标准化中的引导作用，完善林产品质量监督制度，将标准实施纳入林产品质量监督考核评价体系，鼓励社会各方参与对林产品质量检验检测的监督。

二、国家标准化管理机构

1. 国家标准化管理委员会

国务院标准化行政主管部门为中国国家标准化管理委员会（中华人民共和国国家标准化管理局），为国家质检总局管理的事业单位。国家标准化管理委员会是国务院授权的履行行政管理职能，统一管理全国标准化工作的主管机构，国家标准由国务院标准化行政主管部门制定。

中国国家标准化管理委员会内设 8 个职能部门：办公室、机关党委、综合业务管理部、国际合作部、农林业食品标准部、工业标准一部、工业标准二部、服务业标准部。主要任务是：

①参与起草、修订国家标准化法律、法规的工作；拟定和贯彻执行国家标准化工作的方针、政策；拟定全国标准化管理规章，制定相关制度；组织实施标准化法律、法规和规章、制度。

②负责制定国家标准化事业发展规划；负责组织、协调和编制国家标准（含国家标准样品）的制定、修订计划。

③负责组织国家标准的制定、修订工作，负责国家标准的统一审查、批准、编号和发布。

④统一管理制定、修订国家标准的经费和标准研究、标准化专项经费。

⑤管理和指导标准化科技工作及有关的宣传、教育、培训工作。

⑥负责协调和管理全国标准化技术委员会的有关工作。

⑦协调和指导行业、地方标准化工作；负责行业标准和地方标准的备案工作。

⑧代表国家参加国际标准化组织（ISO）、国际电工委员会（IEC）和其他国际或区域性标准化组织，负责组织ISO、IEC中国国家委员会的工作；负责管理国内各部门、各地区参与国际或区域性标准化组织活动的工作；负责签定并执行标准化国际合作协议，审批和组织实施标准化国际合作与交流项目；负责参与与标准化业务相关的国际活动的审核工作。

⑨管理全国组织机构代码和商品条码工作。

⑩负责国家标准的宣传、贯彻和推广工作；监督国家标准的贯彻执行情况。

⑪管理全国标准化信息工作。

⑫在质检总局统一安排和协调下，做好世界贸易组织技术性贸易壁垒协议（WTO/TBT协议）执行中有关标准的通报和咨询工作。

⑬承担质检总局交办的其他工作。

2. 中国标准化协会

中国标准化协会（China Association for Standardization，CAS，以下简称“中国标协”），于1978年经国家民政主管部门批准成立，是由全国从事标准化工作的组织和个人自愿参与构成的全国性法人社会团体。中国标协是中国科学技术协会重要成员单位之一，接受国家质检总局和国家标准化管理委员会的领导和业务指导。

中国标协日常办事机构包括行政办公室（含人事部）、技术发展部、教育培训部、标准样品工作部、会员管理及项目合作部、财务部、技术传播研究中心、团标工作部等部门。

中国标协是联系政府部门、科技工作者、企业和广大消费者之间的桥梁和纽带，现已形成一定规模，是多方位从事标准化学术研究，标准制、修订，标准化培训，科学宣传、技术交流，编辑出版，在线网站，咨询服务，国际交流与合作等业务的综合性社会团体，同许多国际、地区和国家的标准化团体建立了友好合作关系，开展技术交流活动，在国际上有广泛的影响。主要任务是：

①开展标准化、质量、认证等领域的学术理论研讨，组织国内外标准化专家进行学术交流。

②受政府有关部门委托，承担标准化领域的管理和技术工作，组织有关活动。

③开展标准化领域的方针、政策、法律、法规及有关技术问题的研究和社会调查，向国务院标准化行政主管部门及有关部门提供建议。

④受委托承担或参与标准化科学研究、科技项目论证、标准化科技成果的鉴定、标准化工作者技术职称资格评定等项工作。

⑤开展认证工作。

⑥普及标准化知识，培训标准化人员。

⑦开发标准化信息资源，组织标准化咨询服务。

⑧授权发布国家标准公告及有关标准化信息，编辑、出版、发行标准化书刊、杂志

和资料。

⑨推荐或奖励标准化优秀论文和优秀科普作品，表彰优秀标准化工作者。

⑩开展同国外标准化组织的合作与交流，发展同港澳台地区标准化团体和专家学者的联系，组织会员积极参加国内、地区和国际标准化活动。

⑪兴办与标准化有关的经济技术实体，依法开展经营活动。

⑫关心和维护标准化工作者的权益，组织开展各种服务活动。

⑬承担与标准化工作有关的其他工作。

三、林业标准化管理机构

我国目前与林业标准化相关的机构有国家林业和草原局，负责全国的林业标准化工作；各省、自治区、直辖市林业行政主管部门负责本区域内的林业标准化工作，拟定林业地方标准；13 个标准化技术委员会：全国木材标准化技术委员会（SAC/TC41）、森林资源标准化技术委员会、森林可持续经营与森林认证标准化技术委员会、防沙治沙技术标准化委员会（SAC/TC365）营造林标准化技术委员会、野生动物保护管理与经营利用标准化技术委员会、全国林业生物质材料标准化技术委员会、全国经济林产业标准化技术委员会、全国林化产品标准化技术委员会、全国森林工程标准化技术委员会、全国植物检疫标准化技术委员会、全国森林消防标准化技术委员会、全国林业有害生物防治标准化技术委员会，由国家林业局领导，分别负责对应领域的国家标准和行业标准的制（修）订和研究工作。国家标准化管理委员会（SAC）的农林业食品标准部也承担林业、植物检疫等方面的国家标准的审查、实施和监督工作。

国务院有关行政主管部门和有关行业协会也设有标准化管理机构，分工管理本部门本行业的标准化工作。对没有国家标准而又需要在全国某个行业范围内统一的技术要求，可以制定行业标准。行业标准由国务院有关行政主管部门制定，并报国务院标准化行政主管部门备案，在公布国家标准之后，该项行业标准即行废止。

1. 国家林业和草原局

负责全国林业标准化工作的管理、监督和协调。主要职责是：

①贯彻国家标准化工作的法律、法规、方针、政策，制定和修订林业标准化规章和制度。

②编制林业行业的标准化工作规划、计划和林业标准体系框架。

③组织拟订林业国家标准。

④组织制定、审批、发布林业行业标准。

⑤组织实施林业标准并对林业标准的实施情况进行监督检查。

⑥管理林业标准化示范工作。

⑦根据国务院标准化行政主管部门的授权建立林业行业产品质量检验和认证机构，开展林产品质量检验和认证工作。

⑧指导省、自治区、直辖市人民政府林业行政主管部门的标准化工作。

⑨负责林业行业的国际标准化工作，组织参加有关国际标准化活动。

⑩负责林业专业标准化技术委员会及林业标准化技术归口单位的领导与管理。

2. 全国林业专业标准化技术委员会

国家统一规划组建的全国林业专业标准化技术委员会，是专门从事林业标准化工作的技术组织，负责在林业专业范围内开展标准化技术工作。主要职责是：

①制定本专业标准体系表。

②提出本专业拟订或者修订的国家标准，制定和修订行业标准的规划以及年度计划项目的建议。

③协助组织本专业范围内的标准拟订、制定、修订和复审工作，协调解决有关技术问题。

④承担相应的国际标准化技术业务工作。

⑤审查上报本专业的标准草案，对标准草案提出审查结论意见并对标准涉及的技术问题负责。

⑥根据国家林业和草原局的委托，在产品质量监督、检验、认证等工作中承担本专业标准化范围内产品质量标准水平的评价工作，以及本专业引进项目的标准化审查工作。

⑦开展本专业标准宣传、贯彻和技术咨询服务等工作。

全国林业专业标准化技术委员会的组成人员应当有行政管理机构的科技管理人员参加。

国家林业和草原局根据需要确定的林业标准化技术归口单位，参照全国林业专业标准化技术委员会的职责承担相应的标准化技术工作。

3. 省、自治区、直辖市人民政府林业行政主管部门

对没有国家标准和行政标准而又需要在省、自治区、直辖市范围内统一的工业产品的安全、卫生要求，可以制定地方标准。地方标准由省、自治区、直辖市标准化行政主管部门制定，并报国务院标准化行政主管部门和国务院有关行政主管部门备案，在公布国家标准或者行业标准之后，该项地方标准即行废止。

负责本行政区域内的林业标准化管理工作。主要职责是：

①贯彻国家标准化工作的法律、法规、方针、政策，制定贯彻实施的具体办法。

②编制林业标准化工作规划和年度计划。

③组织拟订林业地方标准。

④组织开展林业标准化人员培训。

⑤组织实施林业标准并监督检查。

⑥组织、指导林业标准化示范工作。

⑦指导下级人民政府林业行政主管部门的标准化工作。

4. 市、县林业主管部门

设区的市、自治州人民政府林业行政主管部门和县级人民政府林业行政主管部门按照省、自治区、直辖市人民政府规定的职责，管理本行政区域的标准化工作。

除了以上机构外，林业标准化的管理机构还包括各级标准化工作主管部门。

四、林业标准化管理制度

加快推进相关配套法律法规、规章的制修订工作，夯实林业标准化法治基础，现有管理制度较为完备（表 7.2），还要加大法律、法规、规章、政策引用林业标准的力度，在法律法规中进一步明确林业标准制定和实施中有关各方的权利、义务和责任。鼓励地方立法推进林业标准化战略实施，制定符合本行政区域林业标准化事业发展实际的地方性配套法规、规章。完善支持林业标准化发展的政策保障体系。充分发挥林业标准对法律法规的技术支撑和补充作用。

表 7.2　国家层面的林业标准化管理制度文件

文件类型	文件名称	颁布部门	颁布时间
法律	中华人民共和国标准化法	国家主席	1988
	中华人民共和国森林法	全国人民代表大会常务委员会	1984
	中华人民共和国科学技术进步法	全国人民代表大会常务委员会	1993
行政法规	中华人民共和国标准化法实施条例	国务院	1990
部门规章	国家标准管理办法	国家技术监督局	1990
	地方标准管理办法	国家技术监督总局	2019
	行业标准管理办法	国家技术监督局	1990
	企业标准化管理办法	国家技术监督局	1990
	国家农业标准化示范项目绩效考核办法（试行）	国家标准化管理委员会	2014
	林业标准化管理办法	国家林业局	2011
	国家林业标准化示范企业管理办法	国家林业局，国家技术标准委	2015
	国家林业局关于进一步加强林业标准化工作的意见	国家林业局	2015
	标准化林业工作站建设检查验收办法（试行）	国家林业局	2015
	国家林业局产品质量检验检测机构管理办法	国家林业局	2015
	国家标准制修订经费管理办法	财政部	2007
	林业行业标准制修订经费管理办法	国家林业局	2011
	全国林业标准化示范县（区、项目）考核验收办法	国家林业局	2004

续表

文件类型	文件名称	颁布部门	颁布时间
规划	《深化标准化工作改革方案》行动计划（2015—2016年）	国务院办公厅	2015
	国家标准化体系建设发展规划（2016—2020年）	国务院办公厅	2015
	林业发展“十三五”规划	国家林业局	2016
	林业科技创新“十三五”规划	国家林业局	2016
	林业标准化“十三五”发展规划	未发布	—
其他规范性文件	国务院办公厅关于印发贯彻实施《深化标准化工作改革方案》行动计划（2015—2016年）的通知	国务院办公厅	2015
	国务院办公厅关于印发《国家标准化体系建设发展规划（2016—2020年）》的通知	国务院办公厅	2015
	国家标准委办公室关于做好2016年国家标准立项工作的通知	国家标准化委员会	2015
	国家标准委关于印发《国家农业标准化示范项目绩效考核办法（试行）》的通知	国家标准化委员会	2014
	国家林业局、国家标准化管理委员会关于印发《国家林业标准化示范企业管理办法》的通知	国家林业局	2014
	国家林业局关于印发《标准化林业工作站建设检查验收办法（试行）》的通知	国家林业局	2015
	国家林业局关于印发《全国林业标准化示范县（区、项目）考核验收办法》的通知	国家林业局	2004
	国家林业局关于下达2015年林业行业标准制修订项目计划的通知	国家林业局	2015
	国家标准委关于下达第九批国家农业标准化示范项目的通知	国家标准化委员会	2017
	国家林业局科技司关于申报2017年中央部门预算林业科技项目的通知	国家林业局科技司	2016
	2017年林业行业标准项目申报指南	国家林业局科技司	2017
	国家林业局办公室关于开展2015年国家林业标准化示范企业申报工作的通知	国家林业局办公室	2015
	国家林业局科技司关于开展2016年中国标准创新贡献奖推荐工作的通知	国家林业局科技司	2016
	国家林业局科技司关于举办2017年林业标准化培训班的通知	国家林业局科技司	2017
	林业行业标准制修订项目合同任务书	国家林业局科技司	2016
	全国林业标准化示范县（区、项目）考核验收评定表	国家林业局科技司	2015
标准	标准化工作导则第1部分：标准的结构和编写（GB/T 1.1—2009）	国家标准化委员会	2009

五、林业标准化信息网络

林业标准化有力地支撑了现代林业建设和发展，为推进林业改革、保障生态工程建设、规范市场秩序、增加林农收入、提升产品质量等都发挥了积极作用。实现我国林业又好又快发展，构建完备的林业生态体系，发达的林业产业体系和繁荣的生态文化体系，离不开标准的技术支持。近年来，随着物联网、云计算、大数据、互联网等技术的迅猛发展，"互联网+"的思维方式和技术方法已经深入渗透到社会的各行各业，传统生活、生产方式被快速颠覆。十二届全国人大三次会议上的政府工作报告中提出制定"互联网+"国家战略，强调推进"互联网+"是中国转型的重大契机。国务院正式出台的《关于积极推进"互联网+"行动的指导意见》，国家林业局正式印发的《"互联网+"林业行动计划——全国林业信息化"十三五"发展规划》中明确提出将"互联网+林业标准化"作为重点建设工程，这将有力促进我国林业标准数据库建设工作。建设林业数据库，通过网站，将国外、国家、行业、地方等林业标准文献在网上发布，为政府管理部门、林业科研人员、林业企业、林业生产者、经营者和广大林农提供方便、快捷的林业标准文献检索、查询等服务。

1. 数据库结构

中国林业科学研究院林业信息科学研究所，建立了中国林业标准数据库网站。网站主要结构包括服务器设备、网站前端页面、后台管理系统、网站安全系统。林业标准数据库系统主要由浏览器、Web 服务器和数据库服务器三部分组成（图 7.1）。浏览器是表示层，属于用户端。用户通过浏览器访问数据库网页。Web 服务器属于功能层，承担服务器层与用户端交互的连接任务。数据库服务器属于数据层，负责对数据存储、处理和管理等业务。

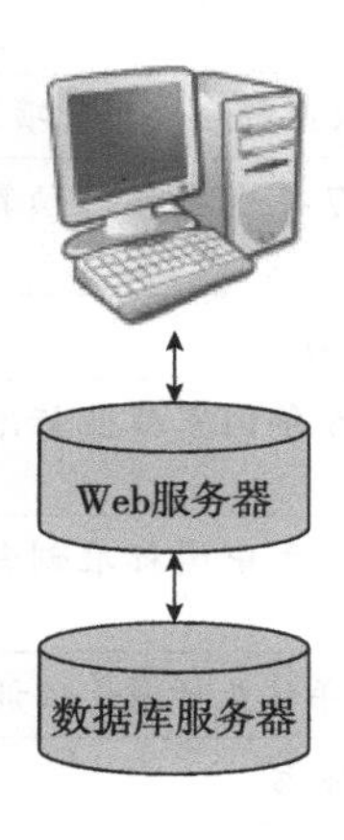

图7.1　数据库结构

2. 数据库内容

数据库内容主要包括国内外林业相关标准，国内外林业相关标准政策法规，和林业标准相关研究进展、林业标准相关调研报告、林业标准相关会议共三部分。林业标准数据库以国内外林业相关标准数据为重点。主要收集已颁布的欧美等先进国家及我国国家、行业、地方的有关林业标准，主要包括林业国家标准、林业行业标准、林业地方标准等标准文献内容（图 7.2）。

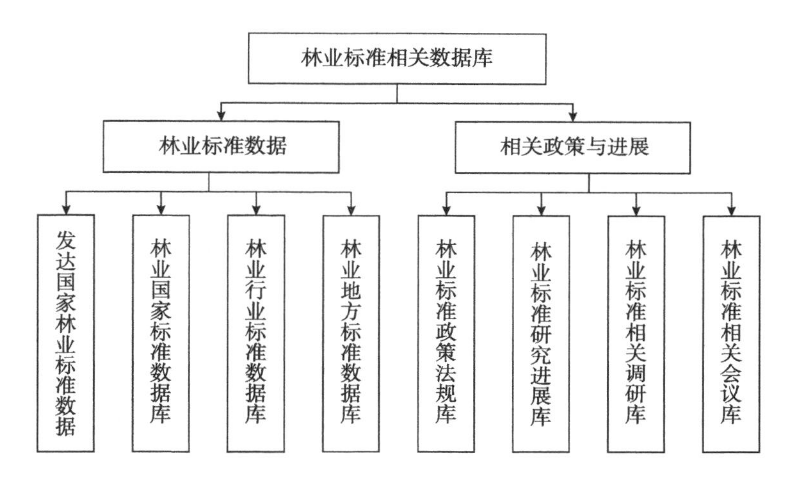

图7.2　林业标准数据库系统结构

3. 林业标准数据的应用

林业标准化体系建设既是我国林业发展的重点，也是林业改革的重点，在全球提倡经济发展要注重生态建设的背景下，建设林业标准化体系，能大大提高我国林业的经济效益和生态效益。

开发林业标准数据库高效使用应用系统，实现数据库的数据存储、处理、检索、维护、管理等功能，建成一个系统界面友好，性能稳定，用户可以轻松获取林业标准全文信息、数据的完善系统，并且，林业数据库系统在运行过程中，能不断充实和更新数据库的内容，随时保持信息的新颖、有效、可靠。

4. 发展途径

互联网为标准化工作的宣传提供了高速、高效的技术平台，建立林业标准实施基层反馈网络，收集反馈信息，定期将林业标准化过程、监督过程、结果和整改措施予以公布。并在网上开展标准化工作宣传活动，让人们方便快捷地获取标准化工作信息，这将对林业标准化工作的宣传起到很好的推动作用。

目前网站主要是展现功能，希望今后利用互联网新技术推荐更加智能化的林业标准化工作。“互联网 +”时代，物联网、云计算、大数据、互联网等技术已经为当今社会带来了翻天覆地的变化，颠覆许许多多的传统行业，加快了整个社会的发展速度。为了充分利用“互联网 +”技术推进林业标准化的组织管理和应用推广，为林业标准化工作提供更加高效、便捷的工作方式，必须做好基础工作。

（1）重视互联网技术

参与林业标准化工作的每个工作人员都应认识到互联网技术的价值，跟踪互联网技术发展的趋势，通过各种渠道收集和学习相关信息，为互联网技术应用到林业标准化工作中做好准备。互联网时代每个人应改进林业标准化传统工作方式，树立新的工作理念，促使林业标准化事业在互联网时代与时俱进，开拓创新。

（2）完善林业数据库

完善的林业数据库能为林业标准化提供便利条件。林业标准数据库建设应从以下两个方面进行。首先，要保证林业标准相关数据的可靠性。云计算、大数据都是以数据流的形式产生，数据中经常带有数据噪声，消除数据噪声，提高数据质量尤为重要。其次，需要建立林业标准数据共享机制。通过共享机制，推动互联网大数据技术广泛应用到林业标准化工作上。

（3）加强数据安全保障

在互联网时代，大量数据信息跨领域、跨组织传播，随之而来的是数据信息的安全问题。因此，在林业标准化相关数据信息建设和使用工作中，必须保障数据信息的安全性，要综合利用法律、技术和行政等手段加强信息网络安全管理工作。

（4）加强政策和资金支持力度

在林业标准化工作方面开发互联网技术需要给予政策、资金支持。林业标准化工作各级管理部门和决策者应认识到互联网技术对林业标准化的促进作用，并将其纳入政府工作计划的战略规划中，给予相应的政府政策支持，而且给予政府专项、科研基金等项目的资金支持，引导林业标准化相关科研机构加大开发力度。

第四节　林业标准化实施体制分析与发展构想

一、林业标准化实施的基本任务

林业标准化工作的目标是建立适应中国林业改革发展的现代标准体系和管理体系，重点加强生态建设标准化，提升林业多功能服务水平；加强林业产业标准化，推进产业绿色发展；加强林业管理和服务业标准化，健全国家林业治理体系（王钰，2016）。

1. 林业标准制定

围绕国家标准化改革总体部署，“进一步优化推荐性国家标准、行业标准、地方标准体系结构，推动向政府职责范围内的公益类标准过渡，逐步缩减现有推荐性标准的数量和规模”要求，强化林业公益性、基础性、通用性标准的制（修）订，重点支持经复审确定需修订的标准项目。

林业标准作为重要的技术基础，在林业生态和产业体系建设中发挥着越来越重要的作用。建立健全林业技术标准指标体系，对提高林业生产建设的质量和效益，确保林产品质量安全具有重要意义（张建龙，2003）。建设重点是优化标准体系结构，着重加强与工程建设和产业发展密切相关的技术标准的制（修）订，推进与国际标准的接轨；新建若干个林业专业标准化技术委员会，强化指导和管理；加快林业标准化示范基地建设，建立一批林业标准化示范区，争取部分列入国家级。把政府单一供给的现行林业标准体系，转变为由政府主导制定的林业标准和市场自主制定的林业标准共同构成的新型林业标准体系。整合精简强制性林业标准，范围严格限定在保障人身健康和生命财产安全、国家安全、生态环境安全以及满足社会经济管理基本要求的范围之内。优化完善推荐性林业标准，逐步缩减现有推荐性林业标准的数量和规模，合理界定各层级、各领域推荐性林业标准的制定范围（表 7.3）。培育发展团体林业标准，鼓励具备相应能力的学会、协会、商会、联合会等社会组织和产业技术联盟协调相关市场主体共同制定满足市场和创新需要的林业标准，供市场自愿选用，增加林业标准的有效供给。建立企业产品和服务林业标准自我声明公开和监督制度，逐步取消政府对企业产品林业标准的备案管理，落实企业林业标准化主体责任。

加强林业标准制定程序各环节管理。广泛听取各方意见，提高林业标准制定工作的公开性和透明度，保证林业标准技术指标的科学性和公正性（唐小平等，2014）。优化林业标准审批流程，落实林业标准复审要求，缩短林业标准制定周期，加快林业标准更新速度。完善林业标准化指导性技术文件和林业标准样品等管理制度。加强林业标准验证能力建设，培育一批林业标准验证检验检测机构，提高林业标准技术指标的先进性、准确性和可靠性。

落实创新驱动战略。加强林业标准与科技互动，将重要林业标准的研制列入国家科技计划支持范围，将林业标准作为相关科研项目的重要考核指标和专业技术资格评审的依据，应用科技报告制度促进科技成果向林业标准转化。加强专利与林业标准相结合，促进林业标准合理采用新技术。提高军民林业标准通用化水平（刁兆勇等，2018），积极推动在国防和军队建设中采用民用林业标准，并将先进适用的军用林业标准转化为民用林业标准，制定军民通用林业标准。

发挥市场主体作用。鼓励企业和社会组织制定严于国家林业标准、行业林业标准的企业林业标准和团体林业标准，将拥有自主知识产权的关键技术纳入企业林业标准或团体林业标准，促进技术创新、林业标准研制和产业化协调发展。

2. 林业标准实施

完善林业标准实施推进机制。发布重要林业标准，要同步出台林业标准实施方案和释义，组织好林业标准宣传推广工作。规范林业标准解释权限管理，健全林业标准解释机制。推进并规范林业标准化试点示范，提高试点示范项目的质量和效益。建立完善林业标准化统计制度，将能反映产业发展水平的企业林业标准化统计指标列入法定的企业年度统计报表。

发挥政府在林业标准实施中的作用。各地区、各部门在制定政策措施时要积极引用林业标准，应用林业标准开展宏观调控、产业推进、行业管理、市场准入和质量监管。运用行业准入、生产许可、合格评定 / 认证认可、行政执法、监督抽查等手段，促进林业标准实施，并通过认证认可、检验检测结果的采信和应用，定性或定量评价林业标准实施效果。运用林业标准化手段规范自身管理，提高公共服务效能。

表 7.3　林业标准化相关规划中制定标准的重点领域

规划	领域	子领域
《林业发展“十三五”规划》	战略任务	特色林业基地生产标准化 加快健全林业产业和林产品标准体系 构建以全国性标准为指导、区域和地方标准为补充、涵盖不同森林类型的森林经营技术标准体系 调整修改土地分类标准 推进林业基层站所标准化、规范化建设 建立系统科学、准确快捷的生态监测评价标准 推动林业调查规划、勘察、设计、标准、认证等服务走出去 完善林业碳汇技术标准体系
	林业重点工程项目标准	完善森林经营技术规程和建设标准 特色经济林规模化、产业化、标准化生产 加强林业基层站所标准化建设 修订林业标准1000项
	管理标准	制定国家公园功能区类型划分标准 建立科学的生态政绩考核评价标准 建设生态损害责任追究标准 百万亩人工林基地建设技术标准
《林业科技创新“十三五”规划》	目标	目标中提出“林业重点工程建设实现标准化，主要林木制品质量国家监督抽查合格率稳定在90%以上” 林业标准重点目标领域应为林业工程和林产品
	主要林业标准	在林业标准提升工程任务中提出的是“整合精简林业强制性标准，构建布局合理、职能明确、专业齐全、运行高效的林业质检体系，建立林产品质量安全监测制度，积极推进竹藤、木制品、荒漠化防治等我国优势领域标准向国际标准转化”显然其重点领域是林业质检、林产品、竹藤木制品、荒漠化防治
《林业标准化“十三五”发展规划》	营造林标准	森林培育、森林资源管理、防沙治沙、湿地保护、林业灾害防控
	生态工程标准	规划设计、调查监测、资源管理、生态治理、保护利用、质量提升、评价评估
	林业产业标准	木本油料等特色经济林、森林旅游休闲康养、林下经济、竹产业、林木种苗、花卉产业、野生动植物繁育利用、林业生物产业、沙产业、林产工业以及林业装备制造业
	林业管理标准	管理与服务、自然资源资产评估、林业信息化、林业认证认定、知识产权保护、政府管理
	热点和难点标准	林业应对气候变化、国家公园、森林城市、古树名木

发挥企业在林业标准实施中的作用。企业要建立促进技术进步和适应市场竞争需要的企业林业标准化工作机制。根据技术进步和生产经营目标的需要，建立健全以技术林业标准为主体、包括管理林业标准和工作林业标准的企业林业标准体系（杨轶秋，

1997；司瑞新，2014），并适应用户、市场需求，保持企业所用林业标准的先进性和适用性。企业应严格执行林业标准，把林业标准作为生产经营、提供服务和控制质量的依据和手段，提高产品服务质量和生产经营效益，创建知名品牌。充分发挥其他各类市场主体在林业标准实施中的作用。行业组织、科研机构和学术团体以及相关林业标准化专业组织要积极利用自身有利条件，推动林业标准实施。

3. 林业标准实施的监督

建立林业标准分类监督机制（江兴平，2014）。健全以行政管理和行政执法为主要形式的强制性林业标准监督机制，强化依据林业标准监管，保证强制性林业标准得到严格执行。建立完善林业标准符合性检测、监督抽查、认证等推荐性林业标准监督机制，强化推荐性林业标准制定主体的实施责任。建立以团体自律和政府必要规范为主要形式的团体林业标准监督机制，发挥市场对团体林业标准的优胜劣汰作用。建立企业产品和服务林业标准自我声明公开的监督机制，保障公开内容真实有效，符合强制性林业标准要求。

建立林业标准实施的监督和评估制度。国务院林业标准化行政主管部门会同行业主管部门组织开展重要林业标准实施情况监督检查，开展林业标准实施效果评价。各地区、各部门组织开展重要行业、地方林业标准实施情况监督检查和评估。完善林业标准实施信息反馈渠道，强化对反馈信息的分类处理。加强林业标准实施的社会监督。进一步畅通林业标准化投诉举报渠道，充分发挥新闻媒体、社会组织和消费者对林业标准实施情况的监督作用。加强林业标准化社会教育，强化林业标准意识，调动社会公众积极性，共同监督林业标准实施。

4. 林业标准化服务

建立完善林业标准化服务体系。拓展林业标准研发服务，开展林业标准技术内容和编制方法咨询，为企业制定林业标准提供国内外相关林业标准分析研究、关键技术指标试验验证等专业化服务，提高其林业标准的质量和水平。提供林业标准实施咨询服务，为企业实施林业标准提供定制化技术解决方案，指导企业正确、有效地执行林业标准。完善全国专业林业标准化技术委员会与相关国际林业标准化技术委员会的对接机制，畅通企业参与国际林业标准化工作渠道，帮助企业实质性参与国际林业标准化活动，提升企业国际影响力和竞争力。帮助出口型企业了解贸易对象国技术林业标准体系，促进产品和服务出口。加强中小微企业林业标准化能力建设服务，协助企业建立林业标准化组织架构和制度体系、制定林业标准化发展策略、建设企业林业标准体系、培养林业标准化人才，更好地促进中小微企业发展。

培育林业标准化服务机构。支持各级各类林业标准化科研机构、林业标准化技术委员会及归口单位、林业标准出版发行机构等加强林业标准化服务能力建设。鼓励社会资金参与林业标准化服务机构发展，引导有能力的社会组织参与林业标准化服务。

5. 林业标准化国际行动

参与国际林业标准化工作。充分发挥我国担任国际林业标准化组织常任理事国、技术管理机构常任成员等作用，全面谋划和参与国际林业标准化战略、政策和规则的制定修改，提升我国对国际林业标准化活动的贡献度和影响力。鼓励、支持我国专家和机构担任国际林业标准化技术机构职务和承担秘书处工作。建立以企业为主体、相关方协同参与国际林业标准化活动的工作机制，培育、发展和推动我国优势、特色技术林业标准成为国际林业标准，服务我国企业和产业走出去。吸纳各方力量，加强林业标准外文版翻译出版工作。加大国际林业标准跟踪、评估力度，加快转化适合我国国情的国际林业标准。加强口岸贸易便利化林业标准研制。服务高林业标准自贸区建设，运用林业标准化手段推动贸易和投资自由化、便利化。

林业标准化国际合作。积极发挥林业标准化对“一带一路”战略的服务支撑作用，促进沿线国家在政策沟通、设施联通、贸易畅通等方面的互联互通（舒印彪，2017）。深化与欧盟国家、美国、俄罗斯等在经贸、科技合作框架内的林业标准化合作机制。推进太平洋地区、东盟、东北亚等区域林业标准化合作，服务亚太经济一体化。探索建立金砖国家林业标准化合作新机制。加大与非洲、拉美等地区林业标准化合作力度。

6. 林业标准化基础工作

加强林业标准化人才培养。推进林业标准化学科建设，支持更多高校、研究机构开设林业标准化课程和开展学历教育，设立林业标准化专业学位，推动林业标准化普及教育。加大国际林业标准化高端人才队伍建设力度，加强林业标准化专业人才、管理人才培养和企业林业标准化人员培训，满足不同层次、不同领域的林业标准化人才需求。

加强林业标准化技术委员会管理。优化林业标准化技术委员会体系结构，加强跨领域、综合性联合工作组建设。增强林业标准化技术委员会委员构成的广泛性、代表性，广泛吸纳行业、地方和产业联盟代表，鼓励消费者参与，促进军、民林业标准化技术委员会之间相互吸纳对方委员。利用信息化手段规范林业标准化技术委员会运行，严格委员投票表决制度。建立完善林业标准化技术委员会考核评价和奖惩退出机制。

加强林业标准化科研机构建设。支持各类林业标准化科研机构开展林业标准化理论、方法、规划、政策研究，提升林业标准化科研水平。支持符合条件的林业标准化科研机构承担科技计划和林业标准化科研项目。加快林业标准化科研机构改革，激发科研人员创新活力，提升服务产业和企业能力，鼓励林业标准化科研人员与企业技术人员相互交流。加强林业标准化、计量、认证认可、检验检测协同发展，逐步夯实国家质量技术基础，支撑产业发展、行业管理和社会治理。加强各级林业标准馆建设。

加强林业标准化信息化建设。充分利用各类林业标准化信息资源，建立全国林业标准信息网络平台，实现跨部门、跨行业、跨区域林业标准化信息交换与资源共享，加强民用林业标准化信息平台与军用林业标准化信息平台之间的共享合作、互联互通，全面提升林业标准化信息服务能力。

在农林业标准化的实施方面，世界上许多发达国家都建立了较为完善的实施体系和制度架构。其主要的实施方法有四种，一是成立由政府官员、专家、行业协会、生产加工企业和经销商代表组成的国家标准化委员会，并按照行业下设各类专门委员会，各委员会具体负责本行业的标准化工作，在这种实施方式中行业协会的自律作用得到了很高的重视；二是通过法律法规约束相关主体的行为，美国、欧盟和日本等发达国家在农林业标准制定及实施方面建立了一整套比较完善的法律体系，对约束各相关主体行为、推行实施农林业标准具有显著成效；三是普遍设置以认证为中心的合格评定程序，对产品进行质量监控。例如，有机食品认证和HACCP（危害分析和关键控制点）体系认证在许多国家普遍推行；四是严格市场准入，拉动农林业标准化的推广实施。通过加强农林产品市场监管，以及发布供求信息和产品的认证、信誉信息，来拉动农林产品生产、加工企业按照标准规范自己的行为。

我们借鉴发达国家的经验和有关国际惯例，结合国内生产实际，提出完善林业标准实施体制的建议；建立林业标准实施基层反馈网络，服务于林业标准的制修订、标准的实施与监督。

二、林业标准化管理模式

标准化管理是指政府在制定标准、实施标准过程中的管理工作，包括行政手段、法律手段、文化手段、经济手段等（周方来，2014）。

从世界范围来看，林业标准化工作有的是以政府为推进主体，有的是以行业或企业为推进主体。目前在我国，林业标准化的主体还是以政府或者准政府组织为主。标准化是一项外部性极强的工作，对于单个的生产者或交易者来说，要制定一种产品的标准并且推广到整个行业，会面临极大的成本，而取得的收益往往不能独占，除非这家厂商是行业的垄断者。所以像林业这类公益性强、生产者非常分散，而集中生产又非常困难的行业，如果依靠林农自身解决林业标准化，是不可能的，这就需要政府主导林业标准化工作，依靠政府的强制性和组织协调，化解由于实施林业标准化工作而产生的磨擦成本，发挥规范、监督作用和引导、聚合效应，积极处理和协调不同利益集团在标准制定、修订和实施过程中的利益冲突，形成统一、规范的林业标准体系，实行林产品认证和市场准入制度，对区域生态环境实行保护。

当前，我国市场机制发育尚不完善，尤其是林业市场化刚刚起步，完全依靠市场机制的作用来推动林业标准化的条件还不成熟，尤其是森林工业产品标准，要充分鼓励企业自律型的标准化管理行为对地方名、特、优林产品，以及由龙头企业组织生产的林产品和地方经济较发达地区的林产品的标准化管理，实行龙头企业、行业协会自律型为主的管理模式。

根据我国现实国情，我国林业标准化推进模式，从推动主体来看，可以有政府推动型、企业推动型、行业协会推动型。

1. 政府推动型

对森林生态安全、林业生产和林产品中涉及安全、卫生等标准，以政府行为为主体，强行或指导性组织林业生产者，按照标准进行生产。在标准化过程中，当地政府要将林业标准化作为一项重要制度安排在林业发展规划中，将林业标准化融入日常林业工作，并以政府为主，提供标准信息、生产技术、资金及一些优惠政策的支持，对林业标准化进行监控。

2. 企业推动型

林业产业化是实现林业现代化的一种重要途径，龙头企业在林业产业化又是一支重要力量。因此，林业标准化，要充分发挥林业企业的载体作用，以龙头企业为链条，将分散的林农组织起来，形成一个林业产业体系，把林业生产标准化融入其中，从而推动林业标准化。

3. 行业协会推动型

行业协会是产业纵向合作组织形式，它为同一类林产品提供从产前服务到产中和产后的保鲜、贮藏、加工、运销环节合作服务，大大提高了林产品商品交易率，降低了交易成本。行业协会制定林产品质量标准，规范生产、加工技术和产品质量等级标准，实行行业自律。在这种行业自律行为下，建立和实行了林产品行业标准，并推动营林、林业机械、森林环境质量等林业标准的实施，加快我国林业标准化进程。

以上三种推进形式并不是截然分开、各自独立的，相反，这三者往往是相互交织在一起共同发挥作用的，只是在不同的情况下，它们之中的1种或2种形式发挥着主导作用。

无论是政府推动型，还是企业、行业协会推动型，最终使林业生产者采用标准化生产主要还是依靠价值驱动的机制。价值驱动机制理论对推进林业标准化实践具有指导意义。林业生产者是否迅速、有效地采用标准化生产，取决于他们的接受能力、预期效益和风险以及社会服务组织等因素的支持，改善这些因素，形成林业生产标准化高效益，尽快发育和建立推进机制是林业生产标准化的重要措施。

目前，我国加快林业标准化建设的大环境已经形成，如何抓住机遇迅速行动起来，积极利用市场经济运行机制推进中国林业标准化工作，必须厘清思路，选择适合的路径。

三、林业标准化实施模式

目前农林业标准化实施模式形式较多，众学者也从不同角度进行了许多有益的探讨，将标准化实施模式按标准化动力机制和参与主体的构成形式分别进行了讨论。

1. 按标准化动力机制划分

（1）科技带动型实施模式

科技带动农林业发展由来已久，具体表现为以农林业科技推广和农林业科技示范基地为载体，通过科技人员对农民进行培训，将农林业标准作为一种重要的技术手段，推行到农林业生产中（袁文静，2007）。其主要形式有政府组织科技下乡、科研项目外办基地、公司技术与物资下乡促销等，从效果上看，以大学和研究院所专家及其项目建设推动的基地辐射效果为最好。科技带动型实施模式具有示范作用，可以快速吸纳农户；但是由于以科技推广为中心，忽视了市场的需求，容易产生“好产品卖不上好价钱”的结果，进而影响后续产业的发展。

（2）政府推动型实施模式

我国农林业标准化是由政府牵头的，推行工作也主要是政府行为。政府推动模式是运用财政投入，通过多种方式组织技术力量，按照一定要求实施农林业标准化的过程。政府推动型模式优点在于：推行力度容易控制，可运用法律的规制，并在资金和政策的保障下，鼓励有关机构或单位参与，具有权威性，见效快，辐射范围广，容易引起社会舆论关注，产生示范效应。缺点在于：政府推动型对市场需求考虑少，农民主动采取标准化生产积极性差，从整个社会效益来看，收益较低，缺乏长效机制，难以持久运行。闵耀良（2005）认为基于我国农林业的实际情况，政府主导推动型是当前和今后一个时期推广实施农林业标准的重要模式，特别是中西部经济基础薄弱的地区，更需要政府的扶持。依靠政府推动农林业标准化在越落后的地区需要政府推动力度越大，相关政策也需要更强硬。

（3）市场拉动型实施模式

在市场经济的条件下，农林产品有着一般商品的属性。其生产的动力受市场的控制，市场引导消费，消费需求促进产品生产。市场拉动型模式是通过规范市场交易和严把农林产品市场准入，及时发布供求信息和优质优价信息，拉动农民和生产组织走农林业标准化道路，生产出更多适销对路的安全、优质农林产品，实现农民增收，形成持续的产销链条。农林产品批发市场比龙头企业拉动、引导农民的范围更广，辐射区域更大，而可能带来的市场风险却较小。所以他建议扶持建设一批基础设施配套、功能完善、管理规范、运行高效的农林产品批发市场，来拉动、引导农民走科学种养的农林业标准化之路。

2. 按参与主体的构成形式划分

（1）龙头企业带动模式

包括“龙头企业＋农户”“龙头企业＋基地＋农户”等形式，熊明华（2009）在对农林业标准化实施模式进行分析时指出，企业主导的推广组织为实现效用最大化，会选择容易市场化的农林业技术标准，而且在整个过程中企业利用自身掌握的技术和信息优势指导农户安排生产，注重产前、产中、产后的标准推广，具有明显的功利性，但缺点在于难以在利益上形成“风险共担，利益均沾”的格局。王勤礼等（2005）在对张掖市的农林业标准化实施模式进行分析时，详细介绍了当地龙头企业带动模式的运行方式，并指出该模式是目前张掖市实施农林业标准化效果最好、发展势头最猛的措施之一。金发忠（2006）均认为龙头企业带动模式适合经济发达的沿海地区和大中城市，以及商品化、产业化程度比较高的行业，特别适合于出口基地、菜篮子产品生产基地。

（2）合作社发展模式

其形式主要为“合作社＋企业＋农户”“合作社＋企业＋农户＋基地”“合作社＋

农户”“合作社 + 农户 + 基地”。该种模式中合作社起到了核心或中介的作用。熊明华（2009）认为此模式下的农林业标准对非合作社成员具有排他性。他还指出合作社的两种构成方式：一是农林业企业与农民以股份合作制形式建立农林产品生产、加工和销售实体；二是农民自愿组织起来的农林产品生产、加工、销售合作组织。他认为这一模式与龙头企业带动模式的不同之处在于该模式下组织内部成员风险共担、利益共享。鞠立瑜（2010）认为合作社发展模式有利于标准化生产技术的统一和管理，能形成农林业标准化的经济效益。闵耀良（2005）将农林业生产合作社分为紧密型和松散型，并指出紧密型对农林业标准的实施效果更好。但目前来看，我国农林业生产合作社的组织化程度低、数量少、规模小、实力弱，而且政府给予的支持政策少，所以大多数合作社处于自生自灭的状态，严重制约了该模式在农林业标准化工作中的应用。

（3）行业协会自律互动模式

其主要形式为“协会 + 品牌 + 农户”，该模式一般由政府指导或能人牵头，农民自发组织，由科技工作者和种养殖户组成。会员按照统一的标准进行生产，技术人员对农户进行统一指导，形成自己的品牌，并且内部设有监督机构，产品经协会验收合格后由协会统一销售。王勤礼等（2005）在对张掖市的农林业标准化实施模式的研究中，也详细介绍了该市在实施行业协会自律模式中的成功经验，并指出该模式在没有实行市场准入制的地区效果更好。但从运作过程来看，由于缺乏经济利益驱动，政府组建的协会往往流于形式，真正发挥作用的是由能人牵头、农户自发组织、得到政府支持的协会。

（4）科技示范园（示范基地）带动模式

其主要形式为“基地 + 农户”，一般由政府部门根据国家政策和各地实际情况，制定规划，选择主导产品，以项目实施为载体，在一定范围内培育主导产业，然后通过选定标准和进行培训创建样板起到示范效应，最后以点带面进行标准化的推广普及。王勤礼等（2005）在对张掖市优势农林产品农林业标准化实施模式的研究中详细介绍了张掖市采取科技示范园带动模式的成功经验，并认为示范园这种高度集约化的生产方式，容易实现标准化管理，是实施农林业标准化的有效途径之一。金发忠（2006）认为该模式比较适合由政府部门牵头实施的商品粮、棉、油基地建设，优势农林产品产业带开发，无公害农林产品生产基地建设。

（5）种养大户吸纳模式

其主要形式为“种养大户 + 农户”，该种模式是种养大户通过言传身教，吸收、带动农户按照标准化的要求从事生产、加工，以达到确保农林产品质量安全，拓展市场销路，增加自身和农民收入的目的。金发忠（2006）认为种养大户吸纳模式是管理千千万万分散农户最有效的模式，所以最具推广价值。闵耀良（2005）认为种养大户吸纳模式对农民的示范和带动效果直接，方法简便，组织成本低，便于农民接受，但其技术水平有限，与农民之间缺乏相应的约束和规范。总的来说，农林业标准化实施模式形式较多，并且各有不同的适用环境和适用阶段。如何正确选择实施模式，充分发挥各相关主体的作用对推进农林业标准化进程有着重大意义。李鑫等（2009）认为农林业标准化发展的不同时期和不同经济区域需要根据实际加快推进，并且他们将农林业标准化发展分为四个阶段，每个阶段都有与之相适应的实施模式。从李鑫等学者构造的农林业标准化发展框架来看，科技推动发生最早，随之政府推进，然后政府与科技一起推进，再到扶植和纳入合作社。公司与农户的合作稍弱于科技推动，而又以利益驱动下的公司主体形态，两者合作的过程中产生合作社，合作社将科技、公司、政府拉在一起，从而发生了从三元型到四元型的过渡演变。总之，农林业标准化实施模式种类繁多，选择的依据范围广，但随着经济的发展也需要不断创新，以适应增强农林业竞争力的新要求。

目前农林业相关的模式研究包括农林业产业化模式研究、农林业技术推广模式研究、农林业现代化模式研究以及循环农林业发展模式研究等，研究比较深入的是农林业产业化模式和农林业技术推广模式。重庆大学的贾艳（2009）在其硕士论文中深入分析了国内外农林业产业化经营模式的现状及在各个模式下各利益主体的关系，并以江山市蜂业产业化模式和浙江丰翼合作社为例进行了案例分析。最终得出采用“合作社＋企业＋农户”模式是迅速提高农户整体市场交易地位的有效方法。四川大学的唐轩文（2007）在其硕士论文中基于国内外农林业产业化模式研究现状，以制度经济学、产业经济学和产业发展理论为指导，通过分析影响农林业产业化组织绩效的因素，结合西部地区的农林业发展的实际提出“新型合作社＋农户”是其最佳的组织模式。西北农林科技大学的刘永顺（2008）在其硕士论文中通过将国内外农林业技术推广模式进行比较，提出国内农林业技术推广模式的创新必要性，并基于模式创新的原理详细分析了具有创新性的五类模式。最后依据我国农林业技术推广的现状，构建了两种新型的农林业技术推广模式——社会性别敏感的参与式模式和链条辐射模式。从农林业相关模式的研究可以看出，关于模式的研究是解决农林业相关问题的有效途径，对促进农林业的快速发展，提高农林业竞争力有着不可忽视的重要性。从以上各位学者的研究内容和方法来看，农林业产业化模式、农林业技术推广模式以及其他模式的研究对农林业标准化模式的研究具有很大的借鉴意义。

四、创新林业标准化实施体制的途径

1. 选择适用的发展路径

（1）面向市场需求树立标准化意识

市场经济条件下，生产者的经营战略是把握市场，以市场发展为导向，以用户需求为目标，不断开发市场需求的产品，适应市场多层次、多样化、高质量需求的变化。在过去相当长的一段时间里，由于实行计划经济模式，加上短缺经济的困扰，林业生产者长期以追求木材产品总量的增加为主要目标，生产的产品由国家统购统销，生产资料也按计划分配，很少甚至无须考虑产品的市场问题，标准化的作用显得无足轻重，存在传统惰性，固守着“木头”和“斧头”林业的旧观念。也有些人虽然对林业标准化有一定的了解，但却没有将它与发展林业市场化有机地结合起来，当面临建设社会主义市场经济的时候，就不免有些失措或茫然。因此，当务之急是要转变观念，认识规律，解放思想，以战略的眼光进行超前预测和决策林业市场中可能出现的新情况、新问题，制定适度超前标准化目标，发展并创造自己的品牌，达到促进林业经济效益提高的目的。

（2）通过培训提高林农标准化素质

加强林农林业标准化培训，首先，要因地制宜，突出特色。我国地域辽阔、自然环境差异较大，经济基础、生产方式、林农素质以及市场条件等都不相同，每个标准都有明确的适用范围和具体的操作程序以及量化的等级指标，因此，在对林农进行培训时，要适应多层次、多样化的要求，要根据生产对象选择相应的标准进行培训，这样就能达到事半功倍的效果。

其次，通过示范提高林农标准化意识。选择林业发展条件较好的县市或林场、林业大户、林业企业，开展林业标准化示范工作，让林农从身边的示范中得到启发，让他们了解林业标准，了解运用林业标准创造的新价值，从而加深对林业标准的认识，提高运用标准的主动性。

（3）通过创新提高标准化水平

林业标准化，就是要实现“传统林业向现代林业转变，由粗放经营向集约化经营转变”，保证林业发展速度和质量水平。要达到这一目标，不仅需要林业标准保持相对的稳定性，更需要林业标准化随科技的发展不断地创新。

2. 坚持创新发展

（1）坚持标准的先进性

林业标准化内容是先进技术成果和成功实践经验的结晶，反映出一定时期的生产水平和科技成就。因此，林业标准内容的立足点应该是社会需要、实用有效。体现这种精神，需要所有有关方面的人员特别是生产经营者和科技工作者密切合作，攻克影响林业健康发展的难题。一项新技术诞生应包括技能、技巧和诀窍的量化和规范，并使标准修订与技术发展同步。另外，国际标准是人类技术文明的共同成果，在推进标准化进程中要积极收集国际国外林业标准化进展情况，研究、消化现行的国际标准和国外先进标准，将实用先进的标准内容纳入我国标准或直接采用，使标准在保持特色的基础上，增加科技含量，保持标准的先进性。

（2）坚持标准目标的合理性

同任何事物一样，林业标准化也有两面性，犹如一把双刃剑，对林业发展的积极作用和消极影响并存。要发挥林业标准化对林业发展的积极作用，消除其消极作用，就需要对林业标准化目标进行控制。首先，经济目标要合理，兼顾各方面的利益，否则就会变成影响生产力发展的障碍。其次，要突出重点目标，每个时期、每个地方，林业发展都有重点，标准化目标应围绕这些重点展开。比如，在生态脆弱区，就要以生态安全为重点，在林业产业发达地区，就要以林产品质量为重点，开展林业标准化工作。

（3）坚持标准的时效性

当一项林业标准不能有效地指导生产实践的时候，就表明林业发展事实已经超出了林业标准，预示着新技术的诞生，现有标准需要修订。随着技术进步速度的加快，每年的技术淘汰率达到20%，也就是说，技术的寿命周期平均只有5年。林业标准化是以技术和实践的综合成果为依据，因此，林业标准始终要与技术发展的步伐保持一致。林业标准至少应在5年内修订1次，才能保证林业标准的先进性。事实上，科技的创新有两大类，一类是跳跃式，一类是渐进式，而大量的是后者，抓住了这一点，就可以使标准跳出求全的怪圈，加速制（修）订速度，满足林业发展的需要。

（4）坚持标准的动态性

标准化管理是加速林业标准化的重要环节，如果管理失调，也会影响林业标准化的发展。目前，我国林业标准化管理采取的是“由上而下”模式，林业标准使用者在整个林业标准化活动中基本上是被动的。为了提高标准的可操作性、适用性，在整个标准化过程中，应该积极运用标准化实施原理中的“动态原理”，让标准的使用者积极参与林业标准的制（修）订，让他们主动地实施标准，并积极主动反馈实施过程中的各种信息，进一步促进标准的制（修）订，或者适时调整标准化策略，进一步促进标准的实施，有利于林业标准化水平的提高。

3. 加强基层单位标准化建设

（1）制定林业标准政策、法规

规范林业生产、管理活动等。建立健全各省、直辖市、自治区及下级单位的林业标准制定、更新、实施、监督、管理等相关机构，加强质检机构建设和林产品检验检测工作。

（2）增加人员培训

开展林业标准培训并学习国外经验，增加各级林业管理部门从业人员的标准化相关知识及对标准化的重视。

（3）加大标准研究投入

加大林业标准化科研经费投入及林业标准人才培养，加强对林业技术的研究，将技术转化成标准，促进林业标准的制（修）订，填补林业标准的空白，提高林业标准水平，积极参与国际标准的制订。

（4）完善林业标准数据库

建立一个完善的林业标准数据库，涵盖全部林业标准、法律法规、技术法规、林业标准政策信息及标准更新等。

（5）发挥示范区带头作用

利用好林业标准化示范区、示范企业的辐射带头作用，积极推广，逐步扩大示范区范围，增加示范区数量。

4. 坚持四项原则

实施林业标准应遵循下列原则：

（1）服从长远利益

实施标准往往会给实施单位增加一定的负担，会与当前的生产或工作任务有矛盾，而且有些标准的实施，对该单位眼前利益不大，甚至还可能会有损失，但从长远来看，好处很多，这就是既照顾到眼前，更要考虑到长远，眼前利益应服从长远利益。

（2）顾全大局

有些林业标准，比如森林工业标准中关于连接尺寸和互换性的标准，关于安全、卫生、环境保护方面的标准，从整个社会效益来看利益很大，但从某一局部、某一单位来看，利益不大甚至还要增加开支和工作量，这就要局部服从整体，要顾全大局。

（3）区别对待

贯彻林业标准要根据不同情况区别对待，比如实施一项新林产品标准，需要慎重安排新老产品标准过渡问题，对于就要淘汰的老产品，如短期内要更新换代，可限期过渡，或不做修改地继续生产一些易损零部件以供老产品维修用，但对新产品则应无条件地坚持贯彻新标准。

（4）原则性和灵活性相结合

对于一些基础标准，如机械制图、形位公差、公差与配合标准等是强制执行的标准，应该严格贯彻执行。由于我国地域广阔，森林生物品种繁多，就是同一种类，由于地理气候差异，表现也大不相同，在实际林业生产中，除了贯彻执行林业标准中强制标准外，对于推荐性标准，可以因地、因时制宜做出调整，必要时制定地方标准。

五、完善林业标准化实施体制的措施

1. 按区域特点和发展重点科学规划

按照全国林业标准化整体规划，根据不同地区不同情况，分区实施，率先在生态环境重要区域实施生态保护类林业标准，在经济发达地区实行森林工业标准和其他林业标准，从而逐步推进我国林业标准化。

（1）重要生态区域标准化

在公益林、自然保护等公益性林业工程建设中，推进林业标准化，改善森林生态环境。

（2）城市林业标准化

围绕城市林业发展，结合园林标准化和森林工业标准化操作性强的特点，在城市率先实施林业标准化，发挥城市对乡村的带动作用，通过园林标准化带动种苗生产标准化，通过森林工业标准化带动营林标准化。

（3）从林业龙头企业实施突破

在经济、技术、政策上大力扶持林业龙头企业林业标准化，通过龙头企业链条的带头作用，在林农中推行林业标准化。

（4）建设林业标准化示范基地

选择一批林业发展基础好的县市，或林场、林业大户、森林工业企业，按照标准化的思路，建设一批林业标准化示范基地，加强林业基础设施、技术服务体系和质量检测体系等建设。对林业生产实行全程标准化管理，提高森林资源数量、质量或林产品质量，创立一批发达的林业企业或县市。

2. 按目标和内容组织标准化实施

目前，我国林业标准的实施者的文化程度参差不齐，尤其是林农，组织化程度低，经济实力脆弱，主体分散，信息不灵，户均林地面积小，实施林业标准成本高，缺乏监督检测设施，这些都给林业标准的实施带来一定的阻力，并且这些状况近期也很难得到改善。因此，需要从多渠道，采取不同的策略，推进林业标准的实施，通过林业标准化，逐步改善上述状况，提高我国林业现代化水平。在我国实施林业标准，重点是组织实施者（主要是一线林业管理者、林农、林业企业）提高认识，让他们自觉参与标准的实施。

（1）认真选择实施范围

要根据生态状况、社会需求、市场需求和法律法规要求，选择容易取得明显效益，尤其是容易取得明显经济效益、有明显特色的林业项目组织实施标准。

（2）加强林业标准宣传

做好宣传动员，提高思想认识。很多基层实施者是较保守的社会群体，林业标准化，就是要帮助实施者进行标准化生产。要推进林业标准的实施，要采用多种形式，广泛宣传标准的内容，用生动的实例使大家了解实施标准的重要意义和作用，强化标准化意识、普及标准化知识，把实施标准变成广大实施者的自觉行动，让他们自觉地运用标准，执行标准和维护标准。

（3）积极协调

对于一些跨行业、跨部门的林业标准的实施，要注意做好协调工作，综合运用经济杠杆、法律手段等，特别是在制定政策时，在不失公平的情况下尽量向他们倾斜，同时加强监督工作，使实行标准化生产的林农能得到实惠。

（4）建立林业标准化技术推广体系

林业标准需要推广和实施，才能变成现实的效益和成果。建立林业标准推广体系是林业标准化工作的重要环节，尤其是要加强林业标准宣传、科技、监督检查、示范和咨询服务体系建设。

宣传体系：采用多渠道，多形式的宣传手段，大力宣传标准化在林业中的作用，增强生产者、经营者和消费者的标准化意识。

科技体系：在传授林业技术的同时，将标准寓于其中，使实施者在掌握林业科学技术的同时掌握林业标准化的原理和方法。

监督检查体系：对标准实施进行监督检查，建立必要的标准许可制度，对生产产地或企业进行质量审查和标准审核，确保标准得以正确地贯彻执行。大力改善监督监测手段，研究开发能够快速监测的方法，实现监督监测手段的现代化。

标准化示范体系：积极开展林业标准化示范区工作，做到组织有效，行动有力，效果显著。根据各项技术标准，技术规程，加强宣传培训，指导实际操作，引导林农按标准化组织生产；大力培育示范户，典型引路，以点带面扩大推广范围。

建立标准化信息咨询服务体系：做好信息的收集工作，包括国内国际技术标准、国际先进的检测方法等方面的变化情况，为及时调整质检工作提供依据。为林农和林业企业及时提供国内国际市场需求的技术标准方面的信息，及时传递林产品质量安全监督检查和检验检疫情况的信息，以及正确引导市场消费的信息。加强与有关部门的协作配合，扩大资源共享，提高工作水平。

3. 加强标准实施的监督和管理

（1）建立森林生态环境质量体系

结合林业法律法规，建立省、市、县三级森林生态还击检测监督体系，建立并严格实施森林生态环境审计制度。

（2）建立林业质量监督检验体系

随着经济全球化进程的加快，林产品质量安全已经变得没有国界，无论是发达国家还是发展中国家都加强了林产品质量安全工作。林产品质量安全问题已经成为一个国家林产品生产、加工、流通和对外贸易中最主要的控制领域，成为目前国际市场四大技术贸易壁垒的最重要部分之一。建立与国际接轨的林业技术标准体系和检验检测体系，加强从生产环境、生产过程到最终产品的全过程监测管理，有利于生产单位提高产品质量，同时把国外的有害或劣质林产品控制在国门外。

（3）推进林业产业化、规模化

因地因时制宜，合理布局，扶持林业龙头企业，实行有序规模经营，消除低水平恶性竞争和无序竞争，提高林业产业国际竞争力，实行市场牵龙头，龙头带动基地，基地推动林农发展，从而形成以市场为纽带，将企业、基地、林农连接起来的较大林业产业群，实现林业市场化、区域化、专业化、规模化、一体化、集约化、社会化、企业化。

（4）建立林业标准实施的监督和管理体系

尽快形成从宏观调控到生态保护、林业生产、林产品流通和消费相互协调、操作性强的林业标准化法规体系，通过法律法规的规定，加大政府的支持力度，将林业标准化纳入各级政府的工作日程，对标准的制定、实施的示范和质量监督进行重点财政支持，引导林农按标准化组织生产，使林业生产在标准化的规范下，不断提高生态安全水平、森林健康水平和林产品质量水平和竞争力。应建立和完善林业监测、检测与鉴定认证体系，对森林资源、生态环境、林产品实行监测、检测或鉴定，并进行认证，为林业标准化提供依据；加强对林业标准实施情况的监测，正确评价林业标准化效果，及时纠正林业标准化过程中存在的偏差。

第八章 林业标准化体制建设案例

第一节 北京市

自“十二五”以来，北京市园林绿化标准化工作在国家林业局关心指导下，按照北京市市委、市政府的要求，始终贯彻“以提升园林绿化服务能力为导向”的原则，结合北京市城市功能定位、京津冀协同发展战略及园林绿化行业转型升级的新模式，不断强化标准化工作顶层设计，加强标准制（修）定工作过程管理，加快构建标准体系，加大标准推广应用与宣传贯彻力度，大力推进标准化示范区建设，有序推进北京市园林绿化标准化工作全面建设，取得了阶段性的成果，为首都园林绿化行业阶段性发展目标的实现提供了技术保障和有力支撑。

通过座谈和实地调查，我们分析了北京市园林绿化标准化发展的历程和基本经验，归纳了北京市园林绿化标准化体制管理的主要做法和基本经验。

一、机构建设与机制建立

1. 确定管理机构及其职责

北京市园林绿化标准化工作由北京市园林绿化局科技处负责，承担首都园林绿化各类标准的综合管理与协调工作（包含林业标准化和园林标准化工作），涵盖了生态、产业、安全、服务四个标准体系。一直以来，认真贯彻国家标准化工作各项法律、法规、方针、政策，把标准化工作作为重点工作来抓，领导高度重视并指定专人负责，真正把标准化工作落到实处，抓出成效。在编制标准化工作规划的同时，逐步健全标准体系，促进了标准化工作的有序开展，并根据行业发展需要，加大了组织、管理标准制（修）定工作力度，通过标准化示范区建设、标准的宣贯等措施，大力推进标准的实施与应用，取得了显著的效果。目前，北京市园林绿化标准已基本形成由国家标准、行业标准、地方标准组成的标准体系，并不断提高和逐步完善。

2. 制定标准化工作政策法规

“十二五”时期为充分发挥标准的技术支撑、保障作用，以《北京市园林绿化标准化发展规划（2008—2012 年）》为蓝本，结合北京市园林绿化建设实际和新形势发展需要，依据国家林业局《国家林业科技创新体系建设规划纲要（2006—2020 年）》《北京市“十二五”时期园林绿化发展规划》和《北京市园林绿化“十二五”科技发展规划》的要求，制定了《北京市园林绿化“十二五”标准化发展规划（2011—2015 年）》，编写了《北京市园林绿化标准化发展规划》和《北京市园林绿化标准化发展研究报告》（未发表）。

“十三五”时期，随着首都城市功能定位、京津冀协同发展战略的实施，根据《国务院关于印发深化标准化工作改革方案的通知》（国发〔2015〕13 号）、《国家标准化体系建设发展规划（2016—2020 年）》、《国家林业局关于进一步加强林业标准化工作的意见》（林科发〔2015〕127 号）、《首都标准化战略纲要》和《北京市“十三五”时期标准化和计量发展规划》的文件精神，按照《北京市“十三五”时期园林绿化发展规划》等有关文件要求，在总结分析“十二五”期间园林绿化标准化工作实施推进中的经验和存在问题基础上，研究制定了《北京市“十三五”时期园林绿化标准化发展规划》，进一步明确了“十三五”时期园林绿化标准化工作的发展方向和重点，为加快园林绿化标准化体系建设，全面提升标准化工作水平奠定了基础。

3. 成立北京市园林绿化标准化技术委员会

为更好地促进标准化工作的快速、健康发展，2013 年 12 月在国家林业局的关心关怀下，在北京市质量技术监督局的具体指导下，成立了由来自国家林业局、中国林业科学研究院、北京林业大学等权威专家组成的“北京市园林绿化标准化技术委员会”。在北京市园林绿化标准主管部门的指导下，开展北京市园林绿化领域各有关单位高质量地完成标准的申报、预审、编制和修订工作；并在标准化示范区项目建设过程中强化示范引领职能，确保示范效果及社会、经济效益；加大标准的培训与宣传贯彻，营造良好的工作氛围。

二、组织管理

1. 实施林业标准化示范

一是按照北京市建设需求，先后承担了国家标准化管理委员会和国家林业局全国农林业标准化示范区《全国苹果标准化示范区》《国家牡丹综合标准化示范区（北京）》等 42 项，通过示范区全面建设，均取得了良好的示范效果，带动了首都林业产业提质增效，社会和经济效果显著。目前，正在建设的国家第 9 批示范区《国家圃林一体化绿色生产标准化示范区》《国家果品矮化砧密植标准化示范区》正在按照国家标准化管理委员会和国家林业局的有关建设要求有序开展。

二是积极引导企业参与标准化示范基地建设工作，形成一批生产管理标准化、市场竞争力较强的林业企业。北京市大东流苗圃和北京市园林绿化有限公司被评为2014年国家林业标准化示范企业；北京市黄垡苗圃被评为2015年国家林业标准化示范企业；北京市温泉苗圃被评为2017年国家林业标准化示范企业。对于增强企业的市场竞争力，提升北京市园林绿化发展水平，打造首都园林绿化行业品牌意义重大。

三是以满足园林绿化多功能需求，进一步加强园林绿化标准的推广工作，提升了标准应用带来的经济、社会效益，取得了良好的示范效果。自“十二五”以来，重点开展了4项工作：第一，宣贯实施平原造林相关标准，为平原造林工程保驾护航。2012年北京市市委、市政府启动实施了平原地区百万亩林造林工程，根据需求，制定了《平原地区森林生态体系建设技术规程景观生态林》《平原地区森林生态体系建设技术规程公路、铁路、河流绿化带》等系列标准，有效提高了平原造林工程建设质量和水平，确保了首都景观生态林建设的科学性，为北京平原造林工程的开展提供了坚实的技术和管理基础。第二，推广苹果矮化栽培标准化生产技术，助力北京苹果产业升级。《苹果矮砧栽植技术规程》发布后，积极推动标准的宣传培训和技术推广工作，在北京市昌平区果树研究所、北流果园等地建立了17.33公顷的苹果矮化栽培标准化试验、示范园，取得了良好的示范带动效果。示范园通过举办冬、夏剪技术培训，共举办矮化苹果栽培技术培训班51场次，培训果农5398人次，仅北京市昌平区149.05公顷矮化砧苹果园管理技术到位率达90%以上，各园片管理水平接近发达国家水平，亩经济产值达1万元，实现了高产高效。第三，关注行业发展热点，加强《林业碳汇计量监测技术规程》的推广应用。为使广大园林绿化从业人员进一步掌握林业碳汇监测计量技术，北京市园林绿化局先后多次组织各区园林绿化局、基层林业站和园林绿化重点工程所涉及林调单位的技术人员进行专项培训，累计培训人数达100余人次，获得行业技术人员的一致好评。同时依托基层技术人员，对北京市平原造林工程、森林健康经营工程和近自然森林经营工程等园林绿化重点工程开展了碳汇计量监测研究，计量监测总工程面积近66666.67公顷，为政府决策以及工程碳汇量的市场交易推进工作提供了有力的数据支持和技术保障。第四，关注民生，加强《北京果品等级鲜食枣》的推广应用。该标准规范了枣果质量等级，便于以质论价，深受枣树种植者的欢迎。2014年分别在北京的平谷、怀柔、密云、房山和丰台区的枣树种植基地进行了宣传示范，示范面积2000多公顷，占北京市枣树面积的35%，执行标准的枣果销售价20～30元/千克，而未执行标准进行分级包装的枣果平均销售价在6～10元/千克，相比价位提高率达200%以上。2014年，在示范基地按照标准进行分级包装和销售的枣量达2000多吨，直接经济收入提高1400多万元。目前北京市枣树种植面积约6666.67公顷，95%以上种植面积和品种为鲜食品种，年产量近20000吨，经济效益潜力巨大。

2. 加强标准宣贯及培训

为保障标准化工作的有序推进，更有效地发挥标准的引领作用，进一步推动标准的实施，自“十二五”以来，先后组织园林绿化行业从业人员开展平原造林、森林经营、林业碳汇等园林绿化标准化技术培训32次，累计受众数12000人次。印制《北方地区裸露坡面植被恢复技术规范》《森林文化基地建设导则》等标准单行本共 180 项 166000 册，并发放到相关行业人员手中，用于指导一线园林绿化工作的开展。编制并发放北京园林绿化标准化宣传折页 4500 份。通过宣传，强调了北京园林绿化标准化工作在首都园林绿化建设中的作用，提升了北京园林绿化行业及社会公众的标准化意识，营造了良好的标准化工作氛围。

3. 总结地方标准实施情况

北京市园林绿化局根据园林绿化的地方情况，对标准化的总结设计了简明报告表（表 4.5）。

三、运行方式

1. 开展标准制（修）定工作

为提高标准制（修）定工作质量，进一步加强标准化工作的过程管理，建立了严格的标准制（修）定程序。自“十二五”以来，编制国家标准、行业标准、地方标准共 200 项。其中：国家标准《公园设计规范》《城镇绿地养护规范》2 项；国家林业行业标准《古树名木复壮技术规程》《常见宿根花卉栽培技术规程》《舞毒蛾防治技术规程》等 20 项；北京市地方标准《节水型苗圃建设规范》《森林文化基地建设导则》《自然保护区建设和管理规范》等 178 项。并依据有关要求，对达到复审年限的标准逐年进行了认真审查，为标准的实施提供了技术依据，确保了标准的质量。通过标准的制（修）定，进一步完善北京市园林绿化标准化体系，有力支撑了首都园林绿化事业更高水平的科学发展。

2. 重视标准化保障措施

一是加强组织领导。首都园林绿化标准化工作切实加强各级园林绿化主管部门对标准化工作的领导，把标准化工作摆到重要议事日程，做到认识到位、管理到位、落实到位。

二是重视标准质量。在标准项目编制过程中，采取不同形式、不同层次的专家论证机制，充分发挥科研院所和社会相关组织的咨询作用，确保标准编制的科学严谨。

三是保障经费投入。进一步健全标准化工作的投入机制，将标准化建设资金纳入年度部门预算。自“十二五”以来投入（间接）经费约 2600 万元，有效保障了标准化工作有序开展，为首都园林绿化科学发展提供了有力标准支撑。

第二节　全国雷竹栽培标准化示范区

2017 年 3 月，我们到浙江省林业厅和临安县农林局等地调研、考察了浙江省林业标准化的经验、成果和发展动态。

近年来，在国家林业局和浙江省委、省政府高度重视和正确领导下，省质量技术监督局及有关部门的大力支持下，浙江省林业标准化工作按照“政府推动、市场引导、龙头企业带动、林农参与”的工作方针，通过强化技术支撑、健全标准体系、加强推广示范、加大监测力度、试点基地认定、实施品牌战略、开展宣传培训等工作，使林业标准化工作取得了显著成效，并走在全国前列。目前，要解决的主要问题是完善林业标准体系、提高标准研究能力和健全标准管理协调机制，增强与国际标准接轨的意识。

在临安调研期间，临安县农林推广中心副主任沈振明研究员、竹产业首席专家张有珍研究员、临安竹笋专业合作社罗德发社长、何钧潮研究员等介绍了国家林业局实施的“全国雷竹栽培标准化示范区”建设情况。该示范区的主要任务是建设标准体系，宣传贯彻标准，培训标准应用，建设监测体系和建立示范基地。通过项目的实施，不仅提高了竹农的标准化生产技术水平素质，为市场提供了大量安全、生态、优质的雷笋，而且带动雷笋加工及其销售贸易产业的形成，促进了农工贸一体化的发展和销售市场的繁荣。

一、机构建设与机制建立

雷竹是菜竹中的优良竹种，在我国具有举足轻重的地位，全国约为 10 万公顷，浙江省有 66666.67 公顷。临安的雷竹闻名全国，面积较大，产量较高，素有“江南最大菜竹园”之称。目前全市拥有以雷竹为主的竹林面积 26666.67 公顷，年产竹笋 24 万吨左右，一产产值 8.7 亿元，雷竹发展已成为临安农村致富、农民增收的一大支柱产业。

临安立足自身优势和特色，建立全国雷竹标准化示范区，一方面给全国雷竹产区提供一个交流的平台，为下一步雷竹产业如何在农林业增效、农民增收上进一步拓展新空间，探索新途径提供一些新的有效的经验和做法。另一方面，将雷竹栽培的一些新方法、新技术尽快转化为标准，转化为生产力，从而加快推进科技进步和科技成果的产业化，而且从源头上为食用林产品安全和质量提供可靠保证；为推进无公害食用林产品标准提供示范平台；为推进无公害农林产品的认证奠定坚实基础。项目建设紧紧围绕“标准示范、农林业增效、农民增收”这一目标，抓住主线，结合园区竹笋发展情况，从抓好示范基地建设，组织宣传培训，提高竹笋产量和品质，致力于竹笋产业的可持续发展，在推进雷竹科学施肥、病虫害防治、竹林调控、退化雷竹林改造等方面做了大量工作，为临安市雷竹生产起示范带动作用。

“全国雷竹栽培标准化示范区”是 2011 年国家林业局科技司十个标准化示范区之一，其建设时间为 2011 年 5 月至 2013 年 12 月。

1. 机构建设

通过项目启动会，由林技推广部门和示范区内的三个村签订了服务合同，并建立项目领导小组和由技术骨干组成的项目技术小组。领导小组负责雷竹示范区建设的组织协调和整体管理，其任务是在充分调研和论证基础上，组织制订示范区的实施方案和各项制度，并在实施过程中，随时组织检查，开展监督，抓指导、抓协调、抓落实。技术小组负责示范区建设的标准化技术工作，具体承担指导示范区建设工作，解决示范区建设过程中的技术问题。领导小组下设办公室，负责处理示范区的日常事务。办公室原设在市林业科学研究所，2012 年 7 月林科所和林业技术服务总站合并为林业科技推广总站后，项目实施工作由推广总站继续承担完成。

2. 标准化示范区建设

①标准体系建设。在示范区建设期间，应用推广 4 个标准，结合生产发展需求，修订或制定 1 个地方标准。

②标准宣传贯彻。利用科技下乡、技术人员进村入户、广播、电视、光盘、专题讲座、现场演示、印制宣传资料等方式，开展雷竹生产标准的宣传工作。

③标准应用培训。举办培训班 5 期，培训 300 人次。

④监测体系建设。成立项目实施组，建立雷笋等级标准和食品安全监测点，对项目实施过程进行监督、抽检，质量合格率达 85% 以上。

⑤建立示范基地 2000 亩，其中核心区 100 亩。示范内容包括雷竹错季栽培示范、测土配方施肥示范、生物、物理防治病虫害示范等。

项目下达后，在雷竹重点镇之一的太湖源镇建立标准化示范区 2000 亩，其中核心区 100 亩，位于太湖源镇跑马岗，详见表 8.1。

表 8.1　雷竹标准化示范区建设情况表

建设地点	建设面积（亩）	涉及农户（户）
太湖源镇横徐村	800	290
太湖源镇青云村	800	485
太湖源镇夏村	400	210

二、组织管理

1. 标准化工作宣传

为了使标准化工作深入人心，开展了广泛的宣传，一是充分应用网络的快捷和影响力，在省林业厅网站宣传报道三次，在临安林业网站宣传七次。二是编制了《雷竹标准化生产模式图》《雷竹退化竹林改造与可持续经营技术模式》《雷竹标准化生产农事历》《竹林高温干旱灾后恢复技术》等资料。其中，《雷竹标准化生产模式图》实行上墙，《雷竹标准化生产农事历》在田间地头树立明白牌，而《雷竹退化竹林改造与可持续经营技术模式》及《竹林高温干旱灾后恢复技术》则组织村干部、技术人员直接送到竹农家中。三是和临安电视台共同制作完成了雷竹林可持续经营的深度报道。四是制作了退化雷竹林改造和示范区建设光盘 2 个。

2. 标准化培训

项目实施以来，由教授级高工和浙江农林大学教授建立了培训队伍，培训紧密围绕示范区标准，在整个培训过程中，事前摸底，事中互动，事后调查，共举办培训班13期，对竹笋科技示范户、农民技术带头人、竹农进行培训900多人次，现场指导和电视讲座、咨询竹农10000余人次，分发资料10000余份，满意度达92%。项目区通过培训与技术指导，竹农基本熟悉、了解和掌握了有关标准化栽培技术，推广农家肥、生物配方肥等无公害肥料，提高竹子抗性和建立竹林可持续经营及良好生态环境的理念，改变了过去只要产量、不懂科学栽培的传统观念和做法，对促进全市竹笋产区的标准化栽培起到了较好的示范推动作用。

3. 过程控制

推进林业标准化，确保林产品质量安全，重在建立长效的监测管理机制。在建立林产品监测中心的基础上，临安市加大了管理力度，从重点把好三道关口入手，对林产品安全实行有效的产前、产中、产后全程控制。

一是把好产地环境关。充分利用科研单位、大专院校和推广部门的现有人力和技术资源，结合省市质检站的先进检测技术，按照无公害生产标准和食品加工标准化生产流程的要求，组织开展全市环境监测和评价工作，对土壤、水、空气等相关因子进行全面检测。先后测取土样250个，水样16个，为标准化生产特别是无公害标准化生产提供了科学的指导。

二是把好投入品关。全面实施生产记录全程跟踪，从源头把好投入品关。积极推广无公害的生物肥、有机肥和专用肥，实行科学平衡配方施肥，全面推广肥料使用档案管理制度。大力提倡物理、营林、生物相结合的病虫害防治技术，严禁使用国家明令禁用的农药品种，并严格遵循施用标准和方法。

三是把好市场准入关。这是提高林产品市场竞争力和保证消费安全的重要措施。结合实际建立了林产品市场准入制度。对不符合质量和安全标准的林产品严禁销售；对有严重质量和安全隐患的林产品，予以销毁。

4. 保障与服务体系

（1）市场监管力度

在流通环节，重点抓好仓储设备及场地环境卫生、市场准入要求、分等分级、农林产品条形码、包装、标签标识等标准的实施。建立农林产品追踪制度，实现农林产品质量安全的可追溯性，确保流通安全和消费安全，有效地规范农林产品贸易。每年3月，同农林业执法大队一道，对示范区的农药、化肥、种苗等农林业投入品实施一次大规模执法行动，并在太湖源青云市场设立了快速检测点，统一购置了一批农药、化肥和黑光灯，发放到示范户，在生产过程中一旦发现有病虫害将发生，则通过手机发短信形式，及时通知竹农开展统一防治工作。

（2）政策保障

《临安市人民政府关于加快竹产业发展的实施意见》，明确了发展目标，出台了扶持政策，在“十二五”期间，市财政每年安排300万元资金，用于扶持竹产业发展，主要用于基地建设。进一步调整和完善当地竹产业发展的扶持政策，在原有基础上，出台新的扶持政策，加大地方财政的投入力度，同时鼓励工商资本等参与基地建设，多渠道筹集建设资金。

（3）资金保障

建立项目实施和资金使用监管机制，配备技术和财务等有关人员组成的监管小组，开展必要的检查和抽查，包括财务资产、工程进度、工程质量等，保证各项工程建设款项专款专用，足额及时，发现问题及时纠正。

本项目总投资概算110万元，其中竹农自筹60万元，中央财政资金拨款30万元，地方配套20万元。而项目实际投入资金130.5578万元，其中中央财政三年中投入46万元资金，市县地方配套20万元，大部分是竹农自己自筹投入，自筹投入达64.5578万元，占总投资的49.45%。整个项目资金实际使用内容与预算内容基本相符，使用情况符合项目管理要求，见表8.2。

表8.2　资金使用情况表

序号	建设项目分项名称	计划投资额（万元）				实际完成投资额（万元）			
		小计	中央资金	市县配套资金	自筹	小计	省以上资金	市县配套资金	自筹
一	标准的制订和修订	12	12			10	10		
二	实施室建设	12	10		2	10.59	10.59		
1	实验室柜	4	4			3.69	3.69		
2	仪器设备	8	6		2	6.9	6.9		
三	标准宣传	4	1		3	3.95	1.7002		2.2498
1	小册子	2	1		1	1.575	1.575		
2	人工工资					0.35	0.1252		0.2248
3	打印费	2			2	2.025			2.025
四	标准化生产	63	5	20	38	87.67	5.362	20	62.308
1	肥料	5	4		1	8	4.36		3.64
2	农药	1	1			2	1.002		0.998
3	砻糠等生产资料	16		20	16	20.67			20.67
4	竹林提升	41		20	21	57		20	37
五	土壤养分和重金属分析	5	5			4.8	4.8		
六	测土配方施肥	13	12		1	13	13		

续表

序号	建设项目分项名称	计划投资额（万元）				实际完成投资额（万元）			
		小计	中央资金	市县配套资金	自筹	小计	省以上资金	市县配套资金	自筹
七	差旅费	0.5	0.5			0.2978	0.2978		
八	示范牌	0.5	0.5			0.25	0.25		
合计		110	46	20	44	130.5578	46	20	64.5578

三、运行方式

1. 运行模式

竹笋龙头企业和合作社既是推进竹产业经营的重要载体，也是带动林农实行标准化生产的主要力量。他们在示范区建立跑马岗竹笋专业合作社、益微竹笋配方肥专业合作社，并以龙头企业为依托，大力推广“企业＋林农＋标准＋示范区”的标准化管理模式，如园区所在地的杭州西马克食品有限公司，有固定资产2000余万元，具有年产2000余吨竹笋食品生产能力，公司以基地鲜竹笋为原料，开发了“西马克”牌笋丝和山珍玉笋等产品。他们与林农签订购销合同，发展“订单林业”，建立绿色笋产品生产基地，指导林农按林业标准和技术规程进行生产，带动了无公害林产品生产，带动了全市笋产品加工企业的发展，实现了企业与农户的双赢。

近年来，临安市竹业生产技术专家进一步探索和研究了雷竹生态高效栽培与品牌建设：第一，为提高雷竹笋经营的经济效益，市竹业协会、林业科学研究所在雷竹早出覆盖的基础上，进行了雷竹秋季覆盖研究，推广错季栽培技术；第二，为规范雷竹无公害生产要求，林业专家调查研究、分析总结，编制了省级《无公害竹笋》标准和杭州市级《雷竹笋》系列标准，从产地环境、生产技术、产品质量上作了进一步规范，使雷竹生产有标可依；第三，为改造雷竹林退化，市林业局以项目为抓手，以基地为依托，从源头抓安全生产，主要实施了生物肥、菌肥等试验研究，引导农户改变施肥方向，尽量减少化肥使用量，改施生物肥、生物菌肥，并引导农户调整竹林结构，发展立体经营，逐步恢复生态平衡，提升雷笋生态品质效益；第四，为拓展雷竹笋销路，市政府领导亲自带领产业协会、龙头企业、贩销大户多次赴南京、北京、苏州、无锡、西安、哈尔滨等地进行市场促销与产品推介活动，为笋农增收开辟新的渠道；第五，为实现笋民增收、企业增效的双赢目的，政府积极鼓励企业研制开发竹笋新产品，大力推广“公司＋基地＋农户”的生产经营模式，鼓励企业申报无公害基地认证和食品认证，使雷竹产业早日走上一条集约化、标准化、生态化、品牌化建设之路。

2. 标准的制（修）订与采标

在示范区应用推广以《雷竹笋栽培技术规程》《无公害菜竹栽培技术规程》等为主的标准。根据生产实际，2012年和杭州市余杭区竹业协会共同完成了由杭州市林水局提出并归口的《衰退早竹林更新改造技术规程》DB3301/T 1007—2012 的制订，该标准由协会、技术推广部门、竹笋研究所和合作社共同完成，主要起草人由二名高级工程师、七名工程师组成，林业科技推广总站由二名技术人员参与起草，其中一名为高级工程师、一名为工程师。2013 年对省级《莱竹栽培技术规程》DB33/T 224—2009 进行修订，修订工作组由二名教授级高工、一名高工、一名工程师组成。人员结构符合农林业标准制订中的人员组成要求；参加人员具备相应资质。

3. 生产档案记录

建立 20 名示范户负责竹笋生产过程中实施产前投入品记录和产中过程记录。肥料使用记录档案完整、真实，内容包括肥料名称、施用量、施用方法、次数等；及时做好各类农时操作记录、产量记录和产品销售记录；记录需妥善保存 5 年以上，一方面为下次标准的修订提供科学依据，另一方面可实施质量追踪。产后加工记录由生产企业完成，及时记录产品的加工、贮运、销售等情况，并对每一批次都实施内检。

4. 科技推广

（1）食用竹笋病虫害综合防控技术应用与推广

项目在 2011 年 4 月调查规划的基础上，有针对性地在临安食用竹笋主产区重点镇——太湖源镇、於潜镇、青山湖街道等地开展食用竹笋病虫害综合防控技术应用与推广，通过组织实施，建立示范林面积 2600 亩。针对竹农防治知识普遍缺乏，管理理念有待提高的实际，项目技术人员深入镇村，通过现场培训、手把手实地技术指导等多种形式，指导竹农科学掌握肥水管理、密度控制、病虫防治等技术，提高竹农科学经营技术水平。树立了科学施肥科学防病治虫理念，对促进全市竹笋产业可持续发展起到了较好的推动作用。

（2）测土配方施肥和水份调控技术

过去由于大量滥用化肥，致使竹林土壤板结，酸性增强，或水份管理不当，排灌不良，导致竹子生长衰弱，产量减少，竹农歉收，这种现象主产区时常可见，局部地区十分严重。从抓好肥水管理，提高竹子本身抗性出发，科学合理配方施肥和水份调控非常重要，在项目实施过程中因地制宜开展指导和应用，大力推广竹林科学合理配方施肥技术，推广应用有机肥、生物肥，严格控制化肥用量，改善土壤环境；根据天气情况及土壤湿度，做到适时适量浇水，既防旱又防涝，促进竹林可持续经营。3 月底前搬走砻糠、稻草等覆盖物时，每亩施竹笋配方肥（或专用肥）50 千克，5 月中下旬结合松土，有条件的竹林施用猪栏肥、鸡粪等有机肥，改良土壤质地，每亩再施竹笋配方肥（或专用肥）150 千克，7 月再施竹笋配方肥（或专用肥）150 千克，10 月覆盖前再施竹笋配方肥（或专用肥）250 千克。7～8 月干旱时，每半个月浇水一次，9 月干旱时每星期浇水一次，每亩每次浇水 10～12 吨。这些措施都十分有利，在示范区共投放生物配方肥 13 吨，利用当地灌溉设施适时浇水，竹子生长好了，抗病虫害能力增强了，笋产量和品质不断提高。

（3）退化雷竹林改造技术

以土壤生物学为基础，实施退化雷竹林定向改造技术，主要包括测土配方施肥改造、加土改造、石灰改造、带状深垦改造等内容。例如，选择退化程度已到中度以上的竹林进行改造，把该地块区划为产笋带和垦挖带，实施带状深垦模式。垦挖带宽 3m，产笋带宽 3 米，相间排列。5 ~ 6 月抚育时期进行带状垦挖，当年带内留好部分健壮新竹，砍光老竹，挖净老竹鞭，深耕 40 ~ 50 厘米，并深施基肥，诱导新鞭向带内延伸，经过培育，逐渐成为新的产笋带，第二年原来产笋带再垦挖，以此循环往复，全面实施改造，使竹林地上、地下结构得到调整，整个竹林生机勃勃。改变过去全部垦翻、重新种植的改造模式，避免过去全垦翻种要几年才恢复的现象，实现既节约成本又年年有收益的目标。

（4）笋壳减量化及资源化利用技术

临安市现有竹笋加工企业 60 多家，每年产生笋壳 4 万吨左右。数量巨大的笋壳在堆放过程中，大多未经任何处理，其分解液随雨水进入环境，污染周边水体，给临安的生态环境带来了极大威胁。若能够将它们进行有效地减量化、科学处理，加工成肥料，就可以实现废弃物处理和肥料资源化利用双重效益，不仅有利于临安，对其他类似地区的笋壳治理也具有重要意义。本项目推广的笋壳无害化处理，建立煮过笋壳和新鲜笋壳处理示范点 3 处，处理笋壳达 100 吨，筛选了笋壳发酵高效菌剂，结合发酵助剂的添加，形成了高效发酵的工艺技术，实现笋壳废弃物减量化 51% ~ 81%。同时以发酵产物为材料，研发得到了笋壳有机肥，并应用于蔬菜基质育苗和雷笋施肥，社会生态效益明显，为下一步产业化的应用起到良好的示范作用。

项目实施结束后，示范区雷竹笋质量抽检合格率由 94% 上升到 100%，提高了 6%，平均单产和亩产值均上升 25%，示范户年收入增加 3125 元，生物、物理防控能力显著增强，“天目雷笋”和“天目笋干”品牌影响力显著提升。

雷竹标准化示范基地 2000 亩，亩产竹笋 2089 千克，每千克 5.974 元，竹林亩产值为 1.248 万元，2000 亩总产值为 2496 万元，平均亩产值和单产均增加 25%。

同时，通过项目的实施及标准的宣传和培训，一方面增强了广大竹农的标准化意识、质量意识和科技意识，极大地提高了竹农的标准化生产技术水平素质；另一方面，为市场提供了大量安全、生态、优质的雷笋，保障了人民的身体健康和安全。

另外，雷竹的标准化生产中，推广应用测土配方施肥、有机肥的应用、物理防治病虫害等技术措施，减少了化肥、农药的施用量（35%），保护了生态环境，实现了雷竹林真正的可持续经营。

通过标准化示范区的建设，建立有文化、懂技术、善经营的示范村、示范户。建立示范村和示范户对雷竹标准化生产技术迅速推广和普及起到了很好的推动作用。示范区农户不仅自己掌握一定的专业技能，带头做样板，而且能够带动周边的群众和农户共同致富，起到很好的示范、辐射作用，并带动雷笋加工及其销售贸易产业的形成，促进农工贸一体化的发展和销售市场的繁荣。

第三节 云南省

云南省林业厅科技处提供了林业标准化实施状况的总结材料，请相关专家介绍了研究发展状况，并带我们实地参观了示范区，下面作一介绍。

一、机构建设与机制建立

1. 管理机构及其职责情况

云南省林业厅负责全省林业标准化工作的管理、监督和协调，归口由省林业厅科技教育处管理，2010年经省质量技术监督局批准，成立了林业标准化技术委员会，下设林标委秘书处，配备了专职人员、安排专项经费，设立了标委会专家库，具体承办林业标准制（修）订项目征集、标准技术审查、标准宣贯、培训、技术咨询工作。

2. 地方林业标准化工作的政策规定、法规制度、标准化改革等

云南省委、省政府高度重视标准化工作，出台了《云南省人民政府关于实施标准化发展战略的意见》（云政发〔2009〕143号），召开了全省标准化工作会议，建立了全省标准化工作联席会议制度，并相继出台《云南省标准化创新贡献奖管理办法》和《云南省推进标准化发展战略专项资金管理办法》等多项推进标准化发展的政策措施。云南省林业厅高度重视林业标准化工作，与云南省质量技术监督局签订了“加快推进林业标准化工作战略合作协议”，制定出台了相应的实施标准化发展战略的配套措施。同时，为规范地方标准制（修）订工作，组织制定《林业标准制（修订）管理办法》，组织完成了《林业标准化工作“十二五”规划》，组织设立了林业技术标准技术审查专家库组织，为有序开展林业标准化工作奠定了基础。全省林业企事业单位、科研院所参与标准化活动的积极性显著提高，已形成了林业主管部门积极推动各生产、科研、企（事）业单位积极参与，全省林业上下联动开展林业标准化工作的新局面，林业标准化工作迈出了新步伐。2015年，云南省人民政府对林业标准化工作给予了充分肯定，授予“云南省标准化创新贡献奖”表彰奖励。

3. 林业地方标准化技术委员会建设

为认真贯彻落实《云南省人民政府政府关于实施标准化发展战略的意见》（云政发〔2009〕143号），加强林业标准化工作，2010年经云南省质量技术监督局批准，成立了林业标准化技术委员会，取名为“云南省林业标准化技术委员会”（编号为YNTC，以下简称“林标会”）。负责全省林业专业范围内的标准化技术工作，其成员由林业领域内从事生产、科研、教学和管理等工作的专家组成，设主任委员、副主任委员、秘书长、委员、秘书。具体工作职责包括制定本专业地方标准体系结构表；提出本专业拟订或修订

的地方标准项目规划及年度计划建议；协助本专业范围内的地方标准拟订、修订和审查工作，协助解决有关技术问题；审查上报本专业的地方标准草案，对草案提出审查结论意见并对涉及的技术问题负责；根据国家林业局和省质量技术监督行政主管部门的委托，在林产品质量监督、检验、认证、品牌建设等工作中承担本专业范围内产品质量标准水平的评价工作；协助开展本专业标准的培训、宣传、贯彻和技术咨询服务等工作。

二、组织管理

1. 大力推行标准化示范基地建设

积极依托国家生态工程和产业基地建设，围绕生态建设和林业产业发展重点方向，将现有的林业国家标准、行业标准和地方标准有机地应用到林业生产实践中，发挥林业标准化示范区的辐射和带动作用。截至 2016 年年底，云南省建立省级标准化示范基地 25 个；国家林业局标准化示范基地 6 个；农业部安排的国家农业标准化示范区（林业）有 28 个；省质量技术监督局安排的标准化示范区（林业）有 9 个；6 家企业获国家林业局“标准化示范企业”称号。通过推行林业标准化示范建设，在着力加强林业生态建设，提高森林生态功能，发展生态林业、民生林业的同时，进一步推进农村产业结构调整，实现了退耕还林困难地区及重点生态保护与修复区域林业提质增效与林农增收。通过实施林业标准化示范建设，在有效促进科学管理，扩大林业种植面积的同时，进一步提高了我省林业发展的总体水平。

2. 持续开展标准化宣传培训

自 2010 年开始，每年组织现行林业标准编印、下发贯彻使用；先后邀请国家林业局科技司、省质量技术监督局、省林业系统的有关领导、标准化专家，举办了 6 期标准化专题讲座、林业标准化知识、标准编写培训班，培训林业地方标准编写和标准化示范基地建设技术人员 550 人；《云南林业》科技杂志上开辟“林业标准化”宣传专栏，普及林业标准化知识，宣传林业标准化实施典型企业、示范县和示范基地工作成效。

三、运行方式

1. 扎实推进林业标准制定工作

近年来，云南省围绕林业改革发展的大局，着眼于生态环境建设、发展林业产业、建设“森林云南”的工作要求，积极组织开展林业标准制（修）订工作，标准范围涵盖林业种子苗木产品质量、绿化苗木培育、经济林培育、用材速生丰产林培育、国家公园湿地保护建设、林业有害生物防治技术、林产品质量检测、地理标志产品等标准，为适应林业生产需要提供了科技支撑。截至目前，云南省组织编制林业领域国家、行业、地方标准 130 项，备案发布实施林业标准 84 项，制定林业国家标准 5 项，行业标准 13 项，企业标准 20 项。这些标准的制（修）订，为林业行业规划管理、规模化生产、标准化经营奠定了基础，有力地促进了云南林业转型升级、提质增效。如《漾濞泡核桃综合标准》

的制定实施，为全省核桃产业从品种选择、苗木培育、栽培管理到果品加工都提供了技术支撑，促使云南省核桃苗木质量得到提高，核桃产业的综合产值和效益都有了明显的提高；特别是国家公园和湿地地方标准的制定实施，填补了我国国家公园和湿地标准的空白，创新了生物多样性保护机制，拓展了林业的发展空间，极大地促进了全省森林资源的有效保护和生态旅游产业的发展。

2. 实施效果

（1）促进了林业产业的发展

林业的发展，迫切需要实行标准化的建设和管理。通过标准化，增加了林业种植树种的科学选择、科学栽培和抚育管理，扩大林业种植面积的同时，提高了林业发展的总体水平。就云南省种植核桃产业而言，核桃产区推广一立方米标准坑、一棵合格苗、一担农家肥、一担定根水、一平方米保温膜“五个一”栽培标准，由于科学栽种、集约化经营，核桃种植面积大幅提升，达 280 万公顷（4200 万亩），年产量 28 万吨，产值 74 亿元，面积、产量、产值均居全国第一，产品远销东亚、东南亚、中东、北美等多个国家和地区。科学实践，实施林业标准化，做大做强了林业产业，推动了云南林业的又好又快发展，开发了林业的多种功能，满足了社会对林业的多种需求。

（2）实现了林业提质增效和林农增收

“三农”问题是我国国民经济和社会发展工作的重中之重，加强林业生态建设，提高森林生态功能，发展林业产业，推进农村产业结构调整，促进农民增产增收，促进社会主义新农村建设是我国林业工作的总体目标和任务。林业标准作为林业发展的重要技术基础，在社会主义新农村建设中也发挥着支撑保障作用。云南推广澳洲坚果标准化 GAP 种植，从种植地环境选择、种苗培育、树苗定植、栽后丰产无公害抚育管理、果实采收和加工技术环节实行标准化生产管理，单株带皮鲜果产量由粗放经营的 5 千克 / 株，增产到 12.5 千克 / 株，亩产带皮鲜果由 100 千克增产到 250 千克，产值由 1000 元 / 亩提高到 2500 元 / 亩，高效利用了土地资源、提高森林覆盖率，保护了生态环境，每亩增加农民收益 1500 元，为退耕还林困难地区解决了农户的根本问题，促进了农村经济的发展，推动了林业可持续发展。

第四节　河北省

近年来，河北省林业标准化工作在在河北省标准化委员会的领导下，在国家林业和草原局支持和指导下，林业标准化工作取得较大发展。根据现场访谈和调查材料（截至 2016 年年底），总结归纳了河北省林业标准化发展的主要措施。

一、机构建设与机制建立

1. 加强领导，成立林业标准化工作领导小组

河北省委、省政府高度重视农林业标准化工作，成立了河北省标准化委员会，印发了《河北省标准化委员会工作规则》，多次召开农林业标准化工作会议，并下发了《关于加强农林业标准化工作的意见》；林业厅高度重视林业标准化工作，把林业标准化纳入“十三五”林业总体规划，列入重要议事日程，成立了由主管厅长为组长、有关处室（科技处）和单位为成员的河北省林业标准化工作领导小组，指导协调省内林业标准化相关工作。

2. 建设林业地方标准化技术委员会

目前，河北省正在筹建林业标准化技术委员会。

二、组织管理

1. 建立完善林业标准化示范推广体系

2016 年，结合林业科技项目，河北省组织开展了林业标准化示范基地（区）建设活动，省厅新建设 2 个国家级、3 个省级林业标准化示范区项目，在承德、邢台、张家口等地建设 8 个高标准林业标准化示范点，示范面积约 5000 亩，培训林果农 5000 人次。各地也结合自身特点，建立形式多样的示范区（基地），形成了全省有重点、市县有项目、乡镇有基地、村有示范户的林业标准化示范体系。目前，河北省国家级林业标准化示范区已达 20 个，省级示范区 14 个，不同层次的林业标准化示范点达 1000 多个。现全省有 1 个省级、11 个市级、170 多个县级、900 多个乡级林业技术推广机构，承担林业技术、标准推广等工作。林业重点工程、林木种苗、花卉基地、林业企业等大面积采用了标准化生产，进一步提升了林果业的质量和效益。承德华净活性炭有限公司被国家标准化委员会和国家林业局确定为国家林业标准化示范企业，河北省林业标准化示范企业已达 4 家（秦皇岛卡尔凯旋木艺品有限公司、衡水巴迈隆木业有限公司、河北蓝鸟家具股份有限公司、承德华净活性炭有限公司）。

2. 强化标准培训提高应用标准致富的能力

一是 2016 年初林业厅下发了《关于深入开展林业科技下乡活动的通知》，制定了实施方案，明确了责任目标。全省相关林业部门通过“科技赶大集”“专家小分队”和“专题技术讲座”等形式，利用技术服务热线电话、网络和电视专栏等进行技术服务，标准宣传，全省共举办各类技术标准培训班 2400 余次，培训林果农 20 多万人次，发放技术标准资料 60 多万份，受到基层欢迎。二是组织省林科院等单位的专家等，455 名省林业科技特派员，联系了 80 个林果企业，派驻 400 多个村庄和林场，为基层提供直接技术及标准指导与服务，服务面积达 80 万亩，带动了当地百姓致富和经济发展，并涌现一批优秀典型。刘俊研究员所指导的饶阳县大尹村葡萄标准化示范区，每亩增收 2000 元，果农

人均增收1500元，并辐射带动了整个饶阳葡萄产业的巨大发展，饶阳县已被国家标准委命名为全国设施葡萄生产标准化示范区。三是举办标准技术培训班。为便于农民掌握标准，学以致用，采取了农闲季节系统培训和关键季节一事一训相结合的方法，聘请专家、教授和科技人员进行讲课或现场讲解，重点培训林业科技人员和农民技术骨干。

三、运行方式

1. 加强标准制修订健全林业标准体系

2016年，林业厅紧紧围绕果品安全、林木、花卉、非木质林产品、病虫害防治等领域，承担《华北落叶松人工林经营技术规程》国家林业行业标准1项、《北美海棠育苗生产技术规程》等省级林果地方标准6项编写工作，进一步完善了河北省林业标准体系。同时，配合省质监局清理标龄较长、技术含量低的地方标准170项。清理后，全省林业地方标准共计257项，行业标准达18项。

2. 重视和加强产业标准化示范推广

以隆化县大榛子产业标准化示范推广做一说明。

近年来，隆化县始终把大榛子产业当作农村主导产业来抓，集中力量做大做强，及时调整经济林产业结构，制定发展规划，下达了系列支农惠农、助推产业扶贫等惠民政策。

（1）科学引导，政策驱动

县委、县政府召开常委会，林业局聘请大榛子专家召开论证会、重点乡镇（部门）座谈会、大榛子发展意向的大户和合作社，汇集民智，形成共识。隆化县人民政府办公室下达了《关于扶持农林业产业发展助力扶贫攻坚的实施意见》（隆政办〔2017〕2号）文件精神，林业局制定了《隆化县经果林建设工程难度检查验收办法》和《关于林果产业扶贫补贴的实施意见》，明确了发展思路，发展目标、产业布局、资金奖补等政策和措施。2018年，县政府印发了《隆化县2018年促进扶贫产业全覆盖若干政策》（隆政发〔2018〕1号）的通知精神，林业局下发了《关于林果产业扶贫补贴政策的实施细则》，强调了林果产业发展在扶贫攻坚领域中要充分发挥作用，全面稳固推进林果产业基地的健康发展。

（2）整合资金、扶持到位

县委、县政府整合涉农项目资金，对脱贫带动作用明显的规模园区，集中连片基地等进行水电等基础设施配套建设及种苗补贴扶持。对新建集中连片50亩以上种植大榛子，经验收合格成活率达到85%以上，给予1600元/亩苗木补贴（分两年支付），第一年秋季成活率达到85%以上补贴800元/亩，第二年秋季成活率达到85%以上再补贴800元/亩。同时，隆化县扶贫开发和脱贫工作领导小组关于促进扶贫产业全覆盖若干政策的补充意见（隆扶贫脱贫〔2018〕16号）文件，强调在文件（隆政发〔2018〕1号）明确规定之外，一是对林果产业等一系列特色产业，享受涉农整合资金补贴的大户、专业合作组织、企业等农林业经营主体，按照每享受补贴资金3万元至少带动1名以上贫困户三年（如经营主体通过“政银企户保”借款，所带动贫困户不能与“政银企户保”重复），每年每户增收不少于3600元的标准同贫困户建立利益联结机制。二是林果产业补贴期限为两年，考核周期为五年。对凡在五年内有改种其他作物或弃耕的、保存率未达到80%的、未与贫困户建立稳定利益链接机制或中断链接的行为之一者，由各乡镇政府牵头，林业局指导依法收回补贴资金，拒不缴回补贴资金的，视为骗取扶贫专项资金行为，交司法机关立案查处。各乡镇政府要与林果产业基地签订补贴资金管理使用合同，并进行日常巡查，发现问题及时处理或报案。

（3）机制创新、典型带动

加大土地流转力度，采取大户承包股份合作、企业造林、集中整地分散造林等措施加快大榛子产业发展进度。2013年，隆化“榛富”种养殖合作社筹措资金500万元，带动入社农户以土地入股，集中连片建起了第一批榛子园，农户除了获取土地租金外还可在合作社务工挣取薪金。同时，合作社与贫困户按相关规定及扶贫政策签订了入股协议（合同）按第一年500元/每户每年落实。第二年每户每年500元，第三年按每户每年1000元分成。现已实际落实户数200户，分红资金40万元。合作社把园区分成育苗区和产果区，现在育苗区榛子园年育苗达8万株，出圃价7～8元，年收入近60万元，结果区4～5年生已达2米，优良品种单株结果能达到3.5斤，按市场价15元/斤，年收入10余万元。在2016年收益60余万元、2017年收益90余万元，每年按期发放地租、股金，年支付在合作社务工人员的薪酬70余万元，为农民脱贫致富提供了稳定的收入。2016年，引进北京顺鹏有限公司投资，在蓝旗镇的老爷庙、北窝铺、中营、白尹沟门等7个行政村，其中5个贫困村，一次性流转土地4000亩，每亩800元土地流转费发展大榛子产业。县政府整合农口资金118.2万元，打井50眼，配套水泵100台，发电机50台，该项目可带动贫困户357户，安排剩余劳动力700余人，在2016—2017生产年度中，对贫困户发放链接资金（租金和薪金）500余万元。同时，对大榛子田间管理、技术服务、产品销售等方面给予大力支持，形成了“合作社+基地+农户”“公司+基地+农户”的农林业产业化生产经营模式。利用大榛子行距间套种豆类，薯类等矮秆作物，提高大榛子产业基地的综合效益，以典型示范基地为中心，辐射推广周边各乡村及外县市，带动了大榛子产业迅速发展，加快林业增收的步伐。

（4）技术培训、服务跟进

充分运用现代信息手段，通过互联网，微信等手段实时传授新技术，并且林业局每年还要聘请中国林业科学研究院榛子研究专家王贵禧教授前来隆化县大榛子基地针对性的开展科学管理技术培训，并在基地进行实践性操作和综合性指导，务实有效、通俗易懂。目前隆化县已有大榛子专业技术骨干50多人。

（5）加强管理，持续发展

继续完善大榛子标准化栽培技术规程，加强后续管理，建立长效运行机制，使示范区走上自我运行的持久道路。实施集约化经营，继续支持大榛子生产企业和专业合作社，鼓励大户承包，外地企业投资发展。充分发挥示范区辐射带动作用，促进全县大榛子进行标准化生产，提高产量和质量，打造精品，力促农民增收，助力脱贫攻坚。

第五节　陕西省

我们通过陕西省林业局科技处调研了林业标准化发展状况，走访了西北农林科技大学现代农业标准化研究所负责人，根据调研结果整理分析了陕西省林业标准化的基本情况。

一、机构建设与机制建立

1. 成立管理机构

陕西省林业局为陕西省林业标准化工作管理部门。2014 年 6 月以前，其内设机构科教处具体负责全省林业标准化管理工作；2014 年 6 月机构改革后，由其内设机构法规科技处具体负责全省林业标准化、林业技术监督、林产品质量监督和有关植物新品种保护管理等工作。

“十二五”以来，陕西林业标准化建设有序开展，共制修订《羚牛人工饲养技术规程》等国家林业行业标准 3 项，《核桃技术标准综合标准体》等地方标准 29 项，建成全国核桃生产标准化示范区 1 个，为全省林业生态环境建设及林业经济发展提供了规范化技术支持。

2. 建立林业地方标准化技术委员会

按照中央关于深化标准化工作改革等文件精神，陕西省林业局积极协调联系省级标准化主管部门，筹备成立陕西省林业标准化技术委员会。在积极准备技术委员会组建方案、林业标准化体系建构图、委员会章程等申报材料，公开征集并完成林业标准化技术委员会委员选聘基础上，2017 年 4 月，陕西省质量技术监督局下达《关于成立陕西省林业标准化技术委员会的复函》（陕质监函〔2017〕77 号），批复同意成立陕西省林业标准化技术委员会。目前，在该委员会的指导下，全省林业标准化制修订、标准宣传及实施等工作正在规范有序进行中。

陕西省林业标准化技术委员会主要职能如下：

①分析林业专业技术领域标准化的需求，研究提出林业专业技术领域标准化工作的规划、计划和标准体系的建议。

②负责林业专业技术领域地方标准的技术归口工作，在地方标准的制定和实施过程质监局质量监督管理中提供技术支持。

③承担林业专业技术领域内地方标准的立项论证、起草、技术性审查、实施效果评估和复审工作。

④开展或参与林业专业领域内标准宣贯、培训，开展标准化咨询、服务等工作。

⑤提出林业专业领域标准化成果奖励项目的建议。

⑥建立和管理相关标准工作档案。

⑦每年至少召开一次全体委员会议，及时向省质量技术监督局、省林业局报告工作。

⑧承担省质量技术监督局、省林业局委托的与本专业标准化工作有关的其他事宜其他工作。

二、组织管理

1. 实施林业标准化示范

2017 年，陕西积极开展林业标准化实施示范工作，一是加强国家标准化委员会、国家林业局林业标准化示范区建设与管理，组织申报的第九批国家农林业标准化示范项目——黄龙县矮化核桃国家农林业标准化示范区项目顺利获得批复同意。在此基础上，协调开展示范区建设实施方案编制、基础信息汇总报送等工作，为示范区顺利建设奠定基础。二是在积极推动省级林业标准化示范企业建设的基础上，组织开展国家林业标准化示范企业申报工作，遴选推荐陕西大统生态产业公司、陕西天行健生物工程公司 2 家企业申报国家林业标准化示范企业，为进一步促进企业在生产、经营和管理中积极制定并广泛实施标准化，推动了陕西省林业标准化示范企业建设起到了示范引领作用。

2. 开展林业标准化宣贯、培训

2017 年，陕西省积极加强林业标准化宣传贯彻工作。主要活动如下：

（1）通过多种媒体加强宣传

积极利用科技文化卫生“三下乡”“科技之春”宣传月、“韩城国际花椒节”等活动，组织林业相关领域专家，积极开展标准化知识、林业实用技能等宣传，活动期间共发放宣传资料 5000 余份，接待现场咨询群众 300 多人次。

（2）通过质量教育提高对林产品质量安全重要性的认识

配合组织开展 2017 年陕西省“质量月”活动，通过举办“林业企业质量诚信倡议”，开展林产品质量监管等活动，有效提高了全社会对标准规范林业生产、提高林产品质量安全水平重要性认识。

（3）通过标准化建设为品牌建设提供支撑

在全省林业科技扶贫活动中，积极加强林业标准化建设，抓好林业标准的制定和推广应用，在经济林栽培、苗木花卉培育、森林经营、森林康养、林产品质量检验检测等重点领域实施标准化生产和管理，为进一步提升林业标准化水平，打造林业品牌名牌提供了标准支撑。

（4）通过加强标准化培训提高标准编写质量

加强林业标准化培训工作，将林业标准化编制培训列入年度培训计划，预计培训 50 多人次；同时积极组织参加国家林业局等举办的各类林业标准化培训，进一步了解掌握了国家林业标准化发展新形势、新要求，有效提高了标准编写和审查水平。

3. 地方林业标准发展情况

2017年，陕西省林业厅严格按照《中华人民共和国标准化法》《陕西省标准化条例》《林业标准化“十三五”发展规划》等法规制度开展林业标准化建设工作，同时按照《国务院关于深化标准化工作改革方案》《国家林业局关于进一步加强林业标准化工作的意见》及省委、省政府关于深化标准化工作改革等文件精神，深入推进林业标准化改革，筹备成立了陕西省林业标准化技术委员会，积极开展了林业标准化制修订、标准化企业（示范区）申报等工作，为全省林业标准化建设规范有序开展奠定了基础。

三、运行方式

1. 开展林业标准化制（修）订

陕西省积极开展林业标准制（修）订工作。截至2017年8月底，“苗木花卉产业省级示范园标准”等8项林业地方标准制修订项目计划获得省级标准化管理部门批复立项，“重要林产品质量追溯技术规范”1项林业行业标准制修订项目计划获得国家林业局批复立项。同时，联合省质量技术监督局对2015年前公布实施的15项林业地方标准进行复审，其中继续有效12项，列入修订标准项目3项。另外，陕西省林业局积极征集并下达2017年林业地方标准制订计划，“陕西省森林健康水标准”“陕西省森林空气产品标准”等10个项目列入年度计划。目前，各制修订标准项目正在顺利进行中。

2. 实施和应用林业标准

近年来，陕西先后制定了《羚牛人工饲养技术规程》等国家林业行业标准3项，《核桃综合标准体》等陕西省地方标准33项，建成全国林业标准化示范区1个，为全省林业生态环境建设及林业经济发展提供了规范化技术支持。

一是制定出台了《油松育苗技术规程》《白皮松育苗技术规程》等多项主要用材林苗木培育技术标准，为全省林业重点工程建设苗木繁育提供了技术规范，平均每年生产优质苗木36亿株，其中良种壮苗3亿多株，完成人工造林300多万亩。

二是出台了“核桃”“花椒”“林麝养殖”等多项林业标准，为陕西省林麝养殖、经济林基地等标准化建设提供了技术支持。全省2017年新建和改造干杂果经济林93万亩，新育林麝1500多只。

三是总结出了《陕西秦岭林区森林抚育技术规范》，为规范全省的森林抚育经营提供了示范样板。

四是充分发挥标准规范林业生产、提高林产品质量安全水平重要作用，积极组织开展林产值质量安全监督管理。2017年先后配合完成国家种苗质量抽查及陕西省苗木质量抽样检测，其中苗木质量抽样检测的油松、核桃等树种16个苗批质量全部合格。同时完成全省食用林产品基础数据摸底调查和林产品（产地土壤）质量安全监测实施方案编制下发，为9~10月在全省相关经济林主产区组织开展核桃、鲜枣2类林产品及产地土壤共220批次监测项目奠定了基础。

参考文献

阿部慎介，2009．中日营造林质量管理体系对比研究［D］．北京：北京林业大学．
安佰生，2004．标准化的准公共物品性与政府干预［J］．中国标准化（7）：5-7．
白云霞，金健英，王全永，2015．我国造纸行业清洁生产标准现状分析［J］．标准科学（7）：59-61．
白兆超，2013．标准化原理与林业标准实施基本策略研究综述［J］．现代农业科技（2）：178-180．
常丽，2012．浅议山西省林业标准化问题及发展对策［J］．绿色科技（7）：124-125．
陈成军，2015．提高标准质量发挥引领作用［J］．衡器，44（1）：5-6．
陈凤桐，1952．伟大的斯大林改造大自然计划［J］．中国农业科学（9）：5-6．
陈刚，2017．浅谈林业工作站标准化建设［J］．现代园艺（1）：127-128．
陈慧，2019．旅游标准化实施效益评价研究——以福建泰宁为例［J］．中国标准化（2）（上）：115-119．
陈剑英，2011．云南省林业标准化建设现状与对策［J］．林业科技，36（6）：48-51．
陈盛伟，薛兴利，2006．林业标准化促进林业保险发展的机理分析［J］．林业经济问题，26（2）：138-141．
陈石榕，2006．农业标准化在水果产业各环节中的作用［J］．世界标准化与质量管理（9）：41-44．
陈艳，2005．论 ISO 9000 系列标准的广泛适用性［J］．铁道技术监督，34（3）：13-14．
陈燕申，2015．从美国标准政策和措施的视角探讨我国标准化法制改革［J］．中国标准化（11）：49-55．
陈智斌，2004．对木材标准的探讨［J］．中国标准化（5）：29-30．
崔海鸥，刘珉，2020．我国第九次森林资源清查中的资源动态研究［J］．西部林业科学（5）：90-95．
崔文丹，田国双，2011．林业企业品牌资产价值增值策略研究［J］．林业经济（4）：65-69．
崔向慧，卢琦，2012．中国荒漠化防治标准化发展现状与展望［J］．干旱区研究，29（5）：913-919．
杜伟军，张咏梅，2013．民航行业标准的评价和清理［J］．中国民用航空（6）：64-65．
刁兆勇，周建华，2018．企业军民通用标准体系的构建与思考［J］．标准科学（11）：59-63．
杜永胜，2016．标准化工作在森林防火中的作用及展望［J］．森林防火（2）：1-3．
范圣明，李忠魁，付贺龙，2019．林业标准：美德的体系与政策［N］．中国绿色时报，4 月 3 日．
范洲平，2013．标准化经济效益评价模型研究［J］．标准科学（8）：26-29．
冯琦，2013．陕西省苹果产业农业标准化贡献率测算研究［D］．北京：中国农业科学院．
付贺龙，李忠魁，李安荣，等，2017．试探“互联网 +”对林业标准化工作的作用［J］．中国质量与标准导报（8）：73-76．
付强，王益谊，王丽君，等，2013．基于 ISO 标准经济效益评估方法在中国开展的案例研究［J］．标准科学（11）：23-25．
甘藏春，2018．加快推进标准化体制机制的改革创新．［EB/OL］．http://epaper.cqn.com.cn/article/461180.html［2018］

高鸿业，2007．西方经济学［M］．4 版．北京：中国人民大学出版社．
高显连，彭松波，2008．全国森林资源管理信息化标准体系研究［J］．林业资源管理（2）：28-31．
高兆军，张文升，关淑梅，2004．农业标准化与市场经济的关系［J］．农机化研究（4）：40．
顾至欣，2013．基于 AHP 法的消费者视角下企业品牌价值评价研究［J］．长春理工大学学报（社会科学版），26（12）：104-108．
郭德华，李景，李波，2011．中、美、英、德、法、日、俄国家标准的比较分析［J］．图书情报工作，55（19）：39-43．
郭慧伶，2005．从交易成本理论看农业标准化［J］．科技进步与对策（9）：117-119．
郭新华，冯帅，许梦宁，2015．消费者视角下零售商品牌价值评价研究［J］．消费经济（5）:60-65．
国家标准化管理委员会，2016．现代农业标准化（下册）［M］．北京：中国质检出版社．
国家林业局，2008．LY/T 1761—2008 退耕还林工程生态林与经济林认定技术规范［S］．北京：中国标准出版社．
国家林业局，2008．LY/T 1762—2008 退耕还林工程信息管理规程［S］．北京：中国标准出版社．
国家林业局，2013．LY/T 2178—2013 林业生态工程信息分类与代码［S］．北京：中国标准出版社．
国家林业局，2008．LY/T 1757—2008 退耕还林工程社会经济效益监测与评价指标［S］．北京：中国标准出版社．
国家林业局，2016．LY/T 2573—2016 退耕还林工程生态效益监测与评估规范［S］．北京：中国标准出版社．
国家林业局科技司，2004．强化林业标准化工作促进林业跨越式发展［J］．中国标准化（1）:46．
国家林业局科技司，2006．林业标准化工作实用手册［M］．北京：中国林业出版社．
哈丹·卡宾，霍国庆，2012．新疆农产品品牌建设及组合策略研究［J］．新疆财经（5）：46-49．
韩通，2013．城市旅游标准体系构建研究——以苏州为例［D］．苏州：苏州大学．
韩学文，杨建新，陈学军，2007．澳大利亚森林可持续经营与森林认证的启示［J］．世界林业研究，20（5）：40-43．
韩中明，白淑清，盖学良，1992．加拿大改良环境的绿色计划［J］．中国环境管理（吉林）(3)：43-44．
洪生伟，2009．基础标准学［M］．北京：中国标准出版社．
侯新毅，江泽慧，任海清，2010．我国竹子标准体系的构建［J］．林业科学，46（6）：85-92．
胡海波，2013．标准化管理［M］．上海：复旦大学出版社．
胡文虎，1992．关于标准适用性的探讨［J］．交通标准化（3）：20-21．
胡永宏，贺思辉，2000．综合评价方法［M］．北京：科学出版社．
黄楚凌，陈锐灵，蔡君平，等，1999．森林资源管理概论［M］．广州：华南农业大学出版社．
惠刚盈，胡艳波，徐海，2007．结构化森林经营［M］．北京：中国林业出版社．
贾艳，2009．我国农业产业化生产经营模式研究［D］．重庆：重庆大学．
江兴平，2014. 我国林业标准化监督及其策略研究［J］. 现代农业科技（7）:198-200．
江泽慧，等，2008．中国现代林业［M］．2 版．北京：中国林业出版社．
焦玉屏，2005．农业标准化在农业产业化中的作用田［J］．农村经济与科技（10）：4-5．
解忠武，2013．企业开展技术标准适用性评价的思考［J］．中国标准导报（8）：42-44．
金爱民，于冷，2010．农业标准化示范区效果评价指标体系设计［J］．华南农业大学学报（社会科学版）（2）：28-36．

金发忠，2006．农产品质量安全管理格局将发生重大调整［J］．农业环境与发展（6）：7–11．
鞠立瑜，傅新红，2010．四川省农民专业合作社的农业标准化生产能力研究——基于对四川省147个种植专业合作社的调研［J］．南方农村（4）：55–59．
柯庆明，郑龙，陈伟建，等，2004．农业标准化效果产生机理及其评价原则研究［J］．农业现代化研究，25（增刊）：48–50．
郎志正，2015．提升标准质量的思考［J］．上海质量（12）：8–10．
李春田，2014．标准化概论［M］．北京：中国人民大学出版社．
李恩重，郑汉东，高永梅，等，2018．装备再制造标准适用性分析初探［J］．中国标准化（24）：212–215．
李尔丁，2013．基于比较分析法的农业标准化成果经济效益评价方法［J］．标准科学（4）：25–29．
李会光，2007．欧美日中标准制定和管理机制的比较研究［D］．天津：河北工业大学．
李林杰，梁婉君，2006．农业标准化评价指标体系的理论设计［J］．统计与决策（4）：45–47．
李林杰，徐晓伟，2001．地区、部门经济增长方式转变的量化标准体系［J］．河北经贸大学学报（1）：65–68．
李敏，2007．中国农产品品牌发展面临的挑战与机遇［J］．改革与战略（10）：66–69．
李明涓，2006．我国出口面临的标准壁垒研究［D］．北京：首都经济贸易大学．
李铭，张颖，徐红梅，2015．国家标准复审方法浅议［J］．数字与微缩影像（3）：30–35．
李怒云，李金良，袁金鸿，2012．加快林业碳汇标准化体系建设促进中国林业碳管理［J］．林业资源管理（4）：1–6．
李启岭，2006．用科学发展观指导林业标准化工作［J］．北京林业管理干部学院学报（1）：12–15．
李茜玲，彭祚登，2012．国内外林业标准化研究进展述评［J］．世界林业研究，25（3）：6–11．
李瑞英，姜志德，2010．对国家级生态村创建标准的适用性探讨［J］．调研世界（11）：22–25．
李世东，1996．美国罗斯福工程——全球八大生态工程介绍之三［J］．防护林科技（3）：54．
李世东，陈幸良，李金华，2003．世界重点生态工程与林业机构设置的关系研究［J］．世界林业研究（3）：7–11．
李世东，翟洪波，2002．世界林业生态工程对比研究［J］．生态学报，22（1）：1976–1982．
李太平，王勇明，潘军昌，2008．我国农业标准化道路的战略选择——基于农民增收目标的理论模型分析［J］．南京农业大学学报（社会科学版）（2）：29–32+38．
李鑫，刘光哲，2016．农业标准化导论［M］．北京：科学出版社．
李鑫，薛发龙，2005．农业标准化理论与实践［M］．北京：中国计量出版社．
李鑫，张灵光，杨继涛，2003．农业标准化原理研究初探［J］．中国农学通报，19（5）：110–114+121．
李玉恩，2000．标准审查的要点和方法［J］．中国标准化（8）：12–13．
李铮，2013．工程建设标准化发展的历史经验及其当代启示［J］．工程建设标准化（10）：5–12．
李忠魁，2020．浅议人造板产业标准质量的三维观［J］．中国人造板（7）：33–35．
梁兆基，冯子恩，叶柱均，等，1998．农林经济管理概论［M］．广州：华南农业大学出版社．
林伟鹏，2004．试论农业标准化对农业产业化、现代化的推进作用［J］．世界标准化与质量管理，（6）：38–39．
林向红，莫鸿芳，2006．农业标准化作用研究［J］．安徽农业科学（5）：1025–1026．
刘边建，李晓琴，2008．关于协调木材标准术语的探讨［J］．林业科技，33（2）：54+70．
刘滨凡，2004．我国林业标准化现状和发展趋势［J］．黑龙江科技信息（2）：9．
刘兵，2007．农业标准化及其在农业发展中的作用田［J］．湖南农业科学（6）：17–19．

刘海燕，魏景海，李春静，2013. 塞罕坝机械林场总场森林资产价值统计分析［J］. 统计与管理（3）：69–72.
刘书剑，彭道黎，2011. 林业信息术语标准化研究［J］. 林业调查规划，36（1）：104–107.
刘唯真，方卫国，2004. 行业级标准化经济效益的评估方法［J］. 世界标准化与质量管理，4（4）：16–18.
刘永顺，2008. 我国农业技术推广模式的研究［D］. 杨凌：西北农林科技大学.
刘禹，王琪瑶，邵英男，等，2011. 我国林业能源标准化采标所存在的困难及相关建议［J］. 林 业科技情报，43（3）：44–45.
骆浩文，梁俊芬，张禄祥，等，2008. 广东省农业标准化绩效评价方法研究［J］. 广东农业科学（9）：114–116+127.
麦绿波，2015. 标准化效益评价模型的创建（下）［J］. 中国标准化（12）：80–85.
孟杰，2012. 我国林业标准化体系建设现状及对策［J］. 现代农业科技（5）：232–234.
孟令义，2017. 加强林业生态工程建设工作的思考［J］. 花卉（6）：99–100.
米锋，吴卫红，陈健，2009. 引入后评价机制加强政府投资林业生态工程的监管［J］. 北京林业大学学报（1）：80–84.
闵耀良，2005. 推广实施农业标准的模式选择与机制创新［J］. 中国农村经济（2）：19–26.
聂爱轩. 标准化体制改革与《标准化法》的修订［N］. 中国质量报，2018 年 1 月 19 日，第三版.
潘如丹，方健，2008. 标准化在现代农业综合效益中的贡献分析［J］. 上海标准化（12）：38–39.
戚彬芳，宋明顺，方兴华，等，2012. ISO 标准经济效益评估方法的实证研究［J］. 标准科学（11）：11–15.
戚倩，2016. 智能配电网建设标准适应性评价体系研究［D］. 北京：华北电力大学.
齐蕊，王娜娜，李桂兰，等，2013. 运用层次分析法评价针灸技术操作规范标准的临床适用性［J］. 标准科学（3）：59–63.
丘增处，郑林义，雷亚芳，2011. 软木产品研究、产业发展及标准化体系［J］. 木材工业，25（1）：34–37.
邱方明，沈月琴，吕玉龙，等，2014a. 农户参与林业标准化项目经营意愿影响因素分析［J］. 浙江农林大学学报，31（4）：625–631.
邱方明，沈月琴，朱臻，2014b. 林业标准化项目实施经济效益评价——以浙江省为例［C］// 绿色发展与管理创新——第七届中国林业技术经济理论与实践论坛论文集. 北京：中国林业出版社.
邱方明，沈月琴，朱臻，等，2014c. 林业标准化实施对林业经济增长的影响分析——基于 C–D 生产函数［J］. 林业经济问题，34（4）：324–329.
任冠华，刘碧松，魏宏，2005. 国外标准立项和复审工作的启示［J］. 世界标准化与质量管理（6）：55–58.
任冠华，魏宏，刘碧松，2005. 标准适用性评价指标体系研究［J］. 标准化研究（3）：15–18.
盛连喜，景贵和，2002. 生态工程学［M］. 长春：东北师范大学出版社.
司瑞新，2014. 标准化在企业生产中落实的重要性、存在问题及建议［C］// 中国标准化协会. 市场践行标准化—第十一届中国标准化论坛论文集 . 中国标准化协会：1352–1356.
舒印彪，2017. 加快中国标准“走出去”助力“一带一路”建设［J］. 中国标准化（6）：35.
宋丹阳，2000. 农业标准化在推进农业科技进步中的作用［J］. 农业科技管理（3）：18–19.
宋敏，于欣丽，卢丽丽，2003. 基于 DEA 方法的企业标准化效益评价［J］. 中国标准化（10）：55–57+59.
宋西德，李鑫，杨继涛，2004. 农业标准系统与标准化体系框架研究［J］. 西北农林科学大学学报（社会科学版），4（4）：14–18.

宋怿，房金岑，刘琪，等，2011．论渔业标准的适用性［J］．中国渔业质量与标准，1（2）：6–10．
宋玉双，黄北英，2006．论林业有害生物管理工作的标准化［J］．防护林科技（4）：52–55．
宋玉双，黄北英，苗喜伟，2004．森林病虫害防治标准体系的研究［J］．中国森林病虫，23（1）：5–8．
孙锋娇，2015．工程建设标准化对建筑企业的经济效益影响研究［D］．北京：北京建筑大学．
孙晓秋，赵立华，李玉文，等，1996．浅谈农业标准化在现代化农业中的作用［J］．标准化报道（4）：46–47．
孙曰瑶，宋宪华，1993．综合评价理论·模型·应用［M］．银川：宁夏人民出版社．
覃耀青，2011．标准水平分析评价方法初探［J］．大众标准化（11）：56–57．
谭福有，付淑云，方俊，2008．ISO/IEC 标准化经济效益与社会效益综述［J］．信息技术与标准化（9）：45–47．
唐小平，王宏伟，张志东，2014．我国林业工程建设标准化面临的挑战与对策［J］．工程建设标准化（7）：39–43．
唐轩文，2007．西部地区农业产业化组织模式的选择［D］．四川：四川大学．
屠康，2003．农业标准化如何在农业结构调整和产业化进程中发挥作用［J］．农业科技管理（3）：5–8．
王百田，2010．林业生态工程学［M］．北京：中国林业出版社．
王冰，2013．林业标准化效益评价技术研究［J］．现代农业科技（14）：162–164+166．
王超，2009．工程建设标准化对国民经济影响的研究［D］．北京：北京交通大学．
王承南，邓白罗，熊微微，2006．关于经济林标准体系构建的思考［J］．中南林学院学报，26（4）：70–74．
王克勤，涂璟，2018．林业生态工程学（南方本）［M］．北京：中国林业出版社．
王礼先，2000．林业生态工程学［M］．北京：中国林业出版社．
王丽花，黎其万，和葵，等，2008．我国花卉质量标准现状及与国外对比分析［J］．农业质量标准（2）：29–32．
王宁，陈松，钱永忠，2014．农业标准化作用的评价研究——以吉林省黑木耳种植业为例［J］．农业产品质量与安全（4）：32–36+51．
王勤礼，刘撒元，张文斌，等，2005．张掖市优势农产品实施农业标准化模式与思考［J］．中国种业（5）：13–15．
王淑芳，2014．林业标准化效益评价技术研究［J］．北京农业（15）：74．
王玮，金燕芳，孙爱国，等，2013．关于“标准质量”的新思考［J］．中国标准化（9）：52–55．
王炜，徐琍，2010．农业品牌强度评价方法研究［J］．安徽农业科学（9）：4852–4853．
王艳花，2012．陕西农业标准化经济效应研究［D］．杨凌：西北农林科技大学．
王雨，李忠魁，2018a．国内外林业标准化研究概览［J］．中国标准化（13）：72–76．
王雨，李忠魁，2018b．品牌价值评价与林业应用研究［J］．林业经济（9）：55–60．
王雨，李忠魁，2018c：林业品牌评价方法研究［J］．中国质量与标准导报（3）：66–70．
王雨，李忠魁，2019．林业标准质量评估研究［J］．林业经济（4）：125–128．
王钰，2016．“十三五”林业标准化推进六项任务［N］．中国绿色时报，12 月 23 日，第 1 版．
王兆君，刘帅，房莉莉，2013．基于消费者视角的山东省农业集群品牌资产评价——以 4 个典型农业集群品牌为例［J］．河南农业科学（12）：153–157．
王忠海，王良合，王乔，2008．房山区林业标准化体系建设［J］．林业经济（12）：63–65．
王忠敏，2014a．标准的价值从何而来？［J］．中国标准化（1）：42–44．

王忠敏，2014b．标准质量解析：10月14日在标准质量高级研修班上的演讲［J］．中国标准化（12）：56-58．
吴海英，2005．标准化的经济效益评价［J］．统计与决策（13）：31．
吴劲峰，2009．农业标准化经济效果的计算方法研究［J］．科技创新导报（21）：97-99．
吴长波，许云飞，2015．锦绣西山风景独好——北京市西山试验林场发展纪实［J］．国土绿化（5）：12-15．
吴体，王德华，2013．关于工程建设标准协调性问题的探讨［J］．工程建设标准化（9）：15-18+45．
谢雪霞，张训亚，焦立超，等，2013．中美木材机械加工性能评价标准的比较［J］．木材工业，27（2）：16-19+28．
熊炼，2010．林业生态工程建设项目竣工验收探讨［J］．林业资源管理（3）：10-12+90．
熊明华，2009．基于公共产品理论的农业标准化推广模式选择［J］．农业质量标准（2）：21-23．
徐美菊，2007．浅议林业档案标准化管理［J］．新疆林业（3）：17．
薛兴利，张吉国，2006．山东林业科技创新与标准化体系建设研究［J］．科学与管理（6）：9-11．
鄢武先，桂林华，骆建国，等，2012．日本的山地灾害治理考察报告［J］．四川林业科技，33（2）：35-41．
杨轶秋，1997.林业企业标准化管理初探［J］．内蒙古林业（10）：16-17．
杨汉明，李铜山，张明勤，2001．论中国农业标准化体系建设［J］．中州学刊（4）：46-50．
杨谨，杨娜，2007．标准化在实现农业产业化中的重要作用［J］．现代农业科技（16）：211-212．
杨夕宽，2016．湖南林业标准化建设的战略思考［J］．中国林业产业（11）：194-195．
杨增玲，楚天舒，韩鲁佳，等，2014．关于秸秆综合利用工程建设标准体系的研究［J］．工程建设标准化（2）：54-60．
姚於康，2010．浅析中国农业标准化体系建设现状、关键控制点及对策［J］．江苏农业学报，26（4）：865-869．
叶克林，吴丹平，2008．对我国人造板标准化工作的思考［J］．木材工业，22（1）：1-3．
殷小庆，张坤吕，玉霞，等，2018．军民融合中民用标准适用性分析方法探究［J］．中国标准化（3）：74-78．
于国栋，2009．农业标准化在现代农业中的重要作用田［J］．吉林农业（12）：18-19．
于君英，沈蕾，2013．品牌价值构成因素的边际效用研究［J］．预测，32（3）：60-64+69．
于运祥，吴家川，尹同波，2009．瓦房店市水果生产标准化发展研究［J］．农业科技与装备（3）：178-179．
余刚，井文涌，1994．加拿大的绿色计划及其实施进展［J］．环境保护（10）：43-46．
俞家堂，2008．森林资源信息化标准探讨［J］．内蒙古林业调查设计，31（3）：79-82．
袁文静，2007．现代农业中的农业标准化推进模式探讨［J］．南方农业（5）：58-60．
张德成，李忠魁，白冬艳，等，2018．森林经营标准化的法律依据及问题探讨［J］．标准科学（1）：40-45．
张国庆，2012．林业标准化基本原理研究［J］．现代农业科技（1）：223-224．
张红，聂燕，王玉涛，2016．国内外植物检疫体系研究及对中国的启示［J］．中国农学通报，32（26）：65-70．
张建华，2012．基于生产过程的农业标准实施评价指标体系研究［J］．标准科学（1）：22-27．
张建龙，2003．林业标准化工作与林业建设质量和效益［J］．林业经济（2）：33-35．

张冉，张红，王瑞，等，2016．中国林业生物质材料标准化现状及发展对策［J］．木材工业，30（6）：35–38.

张锡纯，1992．标准化系统工程［M］．北京：北京航空航天大学出版社.

张雪松，王莹，何建军，2016．标准化体制存在的问题及改革路径［J］．企业改革与管理（24）：17.

赵朝义，2004．国外标准化管理体制的启示［J］．世界标准信息（4）：12+16.

赵尘，2016．林业工程概论［M］．北京：中国林业出版社.

赵匡记，汪加魏，施侃侃，等，2014．北京市西山林场游憩林抚育的森林健康评价［J］．北京林业大学学报（10）：65–69.

赵宇翔，冉东亚，宋玉双，2007．林业植物检疫标准化工作的现状、问题及对策［J］．中国森林病虫，26（6）：42–44.

郑龙，2005．农业标准化效果产生机理及评价内容研究［J］．热带农业科学（4）：61–64.

郑晓云，武英，谈琦隆，2016．中国建筑节能标准体系框架研究［J］．建筑管理（5）：40–43.

郑英宁，朱玉春，2003．论中国农业标准化体系的建立与完善［J］．中国农学通报，19（2）：115–118.

中华人民共和国工业和信息化部，2009．标准审查程序及进度要求［EB/OL］．［2022–02–21］http：//www.miit.gov.cn/n1146295/n1652858/n1652930/n3757021/c3758147/content.html.

中华人民共和国国家质量监督检验检疫总局，中国国家标准化管理委员会，2017．GB/T 3533.1—2017 标准化效益评价，第 1 部分：经济效益评价通则［S］．北京：中国标准出版社 .

中华人民共和国国家质量监督检验检疫总局，中国国家标准化管理委员会，2017．GB/T 3533.2—2017 标准化效益评价，第 2 部分：社会效益评价通则［S］．北京 : 中国标准出版社.

中华人民共和国国家质量监督检验检疫总局，中国国家标准化管理委员会，2009．GB/T 23231—2009 退耕还林工程检查验收规则［S］．北京：中国标准出版社 .

中华人民共和国国家质量监督检验检疫总局，中国国家标准化管理委员会，2009．GB/T 23233—2009 退耕还林工程建设效益监测评价［S］．北京：中国标准出版社 .

中华人民共和国国家质量监督检验检疫总局，中国国家标准化管理委员会，2009．GB/T 23235—2009 退耕还林工程质量评估指标与方法［S］．北京：中国标准出版社 .

中华人民共和国商务部，2015．国外标准化管理体制的启示［EB/OL］．［2015–9–11］https://ltbzh.mofcom.gov.cn/article/ltbzzcjd/201509/1283_1.html

中华人民共和国住房和城乡建设部，2007．工程设计资质标准［M］．北京：中国建筑工业出版社.

钟海见，庞美蓉，2012．提高标准质量的对策［J］．中国质量技术监督（1）：56–57.

周方来，2014．我国林业标准的实施模式与机制研究［J］．现代农业科学（8）：146–148.

周宏，朱晓莉，2011．我国农业标准化实施经济效果分析——基于 74 个示范县的实证分析［J］．农业技术经济（11）：102–107.

周洁敏，2004．标准化：林业发展新阶段的战略选择［J］．中国林业产业（4）：13–15.

周曼，沈涛，周荣坤，2010．模糊层次分析法在综合电子信息系统标准适用性分析中的应用［J］．电子学报（3）：654–657.

周颖，2009．论农业标准化在农业产业结构调整和产业化进程中的作用［J］．应用能源技术（12）：10–12.

朱洪革，2005．关键自然资本与强可持续性标准应用框架——以德国林业为例［J］．江西林业科技（5）：47–49.

朱慧敏，张藕香，2012．农业标准化示范区与农业产出增长——以安徽省为例［J］．西北农林科技大学学报（社会科学版），12（1）：45–49.

朱晶，谈飞，2015．《定额标准》适用性及改进研究［J］．中国农村水利水电（5）：152–154+159.

朱小龙，侯元兆，李玉敏，等，2012．重庆市武隆县森林资源价值研究［J］．安徽农业科学（4）：2103–2107+2206．

朱永杰，2016．斯大林改造大自然工程回顾［J］．北京林业大学（社会科学版），15（2）：12–15．

朱至文，顾荣，2016．基于扎根理论的我国农产品品牌价值评估模型［J］．改革与战略（5）：96–100．

ARORA V，2005．Comparing different information security standards：COBIY vs．ISO 27001[J]．Qatar：Carnegie Mellon University．

ENISA．PETs contraos matrix：a systematic approach for assessing online and mobile privacy tools[R]．Technical Report，2016．

KATHARINE E MORGAN，2015．让标准更好地响应社会与市场需求 [J]．质量与标准化（11）：1–6．

KATHLEEN MCGINLEY，BRYAN FINEGAN，2003．The ecological sustainability of tropical forest management：evaluation of the national forest management standards of Costa Rica and Nicaragua，with emphasis on the need for adaptive management[J]．Forest Policy and Economics (5)：421–431．

MARTINA VARISCO，CHARLOTTA JOHNSSON，JACOB MEJVIK, et al，2018．KPIS for Manufacturing Operations Management：driving the ISO22400 standard towards practical applicability[J]．IFAC PAPERSONLINE，51(11)：7–12．

PHILLIPS T，KARYGIANNIS T，HUHN R，2005．Sevurity atandards gor the RFID market[J]．IEEE Secur Priv Mag，3(6)：85–89．

RAFAL LESZCZYNA，2018．A review of standards with cybersecurity requirements for smart grid[J]．Computers & Security (77)：262–276．

SADIKÇAĞLAR&H，HULUSI ACAR，2009．An Evaluation of Forest Road Standards and Road Gradients in Turkey in View of FAO Criteria and Some EU Practices[J]．ArtvinÇoruh University Faculty of Forestry Journal，10(1)：1–8．

SIPONEN M，WILLISON R，2009．Information security management standards：Problems and solutions[J]．Inf Managenment，46(5)：267–270．

SOMMESTAD T，ERICSSON G N，NORDLANDER J，2010．SCADA system cyber security a comparison of standards [C]//Power and Energy Society General Meeting．IEEE：1–8．

SUNYAEV A，2011．Designing a Security Analysis Method for Healthcare Telematics in Germany[M]．Health–Care Telematics in Germany，2011：117–166．

VANGELIS GAZIS，2017．A survey of standards for Machine and the Internet of Things[R]．IEEE Communications Sueveys & Tutorials，19(1)：482–511．

YOUNGKYU PARK，JUNGEUN SONG，SOONDUK KWON，2008．Evaluating of Permission Standards for Forest Land–use Conversion using Delphi Technique[J]．Journal of Korean Forest Society，97(6)：617–626．

附　录

附录 1　价值链各环节的标准化有用效果指标

（附录1和附录2　引自GB/T 3533.1—2017标准化效益评价　第1部分：经济效益评价通则。2017年5月12日发布，中国标准出版社。）

1　管理阶段

管理阶段可产生：

——招聘费用的减少；

——员工培训时间的缩短；

——员工培训费用的减少；

——人力资源管理的人力成本的节约；

——财务费用的节约；

——流动资金占用的减少；

——政府罚款的避免；

——员工职业病伤害损失额的减少；

——信息系统构建与维护的节约等。

2　研发阶段

研发阶段可产生：

——新产品研发时间的缩短；

——工艺设计时间的缩短；

——设计误差的减少；

——设计成木的降低；

——企业专利的增加；

——实验、试验费用的减少等。

3　工程阶段

工程阶段可产生：

——工程中标率的提高；

——工程建设工期的缩短；

——工程质量的提高；
——工程成本的降低等。

4 采购阶段

采购阶段可产生：
——采购产品质量的提高；
——采购品种的减少；
——采购时间的减少；
——采购人员成本的减少；
——采购的原材料 / 零配件成本的减少等。

5 入厂物流阶段

入厂物流阶段可产生：
——原材料 / 零配件仓储费用的节约；
——库存周转率的增加；
——仓库面积利用率的增加；
——仓库容积利用率的增加；
——原材料入库时间的缩短、入库成本的降低；
——原材料 / 零配件质检时间和成本的减少；
——原材料 / 零配件退货次数的减少；
——零配件种类的减少；
——信息沟通时间的缩短等。

6 生产 / 运营阶段

生产 / 运营阶段可产生：
——产品合格率的提高；
——产品合格率提高获得的节约；
——材料费的节约；
——耗能设备燃料、动力的节约；
——用标准件、通用件代替专用件获得的节约；
——采用标准零部件减少工艺装备的节约；
——标准化使产品或零部件品种数变化获得的节约；
——制造工时费的节约；
——折旧费的节约；
——间接费（包括车间经费和企业管理费）的节约；
——维修费的节约；
——企业劳动生产率的提高；
——生产准备时间的减少；

——生产周期的缩短；
——设备故障率的降低；
——生产批量的增加；
——模具投入费用的减少；
——设备故障率的降低等。

7　出厂物流阶段

出厂物流阶段可产生：
——产成品仓储费用的减少；
——库存周转率的增加；
——仓库面积利用率的增加；
——仓库容积利用率的增加；
——产成品包装费用的节约；
——产品运输成本的减少；
——产品出厂运输准备时间的减少；
——信息沟通时间的缩短；
——包装容器周转次数增加获得的节约；
——产品运输中损耗的节约；
——员工培训时间的缩短等。

8　营销和销售阶段

营销和销售阶段可产生：
——销售额的增加；
——销售量的增加；
——销售费用的节约；
——内部信息沟通效率的提高；
——员工培训时间的缩短；
——渠道关系维护成本的降低；
——市场开拓时间的缩短；
——达成协议时间的缩短等。

9　售后阶段

售后阶段可产生：
——售后服务人员数量的减少；
——售后服务工时数的减少；
——顾客满意度的增加；
——员工培训时间的缩短等。

附录 2　标准化有用效果主要指标的计算公式

1　设计（工艺文件等）费用的节约

1.1 采用标准设计方法，设计费用的节约见式（1）：

$$J_s = Q_{s0}T_{s0}F_{g0} - Q_{s1}T_{s1}F_{g1} \tag{1}$$

式中：J_s——设计费用的年节约，单位为元 / 年；

Q_{s0}、Q_{s1}——标准化前、后年设计（或工艺）图纸量（折合成 4 号图纸），单位为张 / 年；

T_{s0}、T_{s1}——标准化前、后设计（或工艺）图纸文件（折合成 4 号图纸）的工时，单位为小时 / 张；

F_{g0}、F_{g1}——标准化前、后设计绘图（工艺编制、描图、定额制定）工时费，单位为元 / 小时。

1.2 采用产品系列设计，减少图纸量和编制工艺文件费用的节约见式（2）：

$$J_s = \sum_{i=1}^{n}\left(Q_{s0i} - Q_{s1i}\right)T_{si}F_{gi} \tag{2}$$

式中：J_s——减少图纸量和编制工艺文件费用的节约，单位为元 / 年；

T_s——设计（或工艺）图纸文件每张图纸（折合成 4 号图纸）的工时，单位为小时 / 张；

F_s——设计绘图（工艺编制、描图、定额制定）工时费，单位为元 / 小时；

i=1，2，...，n 分别表示绘图、描图、工艺编制等项目。

1.3 采用标准设计后图纸和工艺文件复制费的节约见式（3）：

$$J_s = Q_P Q_D \left(D_D + Q_L D_L\right) \tag{3}$$

式中：J_s——图纸文件复制费的年节约，单位为元 / 年；

Q_P——减少的产品、零件种数，单位为台 / 年、件 / 年；

Q_D——底图数（折合成 4 号图纸），单位为张 / 台、张 / 件；

Q_l——每张底图复制蓝图的张数，单位为张 / 张；

D_D、D_L——4 号图纸的底图、蓝图的单价，单位为元 / 张。

2　材料费的节约

2.1 实施标准，降低原材料消耗定额或使用廉价原材料获得的节约见式（4）：

$$J_c = Q_1\left(e_{c0}D_{c0} - e_{c1}D_{c1}\right) \tag{4}$$

式中：J_c——原材料费用的年节约，单位为元 / 年；

Q_1——标准化后产品年产量，单位为件 / 年；

e_{c0}、e_{c1}——标准化前、后原材料消耗定额，单位为千克 / 件；

D_{e0}、D_{e1}——标准化前、后原材料单价，单位为元 / 千克。

2.2 实施标准，提高原材料利用率的节约见式（5）：

$$J_c = Q_{c1}\left(R_{c1} - R_{c0}\right)\left(D_c - D_y\right) \tag{5}$$

式中：Q_{e1}——标准化后原材料年消耗量，单位为千克 / 年；

R_{c0}、R_{c1}——标准化前、后原材料利用率，用百分数（%）表示；

D_c——原材料单价，单位为元 / 千克；

D_y——下脚料单价，单位为元 / 千克。

3　燃料、动力的节约

3.1 实施标准，耗能设备燃料、动力的节约见式（6）：

$$J_d = \alpha Q_d D_d\left(W_0 T_{d0} - W_1 T_{d1}\right) \tag{6}$$

式中：J_d——燃料、动力的年节约，单位为元 / 年；

α——设备利用系数；

Q_d——数量，单位为台、件；

D_d——燃料、动力的单价，单位为元 / 度、元 / 千克；

W_0、W_1——标准化前、后单台设备或产品额定功率，单位为千瓦；

T_{d0}、T_{d1}——标准化前、后设备运行或产品使用时间，单位为小时 / 年。

3.2 实施标准，提高设备热效率获得的节约见式（7）：

$$J_d = \left(\eta_1 - \eta_0\right) W D_d R_d T_d \tag{7}$$

式中：η_0、η_1——标准化前、后设备的热效率，用百分数（%）表示；

W——耗能设备的功率，单位为千瓦、千克 / 小时；

R_d——燃料或动力的单位消耗比，单位为千克 / 度，千克 / 千克；

T_d——耗能设备运行时间，单位为小时 / 年。

3.3 实施标准，降低燃料或动力单位消耗比的节约见式（8）：

$$J_d = W T_d D_d\left(R_{d0} - R_{d1}\right) \tag{8}$$

式中：R_{d0}、R_{d1}——标准化前、后燃料或动力的单位消耗比，单位为千克 / 度、千克 / 千克。

4　产品和工艺装备制造中的节约

4.1 用标准件、通用件代替专用件获得的节约见式（9）：

$$J_{zh} = Q_1\left[\left(C_0 - C_B\right)\left(R_{B1} - R_{B0}\right) + \left(C_0 - C_T\right)\left(R_{T1} - R_{T0}\right)\right] \tag{9}$$

式中：J_{zh}——产品和工艺装备制造费的年节约，单位为元 / 年；

Q_1——工艺装备零件总数，单位为件 / 年；

C_0——专用件的成木，单位为元 / 件；

C_B——标准件的成本，单位为元 / 件；

C_t——通用件的成本，单位为元 / 件；

R_{b0}、R_{b1}——标准化前、后的标准件件数系数，用百分数（%）表示；

R_{T0}、R_{T1}——标准化前、后的通用件件数系数，用百分数（%）表示。

4.2 采用标准零部件减少工艺装备的节约见式（10）：

$$J_{zh}=Q_{zh}\overline{F_{zh}} \tag{10}$$

式中：Q_{zh}——节省的工艺装备的套数，单位为套/年；

$\overline{F_{zh}}$——每套工艺装备的平均费用，单位为元/套。

5 实施标准提高产品质量的节约

5.1 延长产品使用寿命的节约见式（11）：

$$J_m=Q_1T_{m1}\left(\frac{C_0}{T_{m0}}-\frac{C_1}{T_{m1}}\right) \tag{11}$$

式中：J_m——延长产品使用寿命的年节约，单位为元/年；

Q_1——标准化后产品年产量，单位为件/年、台/年；

T_{m0}、T_{m1}——标准化前、后产品使用寿命，单位为小时/件、小时/台；

C_0、C_1——标准化前、后产品成本，单位为元/件、元/台。

当标准化前、后产品成本不变时，用式（12）表示：

$$J_m=Q_1C\left(\frac{T_{m1}}{T_{m0}}-1\right) \tag{12}$$

式中：C——产品成本，单位为元/件、元/台。

5.2 减少不合格品获得的节约见式（13）：

$$J_b=Q_1(R_{b0}-R_{b1})(C_1-Z_b) \tag{13}$$

式中：J_b——减少不合格品的年节约，单位为元/年；

R_{b0}、R_{b1}——标准化前、后不合格品率，用百分数（%）表示；

Z_b——不合格品残值，单位为元/件、元/台。

5.3 提高可修复品的节约见式（14）：

$$J_1=Q_b(R_{f1}-R_{f0})(C_1-F_t-Z_b) \tag{14}$$

式中：J_1——提高可修复品的年节约，单位为元/年；

Q_b——年不合格品总数，单位为件/年、台/年；

R_{f0}、R_{f1}——标准化前、后可修复品率，用百分数（%）表示；

F_f——单件可修复品的返修费，单位为元/件、元/台。

5.4 提高一级品或等级品的节约见式（15）：

$$J_1=Q_1(R_{I1}-R_{I0})\left[(D_I-D_{II})-(C_1-C_0)\right] \tag{15}$$

式中：J_I——提高一级品率的年节约，单位为元/年；

R_{I0}、R_{I1}——标准化前、后一级品率，用百分数（%）表示；

D_I、D_{II}——一、二级品单价，单位为元/件、元/台。

6 品种规格合理简化的节约

6.1 产品或零部件品种数变化获得的节约见式（16）：

$$J_p=Q_1\left[(C_0-F_{c0})\left(1-\frac{1}{(Q_{p0}/Q_{p1})}\right)+(F_{c0}-F_{c1})\right] \tag{16}$$

式中：J_p——品种规格合理简化的年节约，单位为元 / 年；

Q_1——品种规格合理简化后产品年产量，单位为件 / 年；

C_0——品种规格合理简化前每件产品的成本，单位为元 / 件；

F_{c0}、F_{c1}——品种规格合理简化前、后每件产品的材料费，单位为元 / 件；

Q_{p0}、Q_{p1}——品种规格合理简化前、后产品品种数；

α—表征品种（产量）变化对制造成本的影响系数（根据不同产品 α 取 0.2~0.5）。

6.2 产品或零部件产量增加获得的节约见式（17）：

$$J_Q = Q_1\left\{\left(c_0 - F_{c0}\right)\left[1-\frac{1}{\left(Q_1/Q_0\right)^{\alpha}}\right]+\left(F_{c0}-F_{c1}\right)\right\} \tag{17}$$

式中：J_q——产址增加获得的年节约，单位为元 / 年；

Q_0——品种规格合理简化前产品年产量，单位为件 / 年；

$\frac{1}{\left(Q_1/Q_0\right)^{\alpha}}$——产量增加前、后或品种简化前、后每件产品制造成本的比率；

$1-\frac{1}{\left(Q_1/Q_0\right)^{\alpha}}$——产量增加前、后或品种简化前、后每件产品制造成本的节约率，也称单位产品制造成本的节约因子。

7 制造工时费的节约

实施标准，降低定额工时获得的节约见式（18）：

$$J_g = Q_1\left(e_{g0}F_{g0} - e_{g1}F_{g1}\right) \tag{18}$$

式中：J_g——制造工时费的年节约，单位为元 / 年；

Q_1——标准化后的年产量，单位为件 / 年；

e_{g0}、e_{g1}——标准化前、后的定额工时，单位为小时 / 件；

F_{g0}、F_{g1}——标准化前、后小时的工时费，单位为元 / 小时。

8 折旧费的节约

标准化后增加产品产量，减少单位产品分摊的折旧费获得的节约见式（19）：

$$J_Z = Q_1\left(\frac{F_{Z0}}{Q_0}-\frac{F_{Z1}}{Q_1}\right) \tag{19}$$

式中：J_Z——折旧费的年节约，单位为元 / 年；

F_{Z0}、F_{Z1}——标准化前、后每年的折旧费，单位为元 / 年；

Q_0、Q_1——标准化前、后的年产量，单位为件 / 年。

9 间接费（包括车间经费和企业管理费）的节约

9.1 产量增加较小、间接费用未发生变化时，减少单位产品分摊的间接费获得的节约见式（20）：

$$J_j = Q_1\left(\frac{F_{j0}}{Q_0}-\frac{F_{j1}}{Q_1}\right) \tag{20}$$

式中：J_j——间接费用的年节约，单位为元 / 年；

F_{j0}——标准化前的年间接费用，单位为元/年；

Q_0、Q_1——标准化前、后的年产量，单位为件/年。

9.2 产量增加较大、间接费用已发生变化时，减少单位产品分摊的间接费获得的节约见式（21）：

$$J_j = Q_1\left(\frac{F_{j0}}{Q_0}-\frac{F_{j1}}{Q_1}\right) \tag{21}$$

式中：F_{j1}——标准化后的年间接费用，单位为元/年。

10　流动资金占用费的节约

10.1 标准化后缩短生产准备和制造周期，减少零部件等的储备，减少流动资金占用费的节约见式（22）：

$$J_1 = (R_{10}-R_{11}) \cdot Z_{\Sigma} \cdot i \tag{22}$$

式中：J_1——支付流动资金占用费的年节约，单位为元/年；

R_{10}、R_{11}——标准化前、后百元产值资金率，用百分数（%）表示；

Z_{Σ}——全年工业总产值，单位为元/年；

i——利率，用百分数（%）表示。

10.2 标准化后缩短生产周期，加速资金周转获得的节约见式（23）：

$$J_1 = (T_{10}-T_{11})\frac{Z_{\Sigma}}{360} \tag{23}$$

式中：T_{10}、T_{11}——标准化前、后流动资金周转期，单位为天。

11　维修费的节约

11.1 实施标准获得大修费的节约见式（24）：

$$J_1 = \frac{R_{w0} \cdot D_{w0}}{T_{w0}}-\frac{R_{w1} \cdot D_{w1}}{T_{w1}} \tag{24}$$

式中：J_w——维修费的年节约，单位为元/年；

R_{w0}、R_{w1}——标准化前、后设备维修量（复杂系数）；

D_{w0}、D_{w1}——标准化前、后维修期内一个复杂系数的维修价格，单位为元/复杂系数；

T_{w0}、T_{w1}——标准化前、后设备维修期，单位为年。

11.2 实施标准获得大、中、小维修费的节约见式（25）：

$$J_w = \left(\frac{\overline{F_{w0}}}{T_{w0}}-\frac{\overline{F_{w1}}}{T_{w1}}\right)+\left(\frac{F_{w0}}{T_{w0}}-\frac{F_{w1}}{T_{w1}}\right) \tag{25}$$

式中：$\overline{F_{w0}}$、$\overline{F_{w1}}$——标准化前、后在一个大修理期内中、小修理及日常维护的平均费用，单位为元/年；

$\overline{F_{w0}}$、$\overline{F_{w1}}$——标准化前、后在一个大修理期内的大修理费，单位为元/年。

12 实施试验、检验方法标准的节约

12.1 提高检验的准确度，减少出厂产品中的不合格品率的节约见式（26）：

$$J_{sh}=\alpha Q_1\left(R_{b0}-R_{b1}\right)F_u \tag{26}$$

式中：J_{sh}——实施试验、检验方法标准减少出厂产品中的不合格品率获得的年节约，单位为元/年；

α——造成损失的不合格品系数（$0<\alpha<1$）；

Q_1——产品年产量，单位为件/年；

R_{b0}、R_{b1}——标准化前、后出厂产品中的不合格品率，用百分数（%）表示；

F_u——每件漏检的不合格品造成的损失费（包括给用户造成的损失），单位为元/件。

12.2 实施试验、检验方法标准提高检验的准确度，减少产品错检获得的节约见式（27）：

$$J_{sh}=Q_1\left(R_{r0}-R_{r1}\right)\left(C-Z_b\right) \tag{27}$$

式中：R_{r0}、R_{r1}——标准化前、后产品的错检率，用百分数（%）表示；

C——产品的成本，单位为元/件；

Z_b——不合格品残值，单位为元/件。

12.3 实施破坏性抽样检验标准，减少破坏性试验的产品的数量获得的节约见式（28）：

$$J_{sh}=Q_{sh0}\left(C+F_{sh0}\right)-Q_{sh1}\left(C+F_{sh1}\right) \tag{28}$$

式中：Q_{sh0}、Q_{sh1}——标准化前、后产品破坏性试验的样本数量，单位为件；

C——产品成本，单位为元/件；

F_{sh0}、F_{sh1}——标准化前、后单位产品破坏性试验费，单位为元/件。

13 流通过程中的节约

13.1 实施包装容器质量标准，增加包装容器周转次数获得的节约见式（29）：

$$J_r=n_1Q_{z1}\left[\left(\frac{C_{Z0}}{n_0}-\frac{C_{Z1}}{n_1}\right)+\left(\frac{C_{Z0}}{n_0}-\frac{C_{Z1}}{n_1}\right)\right] \tag{29}$$

式中：J_r——包装费的年节约，单位为元/年；

Q_{Z1}——年包装容器数量，单位为只/年；

n_0、n_1——标准化前、后包装容器周转使用次数，单位为次/年；

C_{Z0}、C_{Z1}——标准化前、后包装容器单件成本，单位为元/只；

F_{w0}、F_{w1}——标准化前、后包装容器单件维修费，单位为元/只。

13.2 实施包装标准，减少产品运输中损耗的节约见式（30）：

$$J_r=Q_1\left[\left(R_{z0}-R_{z1}\right)\left(D-Z_b\right)+\left(C_{z0}-C_{z1}\right)\right] \tag{30}$$

式中：J_r——减少产品损耗的年节约，单位为元/年；

Q_{Z1}——标准化后年包装产品数量，单位为千克/年、件/年；

R_{Z0}、R_{Z1}——标准化前、后产品损耗率，用百分数（%）表示；

D——产品的单价，单位为元/千克、元/件；

Z_b——被损产品的残值，单位为元／千克、元／件；

C_{Z0}、C_{Z1}——标准化前、后包装容器成本或按包装标准包装的成本，单位为元/件、元／千克。

14 提高仓库利用率的节约

采用标准件、通用件、组合件，减少储备的品种规格，合理使用仓库储存面积或容积获得的节约见式（31）：

$$J_{ch} = \overline{Q_{ch1}}(A_{ch0} - A_{ch1})\overline{F_{ch}} \tag{31}$$

式中：J_{ch}——仓库储存费的年节约，单位为元／年；

$\overline{Q_{ch1}}$——标准化后仓库年平均存放产品数量，单位为件／年；

A_{ch0}、A_{ch1}——标准化前、后单位产品占用的仓库面积，单位为平方米／件；

$\overline{F_{ch}}$——仓库单位面积保管维护的平均费用，单位为元／平方米。

15 安全卫生、劳动保护、减少职业病方面获得的节约

安全卫生、劳动保护、减少职业病方面获得的节约见式（32）：

$$J_a = (n_0 - n_1)\overline{G} \tag{32}$$

式中：J_a——安全卫生、劳动保护的年节约，单位为元／年；

n_0、n_1——标准化前、后因职业病劳保开支的人数，单位为人／年；

$\overline{G}$——平均工资，单位为元／人。

16 创外汇和节约外汇额的效益

16.1 实施标准，或采用国际标准和国外先进标准，提高了产品在国际贸易中的竞争能力，增加的外汇收入见式（33）：

$$J_h = Q_{h1}D_1 - Q_{h0}D_0 \tag{33}$$

式中：J_h——增加的年外汇额，单位为美元／年；

Q_{h0}、Q_{h1}——标准化前、后的出口量，单位为千克／年、件／年；

D_0、D_1——标准化前、后的单价，单位为美元／千克、美元／件。

16.2 实施标准，或采用国际标准和国外先进标准，提高产品质最，减少进口，节省的外汇见式（34）：

$$J_h = D(Q_{h0} - Q_{h1}) \tag{34}$$

式中：J_h——节省的年外汇额，单位为美元／年；

D——进口物品单价，单位为美元／千克、美元／件；

Q_{h0}、Q_{h1}——标准化前、后的进口量，单位为千克／年、件／年。

（俞燕琴参与了附录 2 的资料整理）

附录 3 主观赋权法主要方法

（附录3和附录4引自GB/T 3533.2—2017标准化效益评价
第2部分：社会效益评价通则。2017年5月12日发布，中国标准出版社）

1 德尔菲法

1.1 概念

德尔菲法（Delphi）是一种匿名反复函询的专家征询意见法，采用背对背的通信方式征询专家小组成员的预测意见，经过几轮征询，使专家小组的预测意见趋于集中，最后得到具有较高一致性的集体判断结果。

1.2 基本步骤

德尔菲法的基本步骤如下：

a）明确评价目标：明确进行效能评价的目标，借助人的逻辑思维和经验能对目标的评价收到很好的效果；

b）选聘专家：专家的构成要科学合理，应选择在标准制定、标准执行、标准研究等方面有独到见解的专家；

c）发布问题：发布需要专家评价的问题，分几轮进行评价，直到达到预期的收敛效果；

d）专家对问题进行评价：采用匿名评价，专家根据评价规则回答问题，并说明回答问题的依据，按照该程序完成对所有问题的回答；传统德尔菲法的调查程序，一般为 4 轮；系统将第 1 轮的调查结果生成报表或文档，调查结果包括每位专家对问题的回答以及回答问题的依据，将调查结果分发给每位专家，在此基础上再进行第 2 轮的调查，调查方法与第 1 轮相似，再完成第 3 轮和第 4 轮的调查；

e）对获取的专家知识进行处理：以专家的原始意见为基础，建立专家意见集成的优化模型，综合考虑一致性和协调性因素，同时满足整体意见收敛性的要求，找到群体决策的最优解或满意解，获得具有可信度指标的结论，达到专家意见集成的目的。

1.3 优点

德尔菲法的优点主要体现在以下几个方面：

a）匿名性：专家互不见面，直接与调查主持人联系，因而消除了专家之间的心理影响，做到充分自由地发表意见；

b）反馈性：德尔菲法要经过若干次的循环才能完成，各轮循环都是在精心控制下得到反馈；

c）收敛性：通过书面讨论，言之有理的意见会逐渐为大多数专家所接受，群体的见解会逐渐集中，呈现收敛的趋势。

1.4 局限性

由于评价环节本身所呈现的阶段性和局部性，德尔菲法应用具有如下局限性：

a）从参与评价的专家来看，难以最大限度地发挥各自的优势；

b）从评价的组织者来看，虽然处于主动地位但工作量较大；

c）从专家和评价组织者的协调关系来看，德尔菲法环节应用呈现相对复杂的协调关系；

d）从德尔菲法在整个评价过程的贡献来看，由于只涉及部分环节，专家的判断意见涉及面相对较小。

2 层次分析法

2.1 概念

层次分析法（AHP）本质上是一种决策思维方式，它把复杂的问题分解为各个组成因素，将这些因素按支配关系分组形成有序的递阶层次结构，通过两两比较的方式确定层次中诸因素的相对重要性，然后综合人的判断来决定诸因素相对重要性的顺序。

2.2 基本步骤

层次分析法的基本步骤如下：

a）递阶层次的建立，即要把问题条理化、层次化，构造出一个层次分析的结构模型；

b）构造两两比较判断矩阵，层次分析法所采用的导出权重的方法是两两比较的方法；

c）单一准则下元素相对权重的计算，根据判断矩阵计算相对权重，宜采用和法、根法、特征根法和最小平方等方法计算；

d）计算各层元素对目标层的合成权重；

e）对方案进行综合评价。

2.3 优点

层次分析法的优点在于，其决策过程体现了人们的决策思维的基本特征及其发展过程，即分解、判断、排序、综合，从而可充分利用人的经验与判断，并采用一定的数量方法来解决一些半结构化决策向题和无结构化决策问题。该方法特别适用于具有定性的或定性、定量兼有的决策分析，其核心功能是对方案进行排序选优。

2.4 局限性

层次分析法在应用上具有以下局限性：

a）层次分析法的应用主要针对那种方案大抵确定的决策问题；

b）层次分析法得出的结果是粗略的方案排序；

c）人的主观判断、选择对层次分析法的分析结果影响较大，使得利用层次分析法进行决策的主观成分较大。

附录 4　客观赋权法主要方法

1　熵权法

熵权法是利用各指标的熵值所提供的信息量的大小来决定指标权重的一种客观赋权方法。熵权法的基本步骤如下：

1.1 数据标准化

设有 m 个评价指标，n 个评价对象，依据定性与定量相结合的原则得到多个对象关于多指标的评价矩阵，如式（1）所示：

$$R'=\begin{bmatrix} r'_{11} & r'_{11} & \dots & r'_{11} \\ r'_{21} & r'_{21} & \dots & r'_{2n} \\ \vdots & \vdots & \dots & r'_{11} \\ \\ \\ r'_{11} & r'_{11} & \dots & r'_{11} \end{bmatrix} \tag{1}$$

对 R' 进行标准化处理，得到：$R=(r_{ij})m\times n$

式中：r_{ij}——第 j 个评价对象在指标 i 上的数值，$r_{ij}\in[0,1]$，如式（2）所示：

$$r_{ij}=\frac{r'_{ij}-\min\{r'_{ij}\}}{\max\limits_{j}\{r'_{ij}\}-\min\limits_{j}\{r'_{ij}\}} \tag{2}$$

1.2 确定指标信息熵值 H 和信息效用 d

在有 m 个评价指标，n 个评价对象的评价何题中，第 i 个评价指标的熵定义如式（3）所示：

$$H_{i}=-k\sum_{j=1}^{n}f_{ij}\ln f_{ij},\ \ i=1,2,\dots,m \tag{3}$$

式中：

$$f_{ij}=\frac{r_{ij}}{\sum\limits_{j=1}^{n}r_{ij}},\ \ k=\frac{1}{\ln n}$$

当 $f_{ij}=0$ 时，$f_{ij}\ln f_{ij}=0$

第 i 项指标的信息效用值等于该指标的信息熵 H_i 与 1 的差值，如式（4）所示：

$$d_{i}=1-H_{i} \tag{4}$$

1.3 确定评价指标的熵权

利用熵权法得到各指标的权重，其本质就是利用该指标信息的价值系数来进行估算，其价值系数越高，对评价的重要程度就越大（对评价结果的贡献度越大）。由此得到在（m，n）评价问题上第 i 指标的熵权 w_i，如式（5）所示：

$$w_i = \frac{d_i}{\sum_{i=1}^{m} d_i},\ i=1,2,\ldots,m \tag{5}$$

熵权具有如下性质：

a）各个被评价对象在指标 i 上的值都相同时，熵值达到最大值 1，熵权为零，这就意味着此项指标没有向决策者提供任何有效或有用的信息；

b）指标的熵值越大，那么其熵权越小，此指标就越不重要，而且满足：

$$0 \leqslant w_i \leqslant 1 \text{ 且 } \sum_{i=1}^{m} w_i = 1$$

c）熵权是在给定被评价对象集合，以及各种评价指标值确定的情况下，各指标在竞争意义上的相对激烈程度系数；

d）当评价对象确定以后，可以根据熵权来对评价指标进行调整和修改，以利于得到更精确和可靠的评价指标体系。

2 CRITIC 法

CRITIC 法是以对比强度和评价指标之间的冲突性为基础确定指标的客观权重赋权法。对比强度表示同一个指标各个评价方案之间取值差距的大小，以标准差表示，标准差越小说明各专家评分差距越小，所赋权重应越大，反之则越小。评价指标之间的冲突性是以指标之间的相关性为基础，如测最指标之间具有较强的正相关，说明两个指标冲突性较低。第 j 个指标与其他指标冲突性的量化指标为：

$$\sum_{i=1}^{n}(1-r_{ij})$$

其中 r_{ij} 为评价指标 i 和 j 之间的相关系数。各指标客观权重确定以对比强度和冲突性进行衡量。设 c_j 表示第 j 个评价指标所包含的信息信，则 c_j 可由式（6）表示：

$$c_j = \sigma_j \sum_{i=1}^{n}\left(1-r_{ij}\right),\ j=1,2,3,\ldots,n \tag{6}$$

第 j 个指标的客观权重 w_j，如式（7）所示：

$$w_j = \frac{c_j}{\sum_{j=1}^{n} c_j},\ j=1,2,3,\ldots,n \tag{7}$$

附 表

附表 1 关于林业生态工程建设标准适用性评价指标权重调查问卷

尊敬的女士 / 先生：

您好！为了确定林业生态工程建设标准适用性评价指标的权重，需要集聚各位专家的智慧和意见。特请您针对咨询表中每行的两个指标，进行重要性比较。

说明：

（1）每一行都是两个指标相互比较，均为前者相对后者的重要性程度，数值越大，前者比后者越重要。

（2）指标体系及指标说明见附表。

（3）请在对应的单元格内打“√”号。

（4）打分表中可根据经验选填 1、2、3、4、5、6、7、8、9 及其倒数。

1 以下各行两指标的相对重要性

	1/9	1/7	1/5	1/3	1	3	5	7	9
规范性 / 科学性									
规范性 / 时效性									
规范性 / 先进性									
规范性 / 协调性									
规范性 / 有效性									
规范性 / 可用性									

2 以下各行两指标的相对重要性

	1/9	1/7	1/5	1/3	1	3	5	7	9
科学性 / 时效性									
科学性 / 先进性									
科学性 / 协调性									

续表

	1/9	1/7	1/5	1/3	1	3	5	7	9
科学性 / 有效性									
科学性 / 可用性									

3　以下各行两指标的相对重要性

	1/9	1/7	1/5	1/3	1	3	5	7	9
时效性 / 先进性									
时效性 / 协调性									
时效性 / 有效性									
时效性 / 可用性									

4　以下各行两指标的相对重要性

	1/9	1/7	1/5	1/3	1	3	5	7	9
先进性 / 协调性									
先进性 / 有效性									
先进性 / 可用性									

5　以下各行两指标的相对重要性

	1/9	1/7	1/5	1/3	1	3	5	7	9
协调性 / 有效性									
协调性 / 可用性									

6　以下各行两指标的相对重要性

	1/9	1/7	1/5	1/3	1	3	5	7	9
有效性 / 可用性									

7　基于规范性，以下各行两指标的相对重要性

	1/9	1/7	1/5	1/3	1	3	5	7	9
词句表述准确性 / 文本结构的合理性									
词句表述准确性 / 图表公式明确性									
文本结构的合理性 / 图表公式明确性									

8 基于科学性，以下各行两指标的相对重要性

	1/9	1/7	1/5	1/3	1	3	5	7	9
内容的完整性 / 参数来源明确性									

9 基于先进性，以下各行两指标的相对重要性

	1/9	1/7	1/5	1/3	1	3	5	7	9
标准理念的先进性 / 与国外先进标准的统一性									
标准理念的创新性 / 与我国生产水平相适应性									
与国外先进标准的统一性 / 与我国生产水平相适应性									

10 基于协调性，以下各行两指标相对重要性

	1/9	1/7	1/5	1/3	1	3	5	7	9
与使用环境的适应性 / 与行业需求的适应性									
与使用环境的适应性 / 与相关标准的协调性									
与行业需求的适应性 / 与相关标准的协调性									

11 基于有效性，以下各行两指标的相对重要性

	1/9	1/7	1/5	1/3	1	3	5	7	9
实施效益的显著程度 / 提高劳动生产率程度									
实施效益的显著程度 / 提升林业生态工程建设质量程度									
提高劳动生产率程度 / 提升林业生态工程建设质量程度									

12 基于可用性，以下各行两指标的相对重要性

	1/9	1/7	1/5	1/3	1	3	5	7	9
可理解性 / 可操作性									
可理解性 / 标准被引用情况									
可操作性 / 标准被引用情况									

附表2　《山区生态公益林抚育技术规程》适用性评价表

表1　科研专家评价意见表

标准名称	山区生态公益林抚育技术规程 DB11/T 290—2005						
目标层	准则层	指标层	指标评价等级				
			差	较差	一般	较好	好
林业生态工程建设标准适用性	格式规范性 B_1	词句表述准确性 B_{11}					
		文本结构的合理性 B_{12}					
		图表公式明确性 B_{13}					
	内容科学性 B_2	标准内容的完整性 B_{21}					
		标准参数来源明确性 B_{22}					
	先进性 B_4	标准理念的先进性 B_{41}					
		标准与国外先进标准的统一性 B_{42}					
		标准与我国生产水平相适应性 B_{43}					

注：请在空格内打“√”

意见和建议：

表2　标准使用者评价意见表

标准名称	山区生态公益林抚育技术规程 DB11/T 290—2005						
目标层	准则层	指标层	指标评价				
			差	较差	一般	较好	好
林业生态工程建设标准适用性	格式规范性 B_1	词句表述准确性 B_{11}					
		文本结构的合理性 B_{12}					
		图表公式明确性 B_{13}					
	内容科学性 B_2	标准内容的完整性 B_{21}					
	先进性 B_4	标准与我国生产水平相适应性 B_{43}					
	协调性 B_5	标准与使用环境的适应性 B_{51}					
		标准与行业需求的适应性 B_{52}					
		标准与相关标准的协调性 B_{53}					

续表

标准名称	山区生态公益林抚育技术规程 DB11/T 290—2005						
目标层	准则层	指标层	指标评价				
			差	较差	一般	较好	好
林业生态工程建设标准适用性	有效性 B_6	标准实施效益的显著程度 B_{61}					
		提高劳动生产率程度 B_{62}					
		提升林业生态工程建设质量程度 B_{63}					
	可用性 B_7	可理解性 B_{71}					
		可操作性 B_{72}					

注：请在空格内打“√”

意见和建议：